本书得到中国科学院网络安全和信息化专项应用示范项目（CAS-WX2021SF-0106-03）、第二次青藏高原综合科学考察研究任务九：地质环境与灾害（2019QZKK0906）、国家地球系统科学数据中心、中国科学院地球系统科学数据中心的联合支持

人工智能驱动的土壤水分数据时空序列重建研究

刘杨晓月　杨雅萍　著

科学出版社

北　京

内 容 简 介

土壤水分能够直接影响植被蒸腾及光合作用，开展土壤水分监测对于农作物长势分析与产量估算具有重要意义。卫星微波遥感技术是获取全球尺度、连续时间序列的陆地表层土壤水分数据的重要手段，但是当前卫星土壤水分数据难以满足农业生产领域的监测应用与研究分析需求。本书利用人工智能算法在多维数据非线性特征映射中的优势，发展高分辨率高精度土壤水分重构模型，研制可靠的高时空分辨率土壤水分数据，解决遥感土壤水分数据时空分辨率低、区域尺度适用性差等问题。这不仅对于提高星载微波土壤水分数据的质量和精度，推进土壤水分数据重建算法的构建具有重要的参考价值，而且对于农田旱涝预警及作物估产研究、全球生态系统演替及水循环研究也具有重要的科学意义。

本书主要面向高等院校和科研院所地球科学相关专业的师生与科研人员。通过阅读本书，读者可以认识高分辨率高精度土壤水分数据获取的复杂性和重要性，并在此基础上获得新的知识，发现新的问题。

审图号：GS(2022)1988 号

图书在版编目(CIP)数据

人工智能驱动的土壤水分数据时空序列重建研究／刘杨晓月，杨雅萍著．—北京：科学出版社，2022. 6

ISBN 978-7-03-072069-6

Ⅰ. ①人…　Ⅱ. ①刘…　②杨…　Ⅲ. ①人工智能-算法-应用-土壤水-数据处理-研究　Ⅳ. ①S152. 7-39

中国版本图书馆 CIP 数据核字（2022）第 059072 号

责任编辑：刘　超／责任校对：王萌萌

责任印制：吴兆东／封面设计：无极书装

科 学 出 版 社 出版

北京东黄城根北街 16 号

邮政编码：100717

http://www.sciencep.com

北京虎彩文化传播有限公司 印刷

科学出版社发行　各地新华书店经销

*

2022 年 6 月第　一　版　开本：787×1092　1/16

2024 年 1 月第二次印刷　印张：17 3/4

字数：500 000

定价：268. 00 元

（如有印装质量问题，我社负责调换）

序 言

2021年的中央一号文件提出加快农业现代化，建设旱涝保收、高产稳产高标准农田，保障农作物产量。卫星遥感技术是获取地表环境要素时空序列数据的重要手段，海量丰富的卫星土壤水分数据为开展农田旱涝监测预警提供了前所未有的机遇，但是卫星数据存在大量空值图斑、空间分辨率低、时间分辨率受到卫星监测任务周期限制等问题。人工智能算法在拟合复杂非线性映射关系中表现出卓越的性能，如何利用人工智能算法建模，实现遥感土壤水分数据时空序列高精度优化重建，是当前水文水资源遥感领域的前沿和研究热点。

《人工智能驱动的土壤水分数据时空序列重建研究》一书以星载微波遥感土壤水分数据为研究对象，在明确其质量的基础上，基于多源异构地表参数，利用人工智能算法构建土壤水分非线性映射拟合模型，实现土壤水分数据的原尺度重建与尺度下推重建，提高土壤水分数据的空间分辨率，丰富土壤水分的细节表达。该书旨在为高精度高分辨率遥感土壤水分数据融合积累必要的理论、方法和实验基础，为进行区域尺度地表水循环过程分析、气候演化研究、农业旱涝预警等提供科学方法与数据支撑。

本书不仅对推进星载微波遥感土壤水分数据挖掘与协同分析有所裨益，而且能够为从事土壤水分数据融合领域研究的读者提供参考与帮助。希望著者不忘初心，砥砺前行，未来继续沿着这个方向深入研究，取得更多更好的科学发现，为明晰全球土壤水分多维度演化规律添砖加瓦。

2021年12月

前　言

陆地表层土壤水分是全球水循环的重要组成部分，是陆地表面水文过程分析中重要的研究对象，能够密切耦合并影响土壤深层含水量、植被生长发育以及农作物产量等。因此，土壤水分成为多学科领域研究中不可或缺的基础支撑数据。近四十年来，卫星搭载多波段传感器技术快速发展，多波长范围、多传感器、多极化方式、多反演算法的遥感土壤水分数据大量问世，提供全球尺度范围0～5cm深度的土壤水分含量产品。但是，这类数据质量参差不齐、区域适用性显著差异、空值图斑普遍存在、空间分辨率低（约25km）等问题极大地限制了其在中小尺度区域的系统性、完整性应用。另外，土壤水分站点实测数据能够实时、精准量测具体深度的土壤水分含量。但其空间覆盖范围、传感器监测总时长有限，以及点尺度向面尺度转换效应有待定量化表达等局限性，使其难以用来进行流域尺度长时间序列的动态演化特征捕捉。因而，站点监测值常作为验证数据对卫星遥感土壤水分产品开展评价分析。

基于以上亟待解决的科学问题，本书对多源星载微波遥感土壤水分数据集展开长时间序列验证分析与降尺度重建研究。①基于综合评价得到一套全球尺度质量可靠的长时间序列卫星土壤水分产品；②在定性理论支持和定量相关分析的基础上，建立机器学习算法土壤水分重建解释变量体系；③采用原始空间分辨率重建出粗分辨率的土壤水分产品，补全原始卫星数据得到时空序列完整的全球典型区土壤水分产品；④在此基础上基于人工智能机器学习算法和尺度转换效应理论开展空间降尺度，将土壤水分空间分辨率从0.25°转化至1km，得到一种时空连续、高分辨率、高精度土壤水分长时间序列产品和对应的降尺度算法模型。

全书各章主要内容如下。

第1章：绪论。从研究背景、研究意义和国内外相关研究现状方面对卫星土壤水分产品进行分析介绍，奠定本书的研究基调和理论基础。

第2章：多源数据融合遥感土壤水分数据时空序列重建技术方法。这一章是贯穿全书的实验技术方法所在，详细阐述了本书建立的遥感土壤水分产品评价指示因子体系计算方法、土壤水分重建与降尺度解释变量的定量化相关性和显著性检验算法原理、解释变量数据集空间滤波补全与时间序列平滑实现方法、基于多源数据融合的土壤水分机器学习算法建模原理。

第3章：全球典型区遥感土壤水分产品验证分析研究。本章研究分别选取亚洲青藏高原东南缘、欧洲西班牙北部、北美洲中部大平原地区、南半球澳大利亚东南沿海区域作为典型区，针对七种卫星搭载反演的土壤水分产品，基于土壤水分地面监测网络长时间序列数据，开展全球尺度的适用性综合评价。

第4章：遥感土壤水分数据时空序列重建因子选择研究。在广泛认知国内外土壤水分相关地表变量研究的基础上，选择研究的重建因子（即解释变量），通过皮尔逊相关系数、显著性检验来空间化、定量化表征表层土壤水分与各因子的空间拟合度，从而建立起一套高耦合、低冗余的重建解释变量体系。

第5章：遥感土壤水分产品时间序列重建及精度评价。基于第3章评价验证，筛选出兼容性、鲁棒性较好的土壤水分产品；基于本书第4章建立的解释变量体系和第2章的技术支撑方法，针对遥感土壤水分产品本身普遍存在的空值图斑问题，对0.25°分辨率（约25km）的土壤水分产品开展重建补全研究，并进一步评价补全后产品的质量。

第6章：多源数据融合的遥感土壤水分产品空间降尺度及精度评价。承接第5章评价得出的综合质量优秀的0.25°尺度时空序列完整的土壤水分产品，开展降尺度研究，使逐日遥感土壤水分产品空间分辨率从约25km转化至1km，丰富土壤水分的细节表达，拓展产品的应用尺度与领域。同时，比较各机器学习算法模拟结果的精度和拟合度，最终得到一套高精度高分辨率的土壤水分产品和一种优秀的土壤水分降尺度算法。

第7章：土壤水分降尺度重建。基于前六章的实验比较验证和分析结果，在“一带一路”沿线地区开展降尺度测试与应用评价。采用随机森林（Random Forest，RF）算法对ECV_C土壤水分产品在“一带一路”沿线国家和地区开展逐日降尺度重建，分析5000余万平方千米区域的土壤水分时空演替规律，为我国更好地开展丝绸之路国际合作提供土壤水分本底地理数据支撑。

第8章：风云卫星土壤水分数据真实性验证分析研究。本章研究分别选取亚洲青藏高原东南缘、欧洲西班牙北部、北美洲中部大平原地区、南半球澳大利亚东南沿海区域作为典型区，针对风云卫星系列土壤水分产品，开展全球尺度的适用性综合评价。

第9章：卫星土壤水分数据插补重建方法研究——以美国俄克拉何马州区域为例。利用特征空间三角形和RF算法分别构建土壤水分数据重建模型，实现土壤水分原尺度插补重建，比较分析两类算法的性能和精度，为进一步开展土壤水分降尺度重建奠定理论依据和方法基础。

第10章：决策树驱动的土壤水分降尺度方法研究——以法国南部区域为例。基于第6章的研究结论，决策树驱动的分类与回归树（Classification and Regression Trees，CART）和RF算法构建的土壤水分模型拟合度较高，选取机器学习家族中的多种决策树驱动的算法，分别构建土壤水分多尺度重构模型，明晰究竟哪种决策树算法更加适合进行土壤水分模拟。

第11章：讨论与结论。讨论影响土壤水分产品本身及重建产品精度的因素、可见光/近红外数据在土壤水分重建中的局限性、高分辨率影像数据在土壤水分重建中的应用潜力。总结本研究的主要结论与成果，发现本研究存在的不足和需要深入改进完善之处，指出未来进一步科学研究方向。

本书的出版得到了国家地球系统科学数据中心（http://www.geodata.cn/）、中国工程科技知识中心-地理资源与生态专业知识服务系统（http://geo.ckcest.cn/）等平台和项目的联合资助。

由于著者水平有限，书中不足之处在所难免，敬请读者不吝赐教。

作　者

2021年11月

目　　录

第1章 绪　　论

1.1 研究背景与意义

土壤水分（Soil Moisture，SM）是表示一定深度土层土壤干湿程度的物理量，又称土壤水分含量。地表土壤水分是陆地表面水分存储和交换的重要介质与形式，对气候和环境变化有显著的反馈机制（González-Zamora et al.，2019；Mei et al.，2017；李得勤等，2015；Guo et al.，2006；Koster et al.，2004）。土壤水分是表征农业干旱、水文过程、地表蒸散量和区域气候变化的一个重要指标（Feng et al.，2017；Seneviratne et al.，2010；程街亮，2008；Drusch，2007；Western et al.，2003），也是全球气候变化、环境演替研究的重要组成部分及数据基础（Jing et al.，2018a；McNally et al.，2016；Shi et al.，2011；Koster et al.，2004）。系统研究土壤水分有利于分析作物长势、进行旱情分析和产量预测（Jiang and Weng，2017；Seneviratne et al.，2011）。

当前众多国际组织和机构致力于研究土壤水分空间分布特征和时间序列变化。美国国家航空航天局（National Aeronautics and Space Administration，NASA）和欧洲空间局（European Space Agency，ESA）建立陆地表层土壤水分航空实验（Passive and Active Land Band Sensor，PALS），主要针对土壤水分基础理论开展实验研究，分析空间微波遥感探测地表土壤水分的最佳波段（Dorigo et al.，2017；Dorigo et al.，2015）；美国国家航空航天局开展Hydros计划，监测全球冻土状态并进行全球土壤水分变化制图（Balsamo et al.，2006；O'Neill et al.，2006a）；美国国家航空航天局发起土壤湿度主动-被动探测（Soil Moisture Active Passive，SMAP）项目，通过获取土壤水分和冻融数据，分析地球水、能量和碳循环之间的关联性，并提升监测和预测诸如洪水和干旱等自然灾害的能力（郑兴明，2012；Das et al.，2011；O'Neill et al.，2010）。

土壤水分时空序列演替被广泛认为是水、能量和碳循环的主要驱动力之一，在气候系统中起着至关重要的作用，是近年来土壤水分领域研究的热点（Paulik et al.，2014；Legates et al.，2011；Xu et al.，2004）。因此，一些研究聚焦于土壤水分在诸如蒸发（Miralles et al.，2014）、降水（De Jeu et al.，2011）、热浪（Hirschi et al.，2010）的发生和植被发育（Schrier et al.，2013）等过程中的作用。此外，土壤水分也是影响陆气相互作用的重要水文变量（Jing et al.，2018b；Vereecken et al.，2008；Western et al.，2004；Brubaker and Entekhabi，1996）。感热通量和潜热通量之间的能量分配受地表湿度的强烈控制（Dirmeyer et al.，1999；Cahill et al.，1999）。通过这种控制，土壤水分影响局地气象要素，包括边界层高度和云量等（Betts and Ball，1998）。

因此，土壤水分数据对于深刻理解气候变化和全球水循环有深刻意义，在干旱监测、植被长势分析、农产品估产等方面具有高度应用价值。

随着航天技术、通信技术和信息技术的飞速发展，对地观测限制条件越来越少，数据获取更加方便、更新能力大幅提升。伴随微波、近红外、可见光遥感的发展，逐渐出现一系列多元化基于卫星的土壤水分反演数据。与可见光-近红外波段相比，微波具有穿云透雾的感知力，监测地面数据不受天气状况影响。因此主流的基于卫星的土壤水分数据主要是微波遥感数据，分为主动微波和被动微波两种。

被动微波传感器重返周期多为 1～1.5 天，空间分辨率普遍较低（约 25km）。该类数据多用于估计大尺度范围、长时间序列的土壤水分及制图中。相比而言，主动微波传感器获取的数据空间分辨率较高（10～30m），但重访周期显著较长（16～25 天）。合成孔径雷达（Synthetic Aperture Radar，SAR）的后向散射频率更高，对植被覆盖区和农作物区域的土壤水分估计精度明显低于裸地，误差较大。因此，在进行土地覆被类型多元化（包含原生植被、景观植被、农田、裸地等）区域土壤水分数据时空序列分析时，多采用基于被动遥感或主被动遥感结合的卫星土壤水分数据。

卫星过境时并非地表所有位置在重访周期内都能过境一次，而是基于卫星极地轨道高度、成像宽度、重访周期、升/轨扫描间隙等因素的权衡，因此造成土壤水分数据频繁出现空值。人为发射无线电信号干扰微波信号接收、浓密森林覆盖的区域微波无法穿透植被，以及被动微波传感器难以将土壤和植被的混合信号分解开等问题，进一步降低了卫星遥感微波土壤水分产品的完整性和质量。这些问题进一步限制了它在中小区域尺度的实际应用，如区域水文模型构建、地表循环过程分析、植被长势分析、农作物估产、流域土壤持水力估算中的精度等。综上所述，当前卫星遥感微波土壤水分产品存在空间破碎度高、数据不完整、空间分辨率低等问题，亟须发展时空连续的高分辨率土壤水分数据产品。时空连续高精度数据是研究土壤水分的关键基础支撑，而目前土壤水分重建方法繁多，参数选择自由度高，尚缺乏成熟、通用、高质量的理论体系和实践方法。因此，探索高效自动的卫星土壤水分数据重建及降尺度算法，生成时空连续数据，对于提升土壤水分产品精度和质量，推动土壤水分多源遥感数据融合具有重要理论意义和参考价值。

1.2　国内外研究进展

1.2.1　星载传感器土壤水分反演算法的主要原理和方法

自20世纪80年代以来，随着机载和星载遥感的发展和普及，遥感反演土壤水分的方法得到迅速发展。1980年，一项针对雷达L波段数据与土壤水分之间关系的研究结果表明，L波段数据与裸土土壤水分之间存在正相关关系（Chang et al.，1980）。1985年，表观热惯量（Apparent Thermal Inertia，ATI）概念的提出，使利用可见光–近红外反射率及热红外辐射温度差计算热惯量并估算土壤水分成为可能（Price，1985）。1988年，有学者开始利用扫描多通道微波辐射计（Scanning Multi-channel Microwave Radiometer，SMMR）和改进型甚高分辨率辐射计（Advanced Very High Resolution Radiometer，AVHRR）数据估算土壤水分，并分析了SMMR的极化方式及亮度温度与土壤水分之间的相关性（Choudhury and Golus，1988）。1999年，L波段ESTAR（Electronically Scanned Thinned Array Radiometer）被用于从被动微波数据中反演土壤水分，与实测数据的验证表明，反演算法合理有效（Jackson et al.，1999）。2001 年，有研究基于 SMMR SSM/I（Special Sensor Microwave/Imager）微波数据，建立 C 波段极化指数和 X 波段极化指数来反演土壤水分（Paloscia et al.，2002）。传感器通过卫星升轨降轨运行来获取微波辐射值，当卫星由南向北运行时，称为升轨；由北向南运行时，称为降轨。星载传感器常用微波为 L 波段、C 波段和 X 波段（Marzialetti and Laneve，2016；Kim et al.，2009；Angiulli et al.，2004），其频率范围、波长范围如表 1.1 所示。

表 1.1　星载传感器常用微波波段简介

波段名称	波段频率（GHz）	波长范围（mm）
L 波段	1.00～2.00	300.00～150.00
C 波段	4.80～8.00	75.00～37.50
X 波段	8.00～12.00	37.50～25.00

AMSR 和 SMOS 是目前土壤水分研究中时间序列完整、全球尺度范围的被动微波土壤水分数据，ECV 是现存时间序列最长，由七种主被动微波土壤水分产品合成的卫星土壤水分数据。本书研究拟选取这三类土壤水分产品进行对比和分析、降尺度重建和评价。基于本书的研究对象，主要对三种微波遥感土壤水分算法进行介绍。并在表 1.2 中总括各系列算法的优缺点。

1. AMSR 算法

AMSR 算法最初是根据微波亮度 T_b 与陆地表层土壤水分之间的耦合关系，借助迭代方程组同步计算表层土壤水分、植被含水量和地表温度（Land Surface Temperature，LST）。Njoku 和 Li（1999）主要使用 AMSR 传感器量测土壤水分在 C、Ka 和 X 波段的微波辐射值。在此基础上，Njoku 和 Chan（2006）进一步对算法优化升级，融合地形地貌与植被状态为一个变量，发展得到了归一化极化差异算法（Normalized Polarization Difference Algorithm，NPDA）。该方法第一步是整合地形地貌与植被状态为一个变量：

$$T_{\mathrm{b}}=T_{\mathrm{s}}\{1-[(1-Q)r_{\mathrm{p}}+Qr_{\mathrm{q}}]\mathrm{e}^{-\alpha g}\} \tag{1.1}$$

$$\alpha g=h+2\zeta_c \tag{1.2}$$

式中，T_b 为植被覆盖区的地表亮温；T_s 为单一地表亮温；Q 为水平粗糙相关长度；g 为地形与植被状态整合后的综合变量；α 为相关系数；h 为地表粗糙度参数；ζ_c 为指数衰减参数；r_p、r_q 分别为两种异质性极化方式的理想光滑平面反射率值。

该算法将使用极化率来替代表示单一通道亮温，目的是尽量削弱地表温度对土壤水分反演的影响，表达式如下：

$$\mathrm{MPDI}=\frac{T_{\mathrm{B,V}}-T_{\mathrm{B,H}}}{T_{\mathrm{B,V}}+T_{\mathrm{B,H}}} \tag{1.3}$$

式中，MPDI 为极化率；$T_{\mathrm{B,V}}$ 为垂直极化得到的地表像元亮温；$T_{\mathrm{B,H}}$ 为水平极化得到的地表像元亮温。

基于以上参数反演土壤水分时，利用极化率分别在 10.7GHz 和 18.7GHz 的频率取值计算 g，并在此基础上以极化率在 10.7GHz 频段的每年的逐月最小取值，通过回归拟合方程反演土壤水分 m_v 值：

$$m_v=a_0+a_1(\mathrm{MPDI})e^{\alpha g} \tag{1.4}$$

式中，a_0、a_1 为拟合经验参数值。

在计算植被光学厚度（Vegetation Optical Thickness）的基础上采用非线性迭代 Brent 方法计算表层土壤介电常数（Seiler and Seiler，2010），最后根据 Wigneron 模型反演表层土壤水分（Wigneron et al.，2007）。

AMSR 土壤水分反演产品在全球范围得到广泛应用，但 C、X 波段近年来受到人为辐射频率干扰，有研究使用多时空鲁棒卫星技术（Robust Satellite Techniques）在全球范围评价了 2002～2011 年 AMSR 土壤水分反演产品的这两个波段受到的辐射干扰。结果表明，欧洲地区（尤其是英国和意大利）遭到 X 波段的射频干扰；印度、南美洲和日本受到的 C 波段强干扰（Lacava et al.，2012）。这一研究结论与前人的诸多调查结果相符。因此，不同频率波段的辐射干扰成为卫星遥感微波土壤水分产品区域性精度差异的主导因素之一。

2. SMOS 反演算法

SMOS 卫星土壤水分产品是基于卫星搭载的 L 波段频率 1.42GHz 合成孔径微波成像仪获取地表数据，对土壤水分和海水盐度开展反演的数据产品，其中土壤水分的反演基于优化植被参数和迭代算法展开。有学者研究发现，SMOS 二维微波干涉仪数据可以对多类地表参数进行高质量反演，其多视角结构传感器以二维综合孔径原理为理论基础（Wigneron et al.，2000）。随后，多位学者通过深入研究提出用于反演全球大尺度范围地表参数的 L 波段亮温与土地覆被结构模型（Wigneron et al.，2007；Pellarin et al.，2006）。该模型根据地表覆盖和土地利用状态，将 SMOS 传感器接收的地表像元亮温（T_B）分解为不同土地利用/土地覆被类型的加权组合形式：

$$T_B = f_B \times T_{B,B} + f_F \times T_{B,F} + f_H \times T_{B,H} + f_W \times T_{B,W} \tag{1.5}$$

式中，f_B、f_F、f_H、f_W 分别为混合像元内裸土、森林、草地、水体的覆盖比例；$T_{B,B}$、$T_{B,F}$、$T_{B,H}$、$T_{B,W}$分别为对应土地覆被类型亮温。根据 ζ-ω 模型，亮温与土壤水分、植被光学厚度及地表温度构成函数表达式，建立地表亮温模拟和实测结果的代价函数（Cost Function，CF）。通过迭代优化，选取各地表参数/土地覆被类型组合作为训练样本，使得代价函数取值最小，即得到最精确的参数组合。代价函数表示为

$$\mathrm{CF} = \frac{\sum (T_B - T_B^0)^2}{\sigma_{T_B}^2} + \frac{\sum (m_v - m_v^{\mathrm{ini}})^2}{\sigma_{m_v}^2} + \frac{\sum (\zeta - \zeta^{\mathrm{ini}})^2}{\sigma_{\zeta}^2} + \frac{\sum (H_r - H_r^{\mathrm{ini}})^2}{\sigma_{H_r}^2} \tag{1.6}$$

式中，T_B、m_v、ζ 和 H_r 分别为地表像元亮温、土壤水分、植被光学厚度（VOD）和地面粗糙程度的参数组合；上标 0 或 ini 为地表实测值；σ 为实测值的方差。

在上述研究基础上，对 2012 年算法升级得到了一套相对完善的 SMOS 土壤水分反演方法，即根据不同地表土地利用/土地覆被类型的辐射传输模型，构建多元加权像元亮温，通过迭代遍历寻优，获取误差最小的、精度最高的参数组合（Kerr et al.，2012），如图 1.1 所示。

为评价验证算法升级后的 SMOS 卫星土壤水分产品，多位学者在全球多处流域水系分别使用密集和稀疏站点监测网络开展评价研究，并与 AMSR 数据比对（Bitar et al.，2012；Jackson et al.，2012）。结果显示，两种被动卫星遥感微波土壤水分产品精度和时空演替与实测数据一致性高，SMOS 数据整体低估实测土壤水分，误差控制在 0.04m^3/m^3 范围内，满足 SMOS 卫星传感器精度要求，但具体各区域拟合度存在差异性。

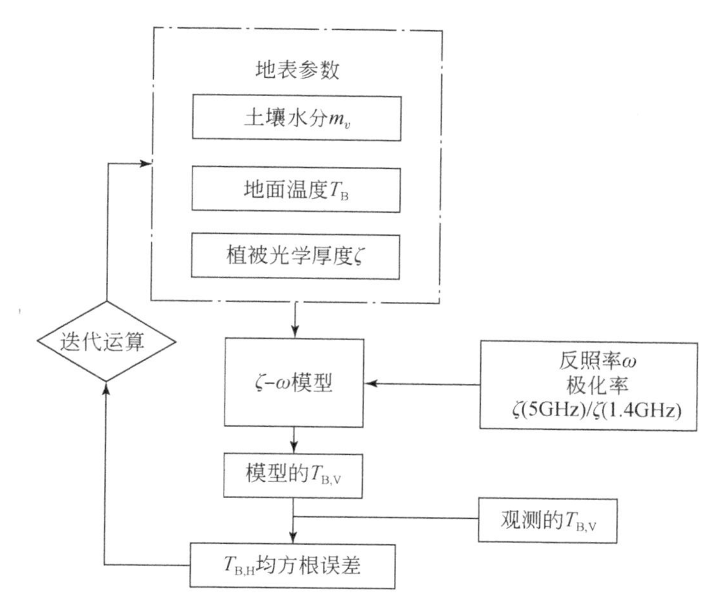

图 1.1　SMOS 土壤水分反演计算 E-R 图

3. 主被动被动微波融合

主动微波土壤水分产品精度和拟合度整体上高于光学遥感及被动微波反演算法，但在表面粗糙区域和植被浓密覆盖区域，主动微波反演误差显著增大。可见光和近红外多波段/高光谱星载传感器反演数据时空分辨率较高，在获取精细尺度长时间序列连续的土壤水分产品方面均优于其他方法，但波段特征决定其不能穿云透雾开展全天时全天候的监测，只能反演土壤水分的相对大小（Park et al.，2017）。被动微波星载传感器时间分辨率较高，如 AMSR、SMOS 能提供逐日全球尺度土壤水分数据，且地表粗糙度和植被浓密程度变化对其影响较小，空间分辨率粗糙，目前主流被动卫星遥感微波土壤水分产品像元分辨率大多在 25km 左右（Do and Kang，2014）。因此，基于主动、被动微波的土壤水分产品均存在优势和不足，考虑通过多源主被动数据融合提高土壤水分数据的精准度和多土地覆被类型适用性（O'Neill et al.，2006b）。主/被动融合土壤水分产品历经“主/被动传感器土壤水分数据反演—误差分析—尺度转换与统一—主/被动传感器土壤水分数据分别融合—主/被动融合产品再次融合”等主要步骤。ECV 数据产品在第一阶段重点考虑 C 波段微波散射计（ERS-1/2 散射计、METOP 改进型散射计）及多频辐射计（SMMR、SSM/I、TMI、

AMSR-E、Windsat)，所选微波数据时间序列长，适于反演土壤水分。鉴于时空序列局限性，目前尚未将 SMOS、SARs 和雷达高度计纳入 ECV 数据产品的土壤水分融合体系中。未来欧洲空间局将把所有适于反演土壤水分的微波传感器数据逐步纳入 ECV 数据产品的土壤水分融合体系中。

除了主动与被动微波传感器融合外，综合光学、被动微波和主动微波反演算法的各自特点（表 1.2），发展多传感器联合反演算法是获取高精度、高时空分辨率数据产品的有效途径（刘元波等，2016；Wu et al.，2015）。

表 1.2　星载土壤水分遥感反演方法特点及误差对照

基本类型	主要方法	优点	缺点	误差（%）
可见光与近红外波段	垂直干旱指数法 植被状态指数法 植被距平均指数法	时间分辨率高，空间覆盖范围广，数据源丰富	不能穿云透雾，多噪声	10 ~ 20
热红外波段	热惯量法	像元分辨率较高，覆盖范围广，物理意义明确	穿透能力有限，受云遮挡较明显，植被和气象条件干扰较大	5 ~ 15
被动微波（如微波辐射计）	统计回归法 单通道算法 AMSR-E 算法 SMOS 算法	能够出穿透云雾和一定厚度的植被，物理意义明确	空间分辨率低，升/降轨数据存在差异	<8
主动微波（如 SAR）	经验模型法 半经验模型法 物理模型法	能够出穿透云雾和一定厚度的植被，空间分辨率高，物理意义明确	土壤水分幅宽有限，精度受植被和地表粗糙度影响较强，升/降轨数据存在差异	<10
多源、多波段传感器融合	主被动微波融合 主被动微波与光学融合 被动微波与光学融合 光学与主被动微波融合	数据精度高，全天时，全天候	算法较复杂，空间分辨率低，仍存在显著空值图斑区域	约 6

1.2.2　当前主要的遥感土壤水分产品

经过近 40 年的长期积累，国际上已发展多种基于卫星反演的土壤水分产品（Wang and Qu，2009）。按搭载传感器工作方式不同，分为主动遥感、被动遥感、主/被动遥感结合的土壤水分产品。主动式遥感是指传感器带有能发射信号（电磁波）的辐射源，工作时向目标物发射电磁波，并接收目标物反射或散射回波，以此进行探测。被动式遥感则是利用传感器直接接收地物反射自然辐射源（如太阳）的电磁辐射或自身发出的电磁辐射。

1. 主动遥感土壤水分产品

（1）ALOS-PALSAR（Advanced Land Observing Satellite-Phased Array type L-band Synthetic Aperture Radar）（Rosenqvist et al.，2007；Moran et al.，2004）由日本宇宙航空研究开发机构（Japan Aerospace Exploration Agency，JAXA）于2006年1月24日研制发射，2011年4月22日结束服务，PALSAR是ALOS卫星携带的L波段合成孔径雷达，可全天候对地观测，获取高分辨率、扫描式合成孔径、极化三种观测模式的土壤水分数据，且全球存档丰富，拥有多期数据，用以监测细微的地表形变，也应用于灾害领域和地质监测领域中。

（2）ERS（European Remote Sensing Satellites）（Petersson and Bonnedal，1999；Wagner et al.，1999）是欧洲空间局研制的第一颗使用极轨轨道的地球观测卫星。第一颗卫星（ERS-1）于1991年7月17日发射至太阳同步极轨，高度为782～785km。1995年4月21日第二颗卫星（ERS-2）发射。两颗卫星重访周期均为35天，ERS-1于2000年3月服役结束，ERS-2于2011年9月5日服役结束。ERS-1/2散射计起初主要是为测量海洋表面矢量风速而设计，但由于其重复周期短、观测尺度大、能对地表连续观测，也应用于陆表土壤水分监测。

（3）Sentinel-1（Paloscia et al.，2013；Hornacek et al.，2012）是由两颗卫星组成的星座，其中Sentinel-1A于2014年4月3日发射，Sentinel-1B于2016年4月25日发射。单颗卫星的时间分辨率为12天，两颗卫星组网后，时间分辨率降低为6天。Sentinel-1搭载了C波段SAR传感器，工作频率为5.4GHz。传感器涉及4种数据获取模式：波模式（Wave Mode，WM）、干涉宽幅（Interferometric Wide-swath，IW）模式、条带（Strip Map，SM）模式和超宽幅（Extra-wide Swath，EW）模式。数据空间分辨率为5m×20m，幅宽为250km，极化方式为VV和VH。主要用于监测海冰区和北极环境，森林、水和土壤制图，以及在危机局势中支持人道主义援助的制图。

2. 被动辐射计土壤水分产品

（1）AMSR-E（Advanced Microwave Scanning Radiometer-Earth Observing System）（Lobl，2001）于2002年由EOS-Aqua搭载升空，EOS-Aqua是太阳同步卫星，逐日升轨、降轨通过同一纬圈的当地时间相同。AMSR-E由日本宇宙开发事业集团（National Space Development Agency，NASDA）在AMSR基础上研制，包括6.9～89GHz范围的6个波段，极化模式为水平垂直双极化，共12个通道。在反演土壤体积含水量中，前期主要采用6.9GHz和10.7GHz波段。但是6.9GHz波段易受无线电通信干扰影响，因此官方标准AMSR-E反演中采用10.7GHz波段。土壤水分日产品分辨率转换为25km，主要应用于测量云的属性、海表温度、近地风速、辐射能通量、土壤水分、地表水和冰雪。

（2）AMSR2（Advanced Microwave Scanning Radiometer 2）(Li et al.，2004；Njoku et al.，2003a）空间分辨率为10km，有6.925GHz、7.3GHz、10.7GHz、18.7GHz、23.8GHz、36.5GHz和89GHz七个频率，比AMSR-E产品新增了7.3GHz。每个频率有垂直和水平两个通道，共14个通道。该产品有三个数据集，即水平、垂直极化通道亮温和时间数据集，其数据存储格式为HDF5。AMSR2传感器继承于AMSR-E传感器，搭载于GCOM-W1（Global Change Observation Mission 1st-Water）卫星，该卫星于2012年5月发射升空，其过境时间与EOS-Aqua卫星的过境时间接近，可测量地表和大气的微波辐射信息。该产品提供全球亮温数据，包含水平、垂直极化通道亮温与时间三个数据集。

（3）SMOS（Kerr et al.，2012；Kerr et al.，2001）于2009年11月发射成功，是世界上唯一一颗能够同时对土壤水分和海水盐度变化进行观测的卫星。搭载在SMOS卫星上的合成孔径辐射计在1.4GHz频率（波段）发射的微波信号能够穿透5cm深度土壤和高达5kg/m^{2}含水量的植被覆盖层。SMOS土壤水分产品分为0级、1级、2级和3级。用户能够获取的为1级、2级和3级产品。1级产品为多角度观测的大气层顶亮温，可近实时获取；2级产品为土壤水分和海水盐度产品，一般需要数天之后才能获得；3级产品有业务产品和用户数据产品。2级和3级产品起始日期为2010年1月12日，空间分辨率为25km，每三天可获取一次全球覆盖数据。

（4）Coriolis/Wind-Sat（Li et al.，2010；Gaiser，2004）于2003年1月6日由美国海军研究实验室（Naval Research Laboratory，NRL）和空军研究实验室（Air Force Research Laboratory，AFRL）联合发射，离散频段为6.8GHz、10.7GHz、18.7GHz、23.8GHz和37.0GHz。其中，10.7GHz、18.7GHz、23.8GHz和37.0GHz频段为全极化模式；6.8GHz频段为双极化（垂直极化和水平极化）模式，其陆面数据产品包括全球陆面土壤水分日产品、植被含水量、土地分类、地表温度数据等。其中，全球陆面土壤水分日产品自2003年2月13日开始，空间分辨率为25km。

3. 主被动结合土壤水分数据

（1）2015年1月，美国国家航空航天局发射土壤水分探测卫星SMAP（Soil Moisture Active Passive）（Entekhabi et al.，2010；Spencer et al.，2011）。卫星重访周期为2~3天、分辨率为10km，通过对全球水分探测快速生成土壤水分地图。SMAP采用L波段（频率范围为1~2GHz，波长范围为300~150mm）散射计和L波段辐射计集成为单一并发观测系统进行测量。该组合利用主动传感器（散射计）和被动传感器（辐射计）微波遥感土壤水分的优势进行数据采集。在L波段的辐射计测得的微波数据（亮度温度）主要源自地表5cm和不超过植被含水量5kg/m^{2}的区域。

（2）2010年欧洲空间局发起气候变化计划——ESA-CCI（European Space Agency Climate Change Initiative）（An et al.，2016a；Dorigo et al.，2015）来监测与气候变化有反馈效应的14个变量（气溶胶、云、火、温室气体、冰川、南极冰盖、格陵兰岛冰盖、土地覆盖、海洋水色、臭氧、海冰、海平面高度、海表温度和土壤水分）。土壤水分（ECV Soil Moisture）作为其中一项，将主动和被动微波遥感数据结合起来，合成长时间序列全球土壤水分数据集。ECV土壤水分数据集提供空间分辨率为0.25°、时间分辨率为1天的全球数据。ECV土壤水分数据集提供从1979年至2018年6月30日的长时间序列全球数据集，时间序列处于持续延长更新中。ECV土壤水分数据集是迄今为止覆盖范围广、时间序列长、数据完备性较好的土壤水分数据集。目前，该项目重点集中于C波段散射计（ERS-1/2散射计，METOP高级散射计）和多频辐射计（SMMR、

SSM/I、TMI、ASCAT、Windsat）数据。这些传感器都具备土壤水分反演适宜性高且技术成熟、悠久的特点。

1.2.3 土壤水分数据融合研究进展

目前，土壤水分数据融合集中于主动、被动微波产品融合，以及微波与光学数据产品融合两部分。

（1）主动与被动融合反演土壤水分主要有3种方法：①利用主动和被动微波数据与土壤水分等地表参数的关系，分别构建前向模型反演土壤水分；②利用主动微波数据获取地表粗糙度或植被参数，将获取的参数代入被动模型中进行土壤水分反演；③利用地学方法结合主被动数据反演土壤水分（施建成等，2012）。开展主动、被动微波联合反演，所使用的非同源遥感数据既可以来自同一搭载平台的不同传感器，也可以来自不同的搭载平台的传感器。使用来自同一搭载平台的不同传感器数据，容易获得同一地区、同一观测时间的非同源数据，有利于协同反演（Liu et al.，2011；Bolten et al.，2003；Njoku et al.，2003）。

融合后的土壤水分产品较主动微波产品提高了时间分辨率，较被动微波产品提高了数据精度并保留了对植被和粗糙地表的低敏感度。但是，由于微波发射或接收频率、极化方式，以及入射角等参数原因，来自相同搭载平台的微波数据并不一定适合所有情况的土壤水分反演。而且，单纯在微波数据产品层面上进行融合不能弥补由于卫星升轨、降轨导致的条带和空值区域，也难以消除人类发射无线电信号对微波信号接收的干扰（Bradley et al.，2010）。

（2）微波与光学数据产品融合按照微波工作方式分为三类。

第一类，主动微波与光学遥感融合。

许多学者致力于融合主动雷达遥感SAR和光学遥感数据来综合反演土壤水分（Natali et al.，2009；Wang et al.，2004a）。有学者基于ETM+、TM、ENVISAT ASAR，以及ASAR APP等数据，利用冠层后向散射模型、单次散射及双程透过率模型、半经验模型建立土壤水分反演算法并开展验证，得到较好的效果（鲍艳松等，2007）。鲍艳松等（2018）在此基础上进一步深入研究，为提高反演数据的精度和分辨率，使用 Sentinel-1 SAR 数据和 Landsat 8 数据、水-云模型和地表散射模型，建立了一种能够消除植被影响的带有光谱指数的表层土壤水分反演模型。曾旭婧等（2017）将 Sentinel-1、Landsat 8 数据应用于东北黑土区的地表土壤水分反演，结果表明，双垂直极化与归一化植被指数（Normalized Differential Vegetation Index，NDVI）的组合方式在该研究区植被中等覆盖区域的土壤水分反演精度较高。相比而言，赵昕等（2016）使用 Radarsat-2 与 Landsat 8 数据通过半经验耦合模型在内蒙古自治区额尔古纳市大兴安岭西侧开展反演和验证，结果表明双水平极化耦合模型反演精度较高。因此，主动雷达遥感与光学遥感综合反演土壤水分是一类被广泛研究应用的较高精度成熟算法。

第二类，被动微波与光学遥感融合。

基于被动微波星载传感器的土壤水分产品空间分辨率较低，因此，近年来有研究致力于土壤水分产品的尺度转换可行性与结果验证评价分析。Pan 等（2010）基于土壤水分与植被状况、地表温度的关系提出了一种将 50km 分辨率 SMOS 土壤水分产品降尺度至 1km 的算法策略。Li 和 Huang（2016）借助 SPOT-VGT 可见光、短波红外波段数据对 AMSR-E 土壤水分开展降尺度重建，通过样本数据建立 S 形回归曲线，以吉林省为研究区开展降尺度和站点验证分析，实现对该地区全域式小尺度的土壤水分有效动态监测。凌自苇等（2014）对比分析了三种 Ts/VI 指数模型在 UCLA 土壤水分降尺度算法中的性能，以 AMSR-E 为实验数据，在美国国家航空航天局 Aqua 验证计划的亚利桑那工作区开展案例研究与分析，结果证明三种指数均能得到合理的降尺度效果，验证了 UCLA 算法的稳定性和鲁棒性。

第三类，光学遥感与主被动微波遥感融合。

综合国内外多名学者的研究表明，光学、主动微波和被动微波传感器数据反演地表土壤水分具有各自的优势和局限性。因此，有机结合地发展光学、主动微波和被动微波融合的土壤水分，扬长避短，是土壤水分精准模拟的必然发展趋势（Narayan et al.，2004）。An 等（2016b）通过研究主被动融合 ECV 土壤水分产品与地表要素的关系，使用可见光波段反演的地表温度、微波亮温，以及气象降水数据，借助滑动窗口、迭代回归，以及各地表要素与土壤水分的拟合模型对土壤水分开展降尺度重建。降尺度数据与站点实测数据取得良好的验证效果，尤其以秋冬季节的精度最高。这表明该算法不仅能在空间上提高土壤水分产品的分辨率，还可以在数据精度上予以改善。

综上所述，主被动微波融合获取的土壤水分数据空间分辨率较低，难以弥补空值条带区域的数值。微波与光学遥感融合能够提高土壤水分产品的空间分辨率，也能实现空值区域的重建。但是，目前的研究主要集中于使用后向散射模型、辐射传输模型、半经验模型等来反演土壤水分，以及通过土壤水分与植被状态、地表温度等参数建立机理上可解释的模型来实现重建或降尺度。当前已有的传统土壤水分反演算法较为复杂，具有区域适用性局限，难以在不同下垫面性质的大尺度空间范围规模化应用。机器学习算法通过对因变量和自变量组合的自主学习和参数优化、规则调整等训练得出最优拟合模型，即基于主、被动微波数据与光学遥感地表参数的复杂非线性关系对低分辨率的卫星土壤水分产品重建补全和降尺度，从而得到空间连续覆盖和中高空间分辨率的土壤水分分布情况。此类算法的优势是具有自适应性调节功能和在多类型综合自然地理本底区域高精度反演土壤水分的潜力，一方面能够克服传统算法的区域适用性问题，另一方面可实现土壤水分空值图斑的补全填充。因此，本研究拟通过多源光学遥感数据对微波遥感土壤水分产品进行时空序列重建分析和降尺度应用。

1.2.4 土壤水分真实性评价方法研究进展

系统分析土壤水分精度、充分把握土壤水分真实性程度是对其开展建模应用的必要条件。国内外学者针对微波遥感土壤水分数据开展了系列评价研究，其方法主要包括点位评价法、泰森多边形法和 Triple Collocation 法等。

1. 点位评价法

点位评价法是经典的以地面实测值为理论真值对卫星反演土壤水分栅格数据评价的方法，即以每个地面实测站的数据代表其所在栅格像元的土壤水分整体情况，对遥感数据进行精度评价与趋势拟合度分析。该方法已被广泛应用于包括土壤水分在内的多种遥感地表参数数据验证（Jackson et al.，2010；

Paloscia et al., 2013；Wang et al., 2016；Gruber et al., 2020），但点尺度测量数据对整个栅格像元范围的取值代表性仍有待商榷，特别是当下垫面性质复杂多变、栅格像元范围较大时，站点测量值的空间代表性需要进一步提升。

2. 泰森多边形法

利用泰森多边形（Voronoi 图）法以地面站点监测数据为点位真值对卫星土壤水分数据的误差和不确定性进行评价能够在一定程度上克服站点测量值空间代表性不足问题（Aurenhammer, 1991；Miralles et al., 2010；Colliander et al., 2017；Bindlish et al., 2018）。泰森多边形算法的核心理论是将所有相邻土壤水分实测站连成三角形，作这些三角形各边的垂直平分线，将每个三角形三条边的垂直平分线的交点连接起来得到一个多边形，称为泰森多边形。用这个多边形内所包含的唯一土壤水分实测站的数值来表示这个多边形区域内的土壤水分，根据每个像元范围内泰森多边形所占的面积比例计算得到该像元对应的土壤水分地面实测真值，并进行精度评价与不确定性分析。泰森多边形的构建符合地理学相似性原则，如图 1.2 所示。

3. Triple Collocation 法

Triple Collocation 法的核心理论是认为三个相互独立的土壤水分数据集和土壤水分真值间存在线性关系（Su et al., 2014；Gruber et al., 2016；Gruber et al., 2017；Chen et al., 2018a）：

$$\begin{cases} \mathrm{SM}_x = \alpha_x + \beta_x \mathrm{SM}_{\mathrm{true}} + \varepsilon_x \\ \mathrm{SM}_y = \alpha_y + \beta_y \mathrm{SM}_{\mathrm{true}} + \varepsilon_y \\ \mathrm{SM}_z = \alpha_z + \beta_z \mathrm{SM}_{\mathrm{true}} + \varepsilon_z \end{cases} \tag{1.7}$$

式中，$\mathrm{SM}_{\mathrm{true}}$ 为土壤水分真值；SM_x、SM_y 和 SM_z 为三个相互独立的土壤水分观测数据集；α_x、α_y、α_z 和 β_x、β_y、β_z 分别为对应线性方程的截距和斜率；ε_x、ε_y 和 ε_z 分别为对应土壤水分观测数据集的误差，均值为 0。方程两边除以 $\beta_i(i=x,y,z)$，$\mathrm{SM}_i^* = (\mathrm{SM}_i - \alpha_i)/\beta_i$ 并移项得到：

$$\begin{cases} \mathrm{SM}_x^* = \mathrm{SM}_{\mathrm{true}} + \varepsilon_x^* \\ \mathrm{SM}_y^* = \mathrm{SM}_{\mathrm{true}} + \varepsilon_y^* \\ \mathrm{SM}_z^* = \mathrm{SM}_{\mathrm{true}} + \varepsilon_z^* \end{cases} \tag{1.8}$$

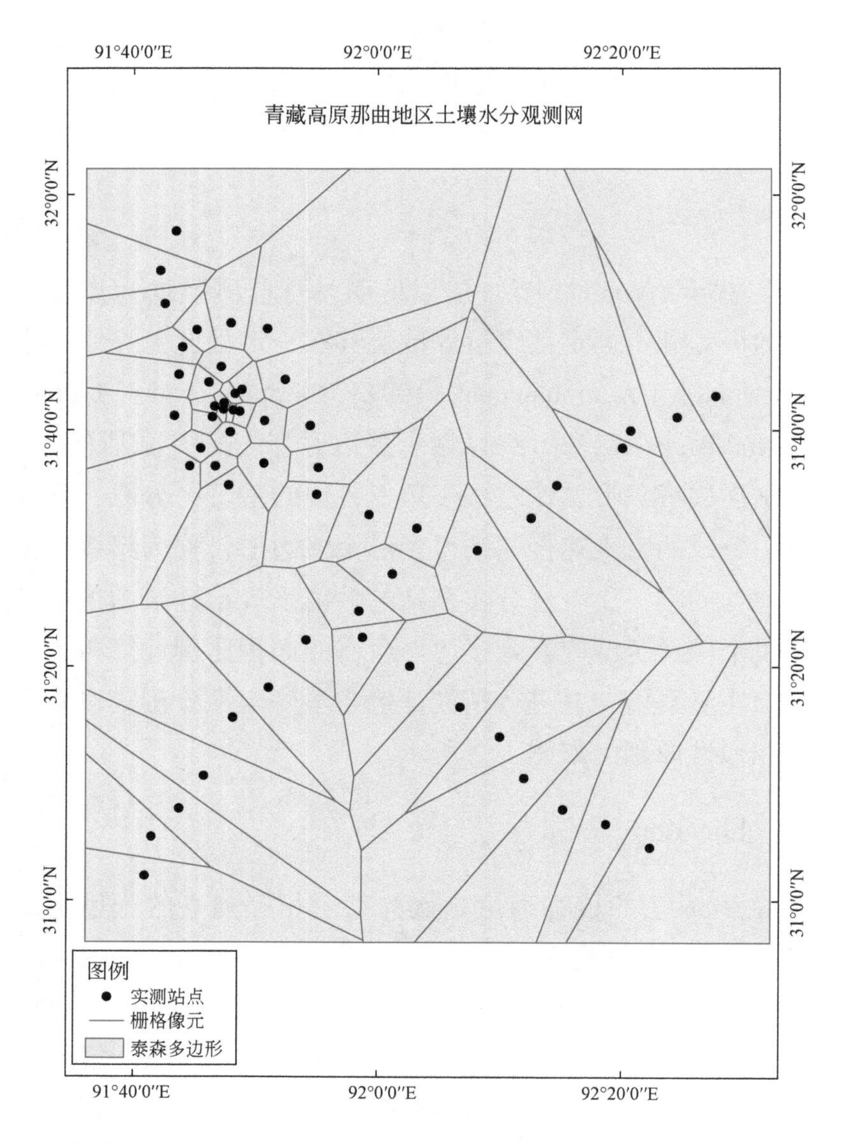

图 1.2　基于青藏高原多尺度土壤水分监测网构建的泰森多边形

三个等式两两相减消除未知真值 SM_{true}，然后进行交叉相乘并取均值，最后得到每个估计的土壤水分数据误差的方差。由于残差 ε_x^*、ε_y^*、ε_z^* 相互独立，故$\langle \varepsilon_x^* \varepsilon_y^* \rangle = \langle \varepsilon_x^* \varepsilon_z^* \rangle = \langle \varepsilon_y^* \varepsilon_z^* \rangle = 0$。

$$
\begin{cases}
\sigma_x^{*2} = \langle \varepsilon_x^{*2} \rangle = \langle (SM_x^* - SM_y^*)(SM_x^* - SM_z^*) \rangle \\
\sigma_y^{*2} = \langle \varepsilon_y^{*2} \rangle = \langle (SM_y^* - SM_z^*)(SM_y^* - SM_x^*) \rangle \\
\sigma_z^{*2} = \langle \varepsilon_z^{*2} \rangle = \langle (SM_z^* - SM_x^*)(SM^z - SM_y^*) \rangle
\end{cases} \tag{1.9}
$$

整理得到不同土壤水分产品的误差方差：

$$\begin{cases}\sigma_x^{*2}=\langle SM_x^{*2}\rangle-\langle SM_x'SM_y'\rangle\cdot\langle SM_x'SM_z'\rangle/\langle SM_y'SM_z'\rangle\\ \sigma_y^{*2}=\langle SM_y^{*2}\rangle-\langle SM_x'SM_y'\rangle\cdot\langle SM_y'SM_z'\rangle/\langle SM_x'SM_z'\rangle\\ \sigma_z^{*2}=\langle SM_z^{*2}\rangle-\langle SM_y'SM_z'\rangle\cdot\langle SM_x'SM_z'\rangle/\langle SM_x'SM_y'\rangle\end{cases}\tag{1.10}$$

式中，σ_x^{*2}、σ_y^{*2} 和 σ_z^{*2} 分别为 SM_x、SM_y 和 SM_z 的误差方差；$\langle\cdot\rangle$ 为均值计算，$SM'=SM-\langle SM\rangle$。

1.2.5　土壤水分时空分布特征及其影响因素

土壤水分作为陆面过程中重要储水形式之一，通过改变地表反照率（Surface Albedo）、热容量和向大气输送感热、潜热等途径影响气候（马柱国等，2001）。有研究指出，土壤水分与降水呈正相关，与气温呈负相关，且不同深度不同区域有显著差异（马柱国和魏和林，2000；荆文龙，2017；Wagner et al.，2003；Yan et al.，2017）。有学者通过分析美国伊利诺伊州土壤水分资料指出，随着土壤深度增加，土壤水分的振幅减小，位相转移，意味着表层土壤水分受地表要素影响波动最大，随着深度增加土壤水分变幅趋于平稳减小（Wu et al.，2002）。土壤水分的空间分布具有平稳性与跳跃性、确定性与随机性的多重特性。与温度、降水等便于实施监测和预报的气象要素相比，土壤水分的空间分布特征和时间演化趋势更为复杂。影响土壤水分变化的综合环境机制复杂，不同降水和温度组合、不同土地覆被类型和日照时数组合会对土壤水分变化造成不同方向和程度的影响（Zhao and Li，2013）。在宏观层面，土壤水分的空间分布与区域气候类型、水热条件、地形地貌的组合密不可分（Yang et al.，2006）。但干、湿土壤对后期降水和气温的影响有较大的差异，干土壤促进未来气温升高，湿土壤诱导后期降水增加（Shukla and Mintz，1982；Walker and Rowntree，1977）。但在微观层面上，土壤水分在很小的范围内也可能具有明显的空间分异，如区域地形变化、土地覆被类型变化、人工灌溉等都可以对区域土壤水分分布造成影响。同时，土壤水分还具有动态分布的特点，其空间变异特征也随时间尺度而变化，在年尺度上，土壤水分一般呈周期性变化，在短时间尺度上（周、日及日以下），土壤水分受近期降水量、气温及其变幅、人工灌溉等作用，其变化复杂性大大增加。

虽然土壤水分在全球的分布呈现复杂的区域变异性特点，但总体上是由内部机制和外部动力共同导致的（Peng et al.，2016；Piles et al.，2011；Wang et al.，2007）。内部机制方面，依据土壤发生学、土壤诊断分类体系划分出不同土壤类型和土壤理化性质，体现在含沙量、母质、有机质含量的多元化，以及土壤介电常数和持水力（也称田间持水力）的异质性。土壤介电常数与土壤水分之间关系模型的参数精准优化是准确计算点位含水量的关键步骤（Wang et al.，2010；Wang et al.，2004a）。外部动力方面，表层土壤水分与植被聚集度、日照强度、温度、降水过程、人工干预等息息相关（Yang et al.，2013；Wu et al.，2002）。植被聚集度越高，对土壤水分的需求量越大；日照强度和气温均与土壤水分呈负相关；降水过程导致土壤水分的短时快速增加，随后在土壤孔隙下渗作用下表土层湿度逐渐下降趋于平稳；人工干预使得土壤水分依照预期的方向变化（Sokol et al.，2009）。

1.2.6 土壤水分多尺度重建方法研究进展

为了获取时空序列完整的地表土壤水分以开展时空尺度的多学科、多领域分析研究，国内外学者对土壤水分及相关气候要素（如降水、蒸散发等）数据产品开展了系列重建及降尺度研究，方法主要有多元回归模型、通用三角形算法、机器学习算法等。

1. 多元回归模型

多元线性回归，是研究一个因变量与多个自变量之间的相关关系，反映一种现象或事物的数量依多种现象或事物的数量的变动而相应变动的规律。它是建立多个变量之间线性或非线性数学模型数量关系式的统计方法（兰恒星等，2002）。该模型可加深对定性分析结论的定量认识，得出各要素间的数量依存关系，从而进一步揭示各要素间内在的相互影响规律。常用多元回归模型基于土壤水分站点数据构建整个区域的土壤水分分布状态。在构建卫星土壤水分数据多元回归模型时，在原始土壤水分数据空间分辨率基础上迭代对比选择精度最高的回归模型作为最终的尺度重建算法，将这种算法应用于目标高分辨率下进行土壤水分数据的降尺度估算（严昌荣等，2008；李树岩，2007）。土壤水分与各地表要素虽存在密切耦合效应，但各要素耦合效应呈现非线性演替，多元线性拟合难以有效在整个研究区及时间周期进行高质量回归，常出现较大的误差和偏移，甚至出现异常值（郭广猛和赵冰茹，2004）。

2. 通用三角形算法

表面辐射温度和湍能通量显著依赖于表面土壤水分。通用三角形算法机理是基于对表面辐射温度/植被覆盖度空间图像（像素）空间分布的解释。倘若存在足够大的像素数，当除去云层、地表水和异常值时，像素包络的形状类似三角形。随着植被覆盖面积增加和地表辐射温度范围减小，三角形随之出现，其狭窄的顶点证明在植被茂密覆盖情况下表面辐射温度范围较窄（图 1.3）（Carlson and Toby，2007）。通用三角形算法能够从大型影像数据集中生成地表水分和地表蒸散发量的非线性解。一系列图像只需建立一次非线性解，即可快速得到土壤水分的模拟值。通用三角形算法具有不需要辅助大气或地表数据或任何特殊陆面模式的优点，而且无论在任何陆面模式下，对大气改正、环境大气和地表参数的选择都相对不敏感。

大量研究表明，归一化植被指数（Normalized Difference Vegetation Index，NDVI）与 LST 之间存在稳定的耦合关系（Song et al.，2014；Tan et al.，2012；Sun and Kafatos，2007）。若研究区内的土地覆被包含从裸土到浓密植被的所有情况，土壤水分存在从极度干燥至非常湿润的所有组合，则 NDVI 与温度（T_s）散点图形状类似三角形，基于这一原则构建出三角形特征空间（图 1.3）。连接不同植被覆盖状态下的最低温度点构成三角形“湿边”，代表最大蒸腾作用和湿度。此外，温度植被干旱指数（Temperature Vegetation Drought Index，TVDI）在最湿润环境中取值为 0。“干边”表征最严重的干燥状态和最微弱的蒸腾作用，通过连接不同植被指数状态的最高下垫面温度散点获得，“干边”上 TVDI＝1。式（1.11）为 TVDI 的计算方法。在 LST 与 NVDI 散点构成的特征空间中存在一系列的直线形土壤水分等值线（Rahmati et al.，2015；Zhang et al.，2014a，2014b；Tang et al.，2010）。这些等值线的斜率可以表述成土壤水分线性方程的斜率（Carlson and Toby，2007）。在以上的理论支持下，Sandholt 等（2002）提出了一种通过 TVDI 模拟土壤水分的方法，通过线性回归方程建立土壤水分与 TVDI 的关系模型。

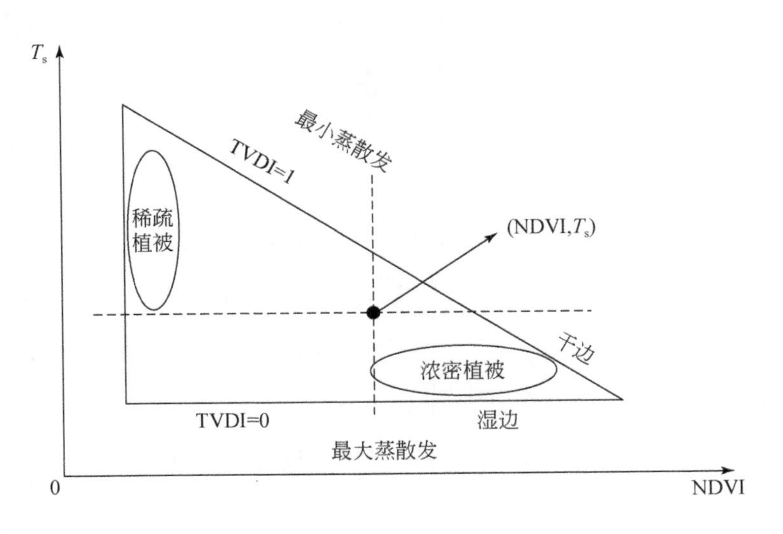

图 1.3　TVDI 特征空间示意图

但是，TVDI 适用于包含从裸土到密集植被所有情形 NDVI 的小区域，即理想研究区位于同一气候类型区，且 NDVI 取值范围涵盖［0，1］的大部分区间。当研究区范围广阔，植被与温度呈现多元化非特征三角形反馈关系，或植被覆盖多集中于单一类型（如单种作物的旱地、水田，以及单一草地、灌丛、森林等）时，算法误差偏高。因此，TVDI 算法的空间适用度存在一定局限性，难以向大尺度空间范围进行扩展。

$$\mathrm{TVDI}=\frac{T_s-(a_1\times\mathrm{NDVI}+b_1)}{(a_2\times\mathrm{NDVI}+b_2)-(a_1\times\mathrm{NDVI}+b_1)} \tag{1.11}$$

式中，a_1 和 b_1 分别为“湿边”线性回归方程的斜率和截距；a_2 和 b_2 分别为“干边”线性回归方程的斜率和截距。

$$\mathrm{SM}=a_3\times\mathrm{TVDI}+b_3 \tag{1.12}$$

式中，a_3 和 b_3 为土壤水分拟合方程的斜率和截距。

3. 微波及光学遥感数据融合法

水文、气象、农业等领域对土壤水分产品的应用需求越来越多，近年来很多研究针对土壤水分降尺度进行了更加深入的探索与尝试（Peng et al., 2017）。Narayan 等（2006）通过变化检测法从 L 波段辐射计和雷达观测数据中反演土壤水分；Piles 等（2009）测试发现主动-被动分解算法比单辐射计分解算法能体现更多的空间细节；Das 等（2014）进一步优化了变化检测法并提出了主被动融合 SMAP 土壤水分基础算法，使卫星土壤水分产品空间分辨率提升至 3km 尺度。但 SMAP 数据自 2015 年以后才出现，前序时间的卫星土壤水分空间分辨率亟待提高。针对农业管理与支持体系来讲，田块尺度的高时空分辨率且连续的土壤水分产品需求尤为紧要，有研究基于组合 MODIS、Landsat 8 和站点监测数据使用非线性 TVDI 模型将生长季农田卫星土壤水分降尺度至 120m 逐日分辨率，降尺度结果与实测站点拟合度较好（Xu et al., 2018）。Landsat 8 数据无法做到时间尺度的逐日化，且易受云层遮挡影响。还有学者对特定时段的土壤水分开展反演，鲍艳松等（2010）以北京市郊区的农用地为研究区，基于高级合成孔径雷达 ASAR 在冬小麦的起身期、拔节期、抽穗期三种不同生育期采用统计模型和实测数据反演土壤水分，明确土壤水分对应的物候时间信息，指导农田灌溉和排涝。土壤水分时间序列反演以当地的作物类型及其物候节律为基础，需要在实地调查的基础上进行，土壤水分探针需安置在农田中。

4. 机器学习算法

当前社会处在大数据和信息爆炸新纪元，为了对海量多源的异构数据进行有效统计分析，探寻价值规律，机器学习应运而生。机器学习融合了概率统计、计算机科学、线性代数、微积分、算法设计等学科精髓，广泛应用于气候变化模拟、知识发现与服务、智慧城市建设、社会经济预测等多领域的自动自发式演化预测中（Harrington, 2012；Westreich et al., 2010）。它的基本原理是，根据已有的样本数据，使用模型本身具备的自主学习功能，针对样本展开训练回归，不断优化调整参数和规则以获取对训练样本的最佳拟合，最终依据优化后的模型得到预测结果（Mitchell et al., 1986）。

机器学习算法主要分两类。一类是预测性的监督学习，以从训练集中获取因变量与自变量的映射模型为目标。在训练集中，输入的自变量为代表响应变量属性、特质或协变量的结构化数据。当响应变量属于有限数据集的类别或名词性变量时，解决待判自变量集的响应变量预测称作分类或模式识别；当响应变量是连续取值的数值集合时，相应地，称为回归问题。另一类是描述性的非监督学习，即在不给出响应变量的情况下直接输入样本训练集来发现兴趣点，这一过程有时也叫作“知识发现”。机器学习的建模过程以模拟人脑神经网络推导为演化目标，由于人类学习过程大多数是非监督式，因此相比而言，非监督学习比监督学习的发展潜力更加广阔。但是就目前的水平而言，监督学习的目标导向力更明确，推演得到的结果准确度更高（Svetnik et al.，2003；Tong and Chang，2001）。

分类应用方面，监督学习接收训练样本输入（一组样本包括一个既定的准确因变量类型和若干个解释变量），总括提取样本特征建立分类器，每当有新样本加入，算法重新基于所有的已知样本不断优化调节分类规则。对于待判样本，在最大后验概率的判断支持下输出其预测分类结果。分类器当前广泛应用在手写体识别、植被快速拍照分类、人脸检测与识别等多元场景中。回归器与分类器相似，主要区别在于回归分析中响应变量的连续性取值。算法观察学习样本中自变量与因变量的映射条件，尝试建立拟合函数模型，遍历参数调整模型结构使模拟值对样本真值高度还原。针对未知结果的自变量样本组基于模拟器输出预测结果（Harrington，2012；Berk，2006；Pedregosa et al.，2011）。在非监督学习中，样本结果独立于解释变量体系作为训练学习的全部数据源。针对样本散点群，非监督学习进行自主的知识发现和散点分布密度估计，也称散点集群聚类。非监督学习常使用降维方式处理高维数据来发现样本分布的潜在特质（如将三维空间的散点先降维至二维平面再降维至一维直线来探索分布特征）。主成分分析（Principal Component Analysis，PCA）法的原理类似于多元输出的线性回归，是非监督学习最常用的降维方法。无论监督或非监督问题，在运用机器学习算法时需要注意过拟合问题，过拟合模型的结果预测通常比较“扭曲”，究其原因是过分追求对训练数据的完美拟合使得模型过于复杂，不能有效表征样本的整体演化趋势，因此拟合模型通常允许存在一定的容差值（Robert，2014）。

多项实验研究专注于分析机器学习算法对卫星土壤水分产品在某一试验区

的降尺度效果。Srivastava 等（2013）使用 MODIS 地表温度对 SMOS 数据进行降尺度研究。研究区位于英格兰西南部的 Brue 流域，地处温带海洋性气候区。比对支持向量机（Support Vector Machine，SVM）、相关向量机（Relevance Vector Machine，RVM）、人工神经网络（Artificial Neural Network，ANN）和线性模型的降尺度效果，发现 ANN 效果出色（Srivastava et al.，2013）。Im 等（2016）对比了两种机器学习算法［增强回归树、随机森林（Random Forest，RF）］在 AMSRE 土壤水分产品中的降尺度效果。研究区域为韩国和澳大利亚，解释变量包括 MODIS 归一化植被指数（Normalized Difference Vegetation Index，NDVI）、增强植被指数（Enhanced Vegetation Index，EVI）、叶面积指数（Leaf Area Index，LAI）、蒸散发（Evapotranspiration，ET）、陆地表面温度。但其研究在进行逐日重建时使用 8 天或 16 天的产品作为解释变量，并认为在这期间的解释变量数值均恒定不变。以上的研究主要针对单个产品在单一区域开展分析比对，未能在评价的基础上系统地从全球视角分析不同机器学习算法在多区域、多卫星产品中的适用性。

综上所述，机器学习算法家族因其算法众多、对多参变量复杂非线性关系模拟性强、性能稳定而逐渐被用于演化预测地球系统、生态环境多时相分布状态等研究中（Reichstein et al.，2019；Bai et al.，2019；Hutengs and Vohland，2016；Lary et al.，2015；Valentine and Kalnins，2016；Li et al.，2013；Weng，2012）。但目前基于卫星土壤水分产品开展的全球典型区评价、重建和降尺度系列研究仍较少。因此，本研究在评价七种卫星土壤水分产品全球典型区适用性的基础上基于机器学习算法展开重建和降尺度研究，旨在得到一套质量高、时空序列完整的高分辨率土壤水分产品，以及相应的算法体系和参变量组合，丰富和拓展机器学习算法在土壤水分领域的应用。

1.3　相关研究中存在的主要问题

在研究土壤水分辐射特性、理化性质及与地表要素关系的基础上，国内外学者针对卫星土壤水分产品开展广泛实验，基于多元线性回归、通用三角形算法等模型建立土壤水分与相关要素的演化关系，实现土壤水分重建和降尺度。近年来各研究在原始算法的基础上不断改良和精进，以求提高模型的精度和稳定性，扩展应用范围。但是，现行的遥感土壤水分产品重建与降尺度模拟在实际应用中存在显著的区域性差异和限制性、挑战性因素，具体如下。

（1）传统算法多从定性分析角度解释研究区内土壤水分与协变量的耦合关系，而相对缺乏定量化显著性检验和区域耦合关系异质性分析。此外，其在建模过程中多采用一贯而终的模型，对研究区内部异质性可能导致的模型适用性差异考虑不足。

（2）近年来研究者建立和优化的土壤水分重建和降尺度模型主要是从土壤水分与地表温度、植被指数、反照率（Albedo）、数字高程模型（Digital Elevation Model，DEM）等多个变量中选取 1 ~ 2 个建立机理上可解释的或基于统计学的模型。而实际上，土壤水分本身与多种变量因素间均存在复杂的非线性关系，单个要素难以刻画和表达土壤水分波动及其变幅的动力导向机制。

（3）以机器学习乃至深度学习为代表的大数据、人工智能挖掘分析技术方兴未艾，逐渐有研究将机器学习算法运用到卫星土壤水分数据的降尺度中。然而机器学习算法家族庞大，机制、原理和应用方式多元化，在土壤水分重建中的性能也大相径庭。每种卫星土壤水分产品的传感器类型、极化方式、工作原理、反演算法千差万别，在全球不同纬度气候带和土地覆被类型的精度等也不一致。传统研究多是基于某种单一产品选择一个研究区和 2 ~ 3 种算法比较分析。就整体情况而言，缺乏基于多种卫星土壤水分产品（尤其是主/被动微波传感器联合反演的土壤水分产品）、多研究区、多机器学习算法综合比较的重建研究。

（4）现有的研究进展主要是基于已有的卫星土壤水分数据来进行时空序列重建和尺度转换。但是实际的卫星土壤水分产品存在着多因素（浓密植被、卫星升降轨、人为辐射干扰等）导致的大量空值图斑，对空值区域的时空序列重建，以及在重建基础上的尺度变换和相应的精度评价研究有待发展。只有实现缺失地区的数据补全，才能在真正意义上研制出全域式覆盖的时空序列完整的卫星土壤水分产品。

1.4　研究内容与技术路线

1.4.1　研究目标与研究内容

基于上述问题，本书研究拟在对 SMOS（包含升轨、降轨数据）、AMSR（包含升轨、降轨数据）、ECV（包含基于主动融合、被动融合和主/被动融合产品）等土壤水分数据基于全球洲际典型区精度比较的基础上，运用机器学习算法在日尺度上对精度较高、完整性较好的卫星土壤水分产品进行重建补全和降尺度。本书通过机器学习算法建立土壤水分与植被、温度、地形等参数的非线性关系，对空值区域补全重建，并在站点验证的基础上实现空间降尺度，比较各机器学习算法土壤水分降尺度效果，分析误差产生的可能原因。本书研究以基于卫星的土壤水分数据为基础，基于机器学习方法，开展时空序列重建与降尺度的研究，具体研究内容包括以下 5 个方面。

（1）总结当前常用的土壤水分数据，利用站点监测数据，评价 SMOS、AMSR 和 ECV 卫星土壤水分产品的精度。

（2）建立土壤水分降尺度的解释变量参数体系，选择多种机器学习算法，对研究区的土壤水分数据开展空值区域时空序列重建补全，具体内容包括机器学习分类算法的参数寻优、算法训练与回归预测。

（3）借助光学遥感产品提高卫星微波土壤水分产品分辨率，可见光、近红外波段易受到云层影响而导致空缺和异常值出现，本研究针对这一问题进行了空间滤波补全和时间序列平滑。

（4）通过机器学习算法和解释变量体系实现对原始土壤水分产品的重建补全，在此基础上对卫星土壤水分产品空间降尺度，并对比几种机器学习算法的效率及精度，定量评价和比较不同算法的降尺度数据质量。

（5）利用土壤水分站点实测数据及相关数据，对降尺度结果进行验证，讨论分析影响土壤水分数据空间降尺度精度的因素和尺度效应的影响。

1.4.2 技术路线

本书研究围绕多源卫星微波遥感土壤水分产品的评价验证与对比分析、时空序列重建与降尺度等方面开展工作，总体技术路线如图 1.4 所示。

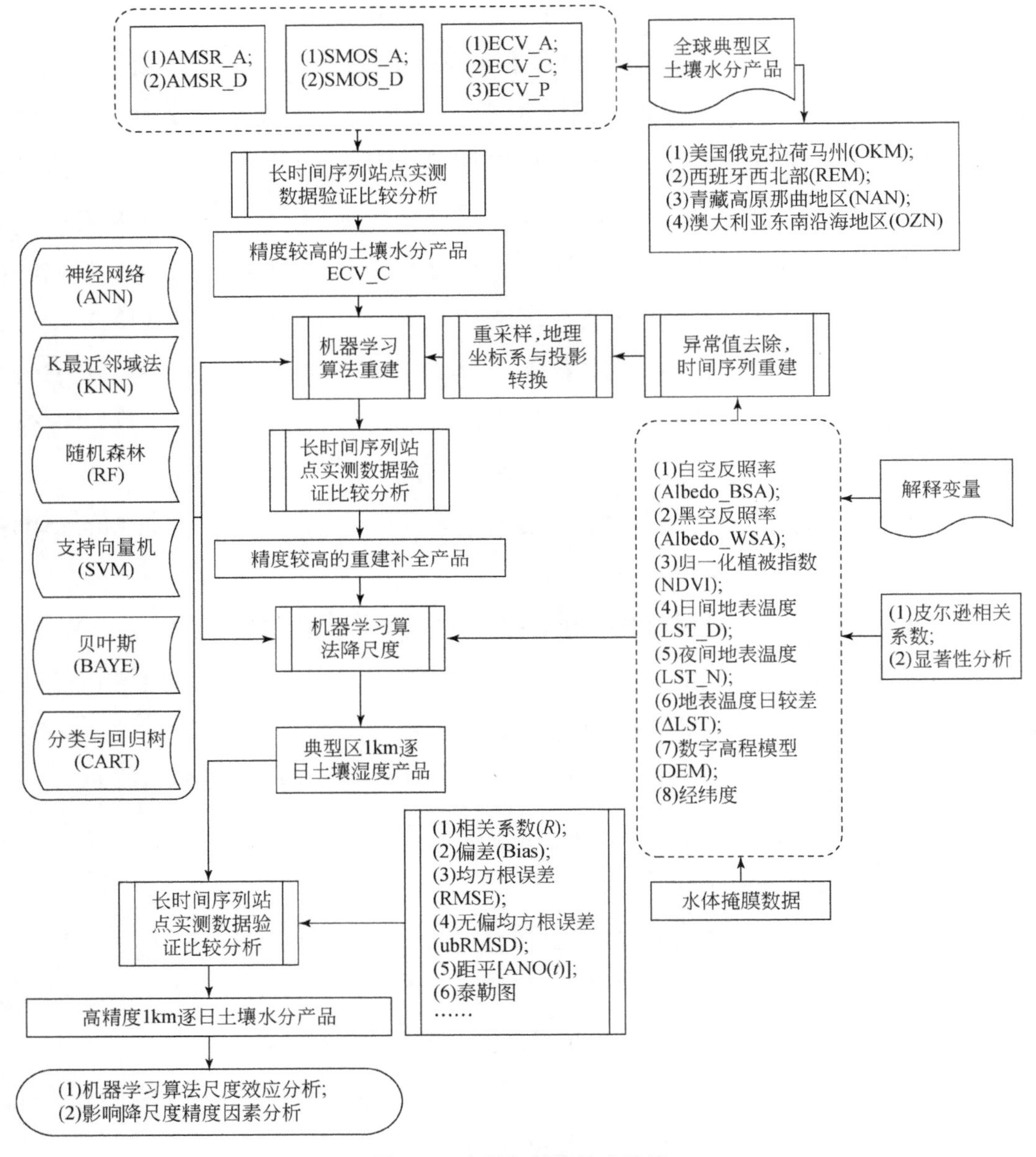

图 1.4　本研究总体技术路线

第2章 多源数据融合遥感土壤水分数据时空序列重建技术方法

2.1 卫星遥感土壤水分数据质量评价指标

本书利用土壤水分监测站点数据对原始卫星土壤水分产品、重建数据和降尺度数据进行区域适用性评价、验证及误差分析。主要使用五种参数来表达数据质量，包括偏差（Bias）、相关系数（R）、均方根误差（RMSE）、无偏均方根差（ubRMSD）和标准偏移（STD）（Tweedie，2015；Chai and Draxler，2014；Leys et al.，2013）。此外，本章研究以连续35天为周期的滑动窗口计算距平［ANO（t）］来减弱土壤水分季节影响并对其变化趋势进行分析（Chandola et al.，2009）。

$$\mathrm{Bias} = \frac{\sum_{i=1}^{n} S_i - \sum_{i=1}^{n} G_i}{n} \tag{2.1}$$

$$R = \frac{\sum_{i=1}^{n}\left[(G_i - \bar{G})(S_i - \bar{S})\right]}{\sqrt{\left[\sum_{i=1}^{n}(G_i - \bar{G})^2\right]}\sqrt{\left[\sum_{i=1}^{n}(S_i - \bar{S})^2\right]}} \tag{2.2}$$

$$\mathrm{RMSE} = \sqrt{\frac{\sum_{i=1}^{n}(G_i - S_i)^2}{n}} \tag{2.3}$$

$$\mathrm{ubRMSD} = \sqrt{\frac{\sum_{i=1}^{n}\left[(G_i - \bar{G}) - (S_i - \bar{S})\right]^2}{n}} \tag{2.4}$$

$$\mathrm{STD}=\sqrt{\frac{\sum_{i=1}^{n}(S_i-\bar{S})^2}{n}} \tag{2.5}$$

$$\mathrm{ANO}(t)=S(t)-\overline{S(t-17:t+17)} \tag{2.6}$$

式中，G_i、$\bar{G}$、S_i、$\bar{S}$ 分别为位置 i 的土壤水分实测数值、所有地面站点土壤水分实测平均值、卫星反演土壤水分位置 i 数值、卫星土壤水分所有栅格点位平均值；$S(t)$ 为第 t 天的土壤水分值；$\overline{S(t-17:t+17)}$ 为在（$t-17$）到（$t+17$）时间段的土壤水分平均值。

2.2 基于皮尔逊相关系数与显著性检验的时空序列重建因子选择

土壤水分与地表环境参数相关性研究是卫星土壤水分数据重建方法研究的理论基础，也是选取相关地表参数变量的重要依据。本节研究通过皮尔逊相关系数定量表达各要素与土壤水分的相关性。皮尔逊相关系数也称皮尔逊积矩相关系数（Pearson product-moment correlation coefficient）（Deghett，2014；Macfarland，2013；Kornbrot，2005），常用于自然学科中表征两个变量之间的相关程度，其取值范围为［-1,1］，通过协方差除以两个变量的标准差得到。其值大于 0 时，表明两个待测变量之间呈正相关；值小于 0 时，说明两个变量呈负相关。皮尔逊相关系数绝对值愈接近 1，变量之间的相关程度愈大。其公式如下：

$$P=\frac{\sum_{i=1}^{n}(x_i-\bar{x})(y_i-\bar{y})}{\sqrt{\sum_{i=1}^{n}(x_i-\bar{x})^2}\sqrt{\sum_{i=1}^{n}(y_i-\bar{y})^2}} \tag{2.7}$$

式中，P 为皮尔逊相关系数；x_i 为变量 x 的第 i 个样本；$\bar{x}$ 为样本 x 的均值；y_i 为变量 y 的第 i 个样本；$\bar{y}$ 为样本 y 的均值。

显著性检验用于检测实验组数据与对照组数据之间是否有差异，以及差异是否具有显著性。

因此，本书研究以遥感土壤水分产品为参照样本度量了土壤水分与解释变量的皮尔逊相关系数，并进行显著性检验。鉴于样本数量是影响皮尔逊相关系数和显著性的重要因素，选取样本数量大于 50 的数列进行相关分析和显著性检验。

2.3 重建因子空间滤波补全与时间序列平滑

重建因子使用 MODIS 逐日数据，包括 MODIS 归一化植被指数（NDVI）、地表温度（LST）和反照率（Albedo）。其中，LST 由日间地表温度（LST_D）、夜间地表温度（LST_N）和昼夜地表温度差（△LST）构成；Albedo 包括白空反照率（Albedo_WS）和黑空反照率（Albedo_BS）。逐日数据的时间分辨率较高，受云层遮挡、光照条件影响，1km 分辨率的遥感卫星数据产品如 NDVI、LST、Albedo 等存在空间数值缺失现象。此外，人类活动与自然因素的干扰，使 MODIS 数据存在局部异常值及噪声。例如，NDVI 受到不同粗糙度的表层土、潮湿地面、枯叶、雪等植被冠层背景影响，造成取值局部异常；云层遮挡区域则表现为空值。为了消除这些局部缺失值、异常值对降尺度算法的影响，利用低通滤波算法对原始数据进行去噪及平滑处理。低通滤波通过对每个像元周围的邻近像元进行处理来实现（Filtering et al.，2008）。如图 2.1 所示，滑动窗口行列数为相等的奇数，滑动窗口在整幅影像上逐行逐列移动，每个位于

1/25	1/25	1/25	1/25	1/25
1/25	1/25	1/25	1/25	1/25
1/25	1/25	1/25	1/25	1/25
1/25	1/25	1/25	1/25	1/25
1/25	1/25	1/25	1/25	1/25

(a)5×5权重因子窗口

70	85	92	83	75
87	86	72	91	94
90	71	88	73	68
76	84	89	74	82
82	93	77	73	80

(b)5×5像元取值

		81		

(c)加权计算结果

图 2.1　基于滑动窗口的低通滤波计算示意

滑动窗口中的像元的取值乘以该窗口的权重再相加取和，最终得到滑动窗口中心像元的低通滤波取值。具体说来，在图 2.1 中，图 2.1（a）为 5×5 权重因子窗口，图 2.1（b）中每个像元亮度值乘以图 2.1（a）中对应权重，相加得到加权计算结果图 2.1（c）。

卫星搭载光学遥感传感器获取地面数据受到云层大气扰动、数据传输误差、太阳光照角度变化等干扰，光学遥感反演数据产品时间序列因此受到波及，常出现突变点。所以，针对本研究选取的解释变量体系因子时间序列数据，进行去云、去噪、去突变点、平滑处理，在空间滤波补全之后进行时间序列平滑，实现自变量体系平滑重建（Verma et al.，2014；李杭燕等，2009）。遥感地表参数产品时间序列平滑方法多种多样，每种算法自产生以来均处在探索式改进优化之中，以下对常用的时间周期平滑算法进行介绍。

改进型最佳指数斜率提取（Modified Best Index Slope Extraction，MBISE）法（Kotsuki and Tanaka，2015；Vancutsem et al.，2007；Wang et al.，2004）。原始的最佳指数斜率提取法通过滑动周期窗口按照时变序列搜索，通过先验阈值比较判断是否接受下一点的像元值，仅适用于逐日非长期递减变化的数据序列。因此 Lovell 和 Graetz（2001）对该算法改进，将数据的局部变化率纳入阈值的调整评价指标，改进后的 MBISE 明显降低和消除了时变序列的噪声和突变点（Lovell and Graetz，2001）。

傅里叶变换（Fourier Transform，FT）。FT 的基本原理是不同振幅和相位的正弦波叠加可以构成任何形状的周期函数（Goda and Jalali，2013）。因此，将解释变量的时变序列剖分成若干个正弦波，低频部分为主体背景，高频部分为随机噪声，去除高频部分就实现了时间序列平滑（Zhang et al.，2005）。时间序列谐波分析法（Harmonic Analysis of Time Series，HANTS）在 FT 的基础上演化而来，它通过最小二乘法拟合将时变序列拆解成均值数列和有限个显著异质的正/余弦曲线的组合去除噪声，实现平滑（Doob，1949）。

Savitzky-Golay（SG）低通滤波法（蔡天净和唐瀚，2011；Schafer，2011；Xie and Pan，2007；Luo et al.，2005）利用最小二乘法沿时间轴滑动窗口，基于多项式处理序列数据的平滑问题；该算法运行过程计算相对简便、对电脑内存占用率较低，能够快捷获取平滑后保真的时间序列数据平滑演化曲线。SG

低通滤波法只需要从卷积系数表中获取相应的滤波系数即可通过多项式卷积实现平滑拟合，操作方式友好。SG 低通滤波的作用对象不要求必须是逐日的长时序变量，对采样记录频率较低的数据处理结果也非常具有说服力。近年来，SG 低通滤波算法实现了从一维到二维甚至多维空间的有效拓展，在遥感数据处理领域取得了较好的实验成果（Kim et al.，2014；Chen and Shu，2011；Bian et al.，2010），是一种兼具降噪和保真效果的优秀低通滤波器。

具体来说，SG 低通滤波算法基于多项式拟合进行低通滤波。设待平滑的数据序列为$x(i)$，$i=1$，2，…，n，对 $x(i)$ 低通滤波得到 $y(i)$，如式（2.8）所示：

$$y(i)=\sum_{k=1}^{n}h(k)x(i-k) \tag{2.8}$$

式中，$h(k)$ 为 SG 低通滤波算法的抽样响应。低通滤波后 $y(i)$ 用式（2.9）表示：

$$y(i)=a_0+a_1 i+\cdots+a_p i^p=\sum_{k=0}^{p}a_k i^k \tag{2.9}$$

因此，本章研究基于 Python 语言调用 SG 低通滤波算法库实现解释变量系列数据的低通滤波平滑，同时这也是时间序列重建，得到时空序列连续完整的解释变量数据体系，为后续章节开展土壤水分时空序列重建奠定数据基础。

2.4 基于多源数据融合的机器学习时空序列重建算法

机器学习是一种自动分析建模的数据感知方法，是对非线性系统进行分类和回归的有效方法（Abadi et al.，2016；Murphy，2012）。机器学习从模式识别和计算学习理论中演变而来，已经成为计算机科学的一门分支学科，主要研究如何构建算法从已有数据中学习并进行预测（Sidiropoulos et al.，2017）。机器学习是目前增长速度最快的计算机技术领域之一，是计算机科学与统计学的交叉学科，也是人工智能和数据科学的核心（Mohassel and Zhang，2017）。本节研究选取以下六种机器学习算法基于多源解释变量融合体系对土壤水分产品进行时空重建。

2.4.1 人工神经网络

人工神经网络（Artificial Neural Network，ANN）是由大量适应性处理元素（神经元）组成的广泛并行互联网络，它的组织能够模拟生物神经系统对真实世界物体所做出的交互反应，是模拟人工智能的一条重要途径（Dayhoff and DeLeo，2001）。ANN 发源于 20 世纪 40 年代萌芽的人工神经元阈值模型，并逐渐演化出自适应共振理论（Adaptive Resonance Theory）、前馈神经网络（Feedforward Neural Networks）模型、反向传播神经网络（Back Propagation Neural Networks）模型、双向传播模型等人工神经网络（Jain et al.，2015）。经过七十多年的发展，ANN 广泛应用于大数据、人工智能、模式识别、联想记忆推演等模拟人脑思维的非线性计算分析与决策辅助过程（Hodo et al.，2016；Yilmaz，2009）。随着神经网络中隐含层的逐渐增多与复杂化，输出模拟结果真值的逼近性越来越强。ANN 凭借其出色表现力、卓越稳定性和灵活性在自然语义识别解析、图像视觉验证比对、自动驾驶导航等高复杂逻辑性要求的领域具有光明的拓展前景（Manaswi，2018）。人工神经网络详细结构流程如图 2.2 所示。

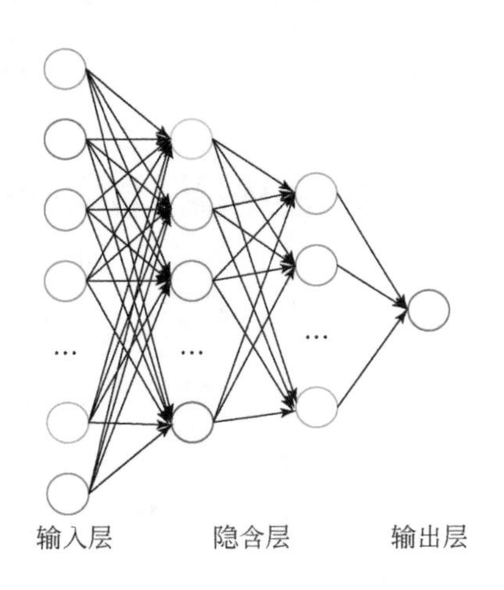

图 2.2　ANN 网络拓扑结构

（1）通常一个神经网络由一个输入层、多个隐层和一个输出层构成，如图 2.2 所示；

（2）图 2.2 中每个圆圈可以视为一个神经元（又称为感知器）；

（3）设计神经网络的重要工作是设计每个隐含层的神经元、各隐含层间的映射关系及神经元之间的权重；

（4）添加少量隐层获得浅层神经网络（SNN）；隐层很多时称为深层神经网络（DNN）。

2.4.2 贝叶斯

贝叶斯（Bayesian，BAYE）估计模型主要分为两步，第一步利用训练数据获得似然函数，利用似然函数和先验分布相结合的方法得到后验分布。第二步，对于一个新的测试数据集，将模型得到的后验权作为权值，在整个参数空间中计算加权积分，得到预测数据分布（Drummond and Rambaut，2007；Li and Perona，2005）。贝叶斯统计用概率反映知识状态的确定性程度。数据集能够被直接观测到，因此具有非随机性。另外，真实参数 θ 是未知或不确定的，因此可以表示成随机变量（Rue et al.，2017）。

基于样本数据，θ 的已知知识表示先验概率分布（Prior Probability Distribution）。一般而言，先选择相对宽泛的先验概率分布，以反映在观测到任何数据前参数 θ 的高度不确定性，即在贝叶斯估计常用情景下，先验概率分布是相对均匀分布或高熵的高斯分布，观测数据使后验概率分布的熵下降，并集中于几个概率高的参数值。相对于同为概率估算领域的其他算法，贝叶斯估计的优势体现在：①计算效率较为稳定；②对小规模数据估计结果较好；③对缺失数据不太敏感，算法相对简单。先验概率模型能够影响概率质量密度朝参数空间中偏好先验的区域偏移。实践中，先验概率模型通常表现为偏好更简单或更光滑的模型（Chipman et al.，2017）。

贝叶斯估计模型公式如式（2.10）所示：

$$\pi(\theta \mid x)=\frac{f(x \mid \theta)\pi(\theta)}{\int_0^\theta f(x \mid \theta)\pi(\theta)\mathrm{d}\theta} \tag{2.10}$$

式中，π 为参数概率分布；$\pi(\theta)$ 为先验概率分布；$\pi(\theta \mid x)$ 为后验概率分布；$f(x \mid \theta)$ 为观测到的样本分布，即似然函数（Likelihood Function）。积分求取区间 $[0,\theta]$ 为参数 θ 所有可能取到的值域，所以后验概率 $\pi(\theta \mid x)$ 是在

已知 x 的前提下在 $[0,\theta]$ 域内关于 θ 的概率密度分布，每一个 θ 都有一个对应的可能性概率。

2.4.3 分类与回归树

分类与回归树（Classification and Regression Tree，CART）是一种基于非参数统计的解析数据映射关系的算法（Trendowicz and Jeffery，2014；Loh，2011；Rokach and Maimon，2007）。通过不断分割二叉树结构对根节点上包含的所有样本迭代划分，使同一层中同一个二叉树中的样本具有最大相似性，不同二叉树中的样本间存在最大差异性。最后一层不再继续划分的节点成为叶子节点，同一棵子树中自变量组合与因变量的映射关系可以用同一个模型来表达（Chen et al.，2017b；De'Ath and Fabricius，2000）。CART 算法既可以处理无量纲的分类问题，也可以分析取值连续变化的回归问题；针对不同的变量类型分别构造出分类树和回归树（Austin，2007）。CART 树的构造主要包括生长算法和剪枝算法两部分。在生长运算过程中，以因变量样本均值作为参照常数，以样本组与参照常数之差平方和（也称冗余平方和）最小作为划分样本子树归属的判断原则，以此类推逐层分割，直至子树的样本数据量极少（5 个左右）。在生长达到最大限度后，为避免过度拟合对 CART 树进行剪枝运算。定义损失函数（Loss Function）最小和代价复杂度剪枝（Cost Complexity Pruning）最低为剪枝标准，基于交叉验证法（随机抽取 90% 数据作为样本集，剩余 10% 样本作为测试集）在迭代重复计算比较冗余平方和的基础上明确最优树及其剪枝方案。具体说来，对于分类问题使用基尼系数来定义最优效果，对于回归问题则采用最小二乘偏差、最小绝对偏差决定最好树型。

2.4.4 K 最近邻域

K 最近邻域（K-Nearest Neighbor，KNN）算法是机器学习算法家族中成熟有效且操作简便的数据挖掘分类方法。KNN 分类器基本思路是，若在特征空间中与未知待判样本欧式距离最接近的 K 个已知样本中大多数样本属于某类，则该待判样本也属于这一类，而不再考虑其他距离较远的样本分布情况（Keller et al.，2012）。其回归器通过计算特征空间中与未知样本距离最近的 K 个样本的平均值作为待判样本的预测值。因此，KNN 以空间自相关、空间异质性、地理环境越相似则地理过程和现象越相似的地理学基本定律作为理论支撑，是一种非参数化的分类器和回归器（Noh et al.，2017；Tang et al.，2011；Altman，1992）。其优点是便于理解和实现，模型仅需调整 K 值即可优化，无须训练。其缺点在于样本类别分布不均衡容易导致误分类，非正态随机分布的样本会给大部分机器学习分类算法带来影响；适合小样本事件，当样本数量呈数量级增大时，对每一个待预测样本均需计算其在特征空间中与所有已知样本的距离再排序，导致计算时间显著增加。

2.4.5 随机森林

随机森林（Random Forest，RF）是一种高度灵活、准确率高、应用广泛的集成式机器学习算法（Ensemble Machine Learning Algorithm）（Rodriguez-Galiano et al.，2012；Chan and Paelinckx，2008）。它以多棵决策树作为算法组成单元构成决策“森林”，以所有树的最终投票/模拟结果作为分类/回归预测值输出（Zhao et al.，2017）。RF 算法的两个关键参数为袋外数据预测误差和变量贡献率。RF 在大量样本拟合中效率高，能够处理成千上万个输入变量，能在繁复的解释变量体系中估计每个变量的贡献率（Rodriguez-Galiano et al.，2012）。其预测误差由两部分组成：子树间耦合度越高，森林误差率越高；子树的鲁棒性愈强，森林的误差率愈低。RF 的详细构建流程如下所示。

（1）有放回地随机从样本集合中抽取 m 个样本（确保训练集的无偏性和正态分布），依照 2.4.3 节中 CART 的二叉树生长法则实现每棵分类与回归树的迭代分割。

（2）二叉树迭代分割时，从全体特征变量随机选择固定数量的特征因子，优化分裂特征方案，以减少冗余度，降低过拟合的概率，提升树的多元化生长特质和异常值抗噪能力。

（3）与 CART 相异，RF 中的树最大限度生长，无剪枝过程。

(4) 对于分类问题，根据所有子树的投票结果选出占比最多的类型作为预测数据分类结果；对于回归问题，取所有子树模拟值的均值作为预测值。

除了以上的传统性能，RF 还能够通过计算案例间的邻近度来开展聚类、定位异常值，以及将数据以丰富的结构进行可视化表达。它还能够扩展到非监督分类领域，对未标记的数据进行聚类、异常值自检、交互式表达等。

2.4.6 支持向量机

支持向量机（Support Vector Machine，SVM）（Tong and Chang，2001）基本原理是将一维线性可分的样本概括建模分类；对于线性不可分的样本，考虑升维，将低维点集逐渐非线性升维映射，直至可分割为止。依据原始样本集线性可分程度差异，SVM 分为硬间隔 SVM（线性可分）、软间隔 SVM（近似线性可分）、非线性 SVM（线性不可分）三类。其中，非线性样本集升维操作是借助高维空间的线性超平面分割样本点，但会使计算复杂度和时间消耗大幅增加（Keerthi et al.，2001）。为解决这一问题，有关学者应用核函数（包含线性、多项式、径向基、二层神经网络四种）简化了高维复杂映射的显示表达，将计算复杂度降低至近似线性水平。SVM 在自然语言、图像处理、蛋白质分类等领域广泛应用并取得了突破性成果。因此，本书研究拟使用 SVM 作为基于多源遥感数据的卫星土壤水分重建算法之一。

SVM 回归预测流程包括以下 6 个步骤。

(1) 收集样本数据集，包括自变量体系和因变量。

(2) 对自变量集合归一化处理。

(3) 随机抽取 10% 的样本作为测试集。

(4) 调整参数、训练优化 SVM 模型。

(5) 使用测试集对建立的模型交叉验证。

(6) 将验证过的 SVM 模型应用于解决预测问题。

2.5 本章小结

本章重点介绍了基于多源数据融合的土壤水分数据时空序列重建技术方

法。本书的研究将对卫星土壤水分原始数据进行评价验证，旨在选出与站点实测数值拟合度较好、精确度较高的卫星土壤水分产品进行重建，选取偏差（Bias）、相关系数（R）、均方根误差（RMSE）、无偏均方根差（ubRMSD）、标准偏移（STD）和距平［ANO(t)］建立综合评价体系。

在建立土壤水分解释变量体系时，首先从原理上对影响土壤水分的因子如温度、DEM、植被状况等进行分析；其次则需要定量表达各因子与土壤水分的相关性，因此，通过皮尔逊相关系数和显著性检验进一步明确解释变量与土壤水分相关度的区域性异质性与同质性。逐日解释变量受卫星轨道间隙空值条带、辐射干扰、云层厚度等的影响，常出现不规则空值图斑和异常值。所以，本书基于空间滤波补全和时间序列平滑对解释变量数据进行预处理。

本书研究使用六种机器学习算法进行土壤水分产品时空序列补全重建，首先构建低分辨率下时空序列完整的土壤水分数据，然后基于低分辨率构建的重建预测模型，降尺度得到高分辨率土壤水分产品。

第3章 全球典型区遥感土壤水分产品验证分析研究

3.1 全球典型区土壤水分监测网络

本书研究基于四个全球典型区土壤水分监测网络所在范围为研究区开展，研究区分别为美国俄克拉何马州典型区（Oklahoma Mesonet，OKM）、西班牙北部典型区（REMEDHUS，REM）、青藏高原那曲典型区（Naqu Network，NAN）和澳大利亚东南部典型区（OZNNET，OZN）。四个研究区均有站点数量充足、长期监测、时间序列完整且质量稳定的监测数据。卫星土壤水分数据使用SMOS、AMSR和ECV三类。四个研究区地处全球不同大陆和综合自然地理区：OKM位于北美大陆中部，拥有站点总计超过100个，数据广泛应用于多交叉学科的水文现象分析；REM位于欧洲大陆西部的温带海洋性气候区；NAN位于有“世界第三极”之称的青藏高原，具有气候特殊性和生态脆弱性，在评价全球尺度的土壤水分产品时系统地验证青藏高原地区土壤水分是非常关键的一环；OZN位于南半球澳大利亚东南部，与北半球季相节律变化特征相反，拟通过对比分析研究南北半球的土壤水分时空演化特征。选取SMOS升轨和降轨土壤水分产品（SMOS_A和SMOS_D）、AMSR升轨和降轨土壤水分产品（AMSR_A和AMSR_D）、ECV的主动、被动和主被动结合土壤数据产品（ECV_A，ECV_P，ECV_C）开展验证评价。待验证产品及时空分辨率如表3.1所示。全球典型区空间分布如图3.1所示，站点监测网络①为OKM；②为REM；③为NAN；④为OZN。图3.2为四个研究区土壤水分测站所在位置的土地利用类型，土地利用数据源于欧洲空间局GlobalCover2009 V2.3版本数据产品。

表 3.1　卫星土壤水分产品及时空分辨率

卫星土壤水分产品	AMSR		SMOS		ECV		
	AMSR_A	AMSR_D	SMOS_A	SMOS_D	ECV_A	ECV_P	ECV_C
空间分辨率	0.25°×0.25°						
时间分辨率	每天						

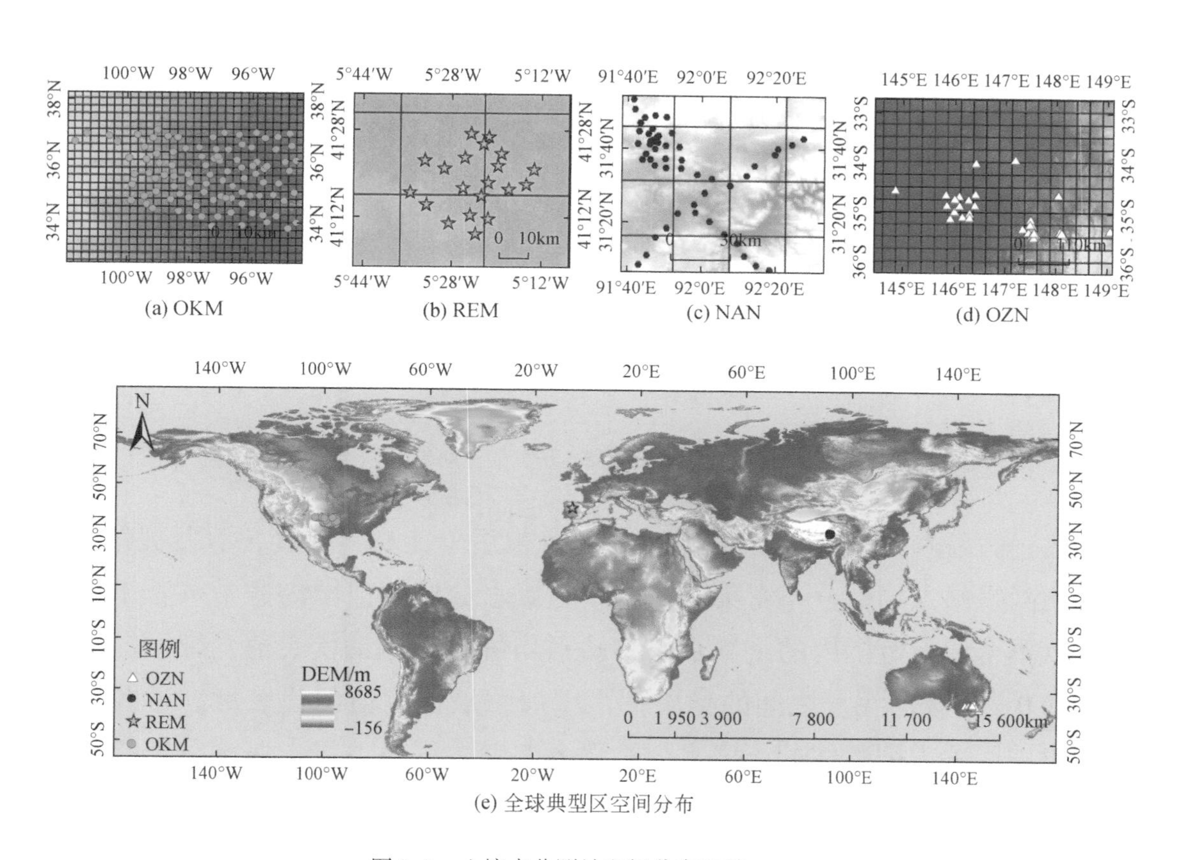

(e) 全球典型区空间分布

图 3.1　土壤水分测站空间分布及其 DEM

鉴于各监测网土壤水分传感器型号与敏感度异质性，可能会出现异常值和空值。为了保证实测数据的真实性和稳定性，定期从站点附近采土样通过重力测定法计算土壤水分含量实施校正（Wu et al.，2014；Wu and Liu，2012）。表土层湿度对周围环境变化（如人工灌溉、短时降水）较为敏感，在一天之内产生时序波动。传感器老化和定标异常也会导致土壤水分监测产生异常。本书研究采用逐小时的算数平均值代表土壤水分日均值。为确保测量值的稳定性和

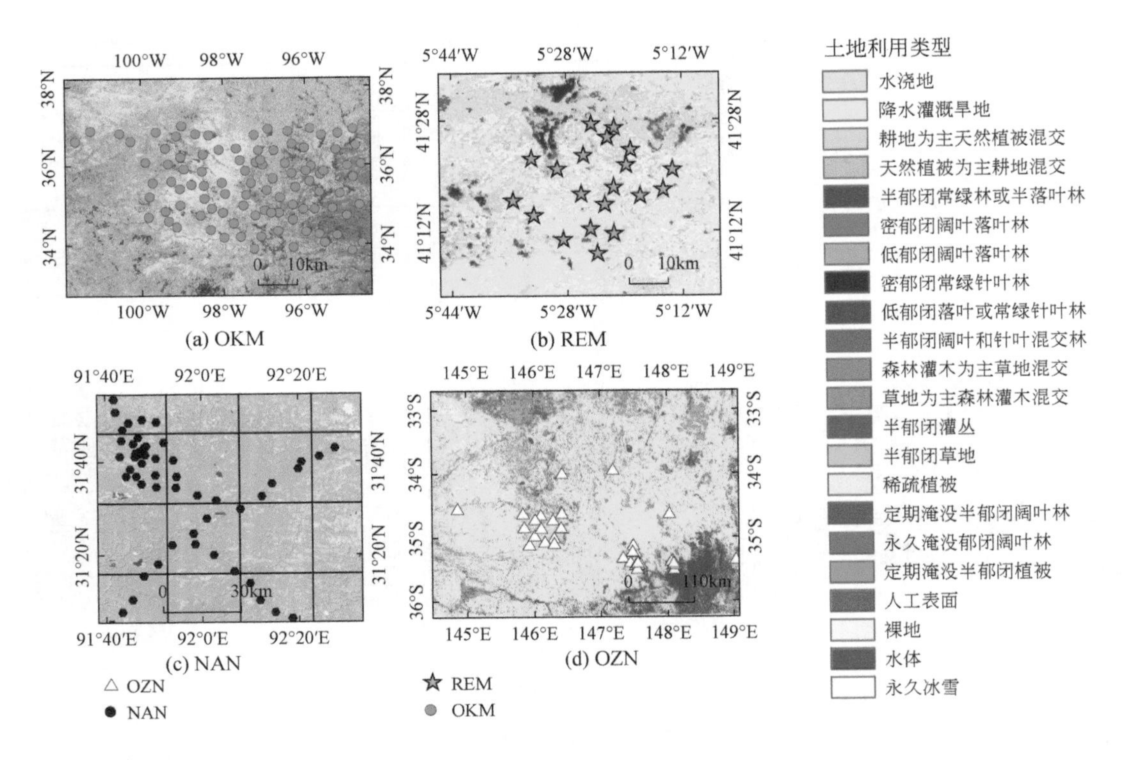

图 3.2　土壤水分测站所在位置的土地利用类型

准确性，一天内有效监测值大于12小时才被用于计算日均值。本书研究使用的监测网络站点局部分布密集，在一个土壤水分像元范围内通常有若干个测站。以单个像元范围内的土壤水分测站平均值作为验证代表值，旨在削弱点尺度和0.25°像元尺度之间的异质性，增加站点监测值的代表性。这些算数平均值被用来表征整体的土壤水分并作为参考数据对卫星土壤水分产品进行验证。

用于精度验证和评价的实测数据包括2013年1月1日~2014年12月31日的REM和NAN的土壤水分站点实测数据，2010年1月1日~2011年10月3日的OKM、2010年1月1日~2011年5月31的OZN的土壤水分站点实测数据，数据来源为国际土壤水分网络（International Soil Moisture Network，ISMN）。本书研究使用的土壤水分数据及解释变量时间范围与实测数据的对应时间范围一致。

3.1.1 OKM 简介

OKM 土壤水分监测网络由俄克拉何马州立大学和俄克拉何马大学共同建立并开展长期地表要素监测。该监测网络拥有站点总计 99 个，数据广泛应用于多学科交叉的水文现象分析，如干旱监测、水分平衡探究和遥感土壤水分评价（Brock et al.，1995）。该监测网同步测量 5cm、25cm、60cm、75cm 深度的逐日土壤水分数据（Gu et al.，2008）。俄克拉何马州地属四季分明的温带大陆性气候。气温与地形走势（西北地势高东南较为低洼）一致，自西北向东南递增。但是愈向西大陆性气候愈发显著，降水自东向西递减。该区域平均温度为 15.5℃，全年气候相对干燥，夏季蒸发强烈，因此冬季土壤水分略高于夏季。表 3.2 列出该区域站点的土地覆被类型、站点数量及其所占比例。该区域多条河流蜿蜒而过，主要土地覆被类型为耕地、草地/灌丛、稀疏落叶林与草本植被。考虑到卫星微波穿深特质，本书研究使用 5cm 深度测量值验证卫星土壤水分产品。

表 3.2 OKM 的土地覆被类型、站点数量及其所占比例

土地覆被类型	站点数量/个	站点所占比例/%
耕地	45	45.46
草地/灌丛	29	29.29
稀疏落叶林	8	8.08
草本植被	17	17.17

3.1.2 REM 简介

REM 密集监测网位于西班牙西北部，其 20 个站点分布在 35km×35km 区域内（Sanchez et al.，2012）。每个监测站通过水文探针获取逐小时的 0～5cm 土壤温度记录。除了可用于评价土壤水分产品，REM 还被广泛用于水文模型校正（Sánchez et al.，2010）。受北大西洋暖流影响，西班牙西北部属温带海洋

性气候，丰富的降水和温润的气候是其显著特征，年降水量约为 800mm 且主要集中于冬季（Benito et al.，2008）。相对而言，夏季温暖干燥。受到季节因素主导的温度和降水影响，土壤水分冬天高夏天低。杜罗河流经该平原孕育出大片农田，65%的监测站点位于耕地中。此外，还有少量草地/灌丛和稀疏植被分布的灌木林和森林（表 3.3）。

表 3.3　REM 的土地覆被类型、站点数量及其所占比例

土地覆被类型	站点数量（个）	站点所占比例（%）
耕地	13	65.00
草地/灌丛	1	5.00
稀疏植被	6	30.00

3.1.3　NAN 简介

NAN 位于平均海拔 4000 ~ 5000m 青藏高原中部的高山高原气候区。该典型区凭借其高海拔及高差、强烈太阳辐射形成独特的高原气候、垂直植被带谱和对全球生态环境的影响力。受南亚夏季风的影响，年降水量为 400 ~ 500mm，多集中于夏季。总体上一年被分为寒冷干燥的冬季和凉爽湿润的季风时节。该区域具有明显优势的代表性土地覆被类型为高原草甸（Yang et al.，2013）。同时，该监测网超过 3/4 的土壤水分站点分布于该高原草甸之中（表 3.4）。前期降水和蒸散发在土壤水分变化中占主导地位，因势利导使土壤水分在残余至饱和间变化（Su et al.，2011）。鉴于其气候特殊性和生态脆弱性，青藏高原被称为“世界第三极”（Madsen，2016）。因此，在评价全球尺度的土壤水分产品时系统地验证青藏高原地区土壤水分是非常关键的一环。NAN 监测网络每 30 分钟同时记录 0 ~ 5cm、10cm、20cm、40cm 深度处的土壤水分。本书研究使用 0 ~ 5cm 的测量值验证微波土壤水分产品。

表 3.4 NAN 的土地覆被类型、站点数量及其所占比例

土地覆被类型	站点数量（个）	站点所占比例（%）
耕地	6	10.53
草地/灌丛	43	75.44
草本植被	8	14.03

3.1.4 OZN 简介

OZN 位于澳大利亚东南部的马兰比吉河流域海洋性季风气候区。该区域的监测站点多位于中部和东南部低海拔的平原地带。虽然该气候与西班牙 REM 所在的温带海洋性气候较为相似，但是由于南北半球季节、温度节律的差异性，两个区域的季节完全相反。1 月均温约为 32℃，7 月均温为 13℃，年降水量为 400mm 均匀贯穿整年。如表 3.5 所示，站点所在区域土地覆被类型主要为耕地、草地/灌丛、稀疏植被与人工表面（Smith et al.，2012）。均匀分布的降水、人工灌溉和 11 月的洪水灌溉共同构成了主导土壤水分变化的水文因素（Mei et al.，2017）。除了土壤水分之外，有部分站点同时监测温度、降水等气象要素。OZN 监测数据多应用于卫星土壤水分产品（Guerschman et al.，2009）、MODIS 蒸发蒸腾（Peischl et al.，2012）和陆表水文模型验证（Richter et al.，2004）。OZN 逐小时监测土壤水分，探测深度包括 0 ~ 5cm 或 0 ~ 8cm、0 ~ 30cm、30 ~ 60cm，以及 60 ~ 90cm（Jing et al.，2018c）。由于微波传感器只能探测约 0 ~ 3cm 表层土壤水分，本书研究在验证过程中采用表土层湿度测量值并计算其逐日均值。本研究通过对 OZN 进行土壤水分验证评价，比对各土壤水分产品在南北半球的适用性特点。

表 3.5 OZN 的土地覆被类型、站点数量及其所占比例

土地覆被类型	站点数量（个）	站点比例（%）
耕地	31	83.78
草地/灌丛	2	5.41
稀疏植被	1	2.70
人工表面	3	8.11

3.2 全球典型区遥感土壤水分产品比较

地面观测点数据虽为点尺度数据，但是同时也是土壤水分遥感产品评价验证的经典数据，其空间代表性具有说服力（An et al.，2016；Bitar et al.，2012）。本书研究以经纬度匹配的方式，通过获得地面观测站点的空间位置，定位该位置上对应的栅格像元，提取时间序列像元数据进行评价分析。当一个栅格区域对应多个监测站点时，以多个监测站点算数平均值作为该栅格对应的地面实测值。

3.2.1 OKM

该区域有 99 个相对稳定的监测站点，优势土地覆被类型为旱作农田、落叶阔叶林和草本植被。本书研究使用盒须图来直观反映和比较参数值域，其中盒须图自上而下的各线分别表示土壤水分值域的极大值、上四分位数、中位数、均值、下四分位数、极小值，红色点表征异常值。表 3.6、表 3.7 列举了该典型区站点监测数据和七种土壤水分数据产品（包括原始值和距平）的 Bias、*R*、RMSE 和 ubRMSD。如图 3.3（a）所示，AMSR_D 产品和 ECV_A 产品普遍高估了土壤水分值，而其他所有产品低估了土壤水分值。AMSR_A 产品与站点数据取值最为相近，其 Bias 值仅为 $-0.001\text{m}^3/\text{m}^3$。相关系数 R 在 0.578（SMOS_A）~0.679（ECV_C）变动。图 3.3（c）中 ECV_A 产品的 RMSE 显著偏高而 ECV_C 产品精确度最高，ubRMSD 取值分布与 RMSE 一致。总体评价：AMSR_A 产品与 AMSR_D 产品数据质量相近，但 AMSR_A 产品在 Bias 中优于 AMSR_D 产品。虽然搭载于同一传感器的产品（AMSR_A 与 AMSR_D，SMOS_A 与 SMOS_D）数据质量特征相近，但升轨产品精度普遍高于降轨产品，这可归结于日夜之间不同的地表温度导致的土壤水分反演异质性。ECV_C 的数据质量、精度和稳定性在七种产品中最高，反映出主被动融合数据的优越性。

本书研究计算了土壤水分距平并绘制盒须图分析去除季节波动影响的土壤

水分产品和实测值的相关性（表 3.7 和图 3.4）。ECV_A 距平拟合相关系数取值稳定且最高［图 3.4（b）］。整体上，ECV_C 距平的拟合优度较高，Bias、RMSE、ubRMSD 较低。在图 3.3、图 3.4 中，ECV_C 各参数的值域集中，表现出数据稳定性和鲁棒性。

表 3.6　OKM 卫星土壤水分逐日 Bias、*R*、RMSE 和 ubRMSD

参数	卫星土壤水分产品						
	AMSR_A	AMSR_D	SMOS_A	SMOS_D	ECV_A	ECV_C	ECV_P
Bias（m^3/m^3）	−0.001	0.047	−0.098	−0.093	0.128	−0.084	−0.048
R	0.589	0.627	0.578	0.607	0.643	0.679	0.654
RMSE（m^3/m^3）	0.123	0.136	0.145	0.140	0.231	0.098	0.114
ubRMSD（m^3/m^3）	0.106	0.108	0.091	0.088	0.185	0.042	0.079

表 3.7　OKM 卫星土壤水分距平逐日 Bias、*R*、RMSE 和 ubRMSD

参数	卫星土壤水分产品						
	AMSR_A	AMSR_D	SMOS_A	SMOS_D	ECV_A	ECV_C	ECV_P
Bias（m^3/m^3）	−0.000 22	0.000 35	−0.000 40	−0.000 52	−0.000 87	−0.000 11	0.000 29
R	0.357	0.348	0.434	0.445	0.524	0.498	0.434
RMSE（m^3/m^3）	0.055 1	0.061 6	0.076 5	0.072 6	0.135 8	0.032 4	0.054 6
ubRMSD（m^3/m^3）	0.055 1	0.061 6	0.076 4	0.072 5	0.135 7	0.032 4	0.054 6

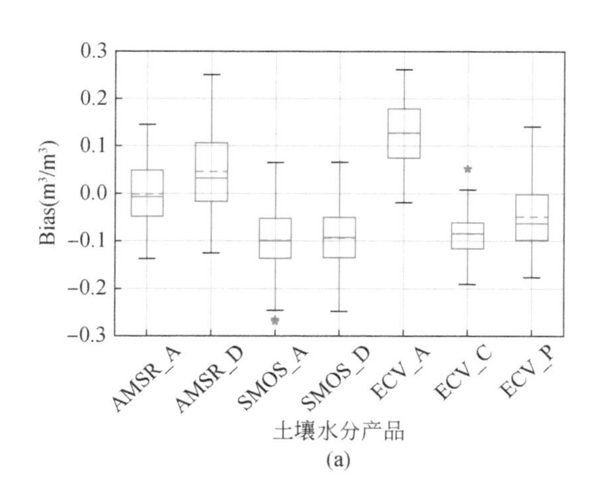

(a)

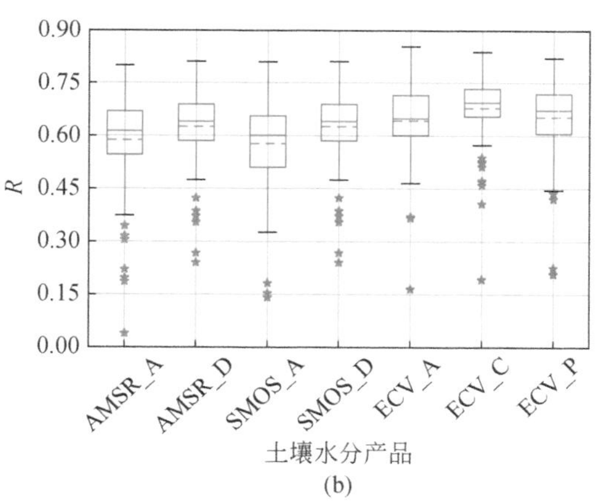

(b)

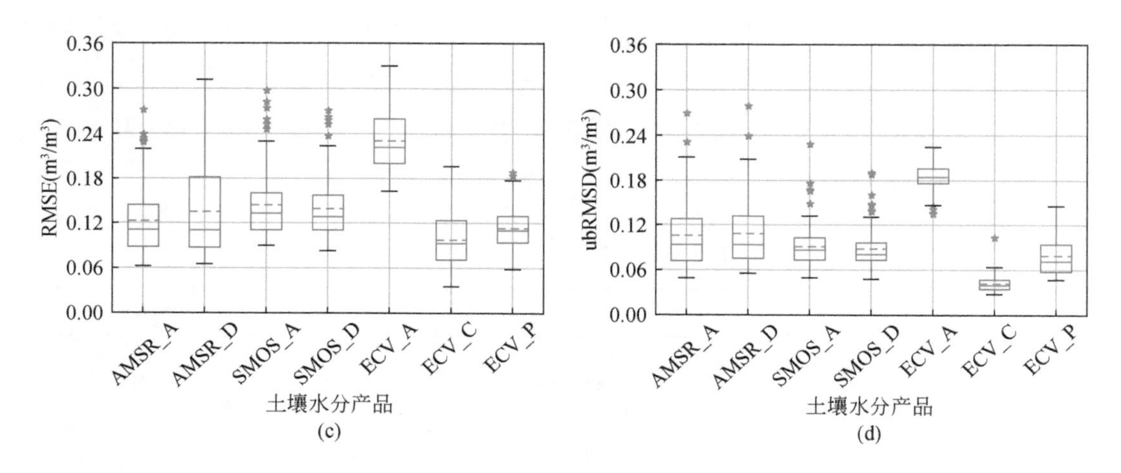

图 3.3 OKM 卫星土壤水分逐日（a）Bias、（b）R、（c）RMSE 和（d）ubRMSD 盒须图

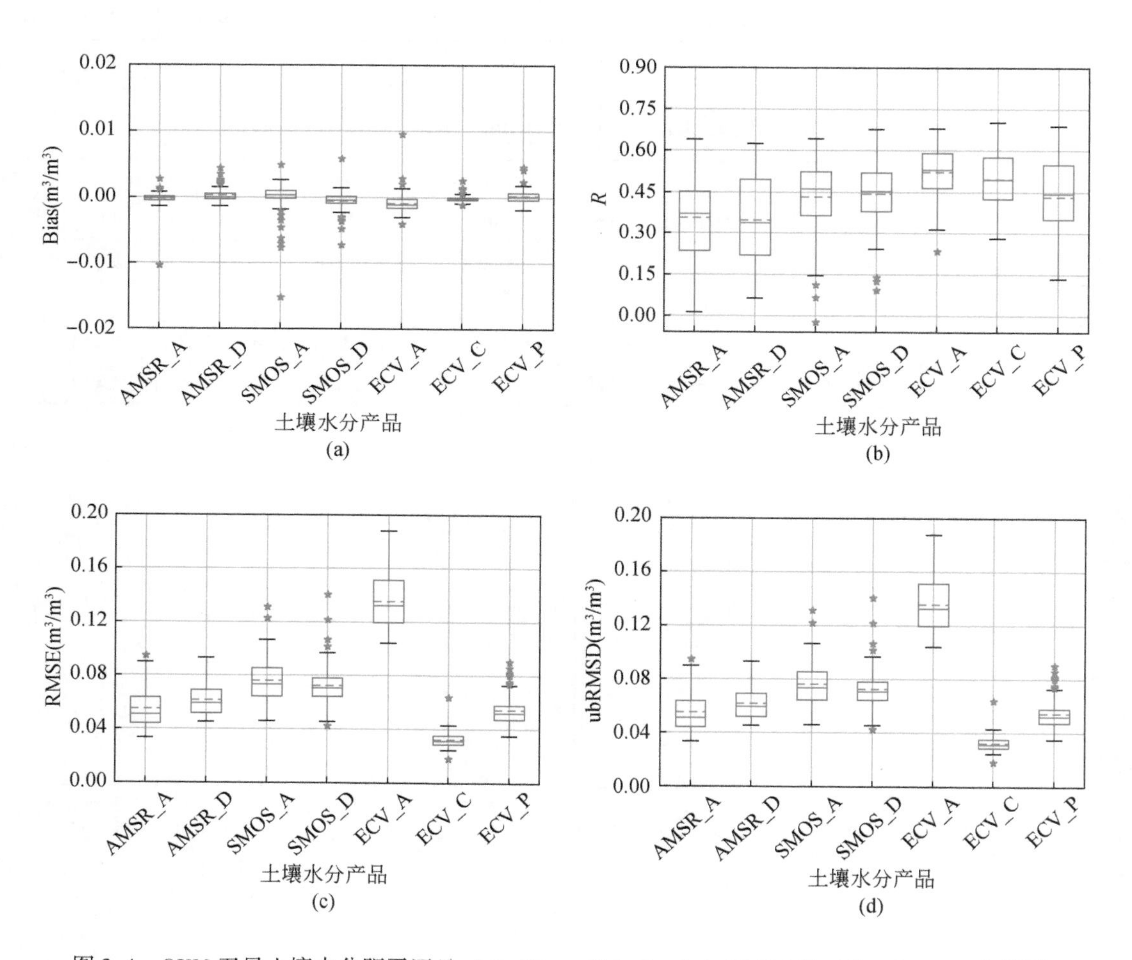

图 3.4 OKM 卫星土壤水分距平逐日（a）Bias、（b）R、（c）RMSE 和（d）ubRMSD 盒须图

3.2.2 REM

首先计算位于同一0.25°×0.25°像元范围内所有监测站值的算术平均，以均值表征该像元内的土壤水分实测值。该区主要土地覆被类型为旱地和稀疏分布的灌丛及林地。如表3.8所示，SMOS产品整体低估土壤水分实测值，但Bias绝对值小于其他产品，反映出SMOS产品的数据精度优越性。相对而言，SMOS产品的R值低于AMSR产品和ECV产品。在RMSE和ubRMSD方面，如图3.5（c）、图3.5（d）所示，ECV_C产品误差最小而ECV_A误差最大，刻画出ECV_C卓越的数据质量，以及基于主动传感器融合的ECV_A产品在刻画REM土壤水分上的弱适宜性。与AMSR产品相比，SMOS产品的绝对偏差、RMSE和ubRMSD较小。一方面，SMOS产品的Bias较小，意味着数据精度高；另一方面，AMSR产品的R较高，表明数据趋势拟合度较好。总体来说，如图3.5所示，ECV_C产品所有参数评价结果均好于其他产品（Bias除外）。

如图3.5（b）和图3.6（b）所示，原始数据与距平R值排序相同，这一点与OKM区域大相径庭。该现象表明同一卫星数据产品在刻画不同区域土壤水分上的波动性和异质性。此外，ECV产品距平的R高于SMOS产品和AMSR产品，表明其能够更准确地表达土壤水分时间序列变化。在表3.9中，SMOS_D产品距平R不足0.4，远小于其他所有产品，不能有效表征REM土壤水分时序演化特点。图3.6中，距平数据的RMSE和ubRMSD值，以及值域高度相似。

表3.8 REM卫星土壤水分逐日Bias、R、RMSE和ubRMSD

参数	卫星土壤水分产品						
	AMSR_A	AMSR_D	SMOS_A	SMOS_D	ECV_A	ECV_C	ECV_P
Bias（m^3/m^3）	0.091	0.139	−0.039	−0.026	0.197	0.075	0.131
R	0.788	0.803	0.745	0.663	0.721	0.826	0.822
RMSE（m^3/m^3）	0.141	0.176	0.089	0.097	0.286	0.088	0.152
ubRMSD（m^3/m^3）	0.104	0.105	0.061	0.074	0.206	0.037	0.074

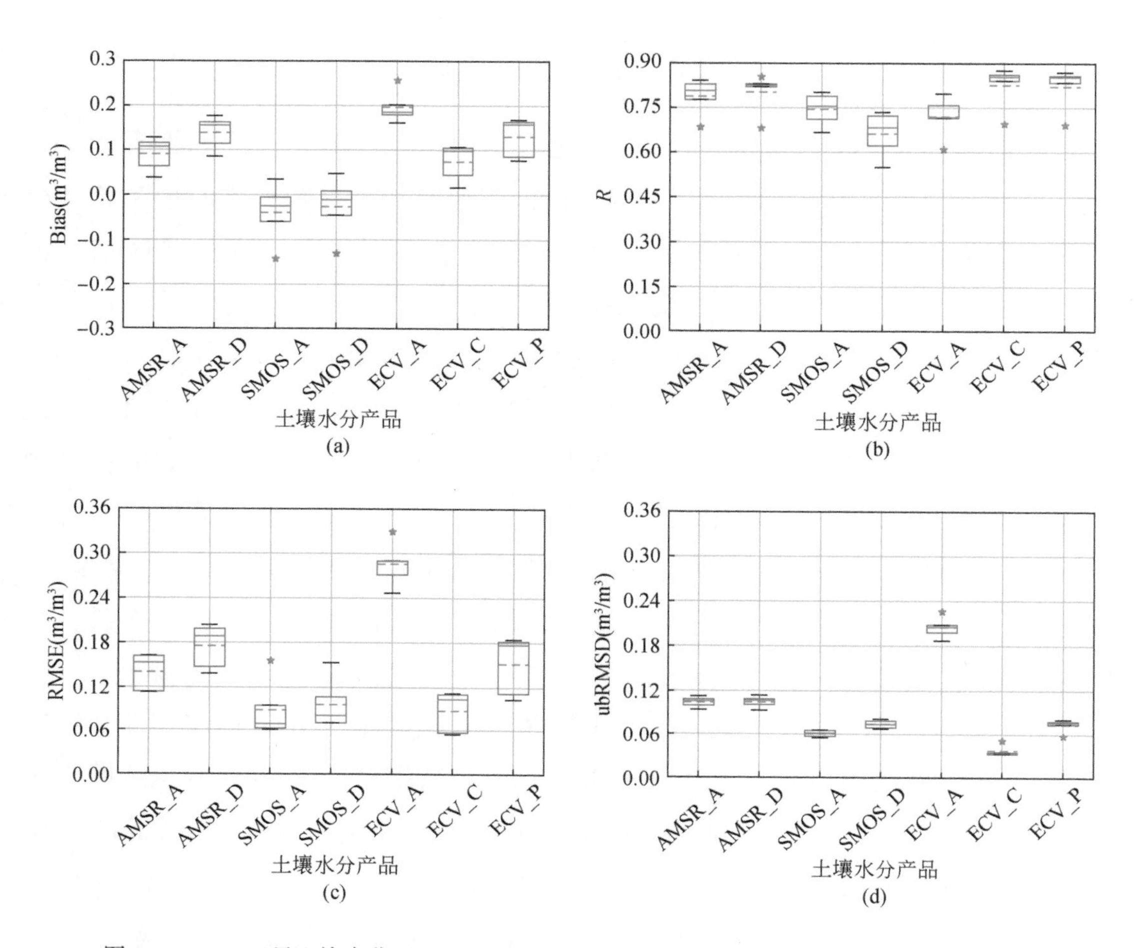

图 3.5 REM 卫星土壤水分逐日（a）Bias、（b）*R*、（c）RMSE 和（d）ubRMSD 盒须图

表 3.9 REM 卫星土壤水分距平逐日 Bias、*R*、RMSE 和 ubRMSD

参数	卫星土壤水分产品						
	AMSR_A	AMSR_D	SMOS_A	SMOS_D	ECV_A	ECV_C	ECV_P
Bias（m^3/m^3）	−0.001 76	−0.001 29	0.000 04	0.000 10	−0.000 75	−0.000 02	−0.000 07
R	0.485	0.519	0.542	0.375	0.512	0.539	0.531
RMSE（m^3/m^3）	0.065 7	0.069 8	0.052 1	0.055 4	0.135 3	0.028 0	0.050 5
ubRMSD（m^3/m^3）	0.065 7	0.069 8	0.052 1	0.055 4	0.135 3	0.028 0	0.050 5

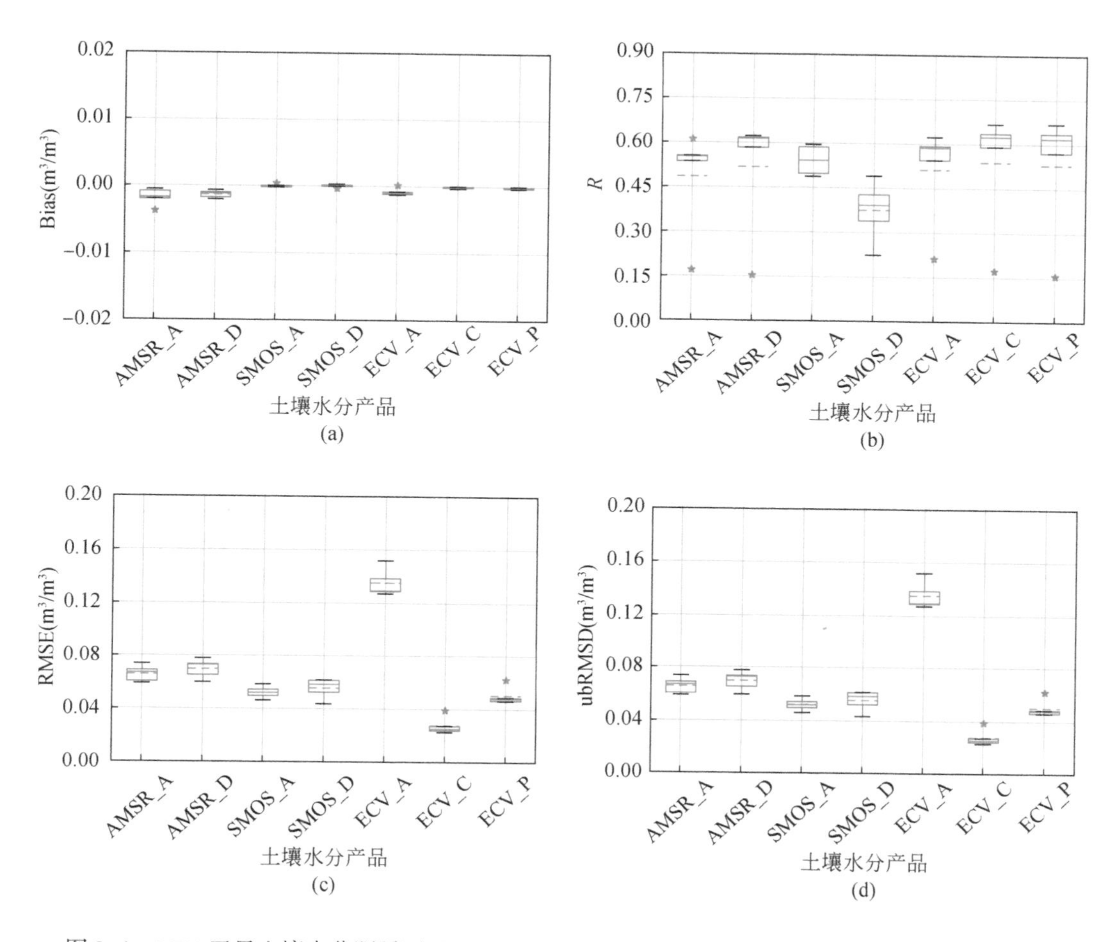

图 3.6 REM 卫星土壤水分距平逐日（a）Bias、（b）R、（c）RMSE 和（d）ubRMSD 盒须图

3.2.3 NAN

NAN 共有 57 个监测站点，主要土地覆被类型为高原草甸。如表 3.10 所示，AMSR_A 产品、AMSR_D 产品、ECV_A 产品和 ECV_P 产品存在高估现象（Bias>0）而其他三种产品表现出低估特征。需要注意的是，虽然 ECV_C 产品由 ECV_A 产品和 ECV_P 产品融合而成，但 ECV_C 产品呈现出低估趋势而 ECV_A 产品和 ECV_P 产品均呈现高估趋势。在相关系数方面，如表 3.10 所示，SMOS 产品的拟合优度明显低于 AMSR 和 ECV 产品。ECV_C 产品的 RMSE 离散度最小，其次依次为 AMSR_A，ECV_P，AMSR_D 和 SMOS_D，ECV_A 产

品的 RMSE 离散度最大。ECV_C 产品的 ubRMSD 明显小于其他产品，阐明其与站点监测值的一致性较好。在升降轨产品方面，AMSR 升轨产品拟合效果好于降轨产品，而 SMOS 升降轨产品精度相似。如表 3.10 和图 3.7（a）所示，SMOS 产品在 NAN 的拟合优度过低，难以在时空尺度有效表达土壤水分变化趋势。相比而言，图 3.7（a）、图 3.7（b）中，ECV_C 在数据精度、稳定性、相关性方面均表现出色。而 ECV_A 在 Bias、RMSE 和 ubRMSD 的评价结果与实测值差距过大，难以在 NAN 表达土壤水分实际情况。

表 3.11 列出距平 Bias、R、RMSE、ubRMSD 的均值用以表示参数的平均取值水平。图 3.8 反映了七种产品距平的 Bias、R、RMSE 和 ubRMSD 的值域及对应四分位值和中值。如图 3.8 所示，ECV 系列产品距平 R 值均高于 0.5，与实测值时空演化趋势高度相关。相比而言，AMSR 产品距平的数据质量劣于 ECV，优于 SMOS。SMOS 产品距平的相关系数值域为-0.26～0.43，不能捕捉表层土壤水分的时间变化规律。就搭载于同一卫星传感器的土壤水分产品距平来说，日间升轨数据质量精度高于夜间降轨数据。

表 3.10　NAN 卫星土壤水分逐日 Bias、R、RMSE 和 ubRMSD

参数	卫星土壤水分产品						
	AMSR_A	AMSR_D	SMOS_A	SMOS_D	ECV_A	ECV_C	ECV_P
Bias（m^3/m^3）	0.074	0.102	-0.145	-0.114	0.477	-0.049	0.082
R	0.755	0.696	0.347	0.325	0.805	0.788	0.759
RMSE（m^3/m^3）	0.108	0.142	0.179	0.154	0.493	0.085	0.123
ubRMSD（m^3/m^3）	0.061	0.081	0.097	0.093	0.125	0.041	0.082

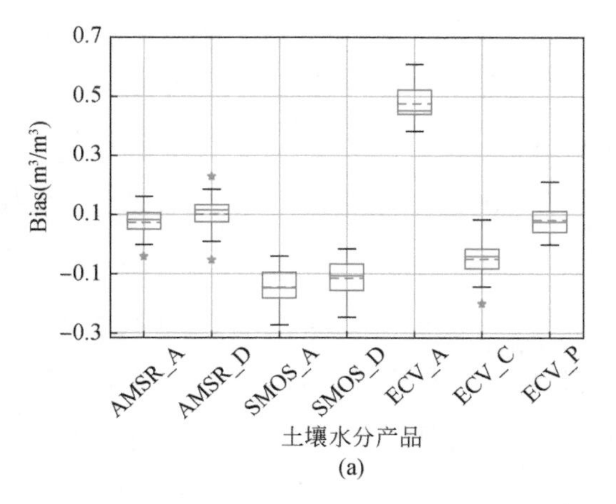

(a)

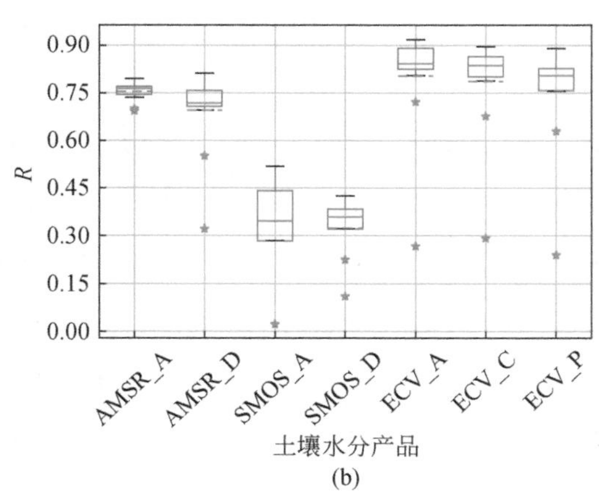

(b)

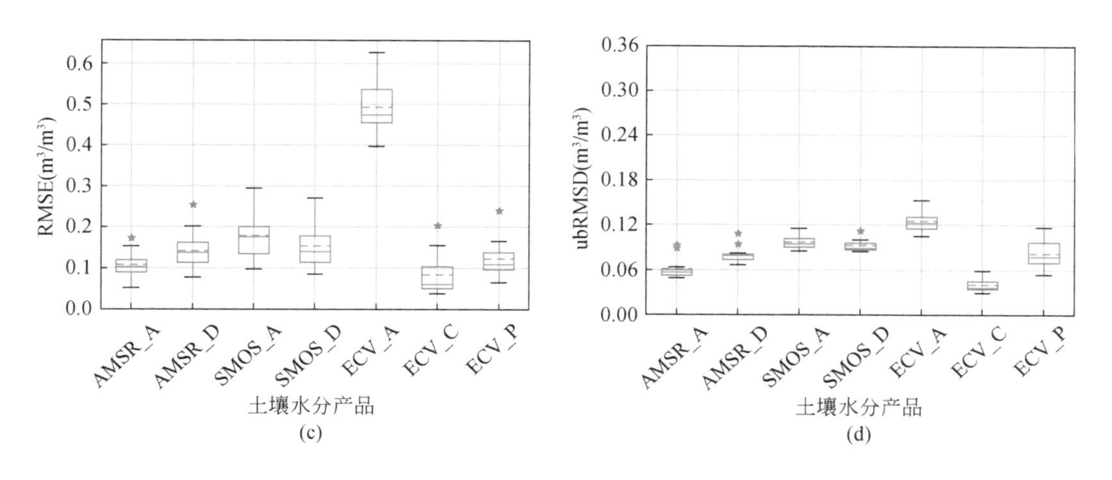

图3.7 NAN卫星土壤水分产品逐日（a）Bias、（b）R、（c）RMSE和（d）ubRMSD盒须图

表3.11 NAN卫星土壤水分产品距平的逐日Bias、R、RMSE和ubRMSD

参数	卫星土壤水分产品						
	AMSR_A	AMSR_D	SMOS_A	SMOS_D	ECV_A	ECV_C	ECV_P
Bias（m^3/m^3）	-0.011 26	-0.021 36	0.004 22	0.077 45	-0.003 98	-0.002 06	-0.001 57
R	0.488	0.392	0.228	0.130	0.637	0.596	0.592
RMSE（m^3/m^3）	0.031 1	0.046 4	0.114 8	0.150 8	0.077 5	0.025 5	0.036 1
ubRMSD（m^3/m^3）	0.031 1	0.046 4	0.114 1	0.149 5	0.077 4	0.025 4	0.036 1

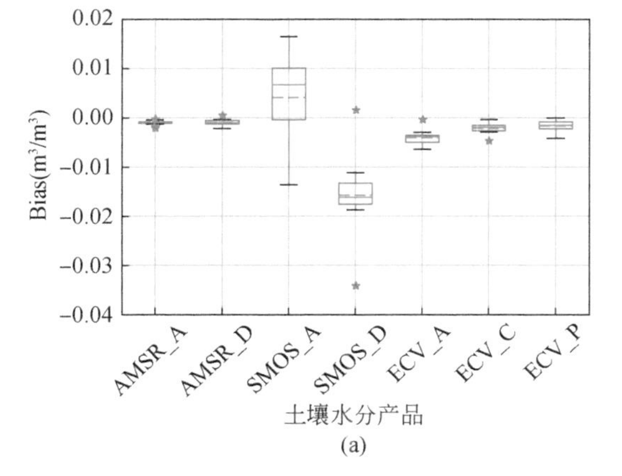

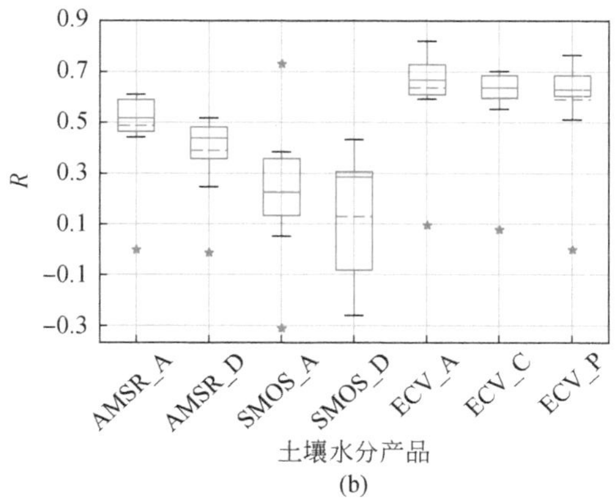

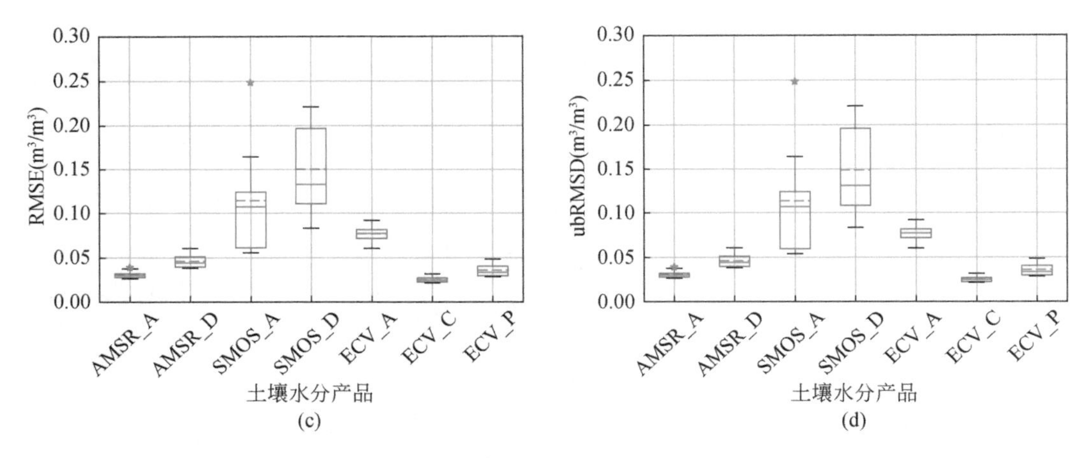

图 3.8　NAN 卫星土壤水分产品距平的逐日（a）Bias、（b）R、（c）RMSE 和（d）ubRMSD 盒须图

3.2.4　OZN

OZN 共有 37 个地面监测站。该研究区 0.25°×0.25°像元中分布若干个站点，本书研究计算同一像元所有站点算数平均值来表征像元对应区域的土壤水分实测情况。该区的主要土地覆被类型为耕地、原生植被和建成区。如表 3.12 和图 3.9 所示，所有产品均表现为高估，尤其是 ECV_A，严重高估了土壤水分值。与此同时，如图 3.9（c）、图 3.9（d）所示，ECV_A RMSE 和 ubRMSD 取值也显著大于其他产品。图 3.9（b）中，ECV 产品相关系数优于 AMSR 产品和 SMOS 产品。对 AMSR 产品来说，升轨产品精度及参数值总是优于降轨产品。在 SMOS 产品中，升轨产品在刻画土壤水分变化趋势中更有优势而降轨产品的数据精准度更高。总体来说，基于表 3.12，ECV_C 能够恰当地、精确地反映土壤水分的数值（ECV_C 产品 R=0.763），以及时间变化趋势（ECV_C 产品 Bias=0.026m^3/m^3）。基于主动数据融合的 ECV_A 产品的精度、拟合度均很低，不适宜在 OZN 表达土壤水分及其变化趋势。AMSR 产品在数据精确度和稳定性方面胜过 SMOS 产品。

为了进一步直观定量评价这些土壤水分产品在表达表土层体积含水量精度和变化趋势的适宜性等级，表 3.13 列出四种参数的平均值，图 3.10 分别展示了对应参数的距平值域。基于图 3.10，与其他土壤水分产品相比，ECV_C 距平呈现低偏差（Bias、RMSE 和 ubRSMD），以及高拟合系数（*R*）。因此，基于主被动微波产品融合的 ECV_C 距平在拟合数据精度和时空变化趋势方面均展现出优越性。在图 3.10（b）中，OZN 升轨产品距平的拟合度不仅高于对应降轨产品，且两者之间的差距大于其他所有研究区。总的来说，SMOS_A、ECV_A、ECV_C 和 ECV_P 距平能较好地表征表层土壤水距平的时间变化趋势。另外，如表 3.13 所示，ECV_C 与 ECV_P 距平的参数值相近，可以同时精确刻画站点实测数据距平。

表 3.12　OZN 卫星土壤水分逐日 Bias、*R*、RMSE 和 ubRMSD

参数	卫星土壤水分产品						
	AMSR_A	AMSR_D	SMOS_A	SMOS_D	ECV_A	ECV_C	ECV_P
Bias（m^3/m^3）	0.047	0.085	0.023	0.017	0.383	0.026	0.070
R	0.684	0.585	0.638	0.579	0.716	0.763	0.740
RMSE（m^3/m^3）	0.085	0.128	0.085	0.100	0.427	0.068	0.104
ubRMSD（m^3/m^3）	0.062	0.090	0.072	0.091	0.183	0.049	0.069

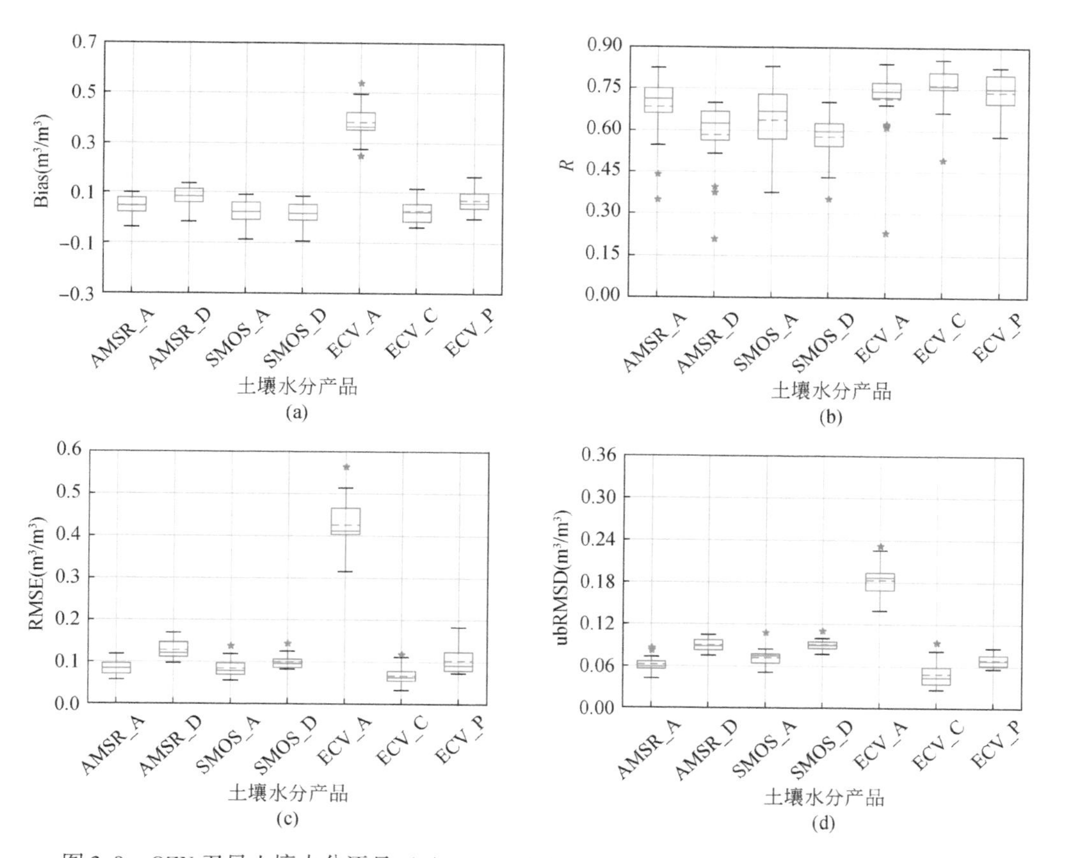

图 3.9　OZN 卫星土壤水分逐日（a）Bias、（b）*R*、（c）RMSE 和（d）ubRMSD 盒须图

表 3.13 OZN 卫星土壤水分距平逐日 Bias、*R*、RMSE 和 ubRMSD

参数	卫星土壤水分产品						
	AMSR_A	AMSR_D	SMOS_A	SMOS_D	ECV_A	ECV_C	ECV_P
Bias (m^3/m^3)	0.000 23	-0.000 17	-0.000 12	-0.000 13	0.002 97	0.000 47	0.000 51
R	0.623	0.471	0.584	0.485	0.627	0.657	0.597
RMSE (m^3/m^3)	0.046 6	0.063 7	0.067 0	0.098 1	0.115 0	0.034 8	0.052 2
ubRMSD (m^3/m^3)	0.046 6	0.063 6	0.067 0	0.098 0	0.114 9	0.034 7	0.052 2

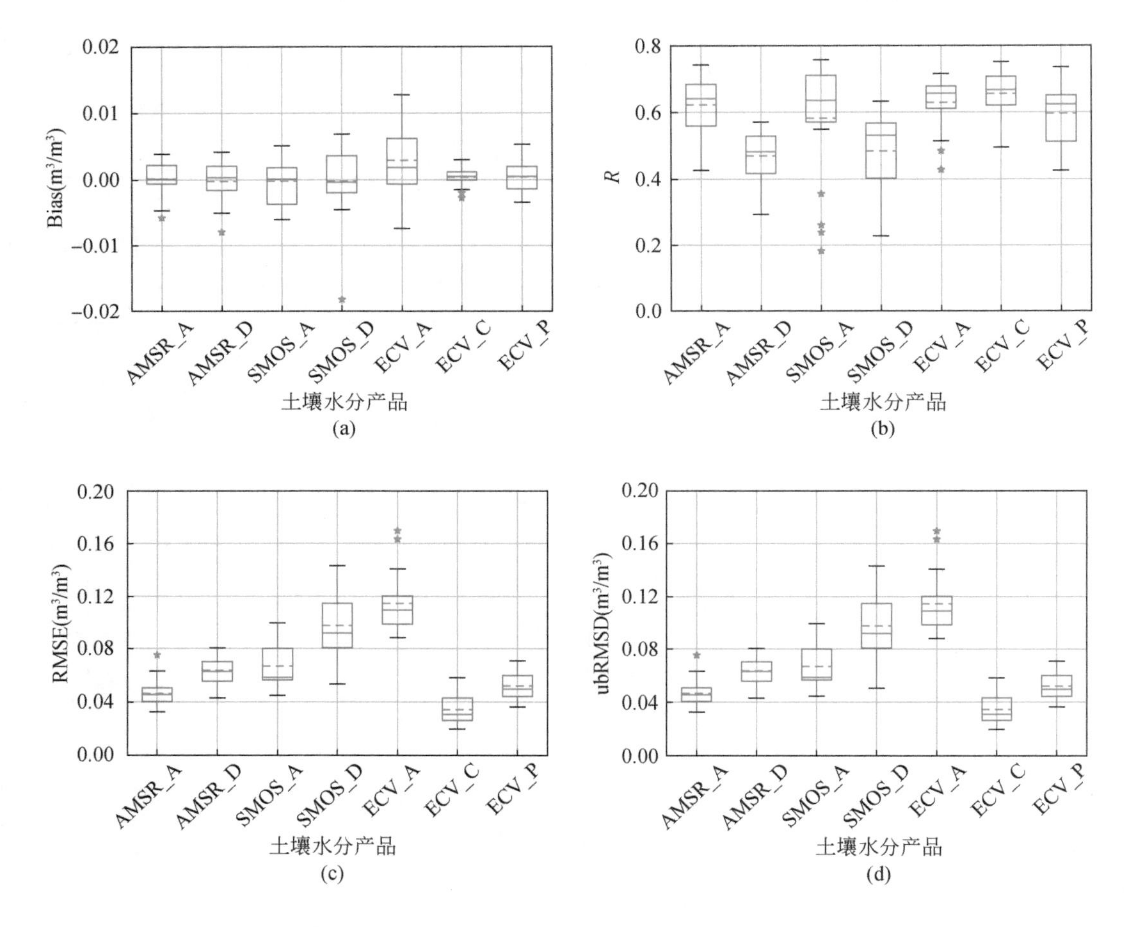

图 3.10 OZN 卫星土壤水分距平逐日 (a) Bias、(b) *R*、(c) RMSE 和 (d) ubRMSD 盒须图

3.2.5 各典型区之间比较

为了对基于不同卫星和传感器的土壤水分产品在全球不同典型区的数据精

度进行整体评价，本小节研究通过泰勒图来对它们进行综合比较分析。泰勒图提供了一种有效、直观的手段来比较不同土壤水分产品的数据精度和拟合度。如图 3. 11 所示，泰勒图横坐标轴表示实测值与卫星土壤水分产品的标准偏移之差，纵坐标轴表示土壤水分的标准偏移，极坐标轴表示卫星土壤水分产品与实测值的相关系数。图 3. 11（a）~图 3. 11（d）分别代表 OKM、REM、NAN 和 OZN。子图中的七个点表征七种卫星土壤水分产品的拟合结果。如图 3. 11 所示，ECV_A（*e* 点）在各典型区总是具有最大标准偏移。相反，ECV_C（*f* 点）

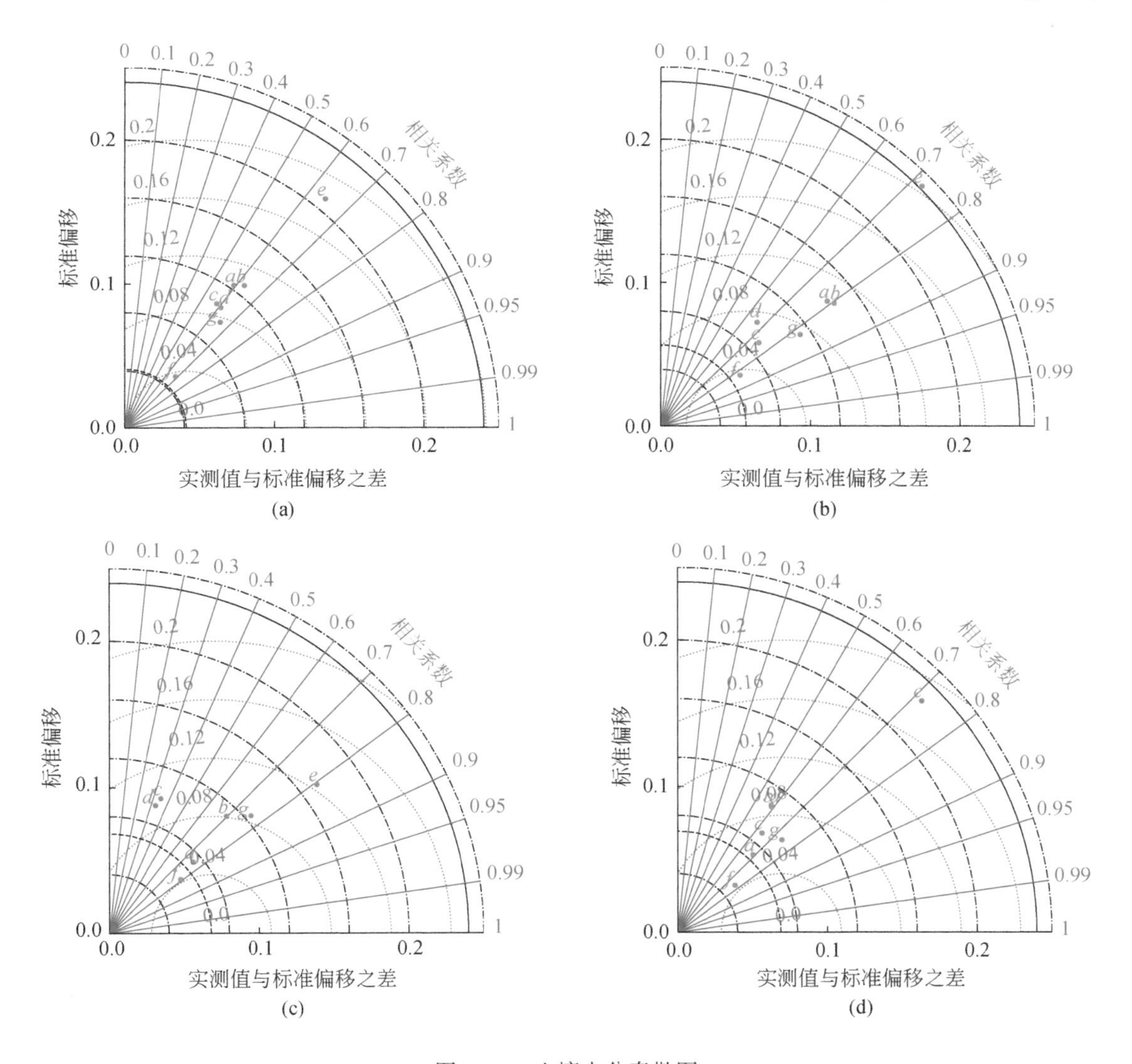

图 3. 11　土壤水分泰勒图

(a) OKM, (b) REM, (c) NAN, (d) OZN; *a*: AMSR_A, *b*: AMSR_D, *c*: SMOS_A, *d*: SMOS_D, *e*: ECV_A, *f*: ECV_C, *g*: ECV_P

的标准偏移则最小，相关系数优于 ECV_A。ECV_P（*g* 点）位于 ECV_A 和 ECV_C 之间。图 3. 11（a）、图 3. 11（b）中，AMSR_A、AMSR_D（*a*、*b* 点）和 SMOS_A、SMOS_D（*c*、*d* 点）分别搭载于同一卫星传感器，在泰勒图中位置分布相近。但是，在 NAN 和 OZN 中搭载于同一卫星传感器的产品的位置却差异显著。究其原因，可归结为：①NAN 土壤水分监测网位于青藏高原，具有特殊的水热组合条件（昼夜温差大）和极少的人工气象干预，独一无二的高海拔（>5000m）导致辐射量约为其他地区的 2 倍。②OZN 土壤水分监测网位于南半球，与北半球相同的气候区相比，具有相反的物候、季节，以及气温、降水变化节律。总的来说，ECV_C 在数据精度和趋势拟合方面均表现出色，在本书研究选择的四个典型区中均能有效表达土壤水分数值及时空演化趋势。相比而言，ECV_A 的标准偏移过大，难以表示研究区土壤水分状况。AMSR 和 SMOS 在拟合优度检验中表现良好，但是标准偏移均大于 ECV_C。AMSR 的拟合系数高于 SMOS。考虑到 SMOS 产品在青藏高原地区的土壤水分检验中的拟合系数 *R* 不足 0. 4，不适于在青藏高原地区刻画土壤水分含量及其走势变化。

鉴于原始数据与距平之间存在异质性，本小节研究通过泰勒图对距平加以分析（图 3. 12）。在图 3. 12 中，纵坐标轴代表土壤水分距平的标准偏移，横坐标轴表示土壤水分产品距平与实测数据距平的标准偏移之差，极坐标轴表征土壤水分产品距平与实测数据距平的相关系数。距平点分布与原始数据点基本

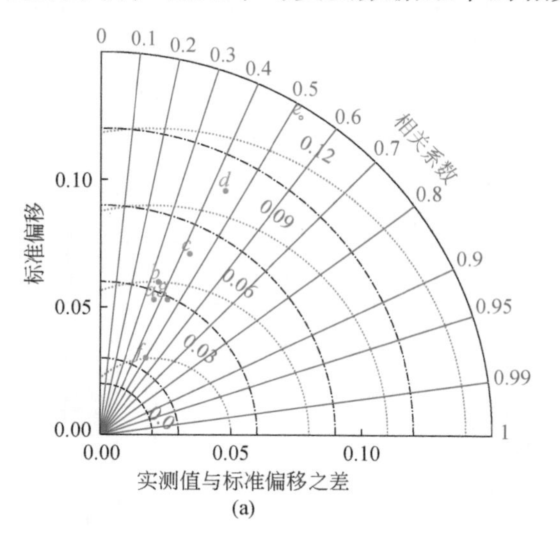

(a)

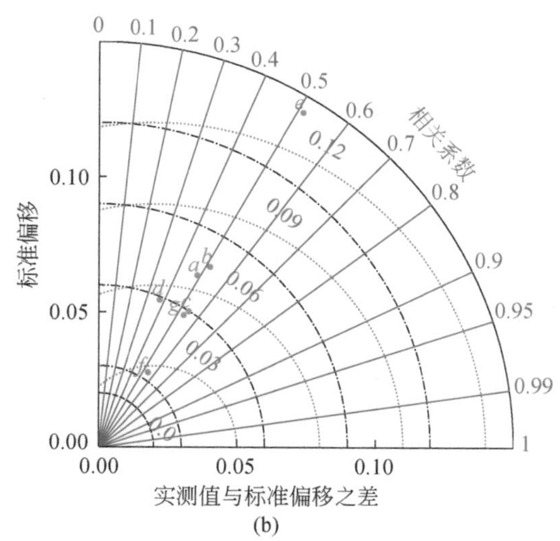

(b)

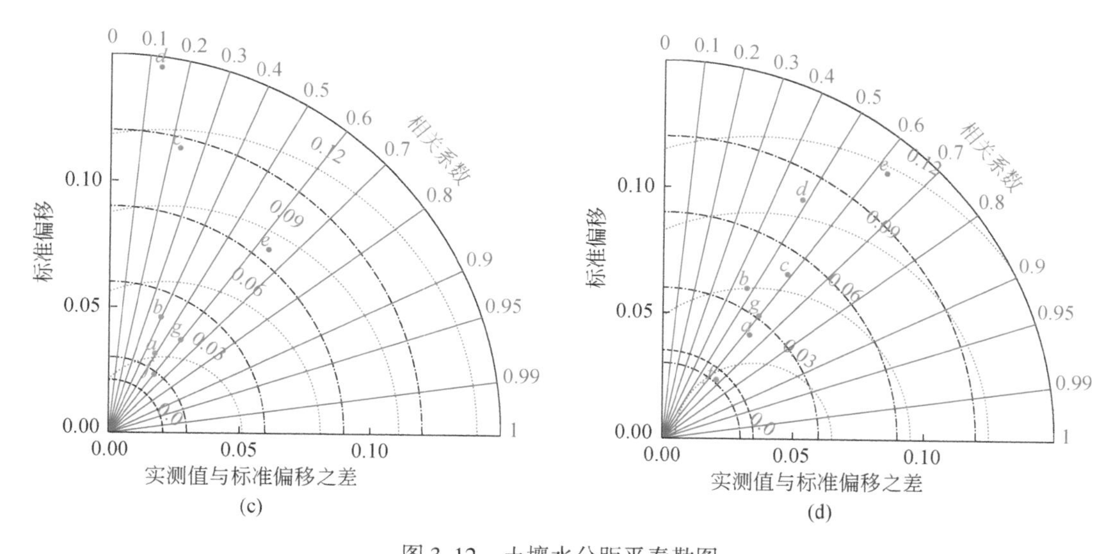

图 3.12　土壤水分距平泰勒图

(a) OKM，(b) REM，(c) NAN，(d) OZN；*a*：AMSR_A，*b*：AMSR_D，*c*：SMOS_A，*d*：SMOS_D，*e*：ECV_A，*f*：ECV_D，*g*：ECV_P

一致。尤其是 ECV_A 距平仍显示出高偏差和高相关系数的特性。ECV_C 则具有最小的偏差和较高的相关系数。图 3.12（c）中，NAN 的 SMOS_A 和 SMOS_D 距平值的标准偏移值异常大，相关系数非常小。这一现象在原始数据泰勒图中并不明显［图 3.11（c）］。因此，本书研究认为这进一步佐证了 SMOS 不适宜表达青藏高原地区地表土壤水分含量。

3.3　全球典型区遥感土壤水分产品时间序列验证分析

为了进一步分析七种卫星土壤水分的时间序列拟合度，本小节研究绘制散点图来研究各产品在不同典型区的表现。图 3.13 ~ 图 3.16 分别为 OKM、REM、NAN、OZN 的土壤水分站点监测值（实线）与卫星微波产品（散点）的时间序列变化走势。图 3.13 和图 3.14 中，AMSR 产品在 OKM 和 REM 从 11 月到次年 4 月存在高估现象而在 5 ~ 10 月呈现低估趋势。图 3.15 和图 3.16 中，在 NAN 和 OZN，AMSR 始终存在高估现象。ECV 产品中，ECV_A 在所有区域均显著高于站点实测值。ECV_C 在 OKM、NAN 低估站点实测值而在 REM 和 OZN 呈现高估走势。ECV_P 的散点序列与 ECV_C 相似，但在 NAN 高估实测值。SMOS 产品在不同区域不同时段的偏差无明显规律性，在 OKM 持续小于实测值，在 OZN 普遍大于实测值。REM 的 SMOS 产品从 12 月至次年 3 月高估了土壤水分实测值而在其他月份呈低估态势。在图 3.15 中，SMOS 产品在 NAN 实测数据几乎无显著相关趋势。

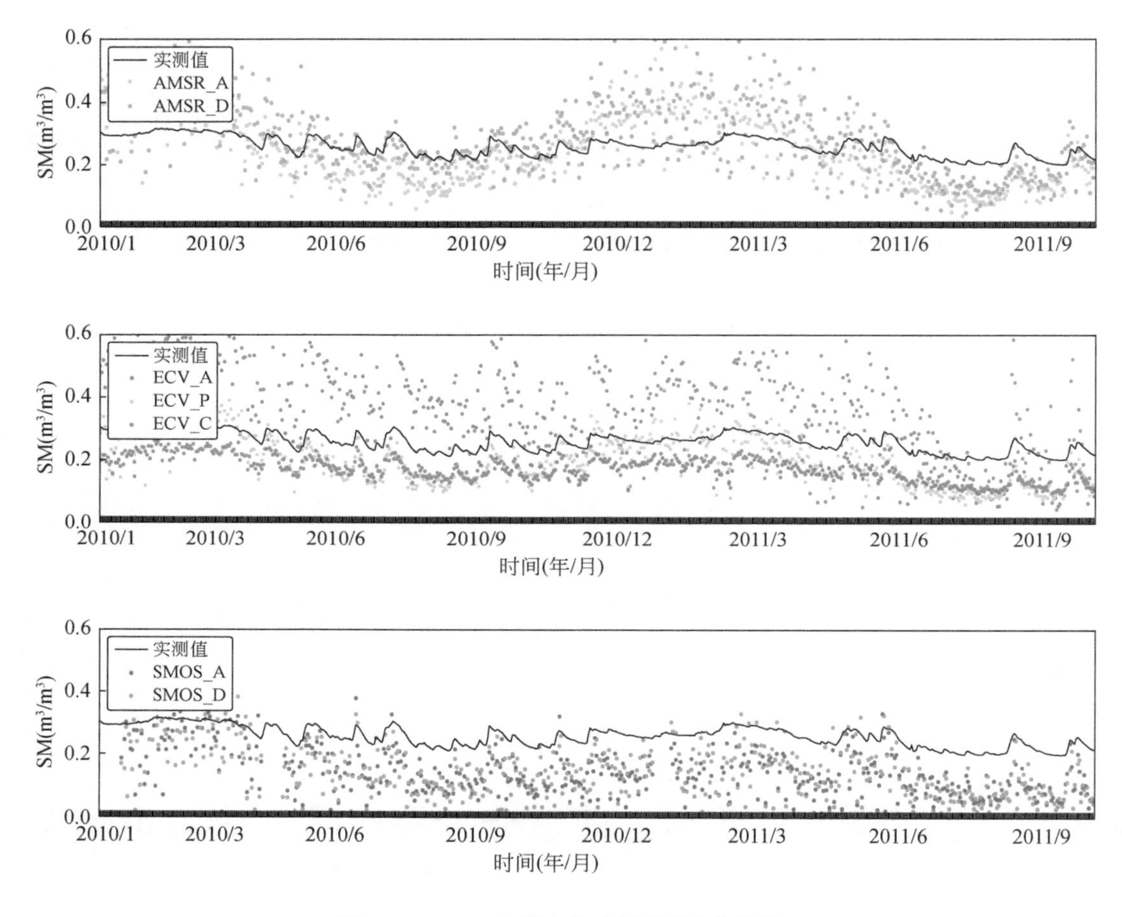

图 3.13　OKM 土壤水分时间序列变化趋势

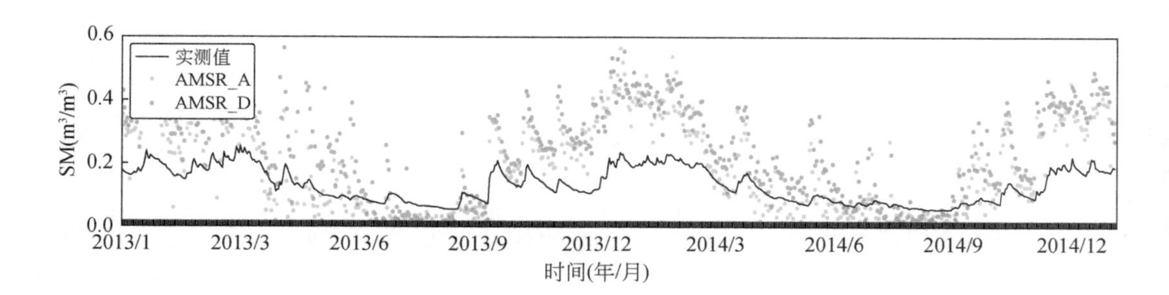

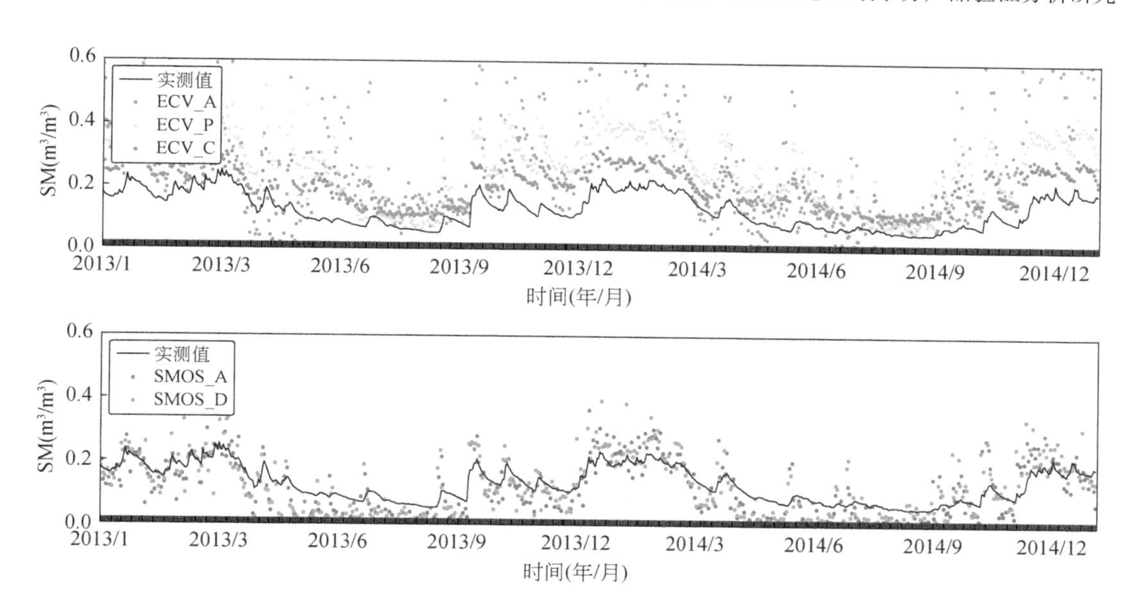

图 3.14 REM 土壤水分时间序列变化趋势

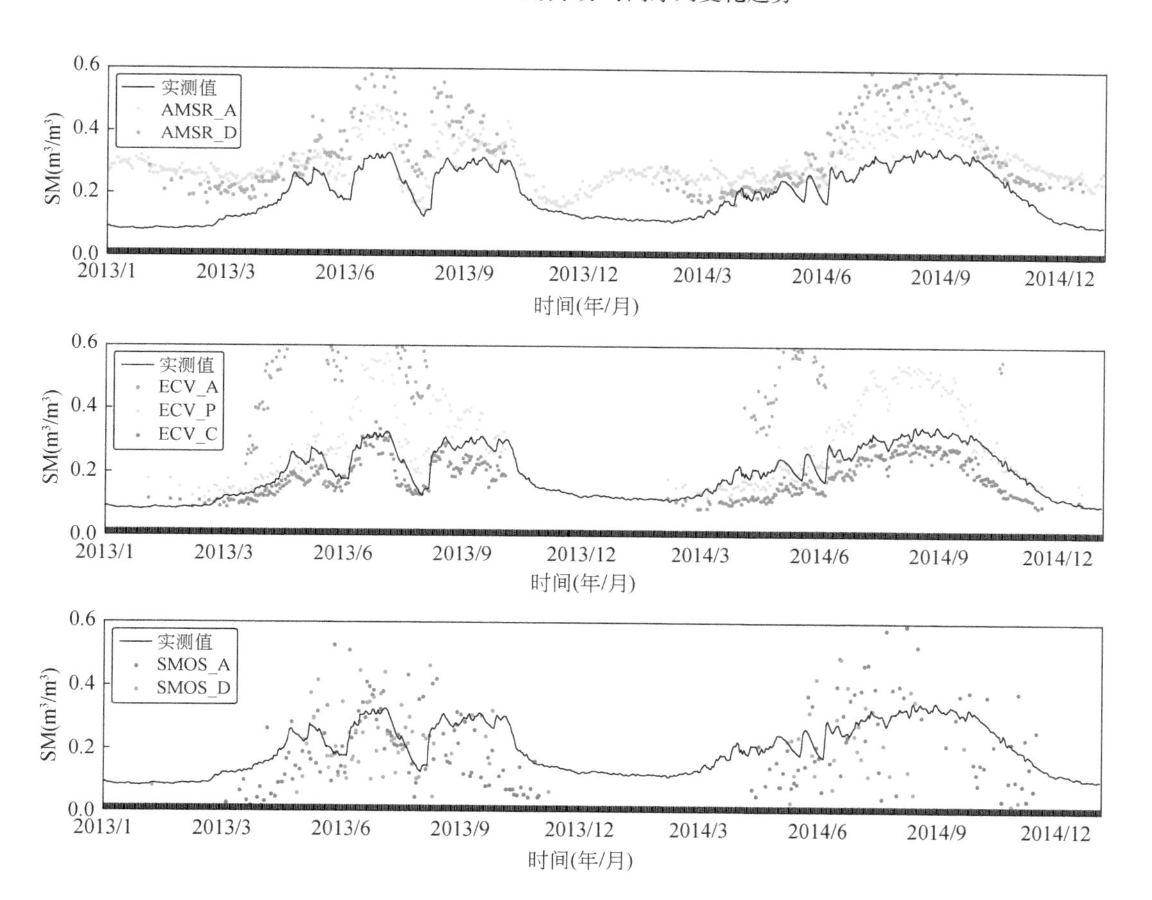

图 3.15 NAN 土壤水分时间序列变化趋势

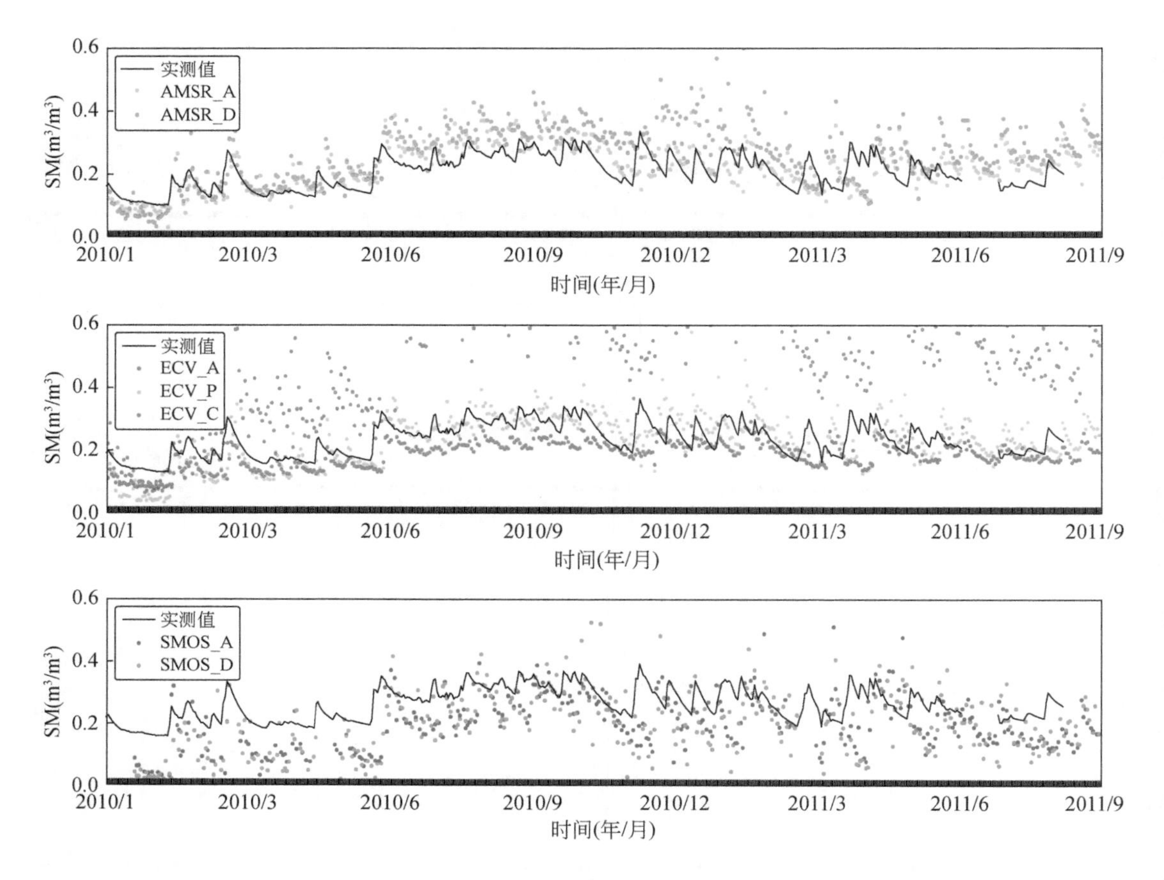

图 3.16 OZN 土壤水分时间序列变化趋势

图 3.17 ~ 图 3.20 反映了各典型区站点实测值距平，以及土壤水分产品距平的时间序列演化趋势。实线代表实测数据的演替趋势，散点表示土壤水分产品在对应区域的波动情况。四个典型区中 ECV_C 距平既能捕捉实测数据的时间演变趋势，同时数据精确度最高。图 3.18 中，ECV_C 距平的时间序列走势与实测数据高度一致；ECV_P 能够在一定程度上表达土壤水分的实际演变趋势，但存在个别的高估和低估点；ECV_A 有大量异常极大值和极小值点，表明 ECV_A 不适宜表达土壤水分含量时间序列变化；AMSR 与土壤水分实测值的耦合一致性较好。但是，图 3.17 和图 3.20 中，在 OKM、OZN，AMSR_D 距平的偏差明显大于 AMSR_A。在图 3.19、图 3.20 中，SMOS 距平难以表现出与站点数据距平的时间序列变化相关性，这一现象进一步佐证了 SMOS 数据在 NAN 和 OZN 的不适用性。

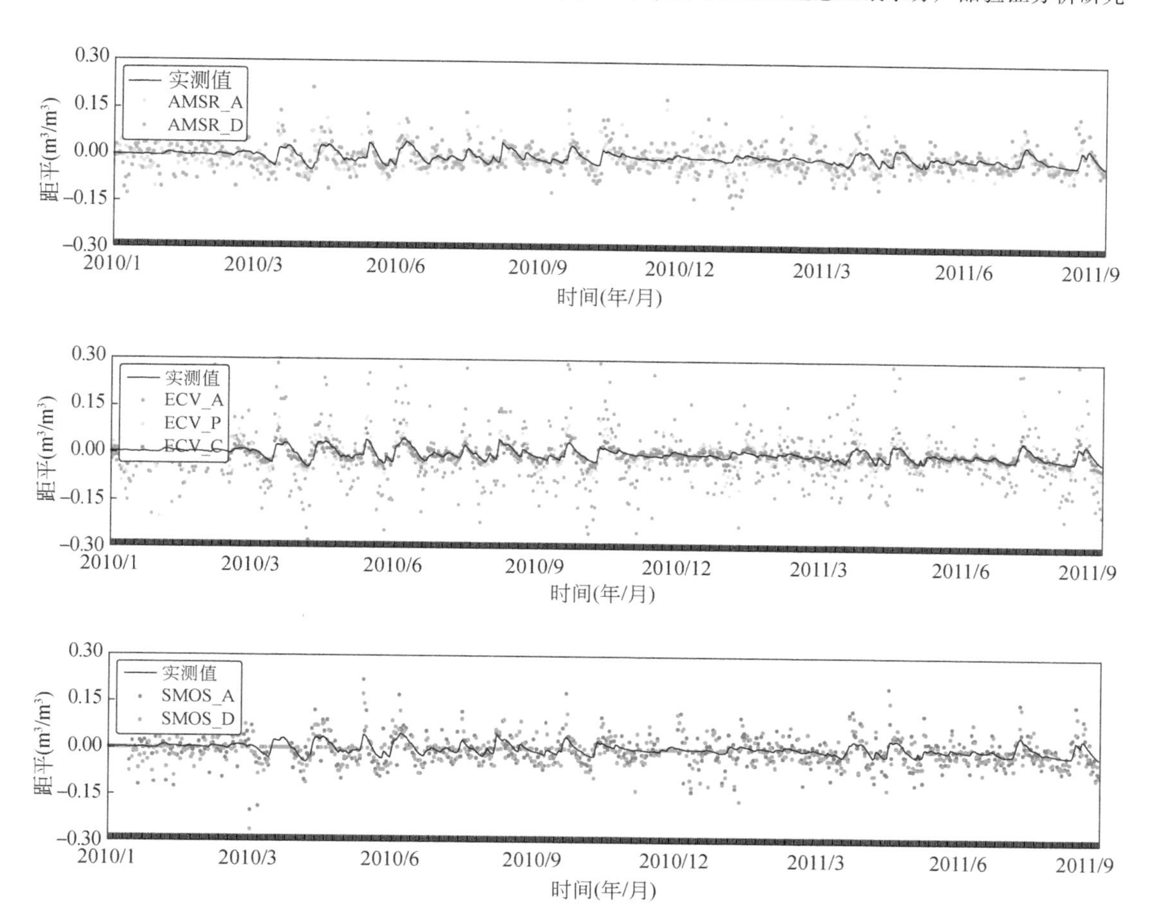

图 3.17　OKM 土壤水分距平时间序列变化趋势

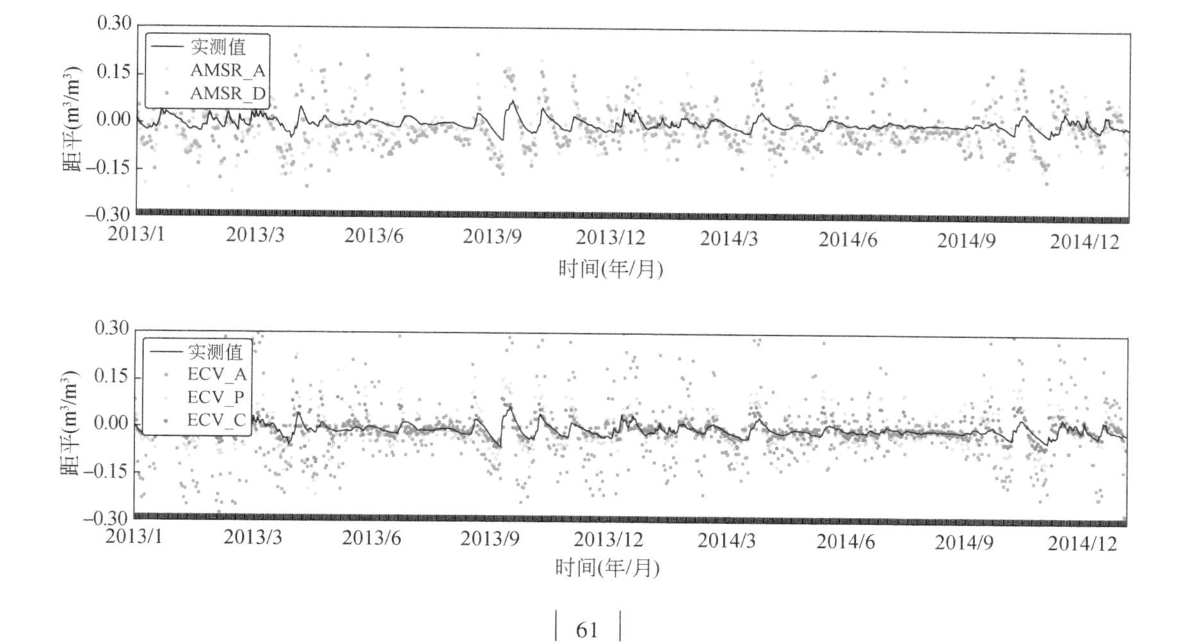

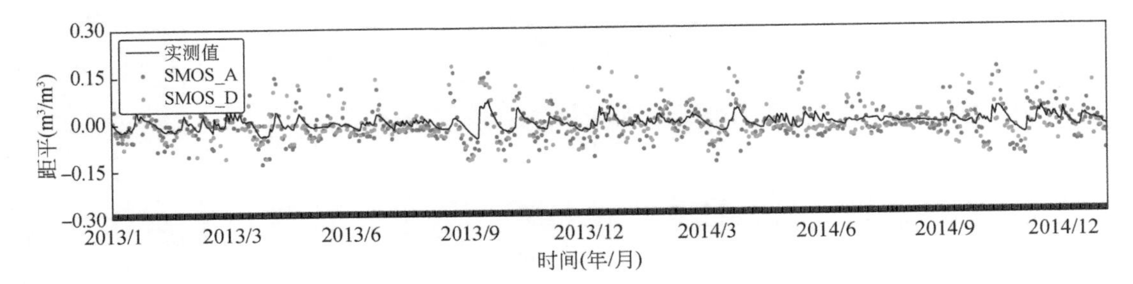

图 3.18 REM 土壤水分距平时间序列变化趋势

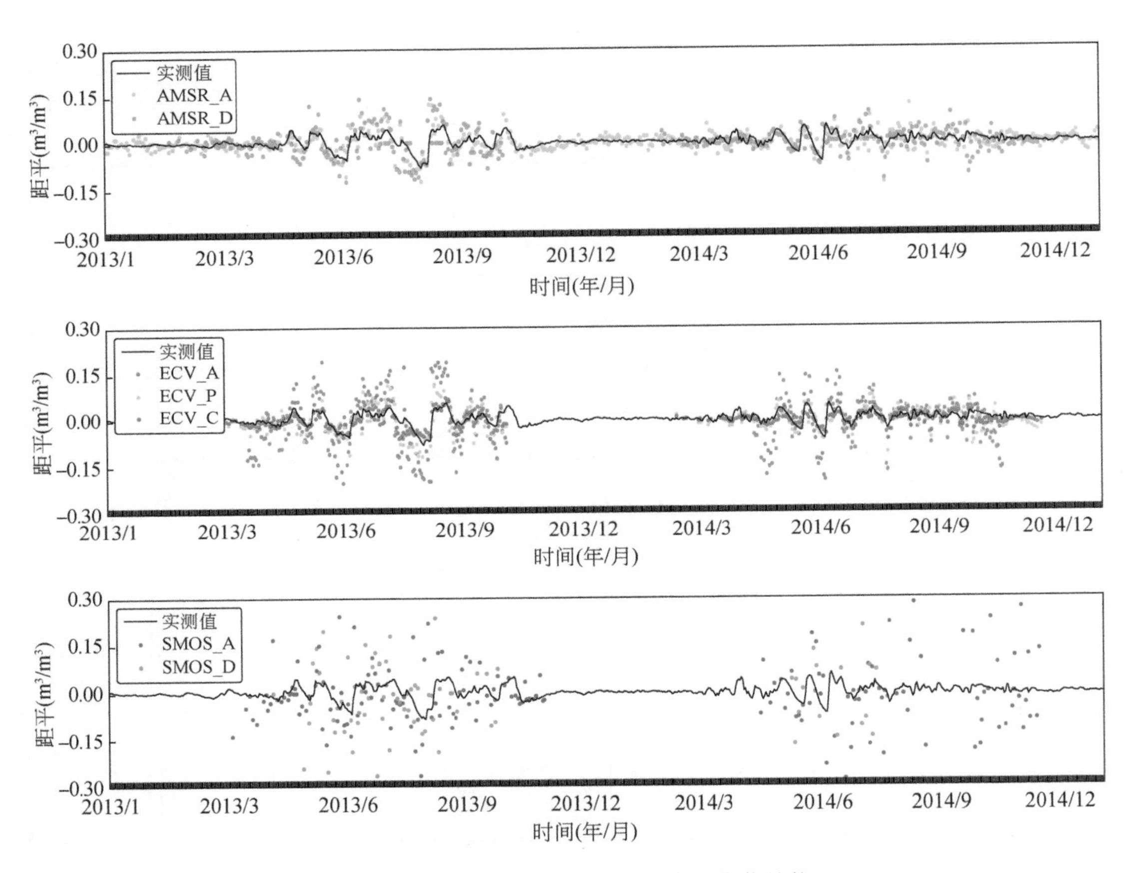

图 3.19 NAN 土壤水分距平时间序列变化趋势

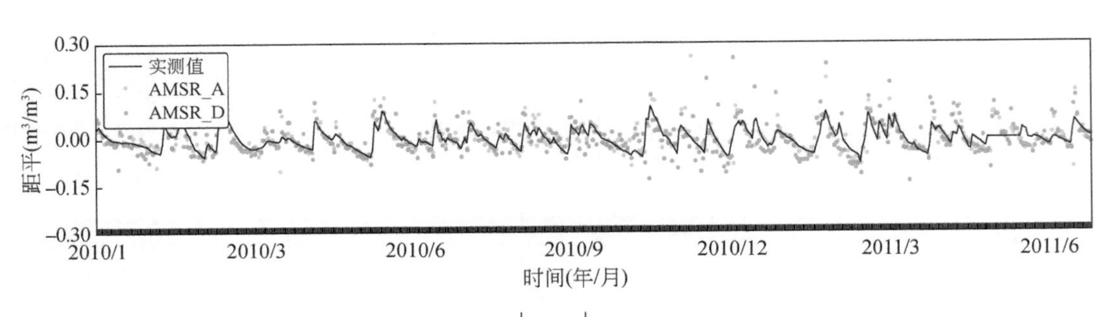

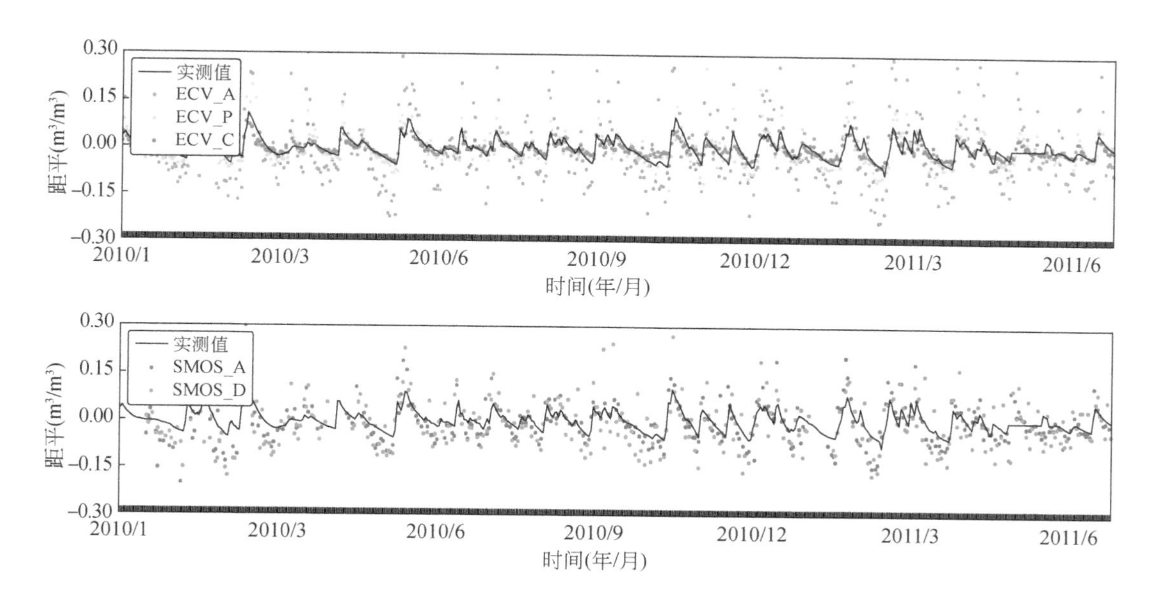

图 3.20 OZN 土壤水分距平时间序列变化趋势

3.4 本章小结

本章基于站点实测数据，设计验证并比对了七种当前常用的卫星土壤水分产品（AMSR_A、AMSR_D、SMOS_A、SMOS_D、ECV_A、ECV_C、ECV_P）的数据精准性和时空序列演化趋势拟合度。评价参数包括 Bias、R、RMSE、ubRMSD 和距平［ANO（t）］。得到以下结论。

（1）基于主动微波反演融合的 ECV_A 的时空序列演化拟合度最高，在四个研究区均能够准确捕捉站点实测数据的变化特征；ECV_C 产品的 R 值最高，反映主被动融合土壤水分产品良好的稳定性；SMOS 系列产品在 NAN 和 OZN 的 R 值过低，在土壤水分拟合过程中不具有代表性。

（2）验证结果表明，ECV_C 土壤水分精度最高，精准刻画土壤水分真值；AMSR_A、AMSR_D 数据绝对误差也较低；而 ECV_A 存在大量的异常高估值，不能恰当地表征表土层水分。

（3）综合对比，ECV_C 在趋势性和数据精度两方面性能卓越，能够表达地表土壤水分的数值分布和演替规律，表明了主/被动融合土壤水分产品的优势。AMSR 在趋势拟合中的效果优于 SMOS，升轨数据产品的精度和 R 值普遍高于相应的降轨数据产品。但 AMSR 产品本身精度为小数点后两位，难以满足土壤水分高精度反演要求。

本章在评价分析的基础上得到一种高时空精度和拟合度的卫星土壤水分产品 ECV_C，以及两种质量良好的被动微波产品 AMSR_A、AMSR_D。为后续章节开展时空序列重建的因子选择、空间补全重建与降尺度研究奠定了基础。

第4章 遥感土壤水分数据时空序列重建因子选择研究

土壤水分与地表环境参数的反馈关系是卫星土壤水分数据重建方法研究的基础支撑，也是选取相关地表参数变量建立土壤水分解释变量体系的重要科学依据。从土壤水分本身来说，土壤表层3～5cm的水分含量对降水、气温、植被等陆地表层要素的响应较为敏感。

当降水或人工灌溉发生时，表层土壤水在土壤分子力、重力和毛管力共同作用下，沿着土壤孔隙向下逐层运移补给各个深度土层的含水量，下渗作用最终到达潜水面补给地下水。因此，土壤水分随土层深度的加深而增大，波动性越来越小。本书研究在实验设计之初考虑将降水数据加入解释变量体系，热带降水观测卫星（Tropical Rainfall Measuring Mission，TRMM）提供全球50°N～50°S内的降水数据（Kidd et al.，2010），TRMM反演的降水产品因精度高，常作为评价其他卫星遥感降水产品的参考依据（Iguchi et al.，2000）。但TRMM降水本身像元分辨率仅有0.25°，只能进行土壤水分原始尺度重建，无法参与土壤水分降尺度。为了在解释变量一致性原则下进行原始尺度和降尺度重建以分析尺度转换对重建数据的影响，本书研究未将TRMM降水数据列入解释变量。

气温主要作用于表层土壤水分的蒸发。植被则通过根系的分布深度和范围来对不同层的土壤水分及其变幅产生影响。鉴于影响地表土壤含水量变化的因素较多，本章结合定性分析与定量评价，建立土壤水分解释变量体系。

4.1 解释变量体系建立的理论依据

4.1.1 动态变量

1. 归一化植被指数

土壤表层通常有植被覆盖，按大类可分为草本、藤本、灌木、乔木等。土壤水分影响植被生长发育，土壤水分过高或过低都不适合植被生长。一方面，植被根系吸收土壤水分进行蒸腾作用使土壤水分降低；另一方面，植被具有水土保持、防止土壤水分蒸发过快、预防荒漠化等功能。因此，土壤水分与植被之间存在复杂紧密的多重双向反馈关系（Brockett et al.，2012）。归一化植被指数（NDVI）是检测植被生长态势、健康状态、覆盖度等的重要参数（Paruelo et al.，1997；Myneni and Williams，1994）。NDVI 在遥感影像中用近红外波段的反射率与红光波段的反射率之差比上两者之和表示，即（NIR−R）/（NIR+R）。本书研究为获取 1 km 分辨率 NDVI 产品，从 MODIS 官网获取 MCD43A4 基于 BRDF 双向反射分布函数调整的反射率数据，抽取 hdf 数据中的红光和近红外波段反射率，计算得到逐日 NDVI 序列。虽然 NDVI 对土壤背景的变化较为敏感，但 NDVI 可以消除大部分与仪器定标、太阳角、地形、云阴影和大气条件有关辐照度的变化，增强了对植被的响应能力。有研究利用半经验土壤蒸发效率模型，在微波反演的土壤水分产品与红光、近红外和热红外数据之间建立非线性模拟关系，对土壤水分进行多分辨率降尺度模拟重建。

2. 地表温度

温度是表示物体冷热程度的物理量，微观上来讲是物体分子热运动的剧烈程度。当下垫面与空气间产生温度差时，就会发生热传输。土壤与近地大气间的潜热通量包括地面蒸发（裸地）或植被蒸腾、蒸发（植被覆盖）的能量，主要是以水分为介质进行。由温度变化引起的大气与下垫面之间发生的湍流形式的显热交换同样以水作为热量载体。但具体的传热量、传热速率视不同的大气状态和土壤组分而定。地表与大气间的温度差与感热交换相关，地表与大气间的湿度差与潜热交换相关。相比降水，大气中的热量以水分为介质传递给表层土壤所导致的土壤含水量增加并不显著，但土壤水分蒸发是地表温度降低的有效方式，水热同期气候区域土壤水分与地表温度呈现正相关；水热不同期气候区域土壤水分与地表温度则呈现负相关关系。因此，土壤水分与大气温度之间存在紧密的非线性反馈关系（Flanagan and Johnson，2005）。地表温度（LST）是遥感领域常用的温度数据，本书研究从美国国家航空航天局官网获取MOD11A1 和 MYD11A1 的 1 km 分辨率逐日 LST 产品（包括 LST_D 和 LST_N），取 MOD 和 MYD 算数平均作为 LST 代表值以增强数据稳定性，以 LST_D 与 LST_N 之差为昼夜地表温度差 ΔLST。本书在研究土壤水分时空序列变化时将 LST 作为重要变量和指示因子来分析。

3. 反照率

地表反照率是衡量地表能量收支、影响气候变化的重要参数（Liang，2003）。地表反照率是指在短波波段单位面积、单位时间上各方向地面总反射辐射通量与入射辐射通量之比。地表反照率是反映地表对太阳短波辐射反射特性的物理参量，它是气候建模和气象预报考虑的重要指示因子。太阳高度角、地面粗糙度和植被覆盖度也会使地表反照率产生变化，即表土层的含沙量不仅影响土壤的水分存储能力，还作用于地表对短波辐射的反射效果。一般说来，反照率随太阳高度角的增加而减小，但是当太阳高度角大于40°时，其对反照率的影响可以忽略不计。有研究表明，地表反照率随土壤水分的增加而降低，地表反照率与土壤水分呈典型的指数关系，且两者的相关系数较高。另外，当地表反照率增加时，降水率和蒸发率都会减小（Sud and Fennessy，1982）。这些研究大大加深了人们对地表反照率的气候反馈及其物理机制的理解。本书研究使用的 1km 逐日反照率数据源自美国国家航空航天局的 MODIS 数据集 MCD43A3。基于土壤水分与反照率的非线性相关度，本书研究拟将反照率作为土壤水分重建的解释变量。地表反照率实际值需基于天空漫射光比例和气溶胶光学厚度加权计算，这两种数据由地面观测站实地量测记录获取且一直处于动态变化当中。因此，在实际操作中大尺度时空连续的天空漫射光比例和气溶胶光学厚度数据难以获取，本书研究将 MODIS 黑空反照率、白空反照率数据作为解释变量进行土壤水分模拟与重建。黑空反照率和白空反照率分别代表太阳辐射完全直射和完全漫射条件下的反照率，即完全晴空和完全阴天条件下的反照率。

4.1.2 稳态变量

1. 数字高程模型

数字高程模型（DEM），是通过有限地形高程数据实现对地面地形的数字化模拟，即地形表面形态的数字化表达。它是用一组有序数值阵列形式表示地面高程的一种实体地面模型，是数字地形模型（Digital Terrain Model，DTM）的一个分支。其他地形特征值均可由此计算，如坡度、坡向及坡度变化率等地貌特性均可以 DEM 为基础进行模拟。DEM 与土壤水分空间分布有显著的相关性。在相同的水热条件下，地势相对较高的区域受重力影响土壤水分较低，而地势低洼区域土壤水分则偏高。此外，向阳坡光照时间长，水分蒸发快，背阴坡长期得不到阳光照射，易积蓄存留水分。但是，同一区域向阳坡的植被长势和覆盖度通常优于背阴坡。常用的 DEM 数据采集方式包括：①使用 GPS、全站仪等测绘仪器进行野外实地测量，获取高精度 DEM 点位数据；②通过摄影测量从遥感影像中计算获取；③从现有地形图上采集，如采用格网读点法、数字化仪手扶跟踪及扫描仪半自动采集，然后通过内插生成 DEM 等方法。目前，遥感地学应用领域常用的 DEM 数据多为第二种。其中，由美国国家航空航天局和美国国防部国家测绘局于 2000 年发起的航天飞机雷达地形测绘任务（Shuttle Radar Topography Mission，SRTM）中研制的 DEM 数据使用广泛，数据分辨率有 30m、90m、1000m 三种。本研究拟在研究区域土壤水分空间分异、评价、分析、尺度转换时将 DEM 作为解释变量。

2. 空间位置

全球典型区土壤水分空间分布不仅与自然条件相关，还与其经纬度，即地理位置主导的水热组合条件相关。在全球尺度范围内，纬度愈高，获得太阳辐射愈少，白昼愈长。太阳辐射强度和持续时间将直接影响陆地表面积温、植被光合作用，进而作用于地表温度（LST）和归一化植被指数（NDVI）。且南北半球纬度值相同位置的季节节律变化呈相反趋势。

海陆分布状况可用经度和纬度来共同表征。距海洋愈近的陆地受洋流和海洋性气候影响愈强烈，气候较为湿润，降水丰富，植被丰茂。而深入内陆腹地的区域则由大陆性气候主导，气候特征干旱少雨，植被相对低矮稀疏，表层土壤水分含量偏少。虽然表层土壤水分总是处在动态波动中，小区域土壤受降水、灌溉等短期过程影响发生显著变化，但是从月尺度、季尺度乃至年际等长周期及大空间尺度来看，空间位置差异与土壤水分取值范围密不可分。经纬度坐标数据可根据遥感影像产品的四至坐标和像元空间分辨率计算获取。因此，本研究在对典型区土壤水分空间重建时将经纬度加入解释变量体系。

综上所述，土壤体积含水量与以上动态变量（归一化植被指数、地表温度及昼夜地表温度差、反照率），以及稳态变量（DEM、空间位置）均存在突出的相互作用关系。这种反馈适用于基于严谨建模的一系列空间尺度范围响应中。因此，本书研究拟综合选取以上要素对卫星土壤水分产品进行多源数据融合和时空序列重建。

4.2 皮尔逊相关系数与显著性检验

在以上理论依据的基础支撑下，本书研究以 ECV_C 土壤水分产品为参照样本度量了土壤水分数据与解释变量的皮尔逊相关系数，并进行了显著性检验。鉴于样本数量是影响皮尔逊相关系数和显著性的重要因素，选取样本数量大于 50 的数列进行相关分析和显著性检验。基于 REM 和 NAN 2013 年 1 月 1 日～2014 年 12 月 31 日共计 730 天的逐日土壤水分，OKM 2010 年 1 月 1 日～2011 年 10 月 3 日共计 641 天的逐日土壤水分，OZN 2010 年 1 月 1 日～2011 年 5 月 31 日共计 516 天的逐日土壤水分，利用皮尔逊相关系数，计算四个典型区土壤水分与 NDVI、LST、Albedo 的相关度、显著性，以及空间分布差异。计算过程如下。

（1）逐像元提取时间序列土壤水分数据与对应位置的NDVI、LST、Albedo像元值，分别形成向量 $\boldsymbol{y}_N=(y_1,y_2,y_3,\cdots,y_n)$ 与向量 $\boldsymbol{x}_N=(x_1,x_2,x_3,\cdots,x_n)$，$n$ 为时间序列。

（2）计算两个向量的皮尔逊相关系数 $R(\boldsymbol{x}_N,\ \boldsymbol{y}_N)$，以及 $\boldsymbol{x}_N$ 和 $\boldsymbol{y}_N$ 的显著性指数 Significance$(\boldsymbol{x}_N,\ \boldsymbol{y}_N)$。

（3）遍历研究区全域数据，计算得到每个像元位置的土壤水分数据分别与NDVI、LST、Albedo的时间序列皮尔逊相关系数及显著性指数。

利用上述算法，分别计算得到土壤水分逐日产品与NDVI、LST、Albedo的通过95%置信度检验的皮尔逊相关系数。

由此得到本书研究所选4个典型区土壤水分与NDVI、LST、Albedo的相关性空间分布及显著性程度。

研究结果如下。

1）OKM解释变量皮尔逊相关系数与显著性检验

图4.1（a）、图4.1（e）、图4.1（i）、图4.1（m）、图4.1（q）、图4.1（u）为OKM逐日ECV_C土壤水分产品与各解释变量皮尔逊相关系数空间分布。黑色框线为该区最外层像元中心线，以示区域轮廓。反照率Albedo_WS［图4.1（a）］、Albedo_BS［图4.1（b）］与土壤水分相关性高度一致，西北区域呈现显著正相关而南部则表现为负相关关系。不同于地表反照率，NDVI在OKM东部与土壤水分为负相关，在西部则为明显的正相关，且正、负相关约各占该研究区域面积1/2。昼夜地表温度总体上与土壤水分为负相关关系，在东南部和东北部的局部地区表现为较强的正相关。昼夜温差在OKM西部与土壤水分明显负相关，在东部与土壤水分为较弱的正相关趋势。

基于土地覆被类型分析，图4.1（m）、图4.1（q）东部呈显著正相关和未通过显著性检验的条带状及近似三角形区域分别对应密西西比河和亚拉巴马河流域，受陆气效应与植被演替影响微弱，该区的冲积平原和湿地长期保持高位土壤水分。这一相对特殊的土地覆被类型一方面解释了图4.1（i）对应位置皮尔逊相关系数未通过显著性检验；另一方面夏季积温和降水同步提升，降水汇入地表进一步拉升土壤水分，故而土壤水分与温度呈正相关。此外，丰水期湿地大幅被河水淹没，有水体掺杂的混合像元卫星土壤水分产品反演精度较低，数据重建精度受原始数据质量限制，预计将低于平均水平。

2）REM 解释变量皮尔逊相关系数与显著性检验

图4.1（b）、图4.1（f）、图4.1（j）、图4.1（n）、图4.1（r）、图4.1（v）为 REM ECV_C 土壤水分与各解释变量皮尔逊相关系数空间分布。REM 大部分区域样本数量充足且通过置信度为95%的显著性检验。土壤水分与地表反照率 Albedo_BS［图4.1（b）］、Albedo_WS［图4.1（f）］在南部表现出显著负相关，在北部与 Albedo_WS 呈现负相关却与 Albedo_BS 主要呈现正相关。土壤水分与 NDVI 在 REM 南端和北端均呈强烈正相关，中部表现出较显著的负相关。图4.1（n）、图4.1（r）、图4.1（v）分别为逐日日间地表温度、夜间地表温度、昼夜地表温差的皮尔逊相关系数空间分布。地表温度与土壤水分呈现出较好的负相关性，即温度愈低、温差愈小、土壤水分值愈有增大的趋势。

从气候气象角度解释，该区域属地中海气候，水热不同期，降水集中于冬季而夏季炎热干燥，因此整体上土壤水分与地表温度表现为显著负相关关系［图4.1（n）、图4.1（r）、图4.1（v）］。自地理学土地覆被与利用方式来看，图4.1（j）中部土壤水分与 NDVI 呈负相关的区域为比利牛斯山脉。该区地质构造复杂，沟谷峰壑交错密布，植被垂直地带性强。谷地多为原生耐旱落叶灌木丛和稀疏落叶阔叶林，峰顶高山草甸与终年积雪错落分布。北端和南端广袤的正向相关区域的优势土地覆被类型是耕地，人为干预作用影响大，利用降水季节差异特点培育种植抗寒越冬的小麦、大麦等农作物。

3）NAN 解释变量皮尔逊相关系数与显著性检验

图4.1（c）、图4.1（g）、图4.1（k）、图4.1（o）、图4.1（s）、图4.1（w）为 NAN 逐日土壤水分产品与各解释变量的皮尔逊相关系数空间分布。大多数位置样本数量充足且通过置信度为95%的显著性检验。在图4.1（c）、图4.1（g）中，白空反照率、黑空反照率在该区域自南向北由以负相关为主逐渐转为正相关占优势。NDVI 在南部和东北部呈现显著正相关，其他区域以负相关为主。地表温度及温差自东北向西南由显著正相关向显著负相关逐渐过渡转变。

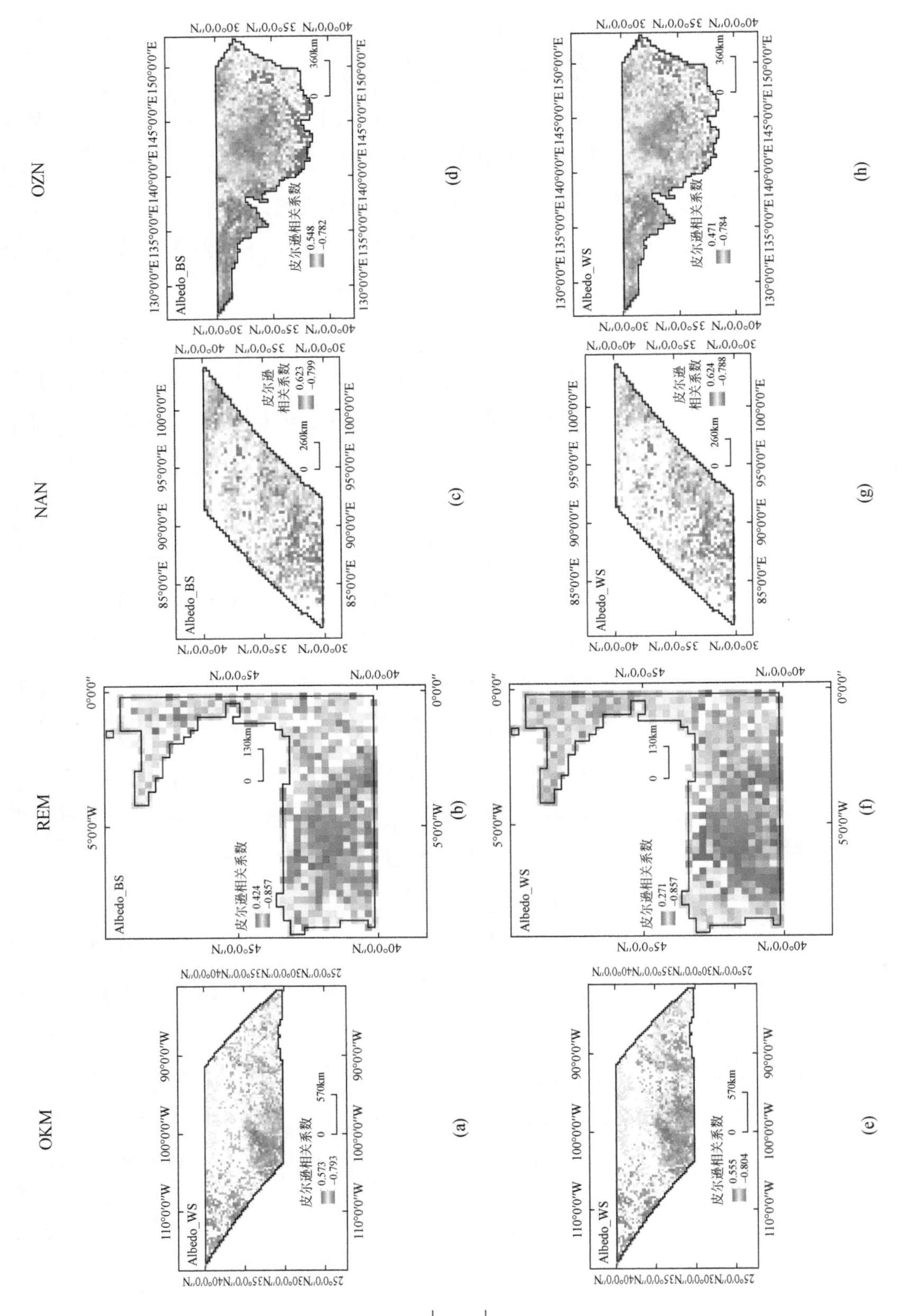

OKM
REM
NAN
OZN
Albedo_WS
皮尔逊相关系数
0.573
−0.793
570km
Albedo_BS
皮尔逊相关系数
0.424
−0.857
130km
Albedo_BS
皮尔逊
相关系数
0.623
−0.799
260km
Albedo_BS
皮尔逊相关系数
0.548
−0.782
360km
Albedo_WS
皮尔逊相关系数
0.555
−0.804
570km
Albedo_WS
皮尔逊相关系数
0.271
−0.857
130km
Albedo_WS
皮尔逊
相关系数
0.624
−0.788
260km
Albedo_WS
皮尔逊相关系数
0.471
−0.784
360km
(a)
(b)
(c)
(d)
(e)
(f)
(g)
(h)

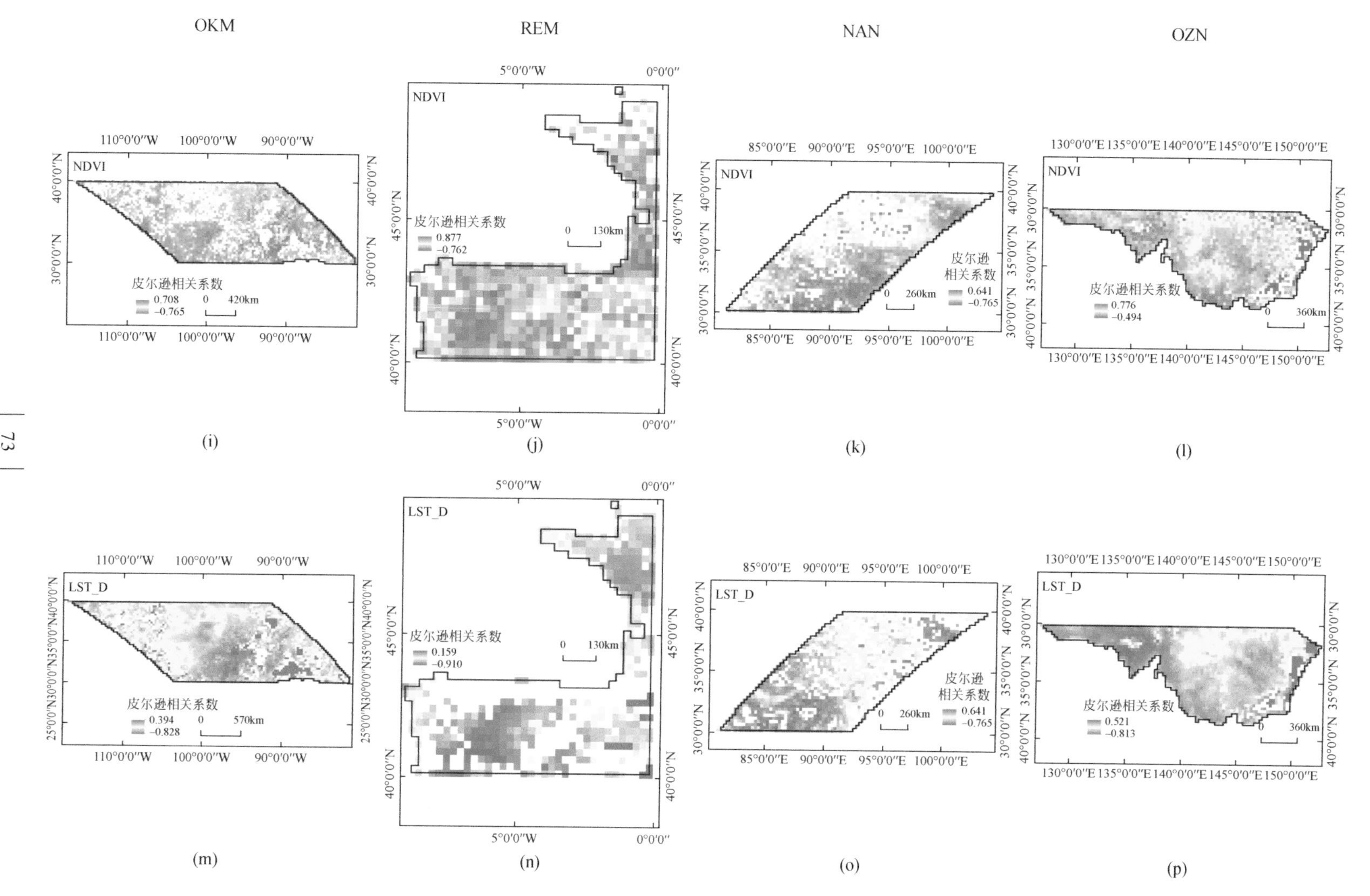
OKM
REM
NAN
OZN
NDVI
皮尔逊相关系数
0.708
-0.765
0 420km
(i)
NDVI
皮尔逊相关系数
0.877
-0.762
0 130km
(j)
NDVI
皮尔逊相关系数
0.641
-0.765
0 260km
(k)
NDVI
皮尔逊相关系数
0.776
-0.494
0 360km
(l)
LST_D
皮尔逊相关系数
0.394
-0.828
0 570km
(m)
LST_D
皮尔逊相关系数
0.159
-0.910
0 130km
(n)
LST_D
皮尔逊相关系数
0.641
-0.765
0 260km
(o)
LST_D
皮尔逊相关系数
0.521
-0.813
0 360km
(p)

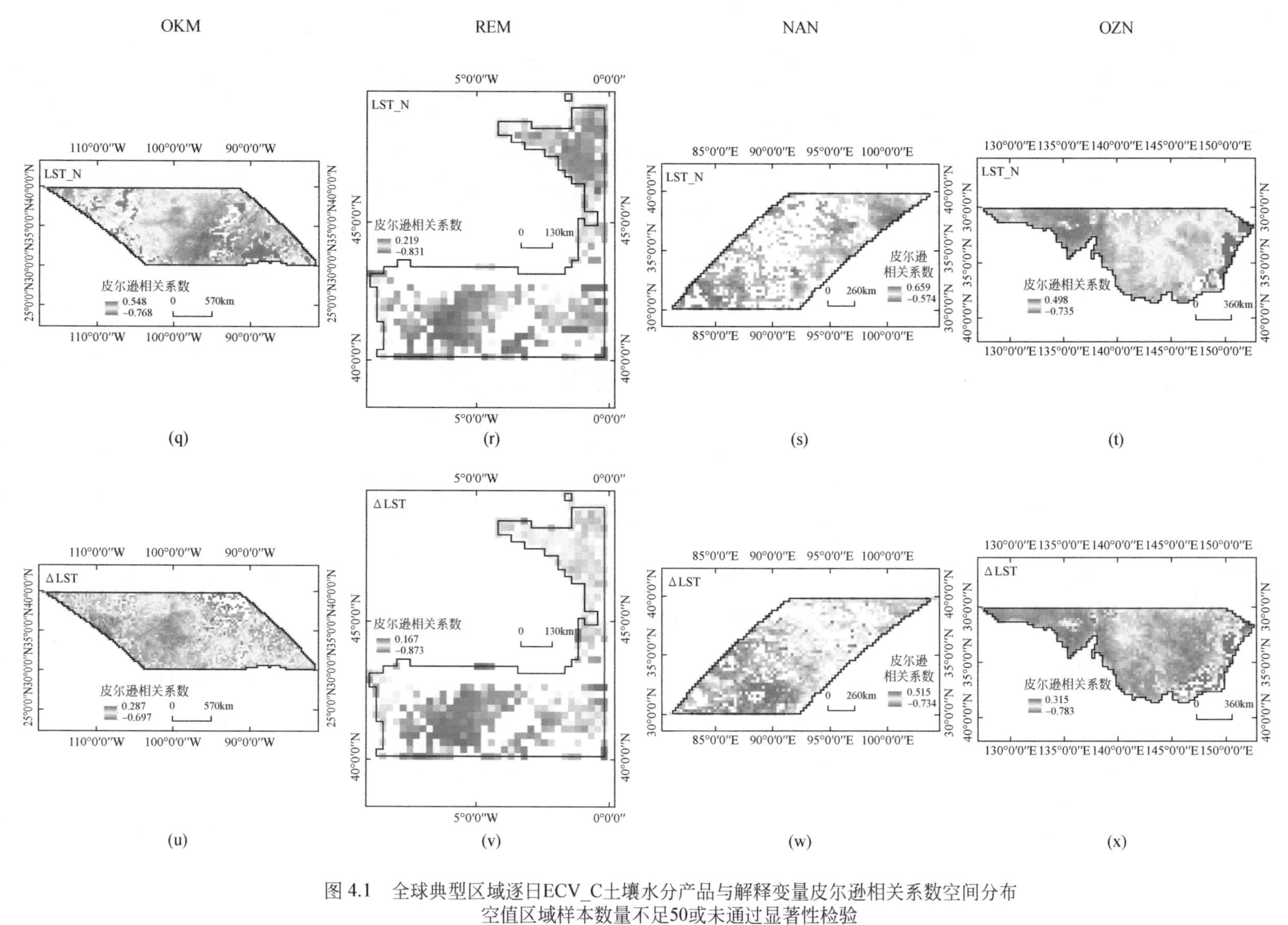

图 4.1　全球典型区域逐日ECV_C土壤水分产品与解释变量皮尔逊相关系数空间分布
空值区域样本数量不足50或未通过显著性检验

NAN由东至西空间上横跨中国内蒙古自治区中南部、甘肃省中部、青海省西北大部分地区、新疆维吾尔自治区东南部和西藏自治区中部。对应地形自北向南涉及祁连山脉、柴达木盆地、可可西里山、巴颜喀拉山脉、唐古拉山脉、念青唐古拉山。气候带由温带季风性大陆性气候、温带大陆性气候向高原山地气候逐渐过渡。降水由集中于夏季向终年稀少演替，雨热同期地区强势抬升土壤水分，终年少雨区冬季蒸发和植被蒸腾作用弱。因此，该区土壤水分与地表温度皮尔逊相关系数相应地自东由互相促进到中部无显著相关至西部呈负相关［图4.1（o）、图4.1（s）］。土地利用类型在东北部和东南部以高原草甸及草地为主，与土壤水分表现为正相关，其他区域则以戈壁荒漠为优势地类，植被稀少，因此NDVI难以捕捉土壤水分演替状态，表现为未通过置信度检验或呈不稳定的负相关［图4.1（k）］。

4）OZN解释变量皮尔逊相关系数与显著性检验

图4.1（d）、图4.1（h）、图4.1（l）、图4.1（p）、图4.1（t）、图4.1（x）为OZN的逐日土壤水分产品与各解释变量的皮尔逊相关系数空间分布。白空反照率、黑空反照率在该地区与土壤水分的相关性呈现较强负相关，在南部和东部边缘沿海地区表现为正相关。NDVI则相反，在大部分地区为正相关，而在东部和南部沿海地区为负相关关系。地表温度及温差的皮尔逊相关系数与反照率一致。整体上，OZN各解释变量均通过了置信度为95%的显著性检验且皮尔逊相关系数特征明显。

OZN位于澳大利亚降水丰沛的东南沿海地带，其每年3～5月种植的冬小麦是境内种植面积最大的谷物。因此，在冬季降水与人工灌溉干预的双重作用下，土壤水分与广袤的小麦种植区皮尔逊相关系数高，而与对应区域LST表现为高度负相关。东部边缘与大部分地区呈现相反趋势，该区域的主要土地覆被类型为原生植被和城镇建设用地，夏季森林茂盛而地表干燥，冬季相反。

4.3 本章小结

解释变量体系的质量是决定土壤水分重建，以及降尺度产品精确度的关键性因素。影响表层土壤水分变化的因素纷繁复杂，为避免解释变量过多而产生冗余，同时确保解释变量与土壤水分的高相关度，本章就卫星土壤水分产品时空重建因子体系选择进行重点探讨。

首先，就土壤水分与相关地表环境参数的耦合机理从理论支撑上进行论述，初步选取动态变量 NDVI、地表温度、反照率，以及稳态变量 DEM、空间位置作为解释变量。其次，在理论依据奠定的基础之上，使用皮尔逊相关系数和显著性检验逐一对有时间序列演替的白空反照率、黑空反照率、NDVI、日间地表温度、夜间地表温度、地表温差与土壤水分的定量关系和显著性进行检验。结果表明：①四个典型区大部分区域样本数量充足且各解释变量均能通过置信度 95% 显著性检验，表明这些解释变量与土壤水分之间存在显著相关性。②同一解释变量在相同典型区内，因水热组合条件、土地覆被类型相异而产生皮尔逊相关异质性；同一解释变量与不同典型区土壤水分的相关性也因此存在明显异质性；不同解释变量在同一典型区内部，因表征的辐射波段及波段组合特点不同，与土壤水分的相关性存在区域差异。综上所述，各解释变量在不同区域对土壤水分时序演化的作用方式和引导反馈机制区别度显著。

本章基于理论基础和前人研究结果选取动态变量 Albedo_BS、Albedo_WS、NDVI、LST_D、LST_N、ΔLST，以及稳态变量 DEM、经度、纬度作为土壤水分解释变量体系，并定量化验证了所有动态变量与土壤水分的皮尔逊相关系数和显著性，证明了土壤水分与体系变量的显著相关性。因此，本章为卫星土壤水分产品空间重建及降尺度确立了解释变量体系。

第5章 遥感土壤水分产品时间序列重建及精度评价

基于第4章构建的土壤水分解释变量体系，本章开展基于多源数据融合的土壤水分时空序列重建。解释变量体系包含了从可见光、近红外到短波红外的地表参数，并加入DEM和经纬度位置实现三维空间定量化。本章旨在深入开展卫星土壤水分重建模拟数据区域适用性评价，比较不同机器学习算法重建的土壤水分数据质量、拟合度和精度。

在人工智能机器学习算法建模过程中，各算法使用交叉验证对输入样本进行自动抽样成为多组训练集和测试集，每一个集合均由一组因变量（卫星土壤水分数据）和解释变量（NDVI、LST_D、LST_N、ΔLST、Albedo_WS、Albedo_BS、DEM、经纬度）组合构成。各组训练集和测试集相互独立，训练集用于训练各机器学习算法模型，测试集用于评估训练后的模型质量。最终，每种算法选择最优的训练集进行土壤水分重建，得到时空序列完整的土壤水分重建数据产品。同时，为了进一步提高每种算法的模拟精度，本章研究基于Python调用GridSearchCV函数穷尽遍历各算法的可调节参数的常用取值范围进行参数迭代优化。

5.1 土壤水分重建值综合验证

5.1.1 站点实测值验证分析

基于卫星的微波反演土壤水分产品能够对地表土壤水分进行大尺度、逐日的有效刻画与表达。但是，由于分辨率有限、辐射干扰、浓密植被覆盖、人为灌溉扰动等的影响，卫星土壤水分产品与地面土壤水分网络实测值通常存在一定的偏差。因此，为了更有说服力地分析评价重建数据的有效性和质量，本章研究通过地面实测数据验证的方式来评价分析重建数据。

重建模拟针对 AMSR_A 、AMSR_D 和 ECV_C 三种土壤水分产品开展。为了深入研究与评价基于多源数据融合的机器学习算法在土壤水分重建中的适用性，进一步综合分析重建土壤水分与实测土壤水分真值的拟合度，本章研究通过站点监测数据对重建数据进行精度检验。将 Bias、R、RMSE、ubRMSD 作为评价指标体系，通过盒须图来比较评价各算法的性能与适用性。

1. OKM 土壤水分重建数据的站点实测值验证分析

在图 5.1 中，ANN 重建数据呈现明显低估趋势，在拟合优度检验中其 R 值显著低于其他算法，平均不足 0.5，难以表达 OKM 土壤水分时空演化趋势。此外，图 5.1（b）中存在大量异常值，这是由每个 0.25°像元内站点数目过少、土壤水分探针敏感度不一致、站点缺测天数多等综合因素导致的。KNN 以较低 Bias、稳定的高拟合优度 R、较低 RMSE 和 ubRMSD 表现出对站点实测数据的高拟合度和时空演化趋势一致性。在图 5.2 中，各算法的值域范围与 AMSR_A 存在同质性特征。KNN、SVM 重建结果 RMSE 小、R 值高、Bias 低于其他算法，能够客观精确地反映表层土壤水分含量的数值、空间分布、时间变化趋势。如图 5.3 所示，ANN 的 R 均值低于 0.4，不能反映与站点实测数据的趋势一致性，RF、SVM 重建结果在数据精度、数据演化拟合度方面均与实测数据值匹配度较高。不同机器学习算法对不同种类逐日土壤水分产品重建的适用程度存在异质性。

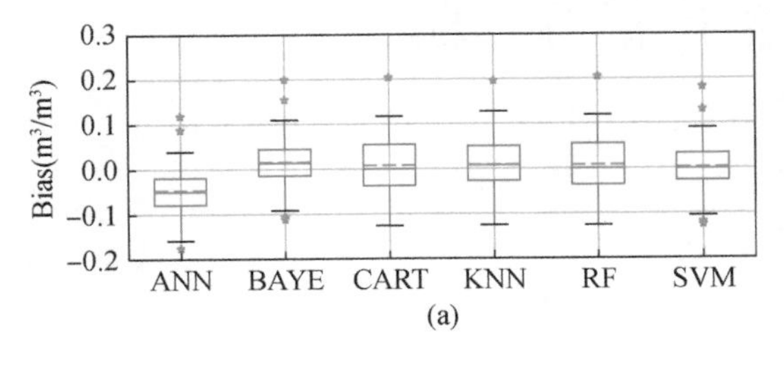

(a)

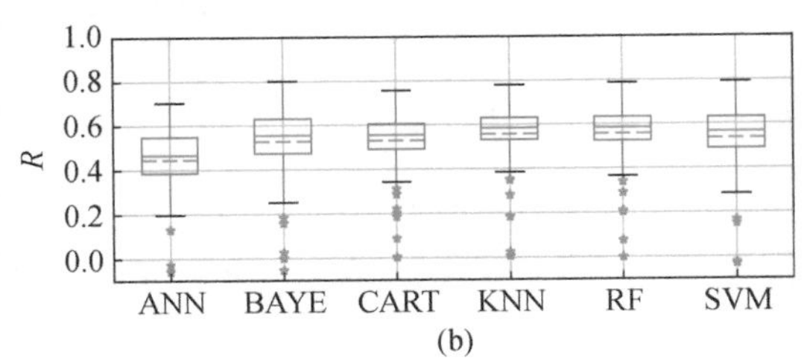

(b)

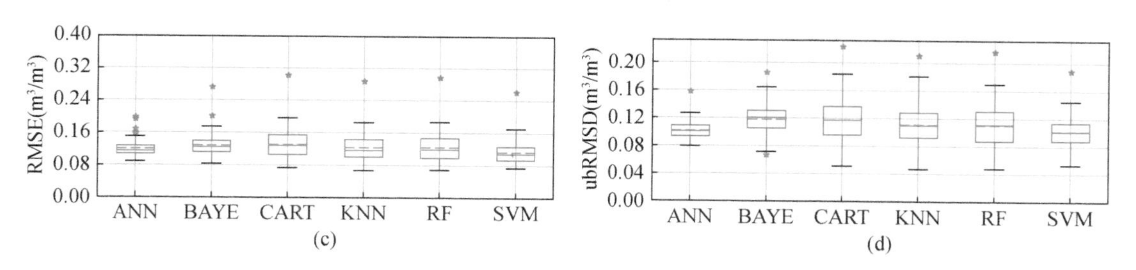

图 5.1　OKM AMSR_A 时空序列重建土壤水分验证参数盒须图

(a) Bias，(b) R，(c) RMSE，(d) ubRMSD

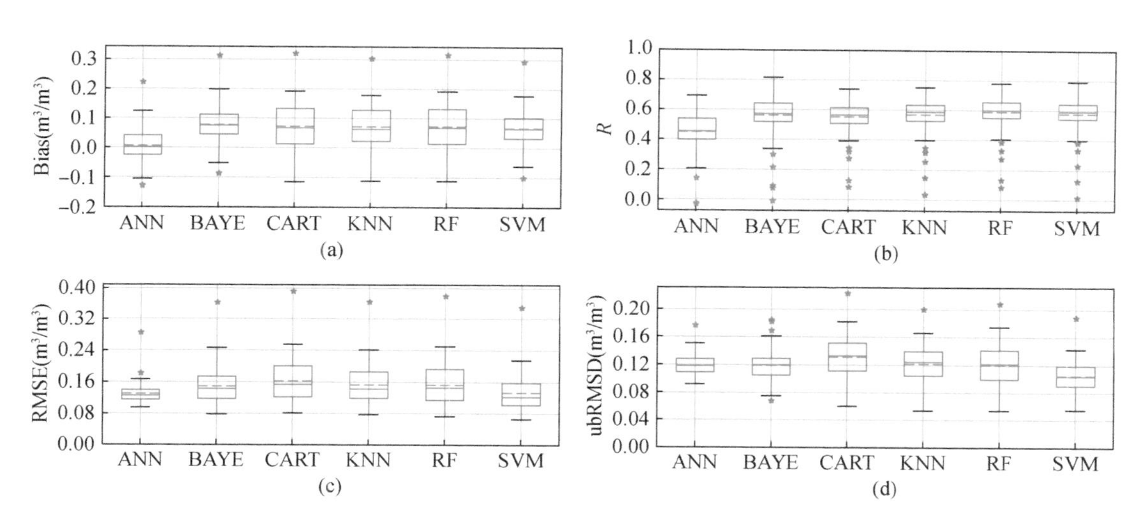

图 5.2　OKM AMSR_D 时空序列重建土壤水分验证参数盒须图

(a) Bias，(b) R，(c) RMSE，(d) ubRMSD

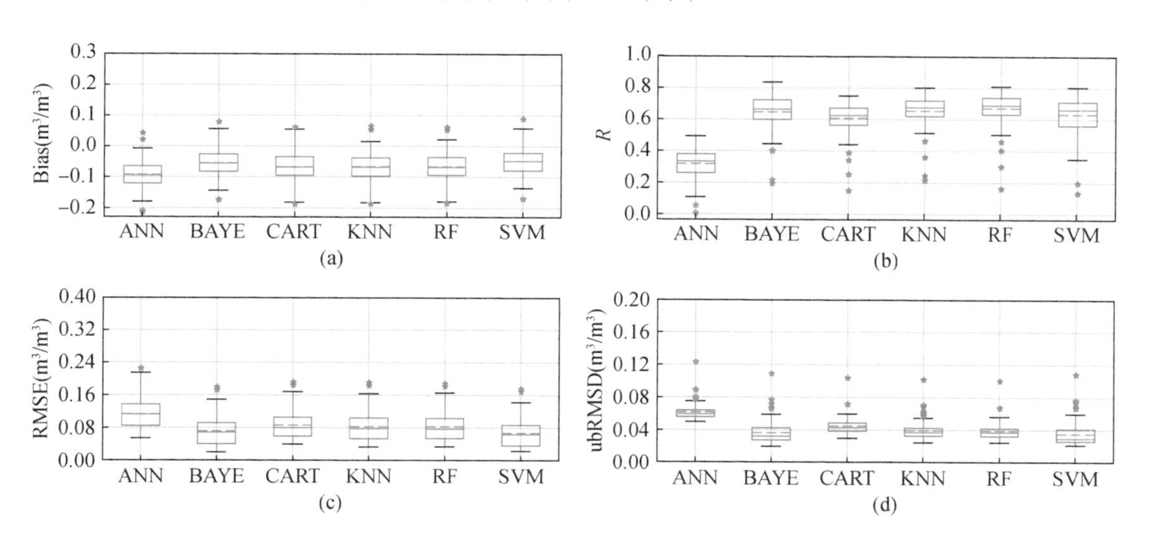

图 5.3　OKM ECV_C 时空序列重建土壤水分验证参数盒须图

(a) Bias，(b) R，(c) RMSE，(d) ubRMSD

2. REM 土壤水分重建数据的站点实测值验证分析

在图 5.4 ~ 图 5.6 中，与 OKM 实测验证相比，REM 验证盒须图异常值较少，站点实测值与重建数据的匹配度较高。图 5.4 为 REM 基于 AMSR_ A 时空序列重建土壤水分参数验证盒须图，ANN 的重建数据绝对偏差 Bias 较大且 RMSE 较高，CART 算法 R 值较低，ubRMSD 较大，不适宜模拟土壤水分时空演化序列。RF 和 SVM 的 Bias 较小、R 值较高、RMSE 和 ubRMSD 较低，能够直观有效地与站点实测数据拟合。图 5.5 为 REM 基于 AMSR_ D 时空序列重建土壤水分参数验证盒须图，除 ANN 之外，其他模拟值在 Bias 和 RMSE 的值域和分布范围较为均一。在 R 值和 ubRMSD 方面，RF、SVM 在保持数据高精度的同时与站点实测数据的时空演变趋势较为一致，ANN、BAYE 趋势拟合度较差，CART、KNN 数据精度较低且趋势拟合度不理想。

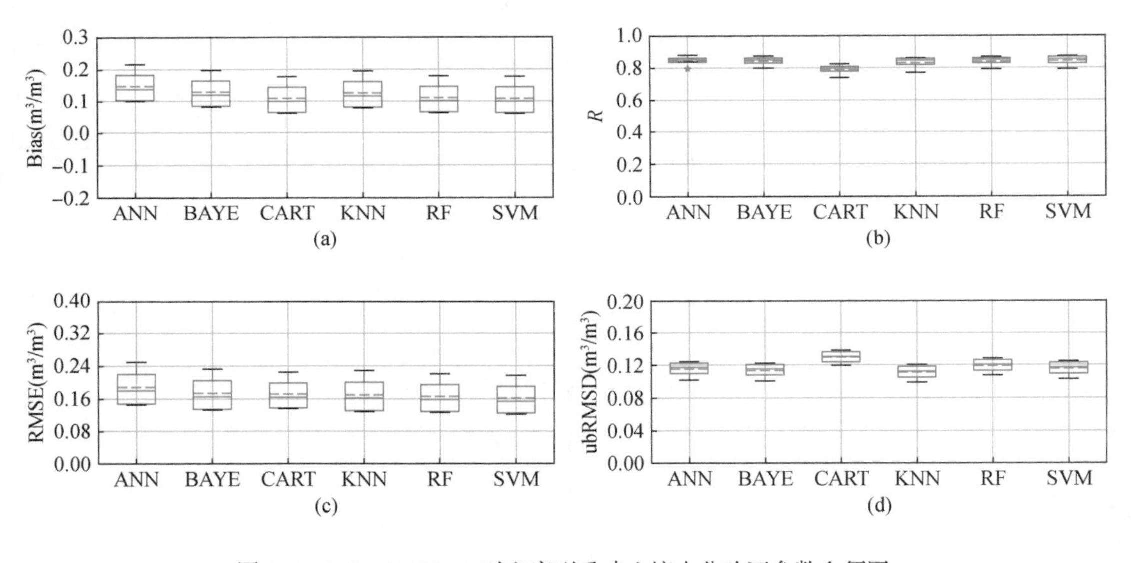

图 5.4 REM AMSR_ A 时空序列重建土壤水分验证参数盒须图

(a) Bias, (b) R, (c) RMSE, (d) ubRMSD

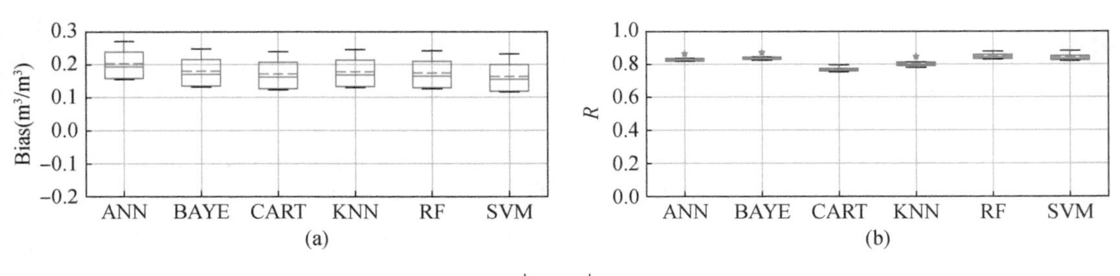

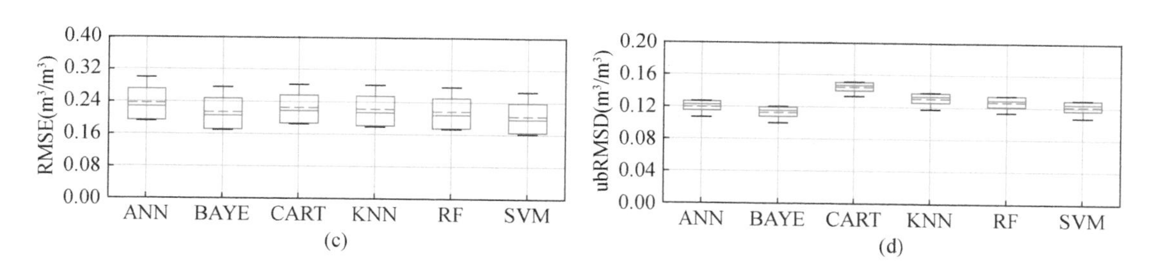

图 5.5 REM AMSR_ D 时空序列重建土壤水分验证参数盒须图

(a) Bias, (b) R, (c) RMSE, (d) ubRMSD

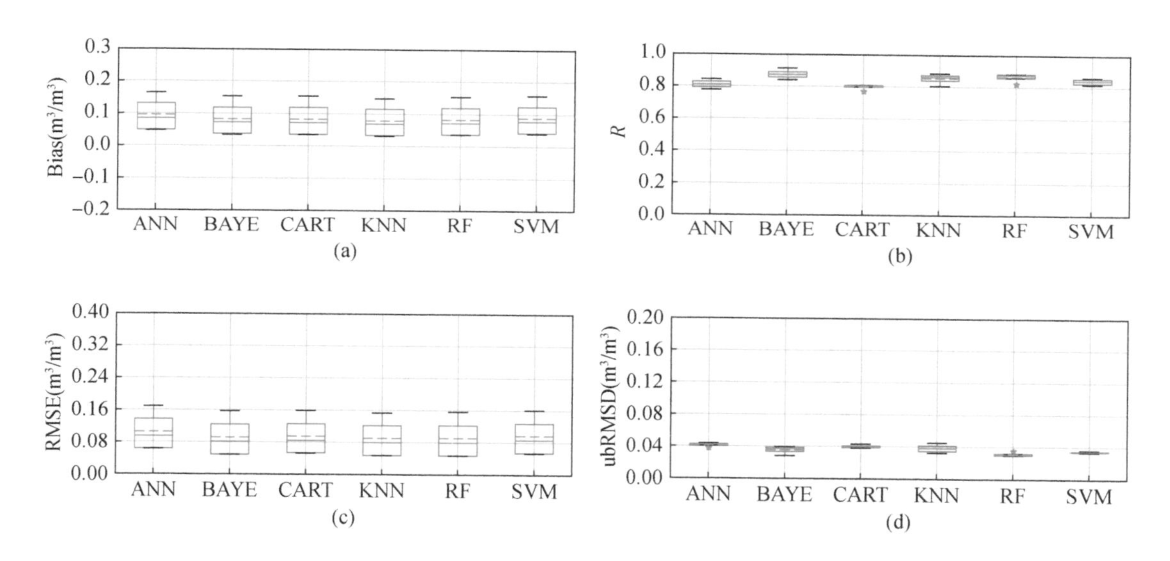

图 5.6 REM ECV_ C 时空序列重建土壤水分验证参数盒须图

(a) Bias, (b) R, (c) RMSE, (d) ubRMSD

图 5.6 为 REM 基于 ECV_ C 时空序列重建土壤水分参数验证盒须图，各算法在 Bias 和 R 上的取值范围和中位数、四分位分布状况较为相似，但 ANN 重建结果与站点实测数据仍表现出显著偏差。BAYE、KNN 数据精度与时空拟合度均较高；CART 数据精度较高但时空拟合度较低；RF、SVM 不仅在数据精准度和拟合度方面表现较好，而且值域范围多集中在一个相对密集的区间，说明 RF、SVM 与各实测数值相似度高。

3. NAN 土壤水分重建数据的站点实测值验证分析

图 5.7 为 NAN 基于 AMSR_ A 时空序列重建土壤水分参数验证盒须图，异

常值较少，重建数据与实测数据整体匹配度较高。在图 5.7（a）中，ANN、BAYE、KNN、SVM 偏移较小，CART、RF 偏移明显且对站点实测值存在普遍高估。在拟合优度方面，BAYE 数据 R 值最大，拟合效果最好，RF 的 R 值较小，仅高于同为决策树算法的 CART。在均方根误差和无偏均方根差中，BAYE 的预测重建值与站点实测值最为接近、偏差最小，CART 预测重建值偏差最大，RMSE 中位数可达 0.15m^3/m^3，ubRMSD 中位数可达 0.10 m^3/m^3。所以，BAYE 重建结果在各项评价指标中均与站点实测值的匹配度较高。AMSR 降轨重建数据的站点实测数据验证结果逊于相应的升轨重建数据。在图 5.8 中，AMSR_D 验证参数 Bias、RMSE、ubRMSD 普遍高于 AMSR_A，而 R 不仅低于 AMSR_A 对应算法时空序列重建的相关系数验证值，其各个站点的相关系数值域分布也较为离散化。AMSR_D 与 AMSR_A 重建数据验证结果在取值上存在异质性，即源于同一微波传感器的土壤水分反演产品因卫星过境时间不同进而导致数据质量大相径庭。另外，AMSR_D 的 BAYE 重建结果表现出与实测值的高吻合度，而 CART、RF 重建值与站点实测值的偏差相对显著，表明 AMSR 升轨、降轨数据存在同质性特征。

图 5.9 为 NAN 基于 ECV_C 时空序列重建土壤水分参数验证盒须图，ECV_C 重建数据无论是在刻画重建值与实测值偏差的 Bias、RMSE 和 ubRMSD，还是在表征重建值与实测拟合优度的 R 中，均表现出比 AMSR 重建数据优越的性能。鉴于 ECV_C 和 AMSR 数据的重建算法和解释变量体系具有一致性，这一结果也从侧面表明 ECV_C 土壤水分产品本身的质量更高。图 5.9 中 ECV_C 各重建数据的 Bias、RMSE 和 ubRMSD 指标值范围稳定均一，RF 相关系数显著高于其他算法且值域分布较为集中，说明 RF 兼具准确反映土壤水分实测值与拟合土壤水分实测数据时空演变趋势的能力。

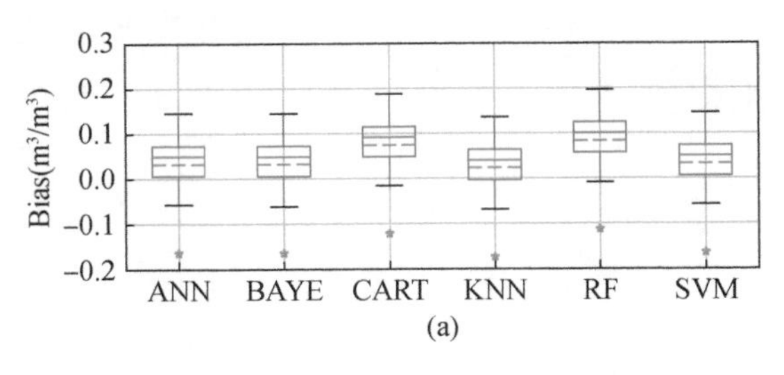

(a)

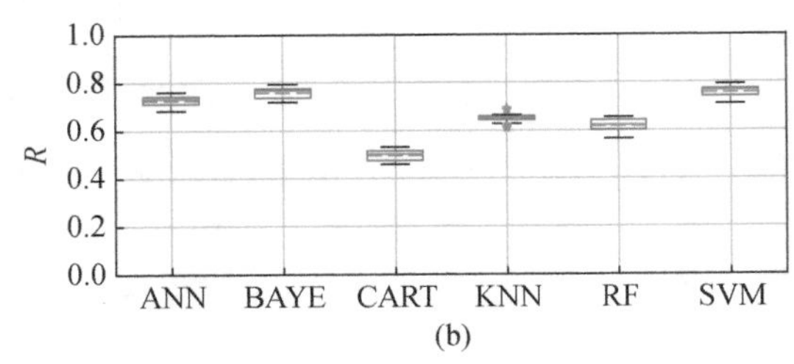

(b)

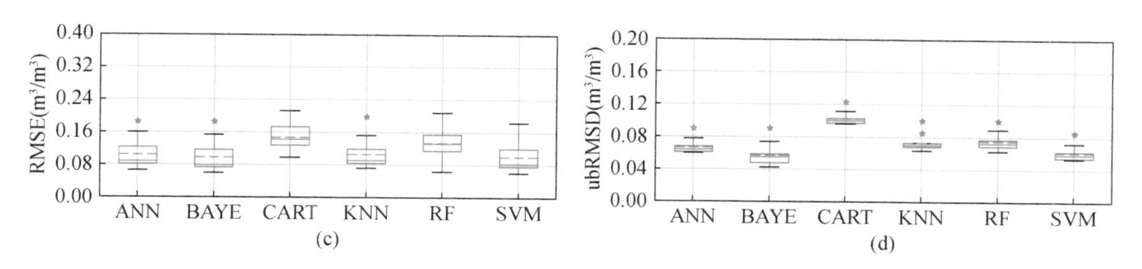

图 5.7 NAN AMSR_A 时空序列重建土壤水分验证参数盒须图

(a) Bias, (b) R, (c) RMSE, (d) ubRMSD

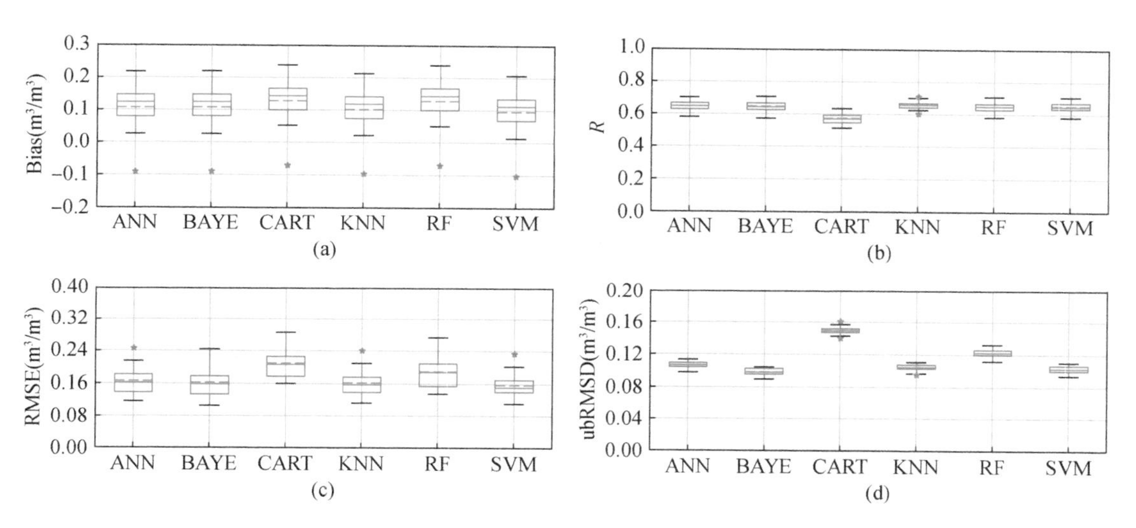

图 5.8 NAN AMSR_D 时空序列重建土壤水分验证参数盒须图

(a) Bias, (b) R, (c) RMSE, (d) ubRMSD

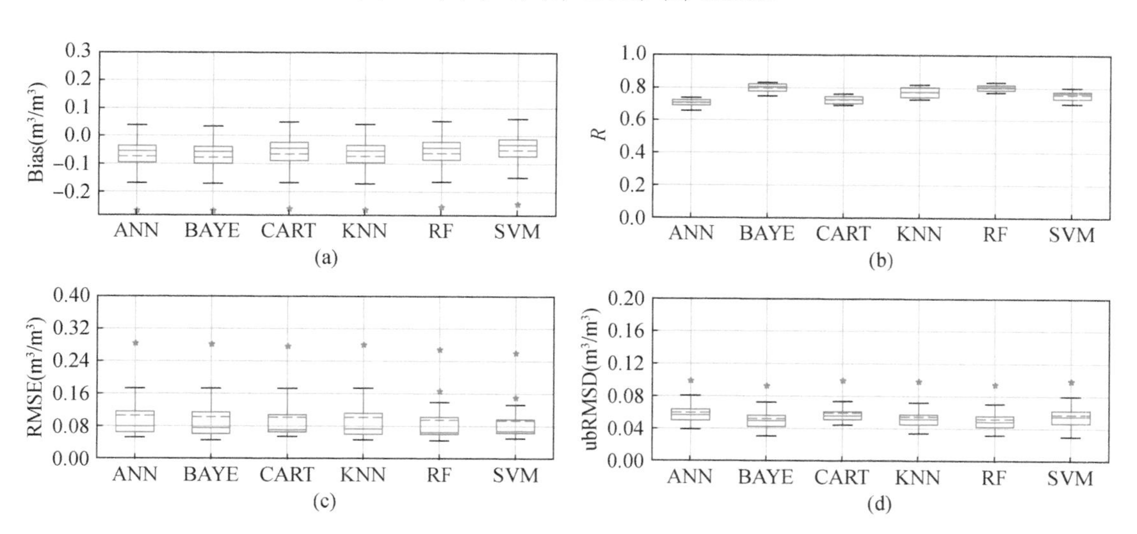

图 5.9 NAN ECV_C 时空序列重建土壤水分验证参数盒须图

(a) Bias, (b) R, (c) RMSE, (d) ubRMSD

4. OZN 土壤水分重建数据的站点实测值验证

在图 5. 10（a）中，各重建数据整体高估站点实测值，同时下四分位数与下边缘值的差距较大，存在少量低估情况。如图 5. 10（b）所示，RF 与 SVM 的相关系数整体较高且分布相对集中，因此拟合效果良好。在 RMSE 和 ubRMSD 中，RF 和 SVM 的值域、各分位数小于其他算法，且 SVM 整体偏移度更小［图 5. 10（c）和图 5. 10（d）］。图 5. 11 为 OZN 基于 AMSR_ D 时空序列重建土壤水分参数验证盒须图，各重建算法指标值排序与图 5. 10 基本一致。但是，AMSR_ D 的重建结果对实测站点值的高估更加显著。CART 和 KNN 重建数据的相关系数高于对应 AMSR_ A 重建模拟值，同时 AMSR_ D 各重建结果的相关系数分布更加集中。AMSR_ D 评价参数 RMSE 和 ubRMSD 取值也普遍高于对应 AMSR_ A 重建结果，且 AMSR_ D 的 ubRMSD 分布更为集中。与 AMSR_ A 重建数据相比，AMSR_ D 重建数据鲁棒性较好，拟合优度与 AMSR_ A 相当，但数据精度不够理想。就 AMSR_ D 内部各重建算法比较，RF 和 SVM 是优秀的算法，SVM 的异常值更少，拟合优度和精确度略高于 RF。

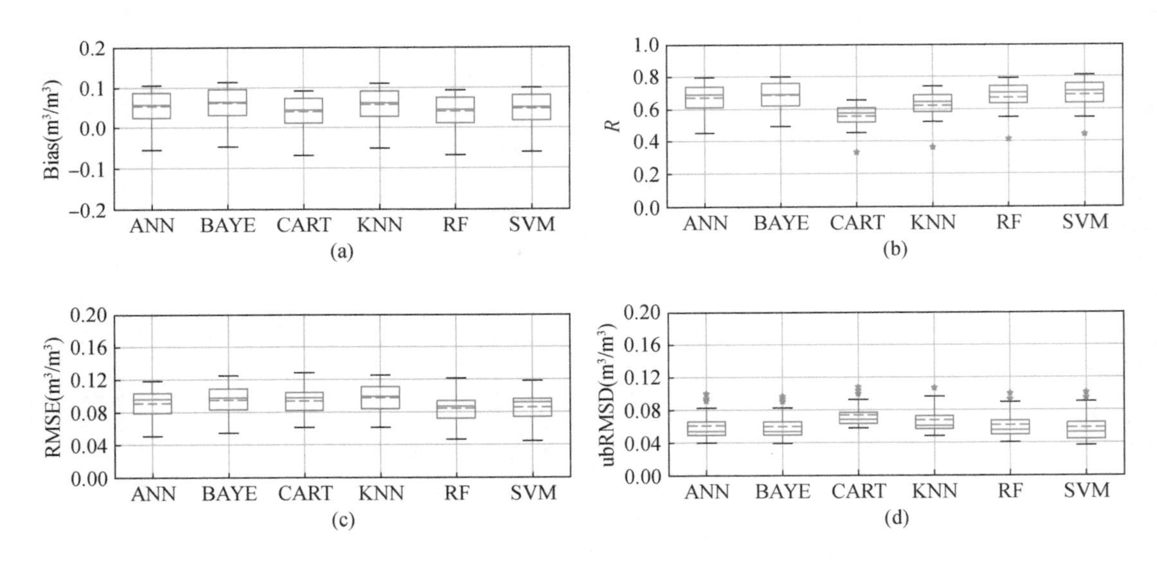

图 5. 10 OZN AMSR_ A 时空序列重建土壤水分验证参数盒须图

(a) Bias，(b) R，(c) RMSE，(d) ubRMSD

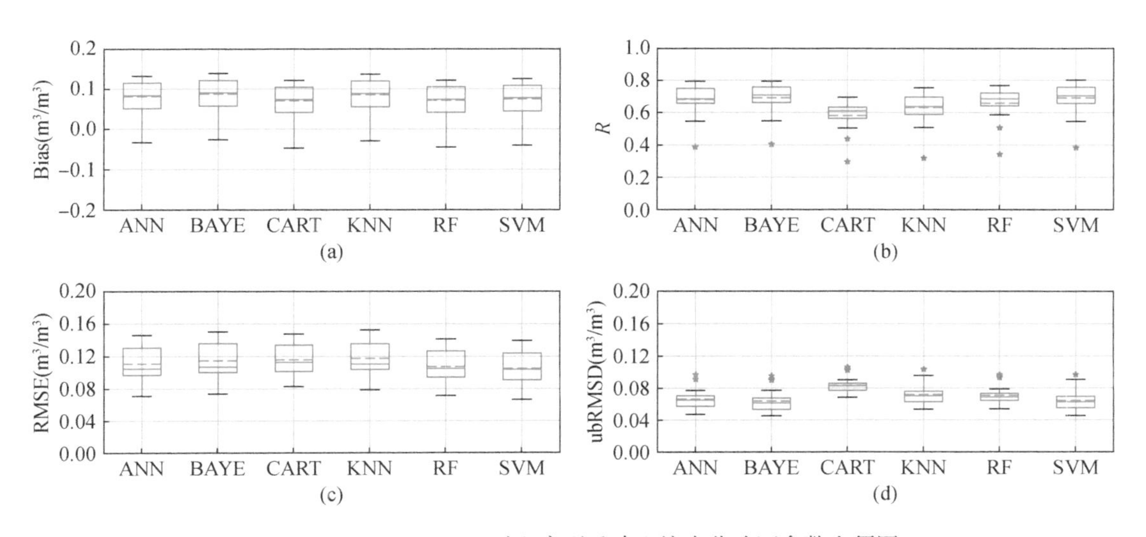

图 5.11 OZN AMSR_D 时空序列重建土壤水分验证参数盒须图

(a) Bias, (b) R, (c) RMSE, (d) ubRMSD

OZN ECV_C 时空序列重建土壤水分参数验证盒须图中的异常值数量明显少于 AMSR 重建值（图 5.12）。异常值一方面由站点实测传感器的灵敏度异质性引起，另一方面也与重建数据本身的质量和拟合度密切相关。在图 5.12 中，CART、RF 的绝对偏差较小，与实测站点在数值上非常接近；BAYE、RF 的相关系数较高，与站点实测数据的拟合优度较好；BAYE、RF 的均方根误差、无偏均方根差较小，体现其重建土壤水分数据的高准确度。总体说来，RF 重建数据能够同时高度还原 ECV_C 土壤水分产品、与站点实测数据高度匹配。

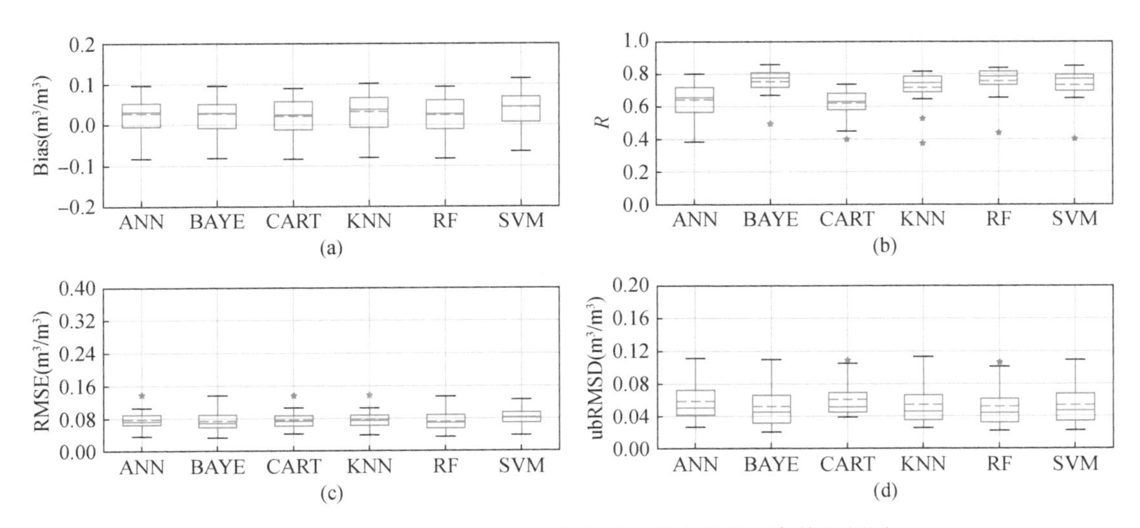

图 5.12 OZN ECV_C 时空序列重建土壤水分验证参数盒须图

(a) Bias, (b) R, (c) RMSE, (d) ubRMSD

5.1.2 基于 ECV_C 原始土壤水分产品的评价分析

由 5.1.1 节评价分析结果可知，ECV_C 重建值在数据精度和时空演替拟合度上均显著优于 AMSR 重建模拟值，而且 AMSR 数据本身精度只有小数点后两位，不能满足日益增长的土壤水分高精度准确监测要求。因此，本书研究对 ECV_C 开展进一步研究，通过散点图将原始卫星土壤水分产品 ECV_C 与机器学习重建结果比较。为保证散点拟合效果的稳定性和准确性，只有逐日样本数不少于 50 组时才被视为有效数据参与计算。

1. OKM 土壤水分重建数据与原始产品拟合评价分析

图 5.13 为 OKM 时空序列 ECV_C 土壤水分（EVC_SM）与重建土壤水分的散点图及拟合情况，该区土壤水分取值包含从极干燥到极湿润的全覆盖，取值在各区间均匀分布。OKM ANN、CART、KNN、RF 重建值表现为对 ECV_C 土壤水分的高估，BAYE 和 SVM 则呈现整体低估趋势。ANN 在 0.25°分辨率上的重建结果表现出显著的高估和离散化，无法有效反映表土层含水量的空间分布及时间序列变化［图 5.13（a)］；SVM 重建值明显低估了 ECV_C 土壤水分数据［图 5.13（f)］。与其他算法相比，RF 重建数据与 ECV_C 最接近，还原度最高。RF 与 ECV_C 散点斜率为 0.990，截距为 0.001，RMSE = 0.037 m^3/m^3，MAE = 0.027 m^3/m^3，R = 0.846，充分表明 RF 算法能够通过已建立的解释变量体系和样本训练，高质量模拟还原对应的土壤水分值、空间分布和时间序列演化趋势。在 OKM，RF 重建结果在拟合数据精准度、反映数据质量、刻画土壤水分值域变化趋势方面均表现出卓越性能。

2. REM 土壤水分重建数据与原始产品拟合评价分析

图 5.14 为 REM ECV_C 土壤水分与各算法重建值时空序列散点图及拟合情况。该区土壤水分密集分布在 0.25 ~ 0.30 m^3/m^3，显示为整体湿润。R 的取值范围为 0.604 ~ 0.839，最大值和最小值分别出现在 RF 和 ANN 中。OKM 的 ECV_C 与重建土壤水分的散点图及相关系数 R 普遍高于 REM 相关系数，可见

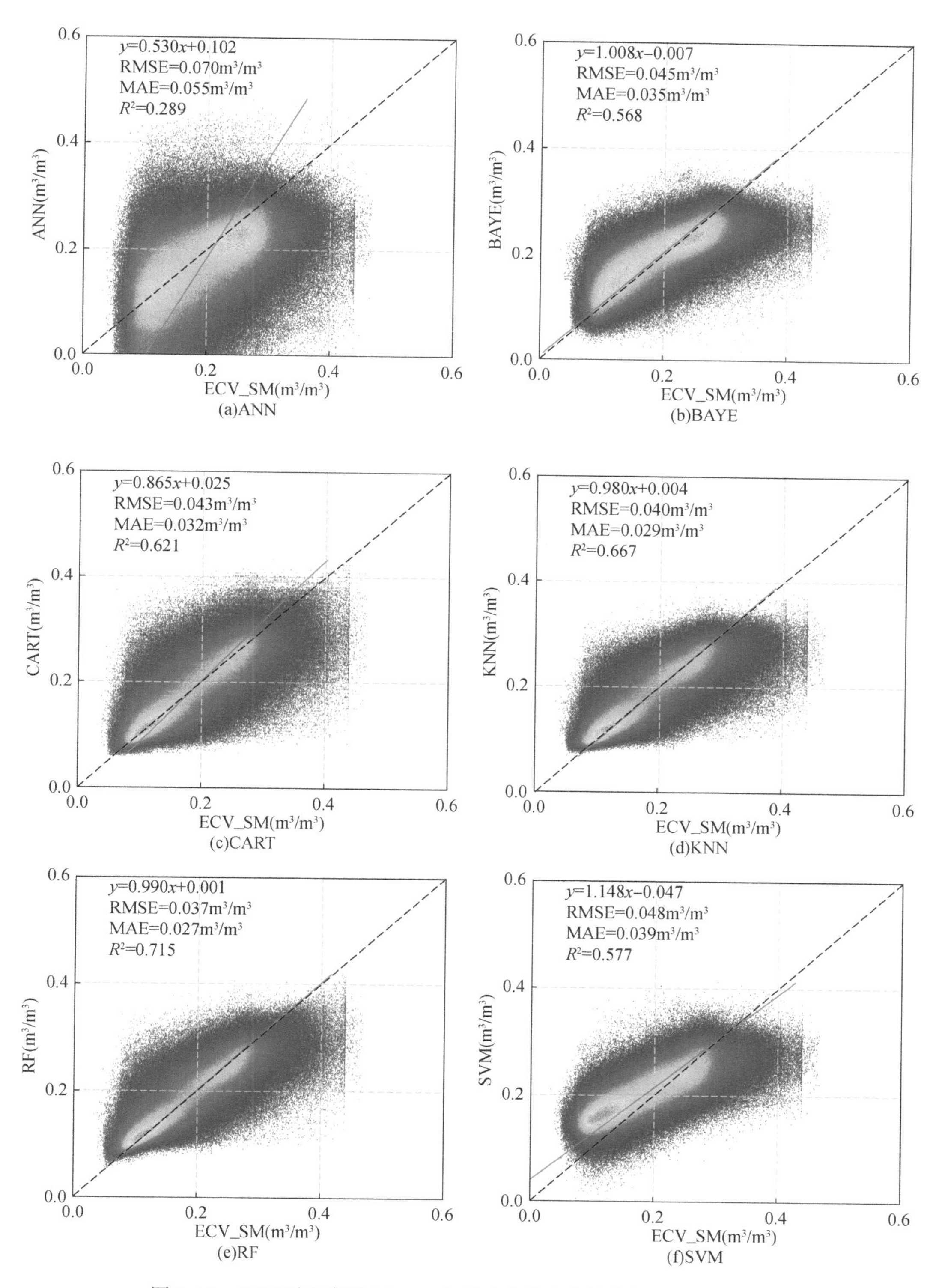

图 5.13　OKM 时空序列 ECV_C 与重建土壤水分的散点图及拟合情况

同一体系多源数据融合的机器学习土壤水分重建算法存在基于空间差异的适用异质性。在 REM 区 ECV_C 重建数据中，仅有 RF 存在高估现象，其他重建结果均低估了 ECV_C 土壤水分值。高估最严重的为 ANN，其回归方程斜率仅 0.660。在图 5.14（b）、图 5.14（f）中，BAYE 与 SVM 重建拟合散点图整体呈现分段函数的趋势，在土壤水分不超过 0.25m³/m³ 区间斜率显著大于 1，而在 0.25m³/m³ 以上的取值区间斜率近似于 1。RMSE 和 MAE 从不同方面反映重建值与真值的偏差，RF 在这两方面均取得与 ECV_C 的最小偏差与最高重建还原度。总体上分析，在 REM 的 ECV_C 土壤水分重建结果中，RF 重建结果以最大的相关系数、最小的均方根误差和平均绝对误差，在数据精确度和时空演化趋势拟合方面均表现出色。因此，使用 RF_SM 对 ECV_C 的空值图斑进行时空序列补全重建。

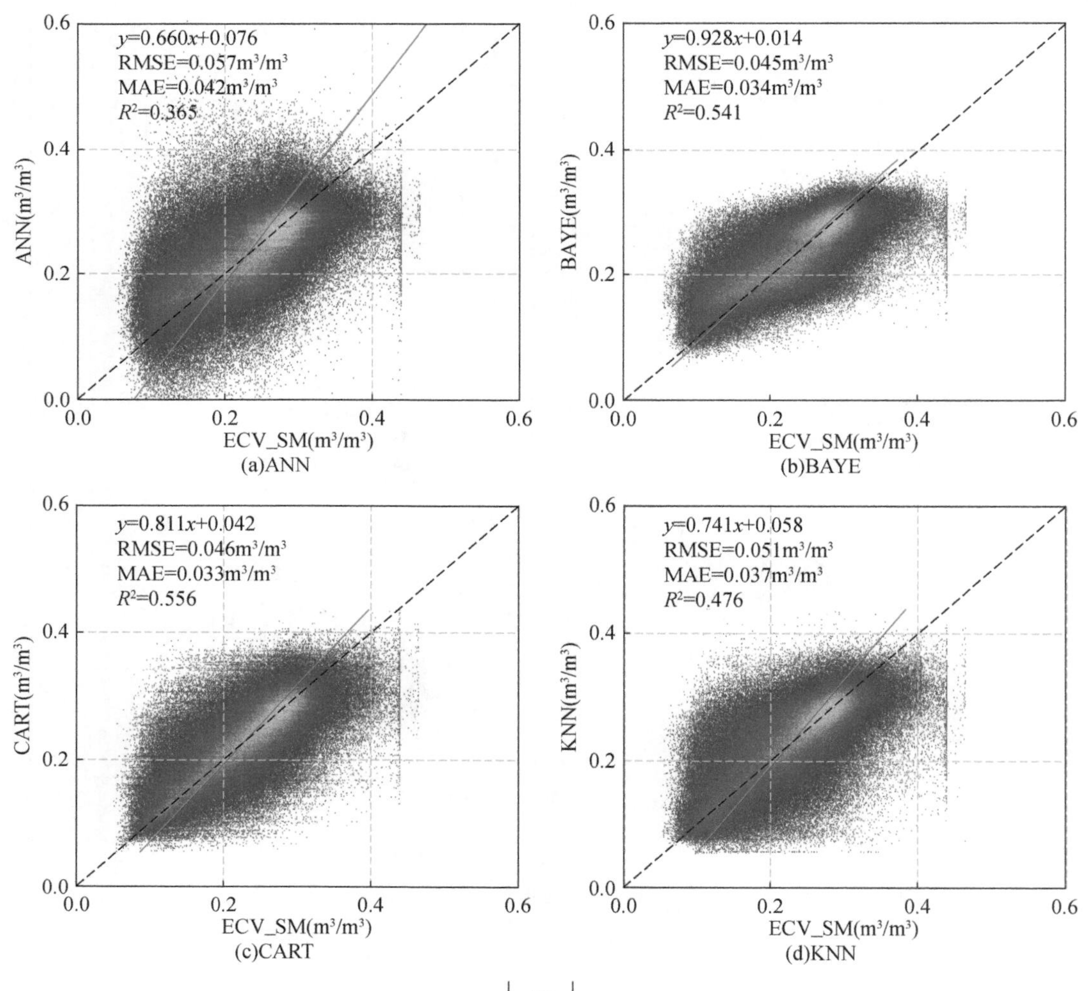

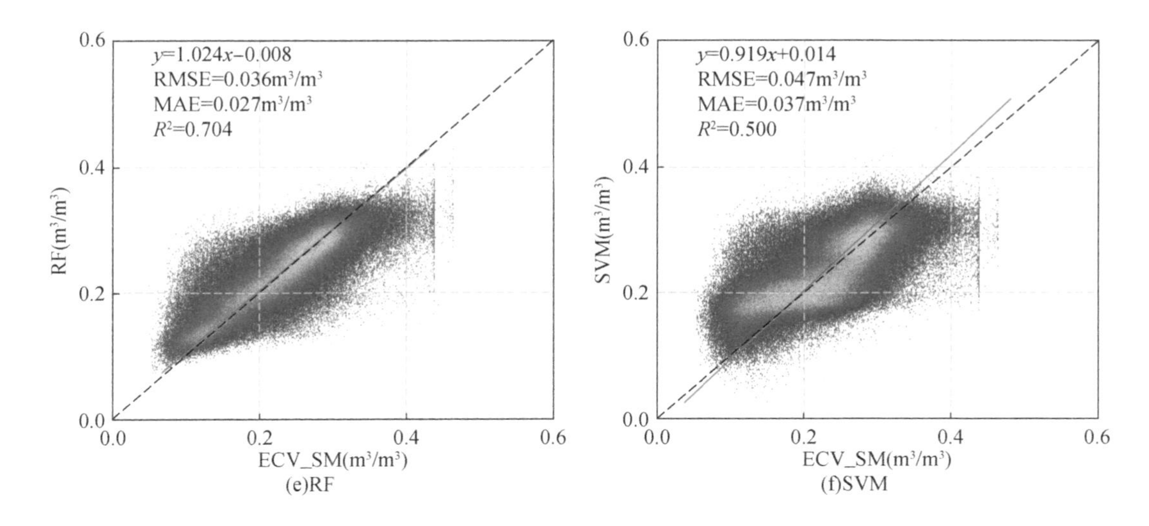

图 5.14 REM 时空序列 ECV_C 与重建土壤水分的散点图及拟合情况

3. NAN 土壤水分重建数据与原始产品拟合评价

由于该区域的地形、地貌、水文、土壤、植被、气象等要素在全球尺度范围来说具有“第三极”区域独特性，因此其表层土壤水分的取值范围和时空演变趋势及其复杂动力机制也区别于其他研究区。NAN 时空序列 ECV_C 土壤水分与重建土壤水分的散点分布及拟合情况如图 5.15 所示。该区土壤水分聚集分布在 0.15 ~ 0.20m³/m³，显示为气候干燥。大多模拟结果对 ECV_C 均处在高估态势，仅 SVM 略微低估 ECV_C 土壤水分值，且在图 5.15（f）的散点分布呈现分段式、非线性走势。图 5.15（a）~（c）中散点分布的离散度较高，表明 ANN、BAYE 和 CART 的拟合优度较差。相比而言图 5.15（d）、图 5.15（e）中 KNN、RF 散点分布的聚集度较高，拟合优度较好。从重建数据的散点聚集度、数据精度、拟合优度等评价参数综合考虑，在 NAN，基于多源数据融合 ECV_C 土壤水分产品重建算法中的 RF 体现出在青藏高原那曲地区的鲁棒性和适用性，整体性能优于其他算法。

4. OZN 土壤水分重建数据与原始产品拟合评价

图 5.16 为 OZN 时空序列 ECV_C 土壤水分与重建模拟值的散点拟合图，地表土壤水分值主要集中于 0.1 ~ 0.25m³/m³，涵盖较干燥至较湿润的值域范

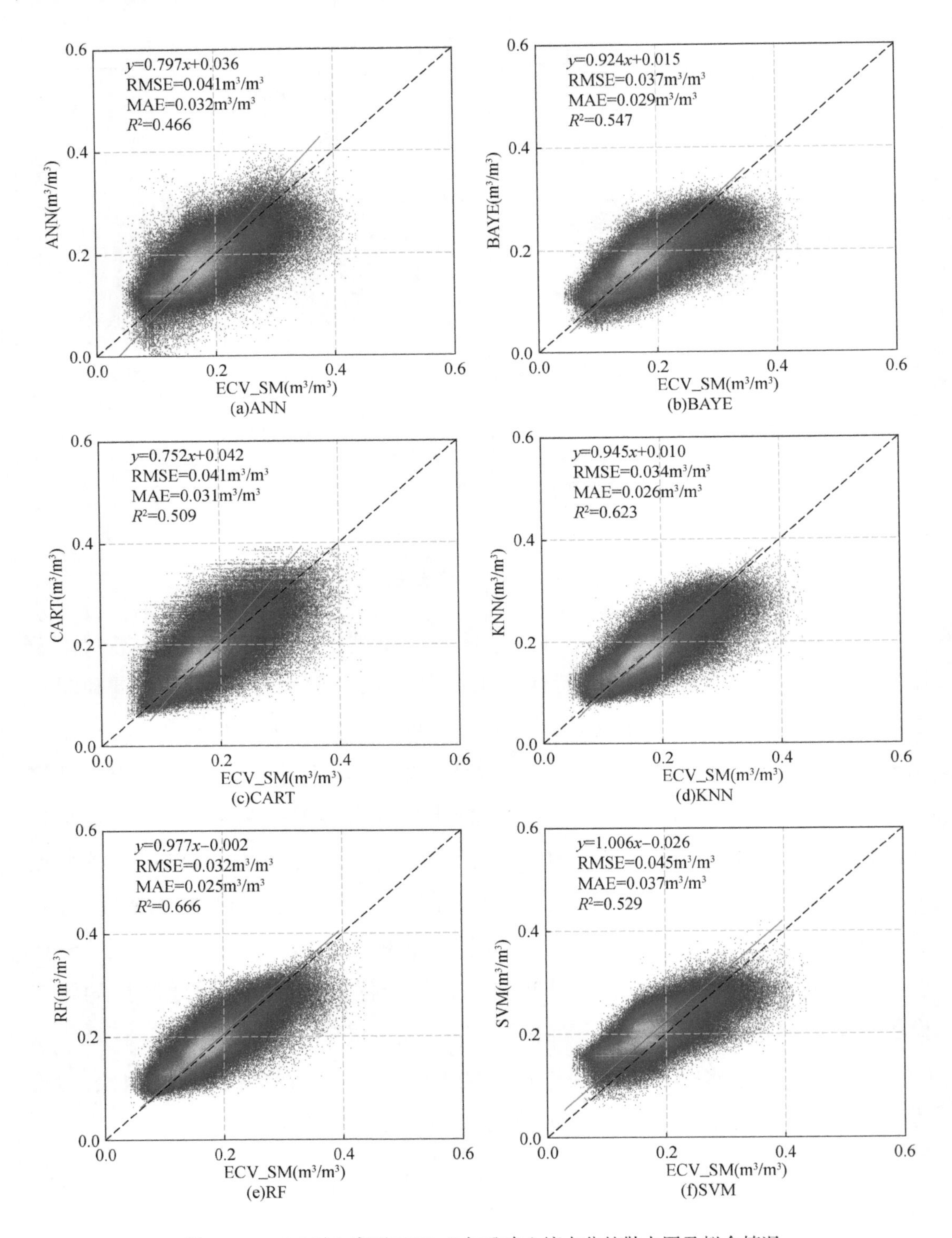

图 5.15　NAN 时空序列 ECV_C 与重建土壤水分的散点图及拟合情况

围。拟合方程中 BAYE、RF 与 ECV_C 线性相关斜率最接近 1∶1。各算法的相关系数 R 取值范围为［0.566，0.740］，其中相关系数较高的两种模拟结果分别由 RF 和 BAYE 取得。RF 属于决策树类型机器学习算法，在算法的稳定性和对真值的还原拟合度上相对于单棵决策树驱动的 CART 具有显著优越性。KNN 也能够还原度较高地表达 ECV_C。在 RMSE、MAE 表示预测值与真值偏离程度的参数上，RF 在各算法中也能够最精确地接近 ECV_C 原始土壤水分值。BAYE（斜率为 1.019，RMSE = 0.039 m^3/m^3，MAE = 0.030 m^3/m^3，R = 0.719）、RF（斜率为 1.031，RMSE = 0.038 m^3/m^3，MAE = 0.029 m^3/m^3，R = 0.740）总体上能够高度拟合 ECV_C 产品原始值。ANN、CART 拟合线性方程斜率分别仅为 0.634、0.627，对 ECV_C 产品显著高估，其相关系数分别为 0.566、0.577，偏差较大，难以拟合 ECV_C 产品的时空演变趋势。

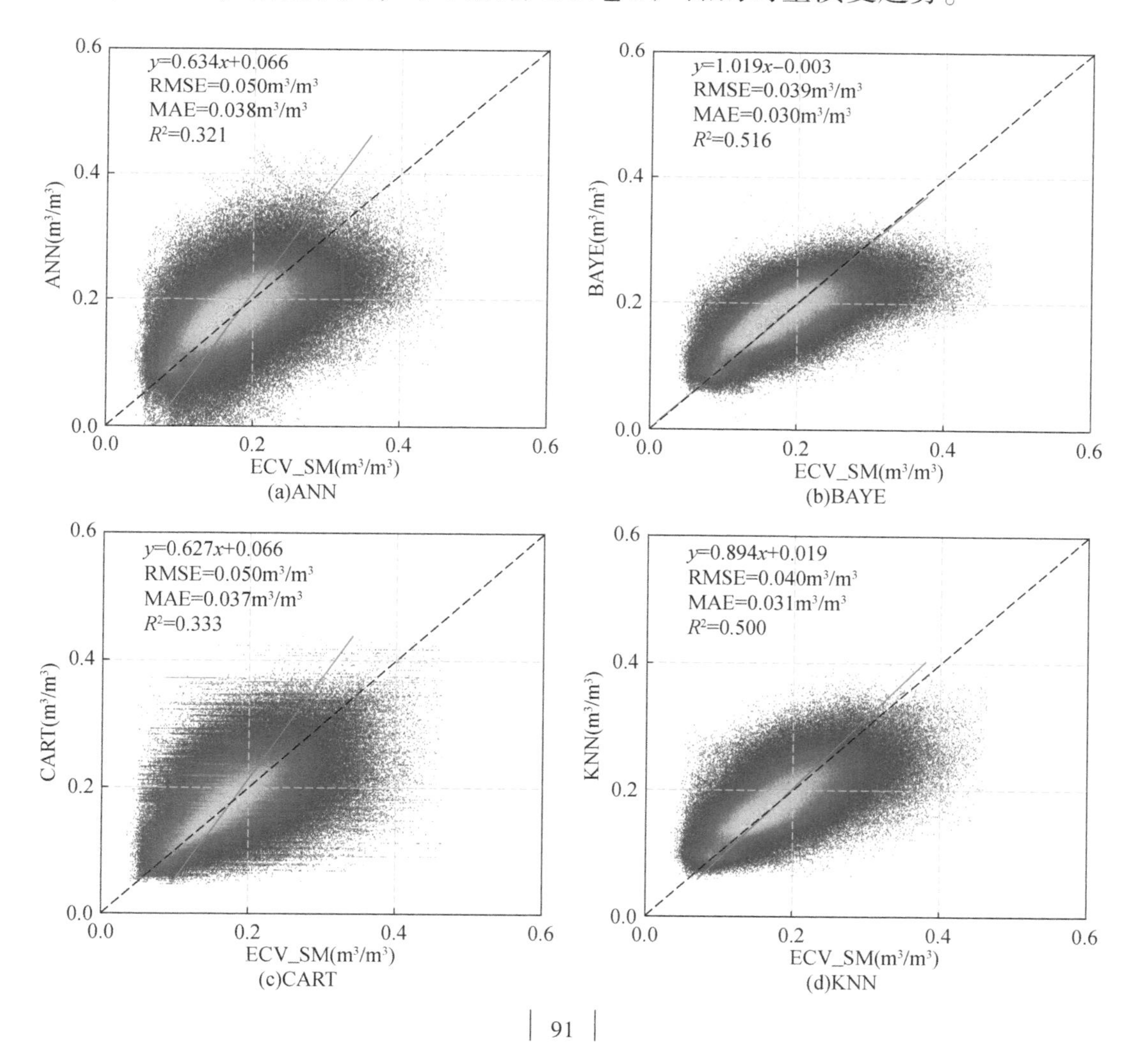

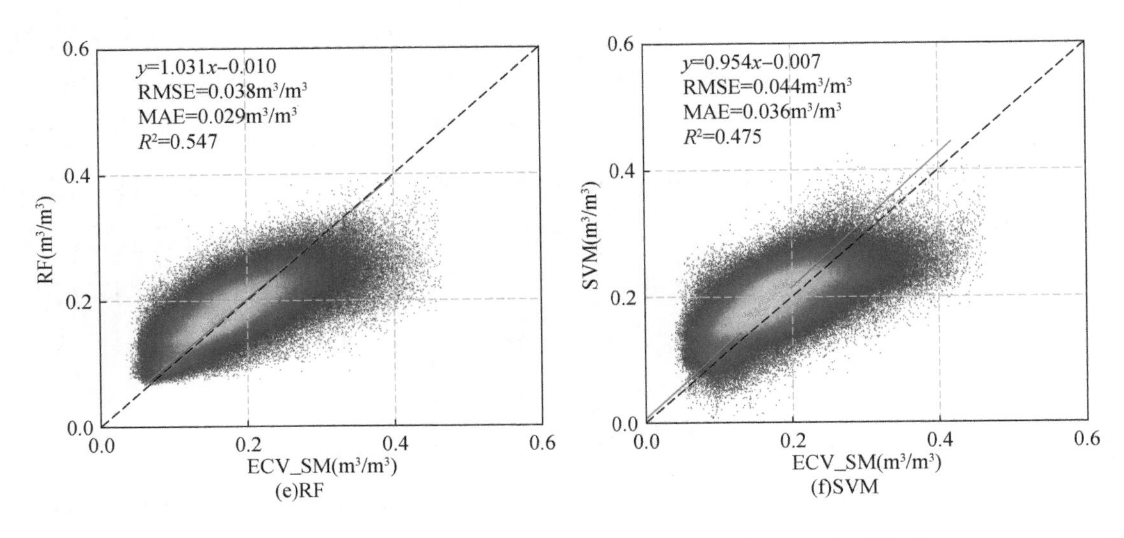

图 5.16　OZN 时空序列 ECV_C 与重建土壤水分的散点图及拟合情况

5.2　土壤水分空间重建结果

图 5.17～图 5.20 分别为春夏秋冬四季各研究区的 ECV_C 及基于多源数据融合的土壤水分空间模拟重建数据。由图 5.17～图 5.20 可知，各研究区在不同时相季节存在不同程度的土壤水分缺值现象，当研究区卫星土壤水分值空缺超过 80%，如 NAN 在 2013 年 4 月 1 日和 2013 年 10 月 1 日，模型只能基于已有样本训练模拟，模拟值的精度将大大受限。原始土壤水分数据的大范围缺失是影响重建精度的重要因素。因此，设计实验时，考虑到土壤水分大范围图斑缺失主要发生在 NAN 降水稀少的低温非生长季节，该区域人为灌溉影响较小，土地覆被类型单一，土壤水分在该时段基本保持相对稳定状态，选取［t-2，t+2］共计 5 天的数据构成样本组参与建模，使样本量充足。本章利用动态与稳态变量结合建立的解释变量体系，基于六种机器学习算法，使用参数迭代遍历优化实现土壤水分回归模拟。土壤水分模拟结果填补了原始 ECV_C 的大幅条带状、斑块状空值区域，实现了时空谱一体化在土壤水分领域的拓展，在时间维、空间维（包括水平和垂直方向）形成地表土壤水分的多维全域式覆盖，为系统性分析土壤水分时空连续演替提供了数据支撑。

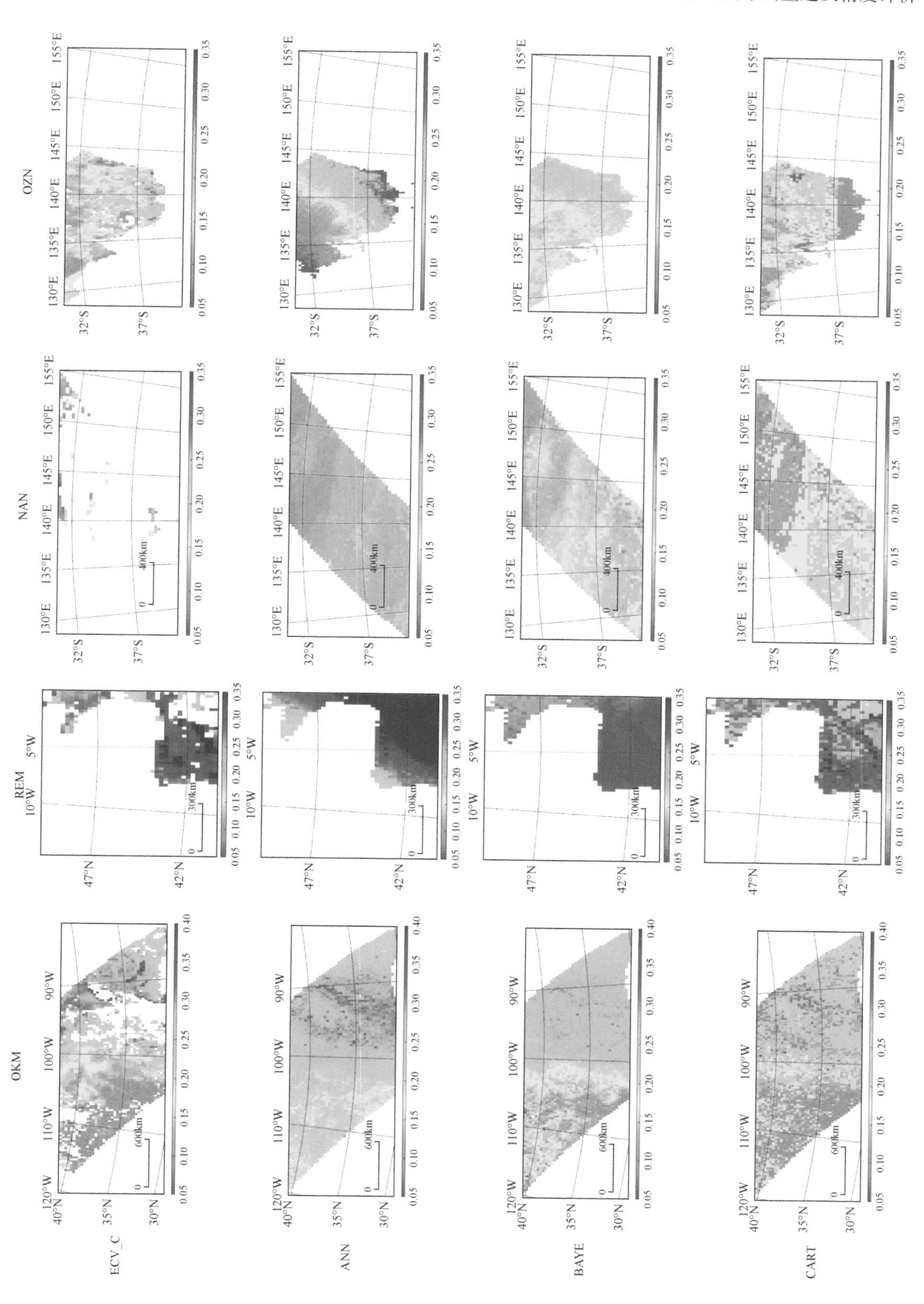

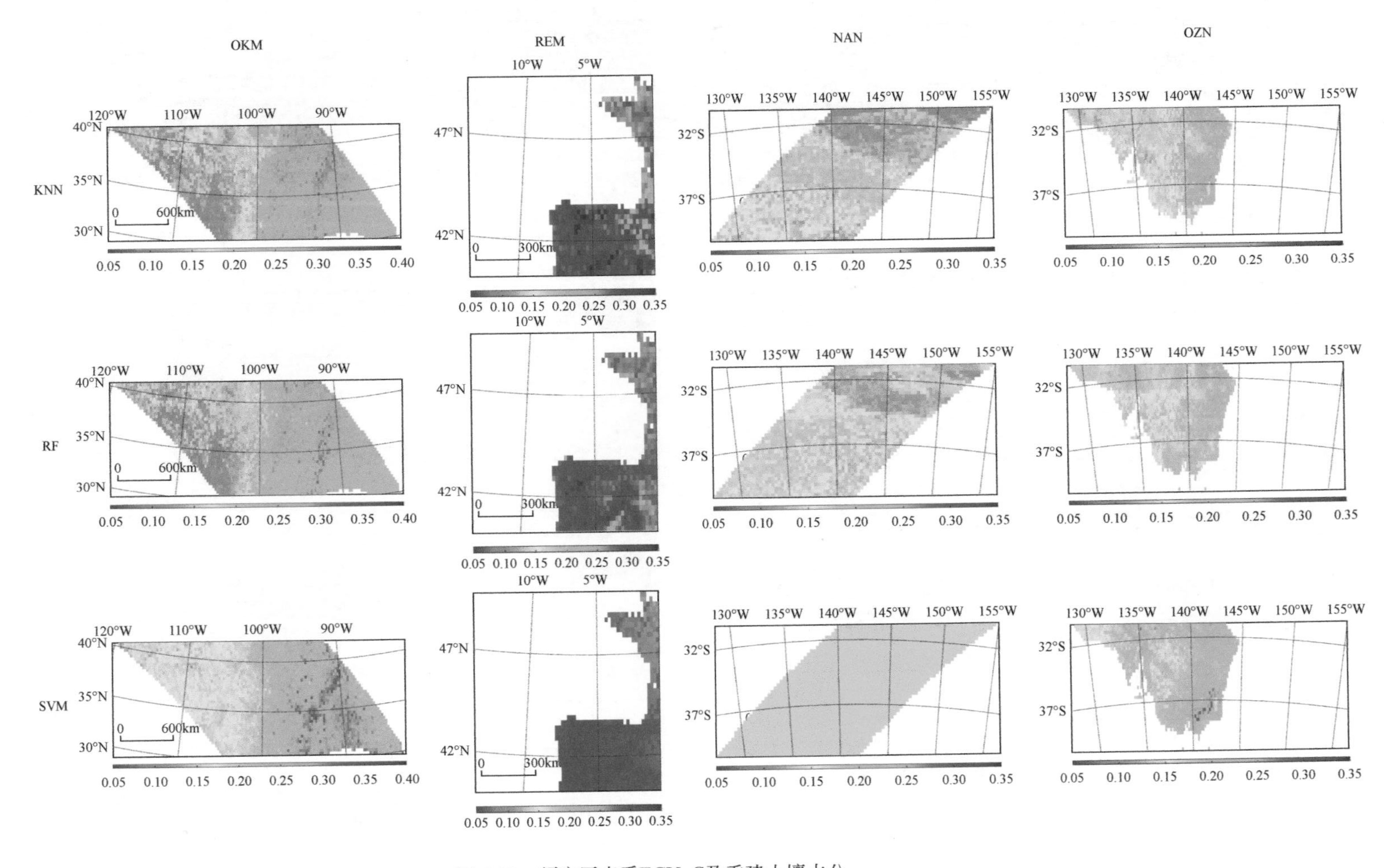

图 5.17 研究区春季ECV_C及重建土壤水分
OKM 2010年4月1日,REM 2013年4月1日,NAN 2013年4月1日,OZN 2010年10月1日
单位：m^3/m^3

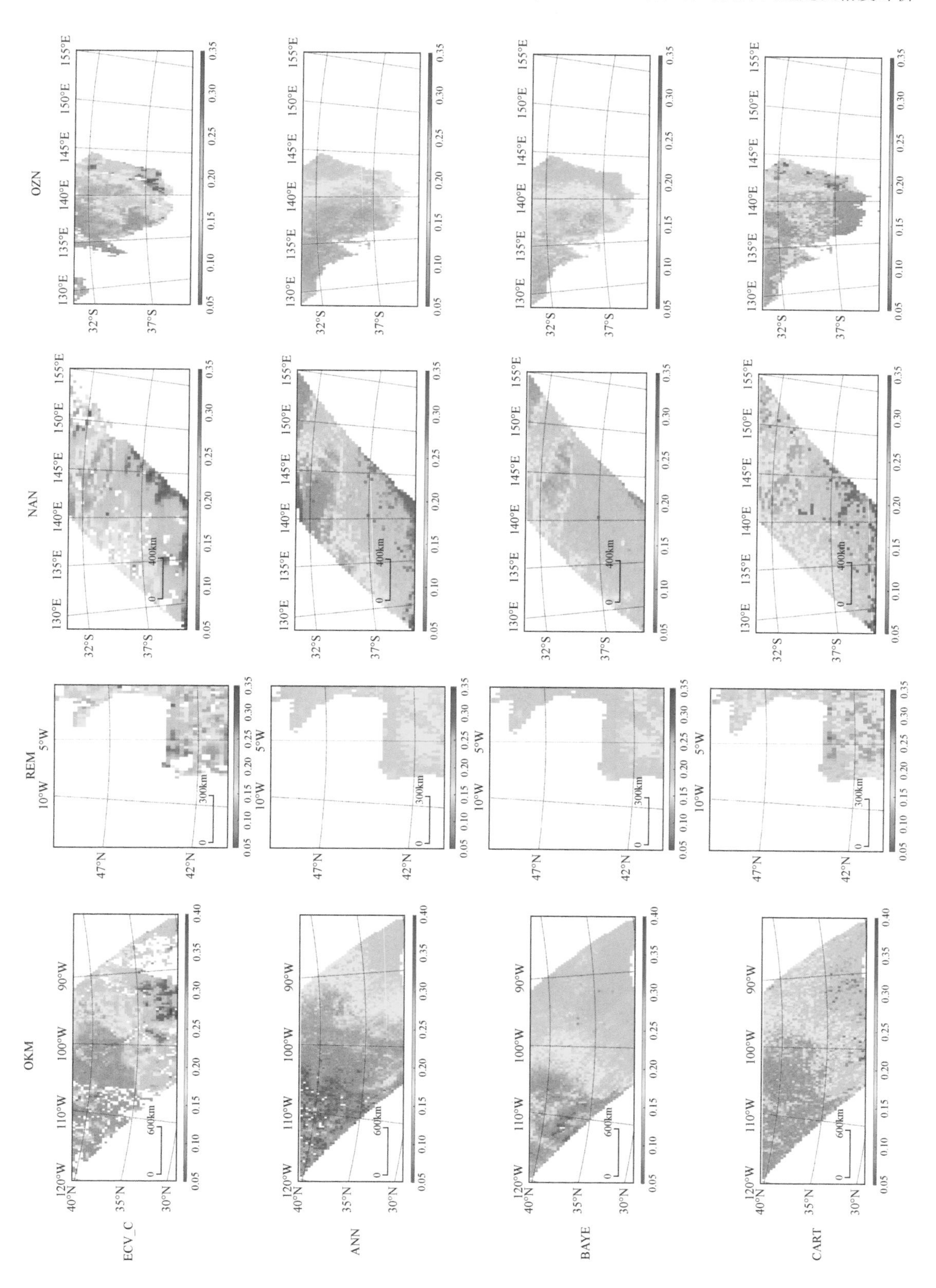
OKM
REM
NAN
OZN
ECV_C
ANN
BAYE
CART

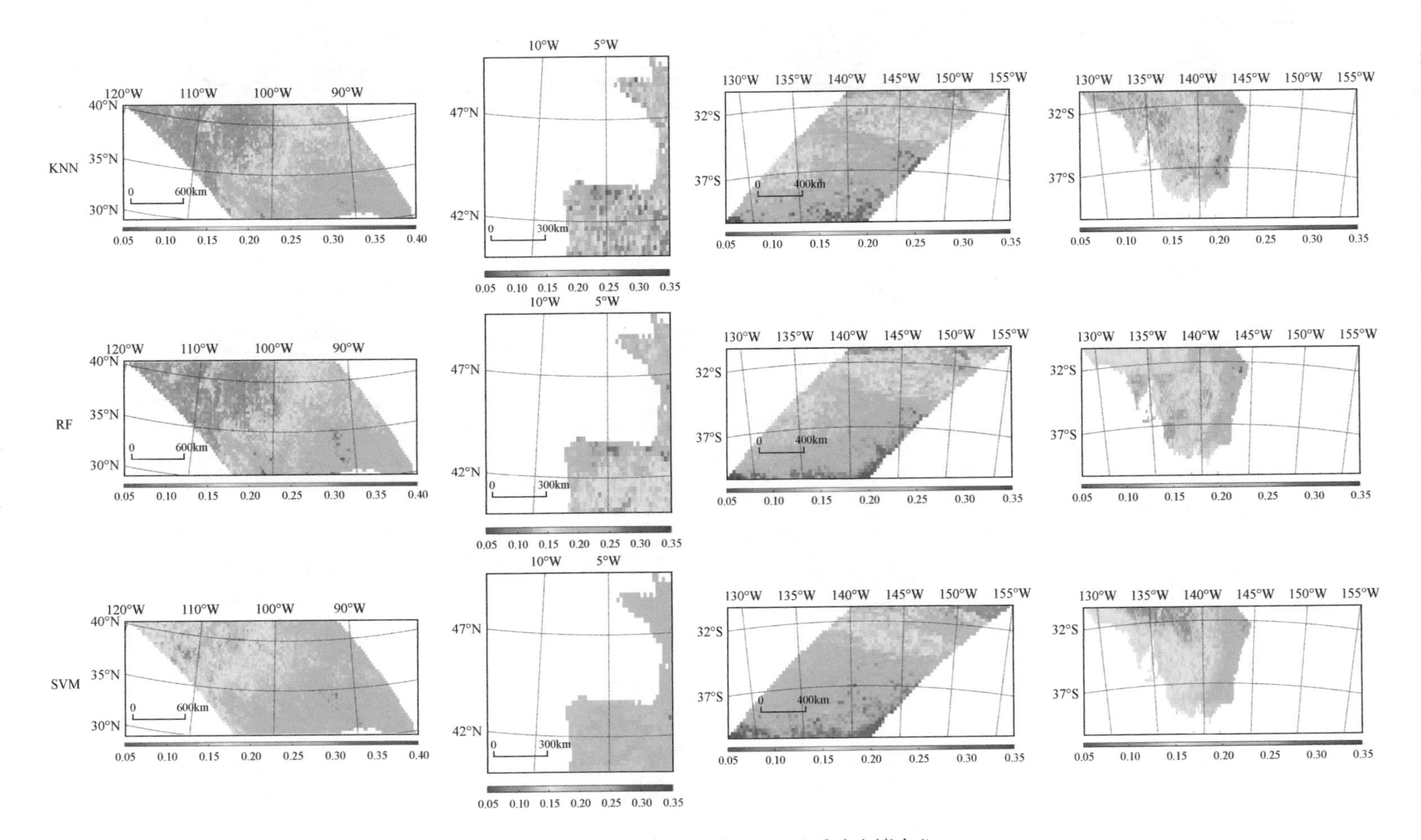

图 5.18　研究区夏季ECV_C及重建土壤水分

OKM 2010年7月1日,REM 2013年7月1日,NAN 2013年7月1日,OZN 2010年1月1日

单位：m^3/m^3

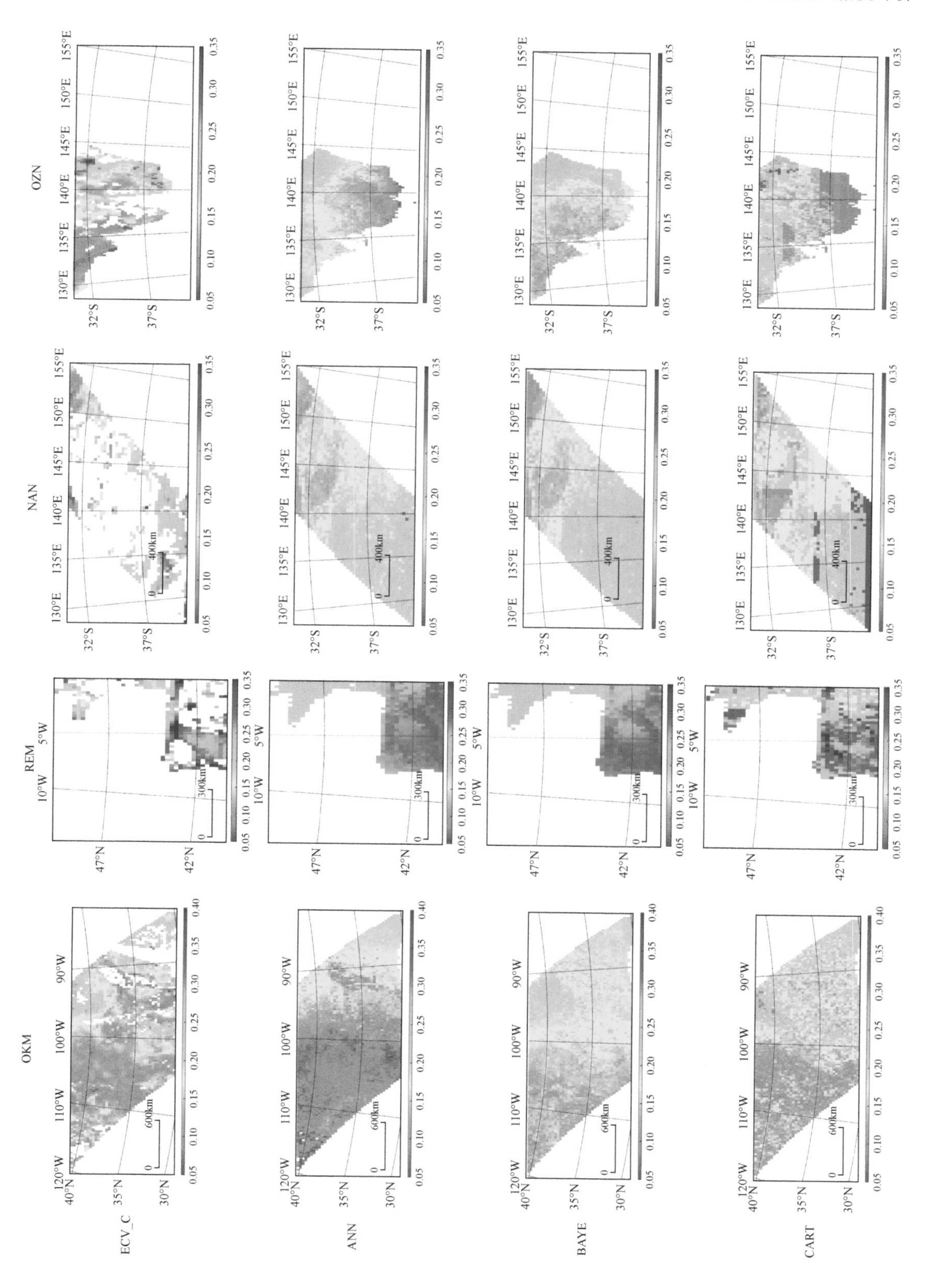
OKM
REM
NAN
OZN
ECV_C
ANN
BAYE
CART
120°W
110°W
100°W
90°W
40°N
35°N
30°N
600km
10°W
5°W
47°N
42°N
300km
130°E
135°E
140°E
145°E
150°E
155°E
32°S
37°S
400km
0.05 0.10 0.15 0.20 0.25 0.30 0.35 0.40
0.05 0.10 0.15 0.20 0.25 0.30 0.35

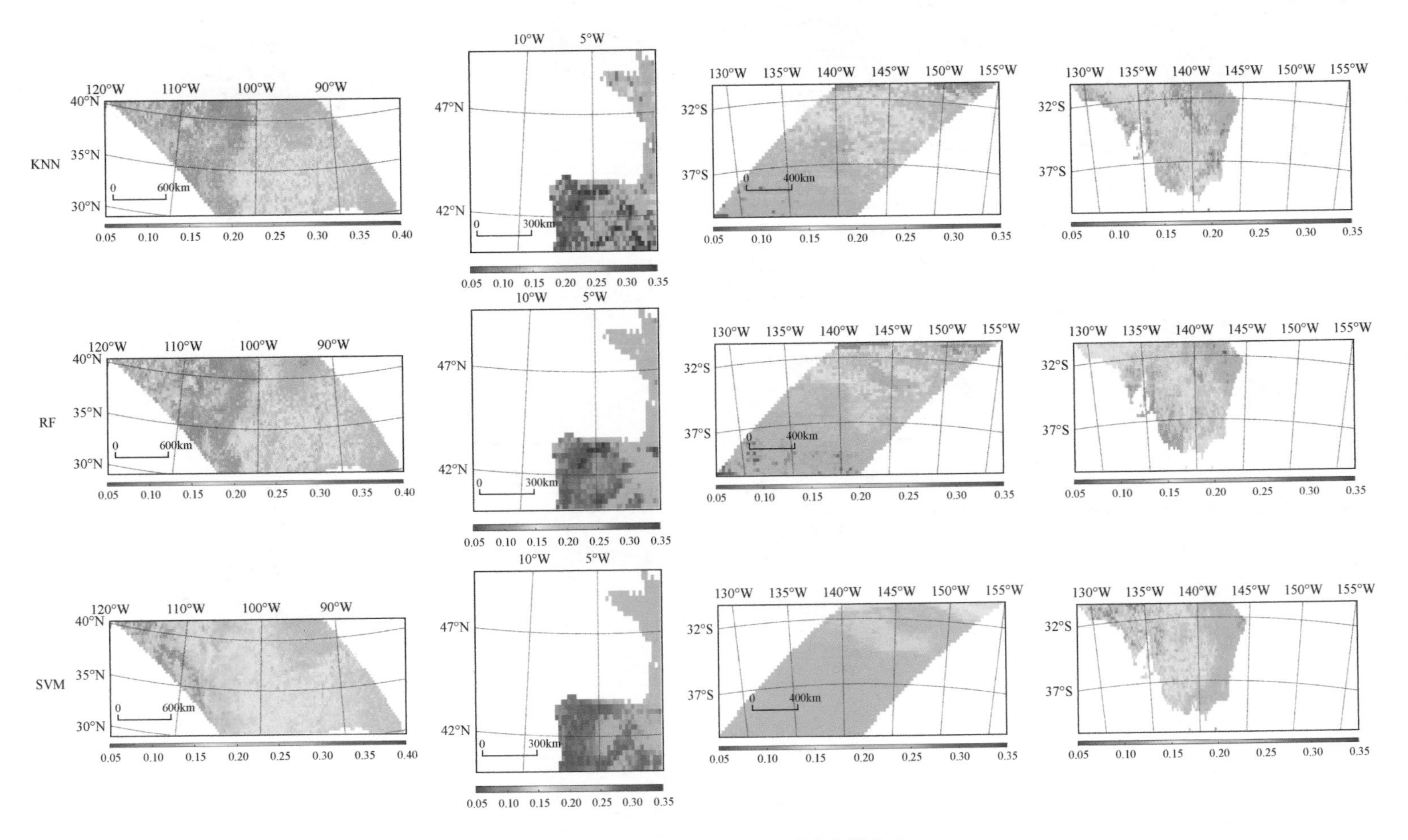

图 5.19 研究区秋季ECV_C及重建土壤水分
OKM 2010年10月1日,REM 2013年10月1日,NAN 2013年10月1日,OZN 2010年4月1日
单位：m^3/m^3

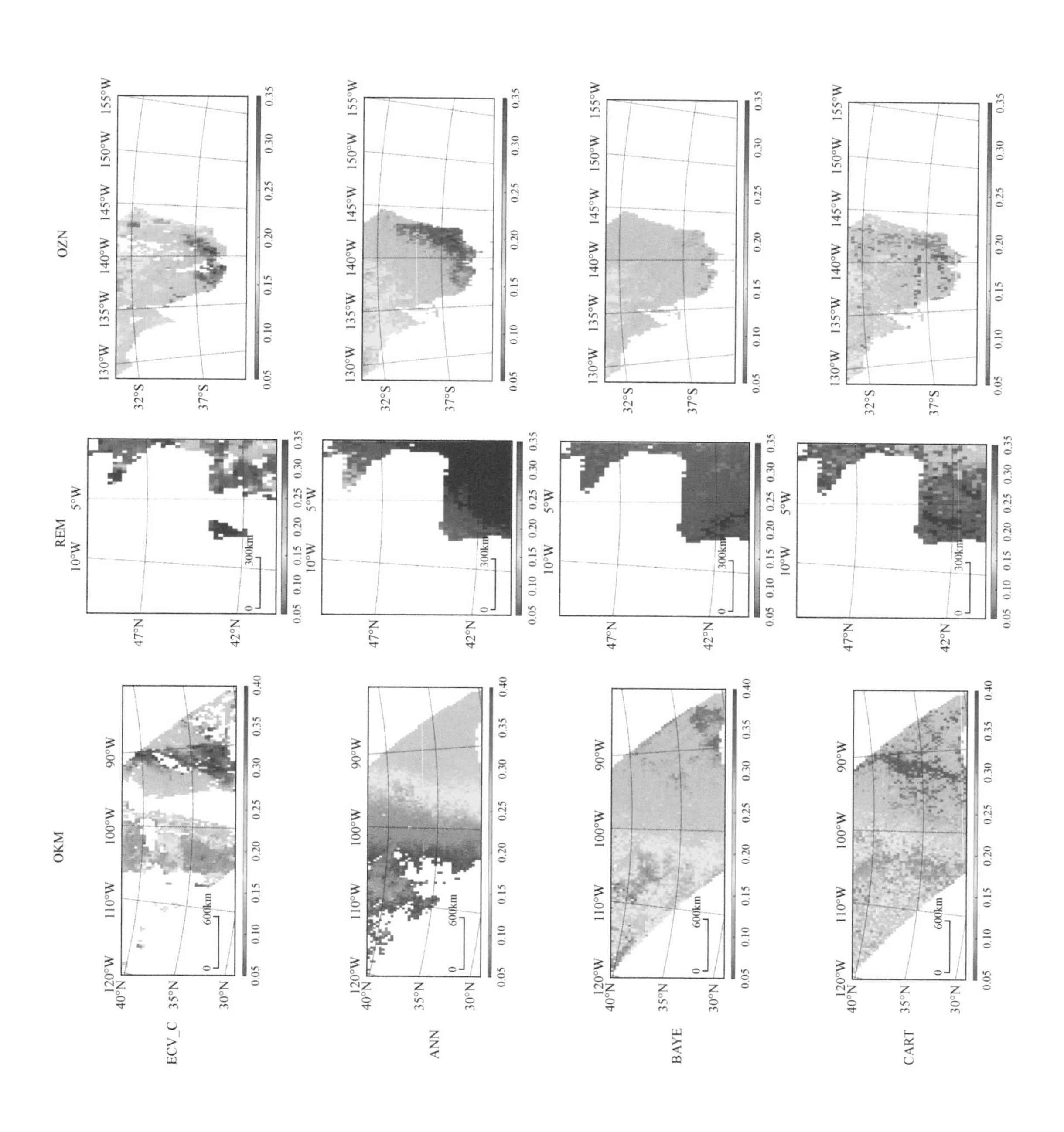
OKM
REM
OZN
ECV_C
ANN
BAYE
CART
600km
300km

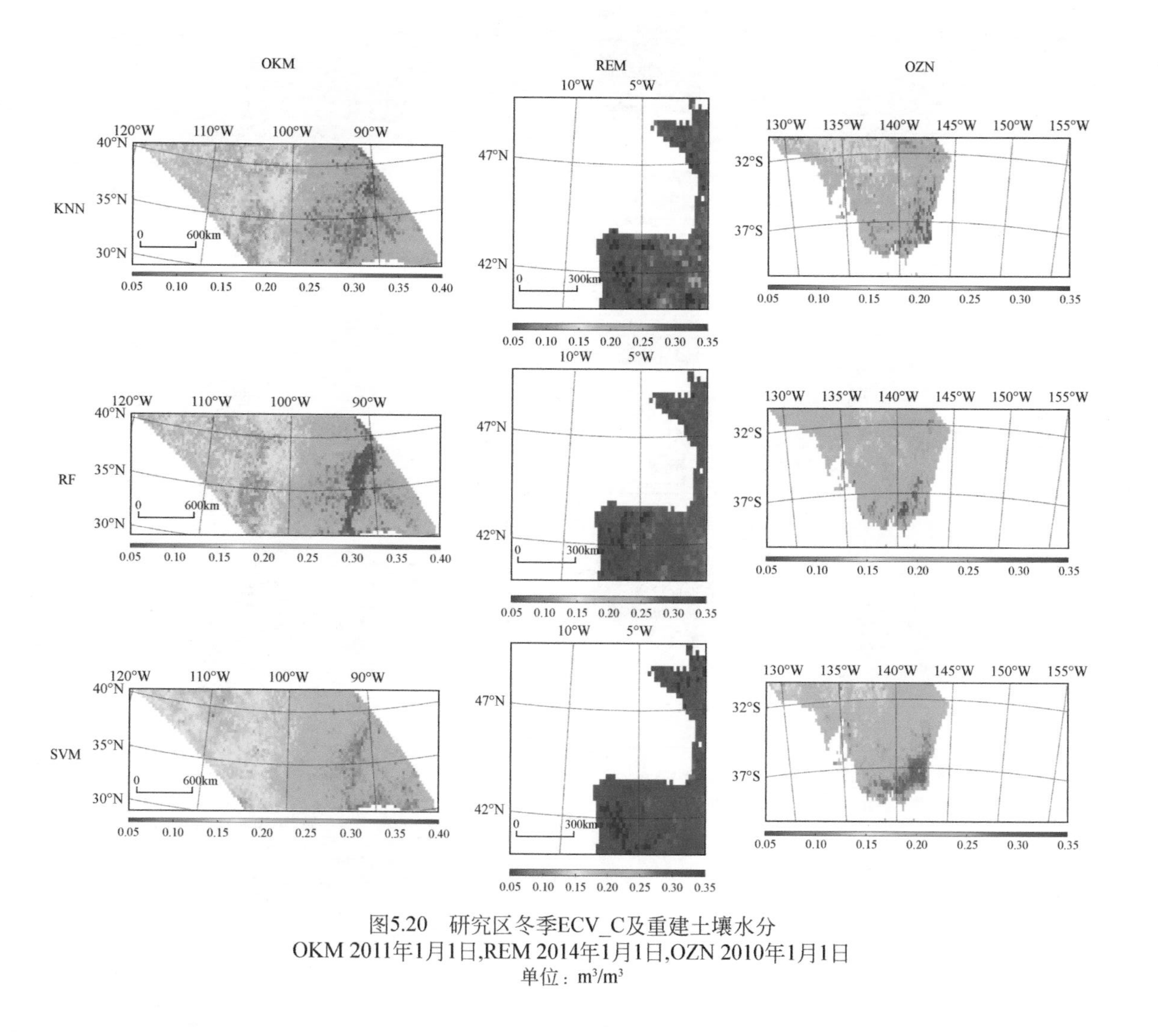

图5.20 研究区冬季ECV_C及重建土壤水分
OKM 2011年1月1日,REM 2014年1月1日,OZN 2010年1月1日
单位：m^3/m^3

局部地区存在重建结果与原始 ECV_C 空间分布特征不完全相符的现象，如图 5.17 中 OKM 100°W 35°N 处的中低值区，图 5.18 中 OZN 145°E 35°S 处的高值区，图 5.19 中 OZN 135°E 32°S 处的低值区。一方面，由于机器学习算法建立的回归模型是基于整体趋势度进行模拟，无法对所有细节取值完全拟合，各算法在黑箱模型的基础上自主训练样本建模，模型对影响土壤水分变化的大气及下垫面机理考虑有待完善。另一方面，算法模型是基于充分数量样本表达的演化规律而建立的，但实际上影响表层土壤水分局部变化的因素众多，当少数样本出现“突变”（如小区域人工灌溉、收割、砍伐等活动）时，难以进行刻画。OZN 145°E 35°S 为耕地，人为干预显著；135°E 32°S 位于平原向山地的过渡地带，土地覆被包含耕地、草地、灌丛、林地等多种类型，混合像元问题突出，精准重建难度较高。

从各机器学习算法空间模拟结果分析，ANN 在春季和冬季的拟合结果空间分布与 ECV_C 异质性高，甚至有少量负值出现，不能反映地表土壤水分的真实分布情况。BAYE、SVM 对各区域 0.15 ~ 0.25m^3/m^3 区间土壤水分模拟目视效果较好，但取值集中度高，难以刻画土壤干燥和湿润区的分布。CART 在 OKM 和 REM 的取值一致性优于 ANN 和 BAYE，但在春、夏、秋季的 NAN 和 OZN 模拟值中出现“断崖式”突变和“团块状”同质化区域。KNN、RF 模拟重建结果高质量还原了 ECV_C 的空间演替格局。KNN 作为一种成熟、易操作的机器学习典型算法，基于地理环境越相似则地理过程和现象越相似原则建立，结果证明 KNN 算法适用于模拟地表土壤水分空间分布格局。RF 在高度还原和表达土壤水分演替状态的基础上，能够进一步反映由于土地覆被变化导致的土壤水分异质性。例如，在图 5.20 中，OKM 东部呈南北走向的湿润条带状区域为密西西比河流域及附近湿地，与其他算法相比，RF 能够成功捕捉河流纵贯引起的显著土壤水分增加。

5.3 本章小结

本章对 0.25°尺度的逐日土壤水分产品进行补全重建。使用机器学习算法基于训练样本学习并建立回归模型，通过解释变量数据体系对土壤水分产品进行回归预测，得到0.25°尺度上逐日重建的土壤水分数据。经评价分析，得到如下结论。

（1）为了考量土壤水分重建产品的质量，本章利用站点实测数据对土壤水分重建产品进行检验评价。

第一，在不同的典型区之间，重建数据质量存在一定差异性，这是由各典型区复杂的地理本底要素、原始土壤水分产品的区域异质性、土壤水分探针灵敏度等多种因素共同作用导致的。

第二，就不同原始产品的重建数据而言，AMSR_A重建数据与站点实测数据的拟合度在Bias、RMSE、ubRMSD表达数据精确度的参数表现中比AMSR_D重建数据出色，而在描述变化趋势的相关系数R中优势不明显。相比来说，ECV_C重建数据在各评价指标的取值均较AMSR存在显著优势。

第三，通过对各算法重建结果进行验证评价，RF为适宜性高的土壤水分0.25°尺度重建算法，同时RF模拟结果存在一定程度的区域差异。

（2）为反映重建数据对原始数据的还原度、评价重建数据与原始数据的拟合度，本章进一步对土壤水分重建数据基于原始产品进行拟合评价。

第一，就不同典型区的重建数据而言，OKM重建数据与原始产品拟合度最好。一方面，体现在相关系数R普遍高于0.8，即与原始产品的时空演化趋势一致性较好。另一方面，均方根误差RMSE和平均绝对误差MAE取值较小，回归方程斜率趋近于1而截距趋近于0，表明与原始产品数值上非常接近，高/低估不显著。REM与NAN的重建趋势拟合效果较好，但在数值上存在一定程度的高估。南半球OZN重建数据则略高估了原始土壤水分产品，且相关系数低于其他三个区域。

第二，从重建算法导致的结果异质性分析，在0.25°尺度上，ANN、CART重建数据与原始产品相关系数较低、数据偏差较大且存在一定程度的高估现象；BAYE、KNN、SVM算法重建结果普遍质量较好，整体上能够有效刻画原始土壤水分产品的精度和变化趋势；RF重建结果在所有算法中效果最好，既能以高精度重现原始土壤水分产品，又能准确体现土壤水分的时空序列演变趋势。

综上结论与讨论，本研究将采用综合性能与质量俱佳的 RF 重建结果对空值图斑进行填补，使 ECV_C 成为 0.25°尺度上时空序列谱完整的土壤水分产品。并在此基础上对 ECV_C 土壤水分补全产品进行 1km 分辨率的逐日降尺度重建。

第6章 多源数据融合的遥感土壤水分产品空间降尺度及精度评价

通过对重建数据的验证评价，可知基于 ECV_C 的重建数据具有显著的优越性。因此，采用重建数据对 ECV_C 原始土壤水分产品空值图斑补全，对补全的逐日 0.25°尺度土壤水分数据基于已构建的解释变量开展空间降尺度，将空间像元分辨率降至 1km。降尺度算法的前提是在 0.25°尺度构建的自变量与因变量模型在 1km 尺度上同样适用。尺度效应是降尺度过程中不可避免的问题，对小流域的区域尺度相关性理解正在学术界逐渐成形，但由于缺乏数据，对中间尺度的理解存在一定差距。实际上，这些尺度之间通常具有假设平稳性（Western et al., 2005）。前人研究表明，基于详细数据集支持的解释变量，在适当尺度范围上应用精心构建的反演模型，能够再现大区域范围的土壤水分响应（Western et al. , 2015）。

6.1 降尺度流程

土壤水分数据降尺度的方法主要步骤如下，具体降尺度流程如图 6.1 所示。

第一，解释变量划分为动态变量与稳态变量，如图 6.1 所示，动态变量包括 Albedo、NDVI、LST_D、LST_N 与 ΔLST，稳态变量包括 DEM 和经纬度。对所有解释变量进行低通滤波以去除异常值。运用 SG 算法进行滤波，SG 算法利用最小二乘法沿时间轴滑动窗口，基于多项式处理序列数据的平滑问题（Bromba et al., 1981; Chen and Shu, 2011; Schafer, 2011; Tanu et al., 2018）。SG 算法低通滤波只需要从卷积系数表中获取相应的滤波系数即可通过多项式卷积实现平滑拟合，作用对象不要求必须是逐日的长时序变量，对采样记录频

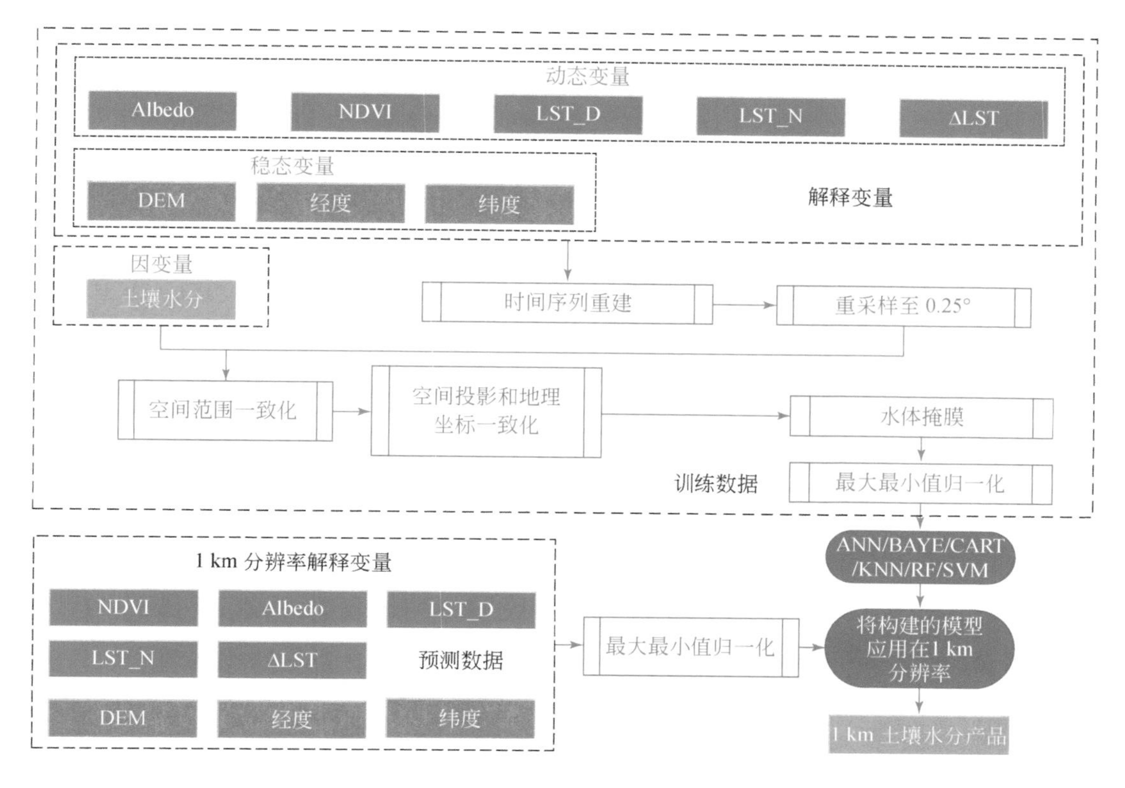

图 6.1　降尺度流程

率较低的数据处理结果也非常具有说服力。近年来，SG 算法在遥感数据处理领域取得了较好的实验成果，是一种兼具降噪和保真效果的优秀低通滤波器。

第二，将解释变量重采样至与土壤水分数据相同的分辨率。为了保证训练样本的有效性和表现力，只有当一个 0. 25°×0. 25°像元范围内的原始 1km 分辨率像元有效覆盖率超过 50% 时，才能进行重采样处理。同时，计算出原始像素的算术平均值来表示相应重采样 0. 25°×0. 25°像元的值。统一所有训练数据样本的空间范围、投影和地理坐标，以 MOD44W 产品为掩模，过滤掉水体区域。

第三，将预处理后的样本代入机器学习算法模型中，建立 0. 25°尺度的回归模型。机器学习算法根据各自原理建立预测模型，对样本进行训练模拟和预测输出。

第四，基于尺度过渡平稳性理论，将 1km 尺度测试数据集引入训练后的成熟模型中，生成高分辨率土壤水分产品。

6.2 多源数据融合的卫星土壤水分产品空间降尺度结果

本书研究在空间降尺度时以 MODIS 的行列条带范围分景划分典型区，并确保典型区范围能够覆盖每个土壤水分野外监测网络所有站点。在 OKM 使用两景、REM 使用一景、NAN 使用一景、OZN 使用两景 MODIS 数据来进行分析评价，并通过机器学习算法以补空（Gap Filled）ECV_C 为训练样本进行学习建立模型，利用经过滑动窗口补全和空间滤波平滑去异常值的解释变量数据集回归重建，时空完整再现整个典型区土壤水分分布和演化序列。降尺度时空序列反映土壤水分在经度、纬度、高程、时间四个维度上的变化特征。其中，降尺度过程中水体表面以掩膜方式去除，掩膜取年均地表温度 LST 和归一化植被指数 NDVI 的有效值交集，交集以外的区域为需要掩膜去除的水体部分。

基于重建补全的全球典型地区的土壤水分数据，通过机器学习算法降空间尺度，得到逐日 1km 中高分辨率的土壤水分产品，包括 REM 和 NAN 2013 年 1 月 1 日 ~2014 年 12 月 31 日共计 730 天逐日降尺度土壤水分，OKM 2010 年 1 月 1 日 ~2011 年 10 月 3 日共计 641 天逐日降尺度土壤水分，OZN 2010 年 1 月 1 日 ~2011 年 5 月 31 日共计 516 天逐日降尺度土壤水分。

6.2.1 各典型区空间降尺度结果

1. OKM 土壤水分空间降尺度结果

图 6.2 为 OKM 典型区 2010 年 8 月 27 日、2011 年 8 月 27 日 ECV_C、Gap Filled ECV_C 及降尺度土壤水分。ECV_C 因电磁波辐射干扰、云层遮挡、难以穿透浓密森林、卫星升轨降轨导致的条带间隙等多种因素而存在大量的空值图斑，显著限制了卫星土壤水分产品的陆地表面全域覆盖性能。与原始 ECV_C 相比，基于 RF 重建的 Gap Filled 数值弥补了空间无规律缺失现象，实现了土壤水分在时间、空间、高程维度的连续覆盖和取值。补全后的 ECV_C 数据空

间分布及过渡平稳，体现 RF 重建数据的高度还原能力。1km 降尺度数据空间分辨率高，能在更加精细水平上表达土壤水分含量在植被、气象等因素影响下的波动情况。如图所示，2010 年 8 月 27 日、2011 年 8 月 27 日中部和西部土壤水分多在 0.15m^3/m^3 以下，东部地区土壤水分整体高于 0.20 m^3/m^3，2011 年干旱程度比 2010 年同期略为严重。各算法降尺度结果中，ANN 取值分布与训练数据偏差明显，2011 年的降尺度值域更是偏出 0.05 ~0.35m^3/m^3 的主体区间，表现为大范围的空值。BAYE 和 SVM 在 2010 年 8 月 27 日低估显著，CART 出现了相邻区域土壤水分的断崖式跳跃变化，KNN 在研究区中部较训练数据空间分布存在高估，RF 降尺度结果值域空间分布与 ECV_C 一致，但西部局地有高估。在研究区东部高值部分，各算法的均存在低估，这与土地覆被类型、土壤质地、土壤含沙量、孔隙大小等实际环境综合体特征因素及尺度效应相关。综上所述，RF 降尺度结果在土壤水分空间分布的表征效果优秀，实现了对 Gap Filled ECV_C 高精度降尺度重建。值得注意的是，ANN 和 BAYE 在 2010 年 8 月 27 日、2011 年 8 月 27 日降尺度结果表现差异显著，算法存在波动性。研究表明，ANN 易陷入局部最优，有些甚至无法得到最优解；模型性能优劣过于依赖样本数量，但多数情况下样本数量是有限的（Hsu et al., 1995）。因此，ANN 大部分降尺度结果均未处于局部最优范围。BAYE 的后验分布受先验分布影响大，若先验分布选取不当，可能会产生误导性的结果，且计算耗时较长（Birkes and Dodge, 2011）。本书研究中 BAYE 算法模拟结果显示出随机性，不适宜用此法在该区开展土壤水分降尺度重建。

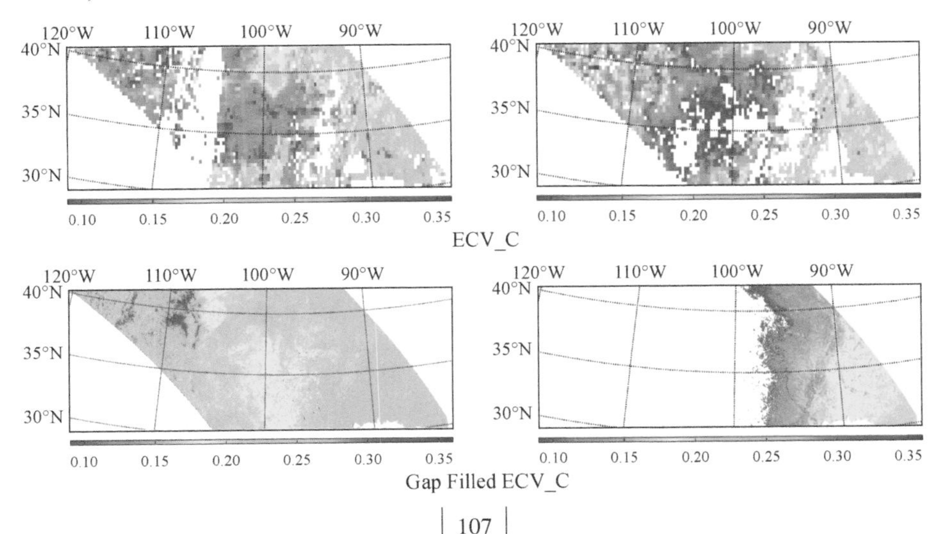

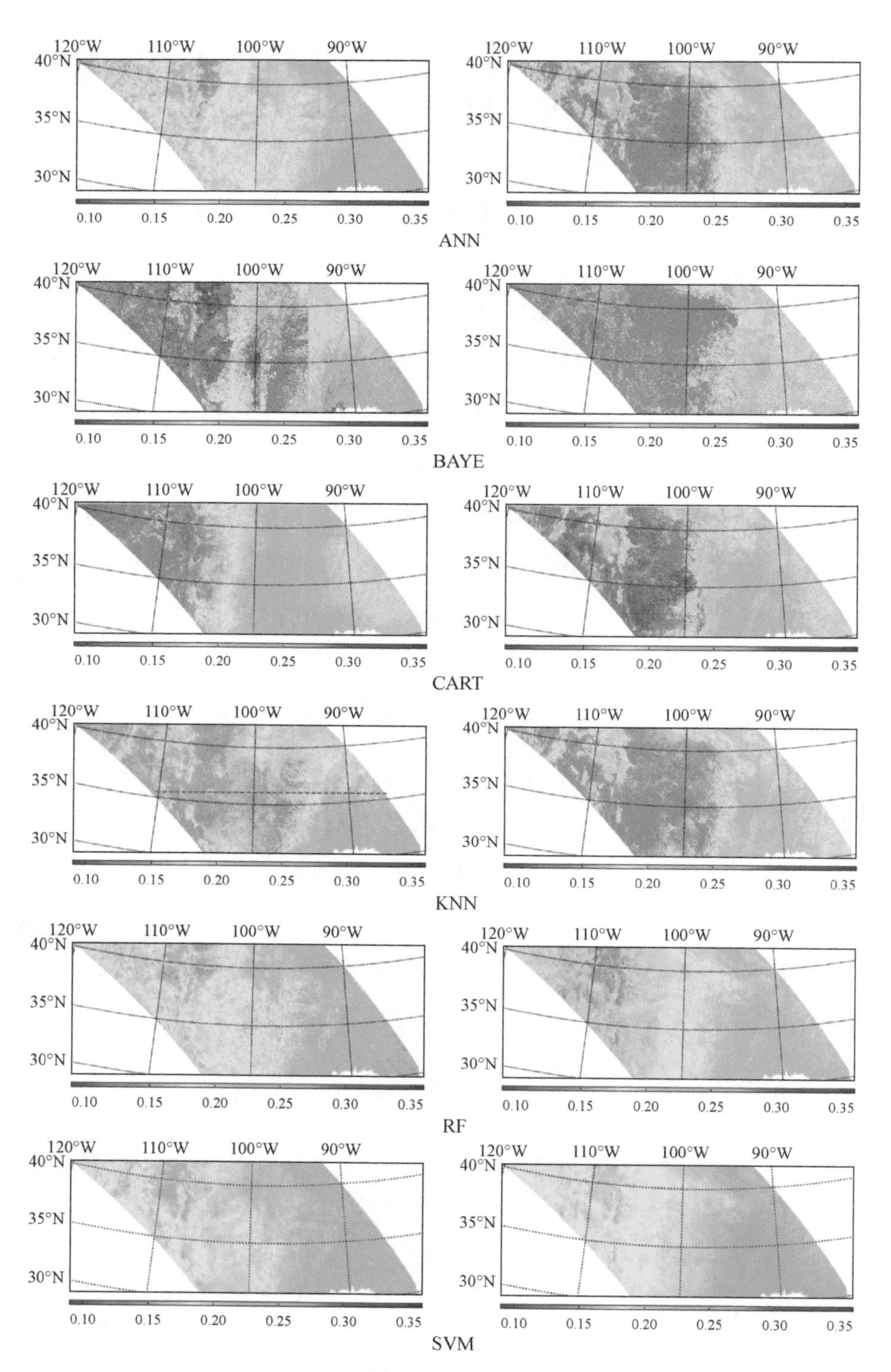

图 6.2 OKM 2010 年 8 月 27 日（左侧）、2011 年 8 月 27 日（右侧）ECV_C、Gap Filled ECV_C 及降尺度土壤水分

单位：m^3/m^3

2. REM 土壤水分空间降尺度结果

REM 位于西班牙西南部，毗邻大西洋。该区受北大西洋暖流影响，降水主要集中在冬季，夏季温暖干燥。如图 6.3 所示，2013 年 8 月 27 日本区域整体上的土壤水分较低，多在 0.20m^3/m^{3}以下，在 43°N 出现东西走向的湿润条带。2014 年 8 月 27 日土壤水分以 43°N 为界，以北地区湿润，南部保持典型干燥状态。在空间分布特征方面，BAYE 和 RF 降尺度产品能够捕捉 REM 的数值分布趋势特点，BAYE 在 2013 年 8 月 27 日土壤水分含量数值表达精确，在 2014 年 8 月 27 日有高估偏差。RF 在反映空间分布形态，尤其在刻画湿润条带时有优势，在回归模拟土壤水分含量大于 0.30m^3/m^3 区域的数值精度有待提升。CART 重建数据同样捕捉到了湿润条带，在 2014 年 8 月 27 日模拟效果较好，但在 2013 年 8 月 27 日取值突变大量分布在整个研究区，在 42°N 5°W 周围地区存在低值，43°N 一线高值土壤水分像元零散分布。SVM 数据变化范围和变幅均弱于 Gap Filled ECV_C 本身，高估 2013 年 8 月 27 日的主体低值区域，低估 2014 年 8 月 27 日北部的高值部分。KNN 降尺度以 *K* 邻域的像元点为主要参考依据来回归模拟，未能有效体现湿润条带，出现个别不在值域范围的异常数据。ANN 在本书研究区的适用性较差，与 2014 年 8 月 27 日 Gap Filled ECV_C 基本上呈现相反的分布特征，不能因地制宜、因时制宜地模拟回归土壤水分在空间的分布特点和演化趋势。

3. NAN 土壤水分空间降尺度结果

NAN 位于青藏高原那曲亚寒带半湿润高原季风气候区，高海拔、稀薄云层导致辐射强烈、日照时数长、气温日较差大、热量难以积蓄。降水主要集中于夏季，多冰雹天气，土地覆被以高原草甸为主。因此，气候特征较其他研究区差异明显。本书研究以 NAN 土壤水分监测网络所在范围为研究对象，如图 6.4 所示，该区域东起 80°E，西至 100°E，南北跨度 1000km，2013 年 8 月 27 日、2014 年 8 月 27 日 Gap Filled ECV_C 土壤水分呈现由北至南逐渐增大趋势，且 2014 年夏季干旱趋势加重，东西走向变化不明显。各降尺度结果中，ANN 数值精度不足，但可以整体反映该研究区土壤水分空间分布特征，是 ANN 算法在本书研究所有典型区中性能最佳的案例，该现象侧面表明机器学习算法的

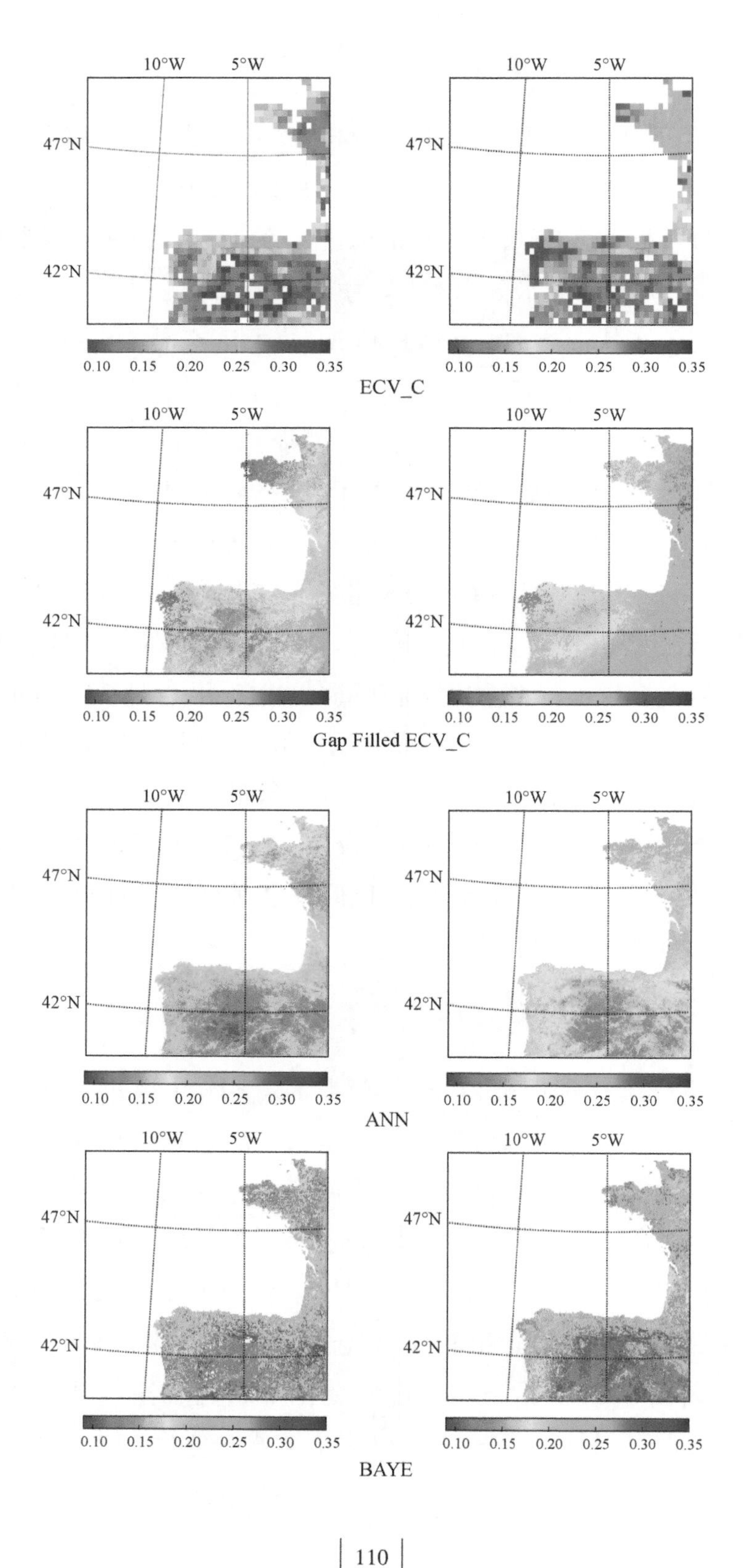
10°W
5°W
47°N
42°N
0.10 0.15 0.20 0.25 0.30 0.35
ECV_C
Gap Filled ECV_C
ANN
BAYE

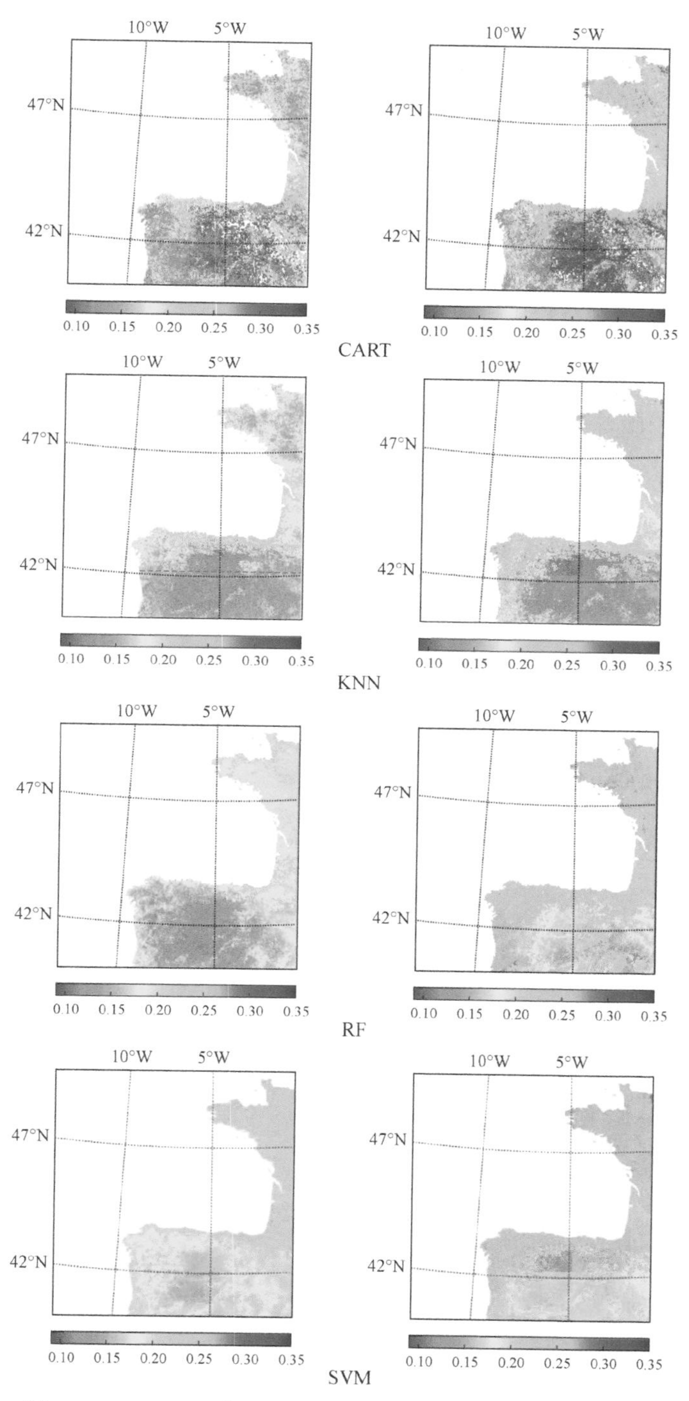

图 6.3　REM 2013 年 8 月 27 日（左侧）、2014 年 8 月 27 日（右侧）ECV_C、Gap Filled ECV_C 及降尺度土壤水分

单位：m^3/m^3

区域适用异质性。BAYE、CART、KNN 在拟合回归 2014 年 8 月 27 日的土壤水分产品时东北角出现了不同范围大小的异常低值区块。CART 模拟预测数据不稳定、波动较大，数值跳跃、断层现象多发，不能体现土壤水分空间平稳过渡。KNN 变化则相对平稳，与 Gap Filled ECV_C 实际空间分布特征一致，但在局部地区存在高值低估和低值高估的情况，不能有效拟合极值。SVM 空间演化趋势与 KNN 相似，土壤水分的取值范围更加窄。RF 延续了一贯的鲁棒性，未出现异常值，准确描述土壤水分含量的空间分布特征，且高效表示空间中土壤水分分布的极大值和极小值。与 2014 年 8 月 27 日 RF 降尺度模拟结果相比，2013 年 8 月 27 日的 RF 降尺度数据表现欠佳，未能准确反映柴达木盆地边缘的“弧状”低值区域。同一算法表现出模拟性能的差异，与该“弧状”区域是沙漠裸地和稀疏灌丛草原的过渡地带，混合像元较多，降尺度模拟存在不稳定性有关。

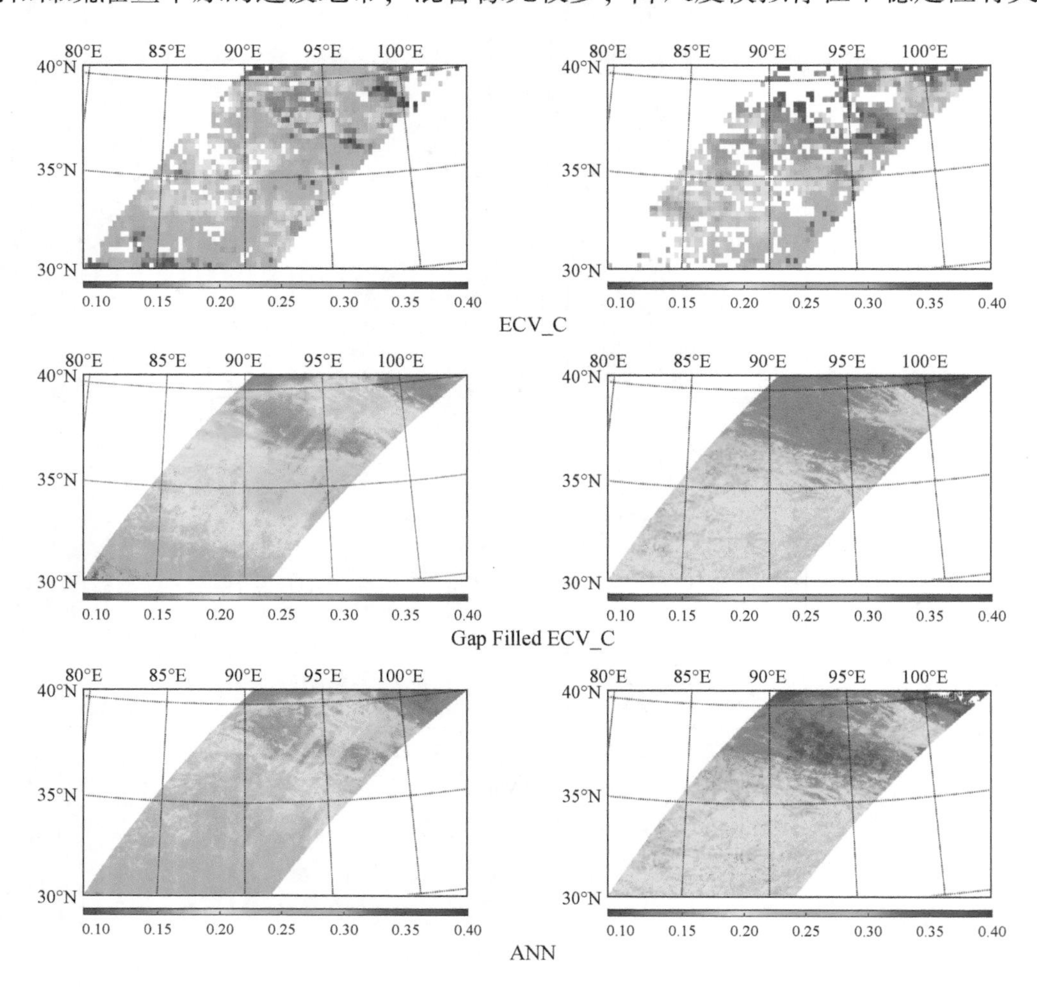

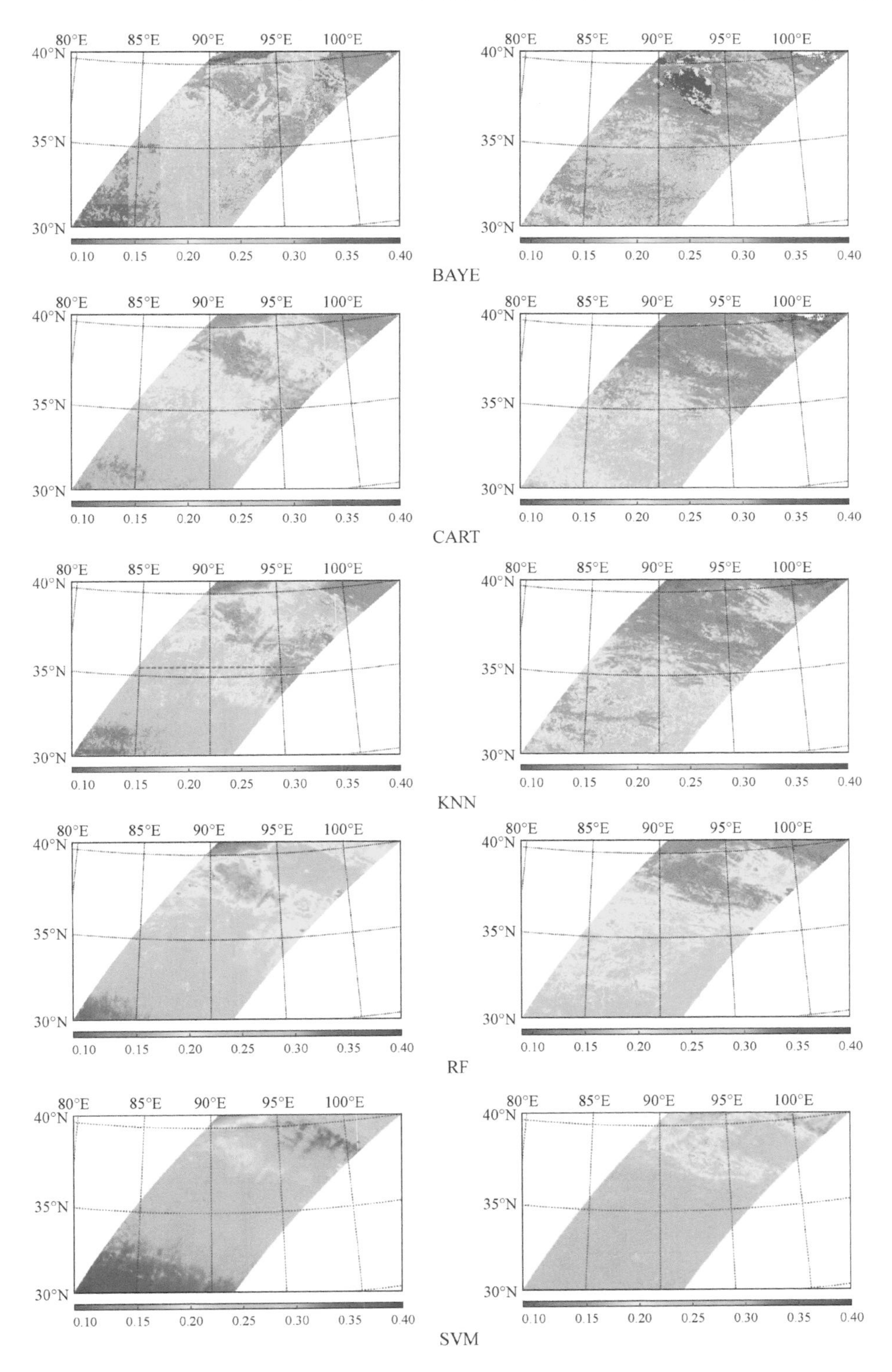

图 6.4　NAN 2013 年 8 月 27 日（左侧）、2014 年 8 月 27 日（右侧）ECV_C、Gap Filled ECV_C 及降尺度土壤水分

单位：m^3/m^3

4. OZN 土壤水分空间降尺度结果

图 6.5 中的两组 ECV_C 数据分别是冬季 2010 年 8 月 27 日和秋季 2011 年 5 月 19 日的土壤含水量分布。该区季节节律与北半球相反，400mm 年降水在全年均匀分布。OZN 占主导地位的土地覆被类型是耕地，人为灌溉是影响该区土壤水分变化的关键因素。图 6.5 在 2010 年冬季呈南湿北干的分布版图，东南部的部分区域可达 0.35 m^3/m^3，2011 年秋季整体偏干，在中部和南部的局部湿润地区土壤水分含量在 0.20 ~ 0.25m^3/m^3。OZN 降尺度结果不存在超出值域范围的异常值。ANN 对 2011 年秋季的土壤水分拟合水平较高，但与 2010 年

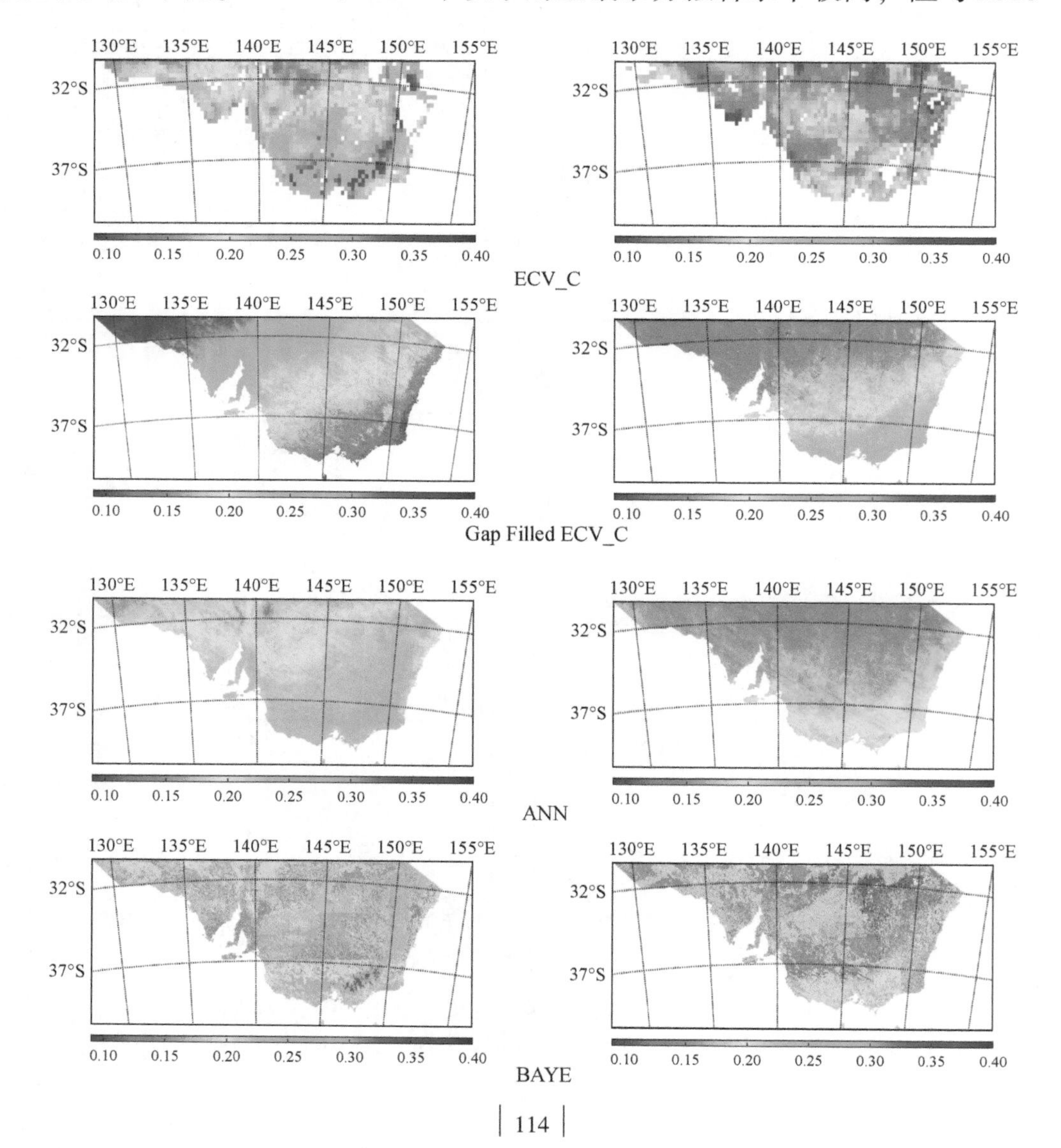

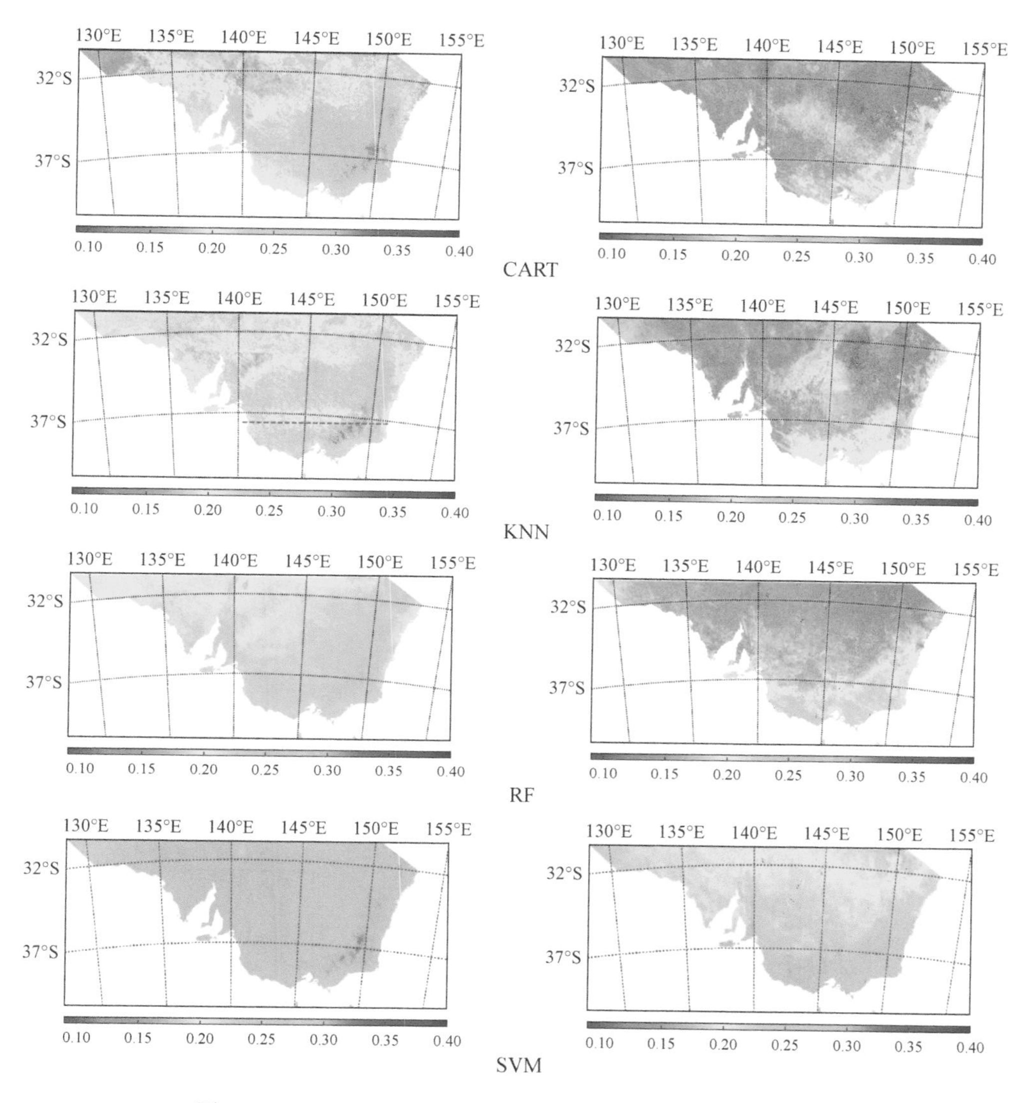

图 6.5 OZN 2010 年 8 月 27 日（左侧）、2011 年 5 月 19 日（右侧）ECV_C、Gap Filled ECV_C 及降尺度土壤水分

单位：m^3/m^3

冬季的 ECV_C 土壤水分几乎不存在相关性，且空间分布表现为相反趋势，表明 ANN 算法本身的不稳定性和对时间序列变化的敏感性。BAYE 可以良好地表现土壤水分空间演化特点，但在极值的表现力和区域内的局部细节分异表达能力方面较弱。SVM 虽与 BAYE 模型在构建原理上大相径庭，是将多维向量降维映射到二维平面为理论支撑的回归算法，但实际预测结果与 BAYE 非常相近。CART 刻画研究区内部分异的表现力较好，但过拟合现象普遍，取值突变过多。过拟合指模型函数完美契合训练数据集，但对新数据的测试集预测模拟

结果差，结合图 5.16，CART 的重建结果均匀对称分布在 1：1 对角线两侧，但数据离散度高，图 6.5 中 CART 降尺度空间取值与 Gap Filled ECV_C 呈现一定差异性，空间过度“断崖式”突变普遍（如 2010 年 8 月 27 日沿 35°S 纬线的取值骤变）。整体比较，KNN 和 RF 分别在 2010 年 8 月 27 日和 2011 年 5 月 19 日取得了优秀的降尺度结果，能够填补土壤水分空值图斑、提高空间分辨率、表现土壤水分的整体演变特点与局部变化细节，同时高精度表达 OZN 空间土壤水分演化趋势和相关极值，即图 6.5 中 KNN 和 RF 分别在 2010 年 8 月 27 日和 2011 年 5 月 19 准确模拟 Gap Filled ECV_C 的空间分布格局，在数值方面高度还原土壤水分的取值分布，包括极大值、极小值。

6.2.2 降尺度结果与解释变量空间序列分析

本书选取 OKM（2010 年 8 月 27 日）、REM（2013 年 8 月 27 日）、NAN（2013 年 8 月 27 日）、OZN（2010 年 8 与 27 日）的 RF 降尺度结果，提取相同纬度横截线上的数值，分析 1km 尺度土壤水分与各解释变量的空间序列趋势（图 6.6）。

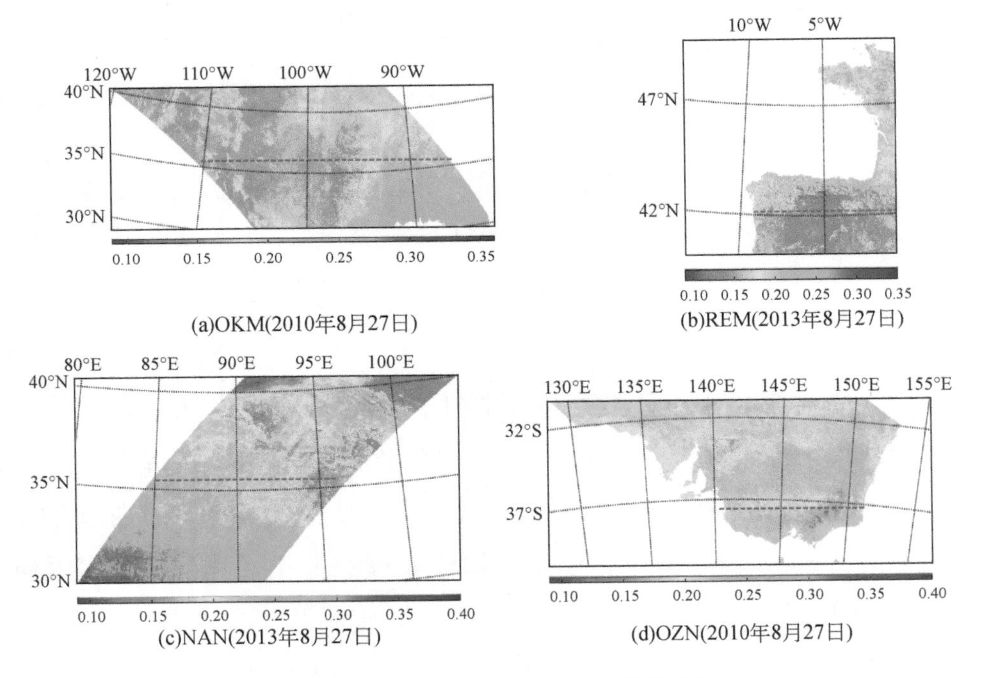

图 6.6 典型区 RF 降尺度土壤水分横截线

单位：m^3/m^3

图6.7中，土壤水分与NDVI整体表现为正相关，相关度依空间位置不同具有区域性特点。实际上，植被生长渐变演替过程中，NDVI随植被生长物候周期演变，地表土壤水分依据降水或者灌溉会出现波动性，本质上表层土壤水分与NDVI呈现非线性的正相关，该正相关并非直接因果关系。二者仅在OKM85°W～98°W、NAN 86°E～93°E、OZN 149°E～150°E体现负相关关系，与4.2节0.25°尺度中验证的皮尔逊相关系数基本一致，说明从0.25°到1km的空间尺度转换中土壤水分与NDVI的相关性表现一致。其中，OKM 85°W～98°W、OZN 149°E～150°E主要土地覆被类型为郁闭度较高的灌丛和林地，灌溉方式以天然降水为主，在降水既定情况下，NDVI越高，则对水分的需求量越大，致使土壤水分含量降低。NAN 92.5°E～93.5°E土壤水分与NDVI负相关性较弱，尝试认为与零散分布的半永久/永久冰雪冰川有关，有待进一步实地考究。

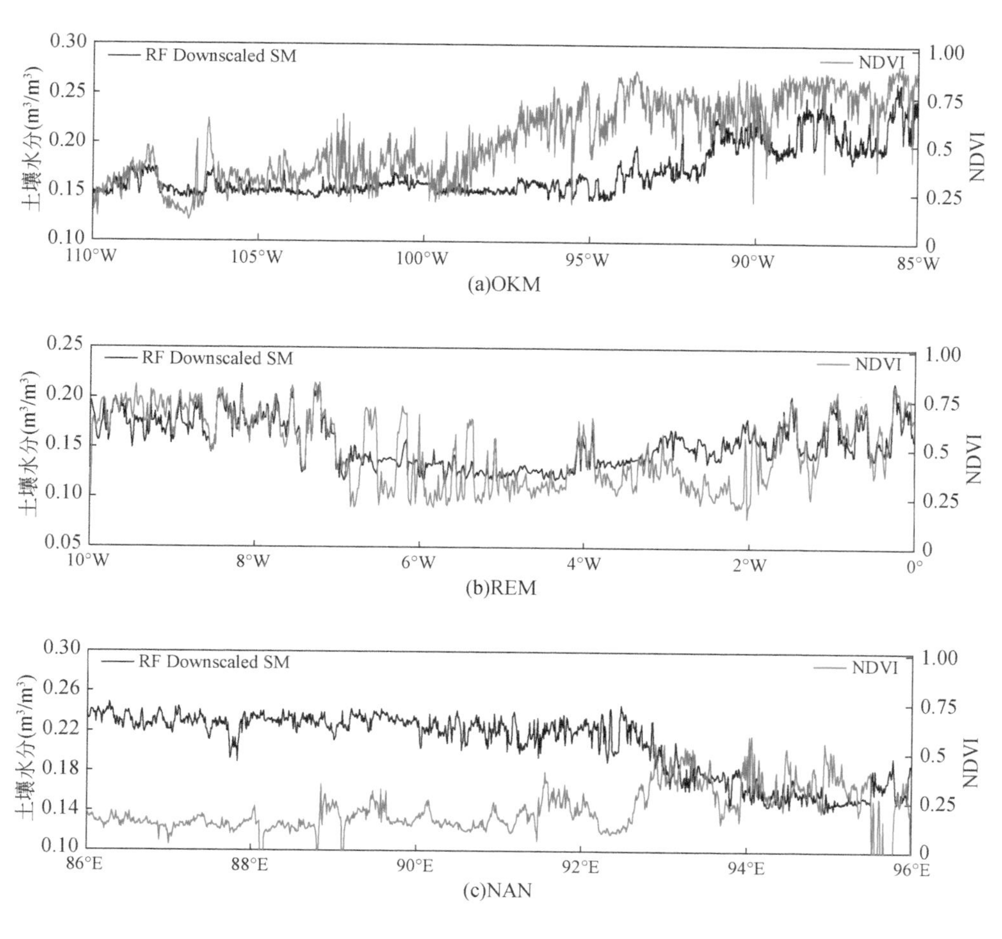

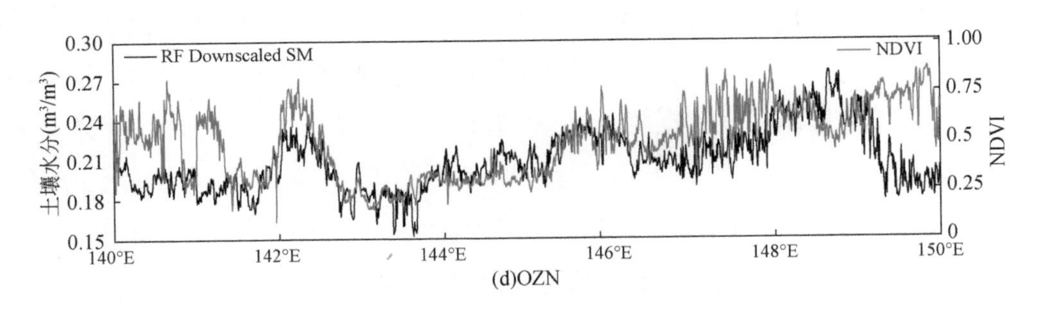

图 6.7　横截线上土壤水分与 NDVI 趋势线

图6.8中各典型区LST_D取值起伏剧烈而LST_N波动平缓，因此ΔLST线型与LST_D高度吻合。地表湿润时如果能量充分会产生较大的蒸发，水分迁移伴随着热量迁移，蒸发起到降温作用使得地表温度较同样气候条件下的干燥土壤的表面温度要低。湿润土壤的土壤表面白天和晚上温度更接近，即地表温度的日较差较小；干燥土壤日较差较大，因为干燥土壤缺少水分使得其蒸发很小或者没有蒸发。水的比热容大，使得相同条件下湿润土壤温度变幅小而干燥土壤易随气温的波动产生变化。土壤的蓄热特性受土壤的组成成分、土壤的含水率、地域的气候条件和地理位置等诸多因素综合影响。在土壤升温过程中，土壤含水率会出现峰值现象，随着时间的推移，土壤含水率峰值向远离热源方向迁移，且含水率峰值的移动速度会随蓄热时间的增加而减缓。土壤初始含水率和热源条件相同时，较砂土而言，壤土的换热能力更强（吴玮，2015）。土壤水分与LST_D、LST_N、ΔLST呈负相关。温度刻画能量转化为动能的转化率，相同条件下地表温度愈低则土壤水分温度也愈低，水分的损失就愈少。如图6.8中的黑色土壤水分折线与深橘色ΔLST折线所示，ΔLST反映天气状况，在同一个研究区同种气候类型中，晴空空气相对干燥，大量土壤水分从下垫面蒸发进入大气，白天太阳短波辐射使地表升温，夜晚地表长波辐射散热，ΔLST较高。阴雨天空气湿润，土壤水分增加，白天太阳短波辐射难以穿透云层到达地面，夜晚地表长波辐射散热少，ΔLST较低。因此，ΔLST与土壤水分表现为负相关。

如图6.9所示，Albedo_WS、Albedo_BS空间演替趋势完全一致，且Albedo_WS总是略高于Albedo_BS。Albedo在各研究区均与土壤水分表现为负相关关系，即短波辐射能量占比越低，土壤水分越高。其波动机制与ΔLST

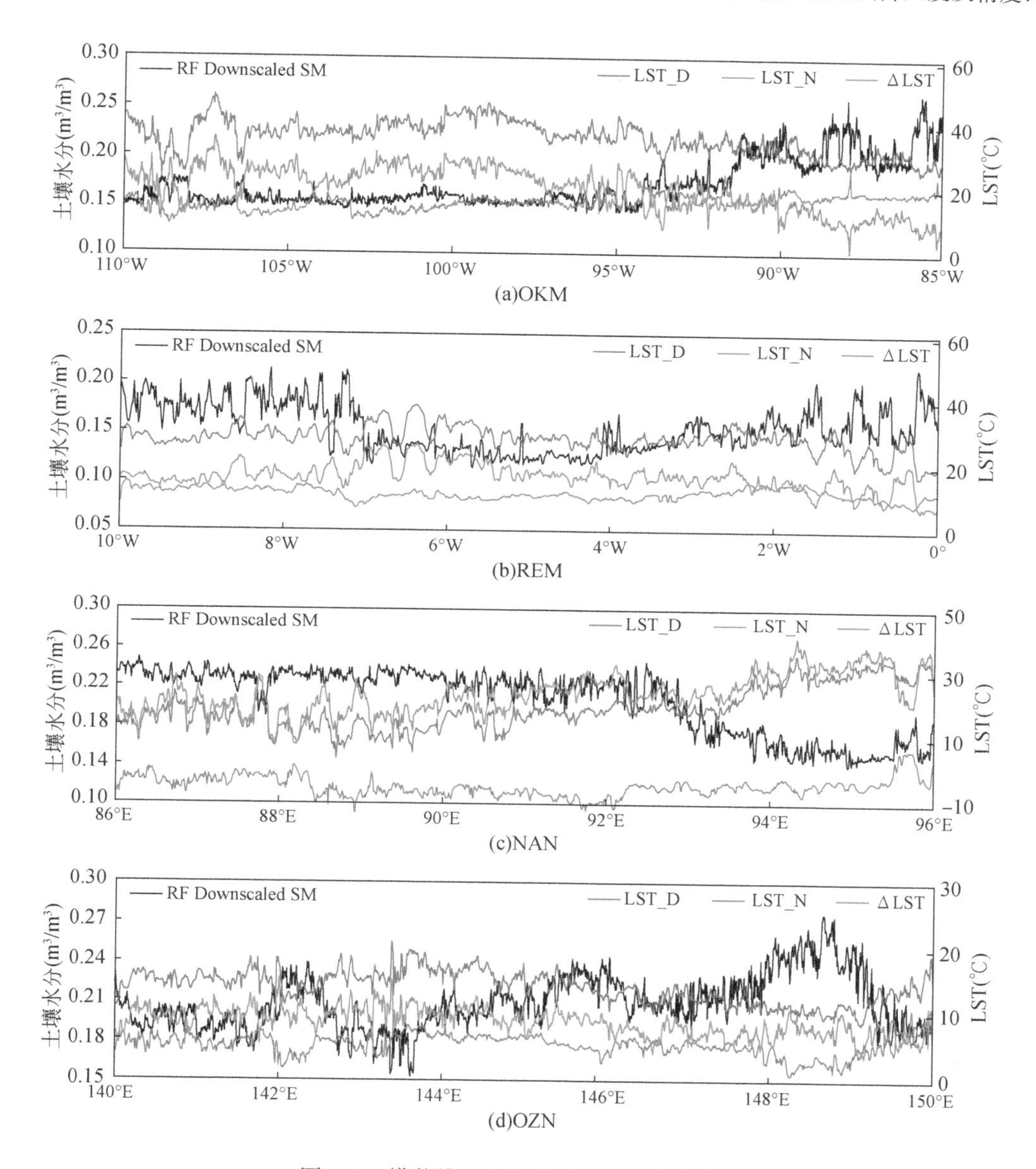

图 6.8　横截线上土壤水分与 LST 趋势线

一致。

图 6.10 为稳态变量 DEM 与土壤水分的横截面演化曲线。其中，OKM、REM 的 DEM 与土壤水分为显著的负相关，随高程降低土壤含水量逐渐增加。相反，NAN 和 OZN 的 DEM 与土壤水分为正相关，随地势抬高，土壤水分随之增加。由此可见，DEM 与土壤水分的空间分布拟合度具有区域分化性特质。其中，OKM 的气温与 DEM 空间变化趋势（西北地势高东南较为低洼）一致，自西北向东南递增，愈向西大陆性气候愈发显著，降水自东向西递减。REM

横截线上低海拔区主要为原生森林而高海拔区为耕地，森林水源涵养能力好于耕地。OZN 随海拔高度升高，土地覆被类型实现了由稀疏植被向草地、耕地、森林的逐渐演化，且 DEM 高值区位于近海内陆，受海洋性影响更强。NAN 高海拔区地表覆有稀疏草本植被，而海拔较低区域为戈壁荒漠。因此，本研究通过机器学习算法，因地制宜，基于不同区位的 DEM 和其他解释变量训练样本建立适用于各区域的模型进行土壤水分降尺度重建。

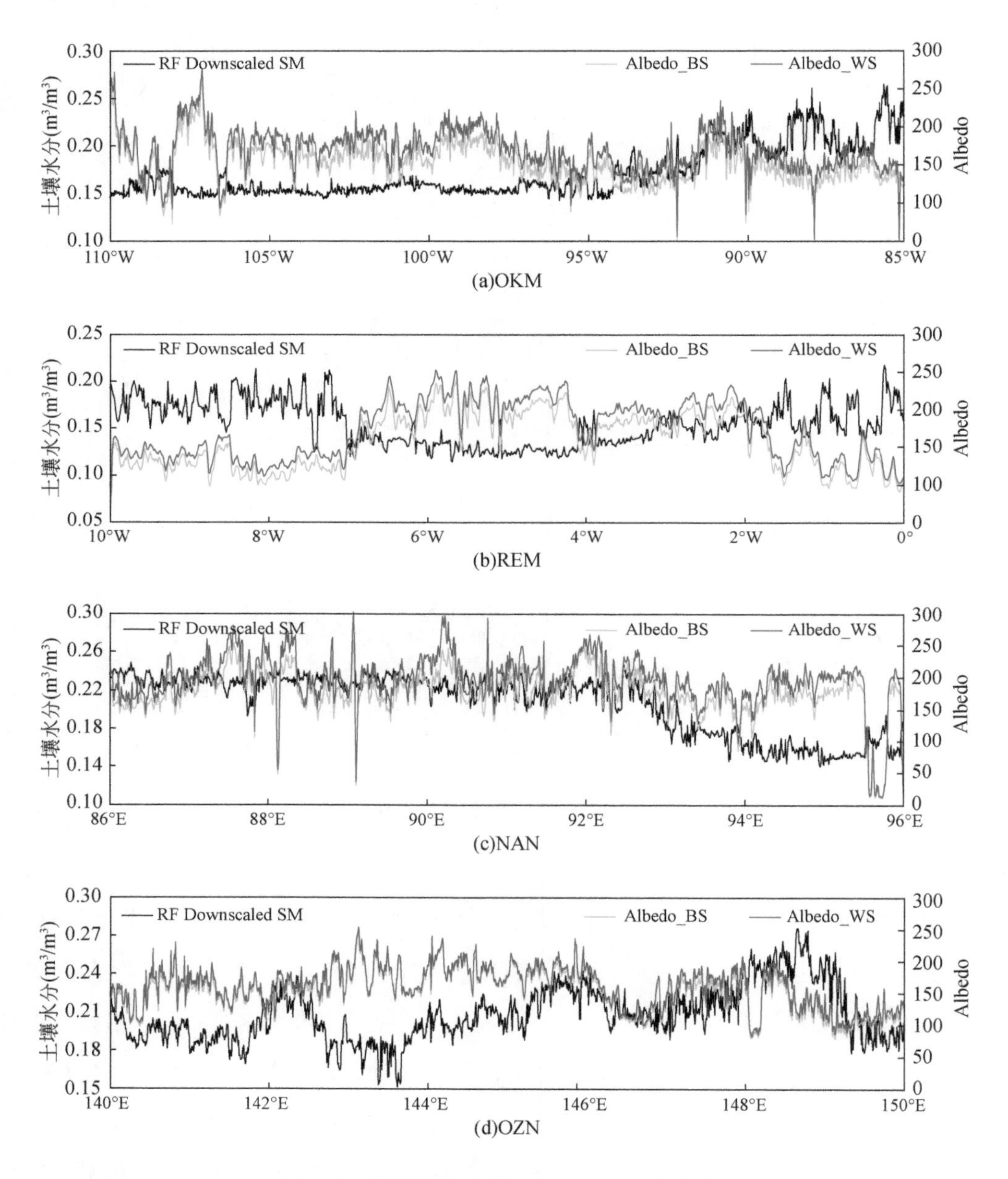

图 6.9　横截线上土壤水分与 Albedo 趋势线

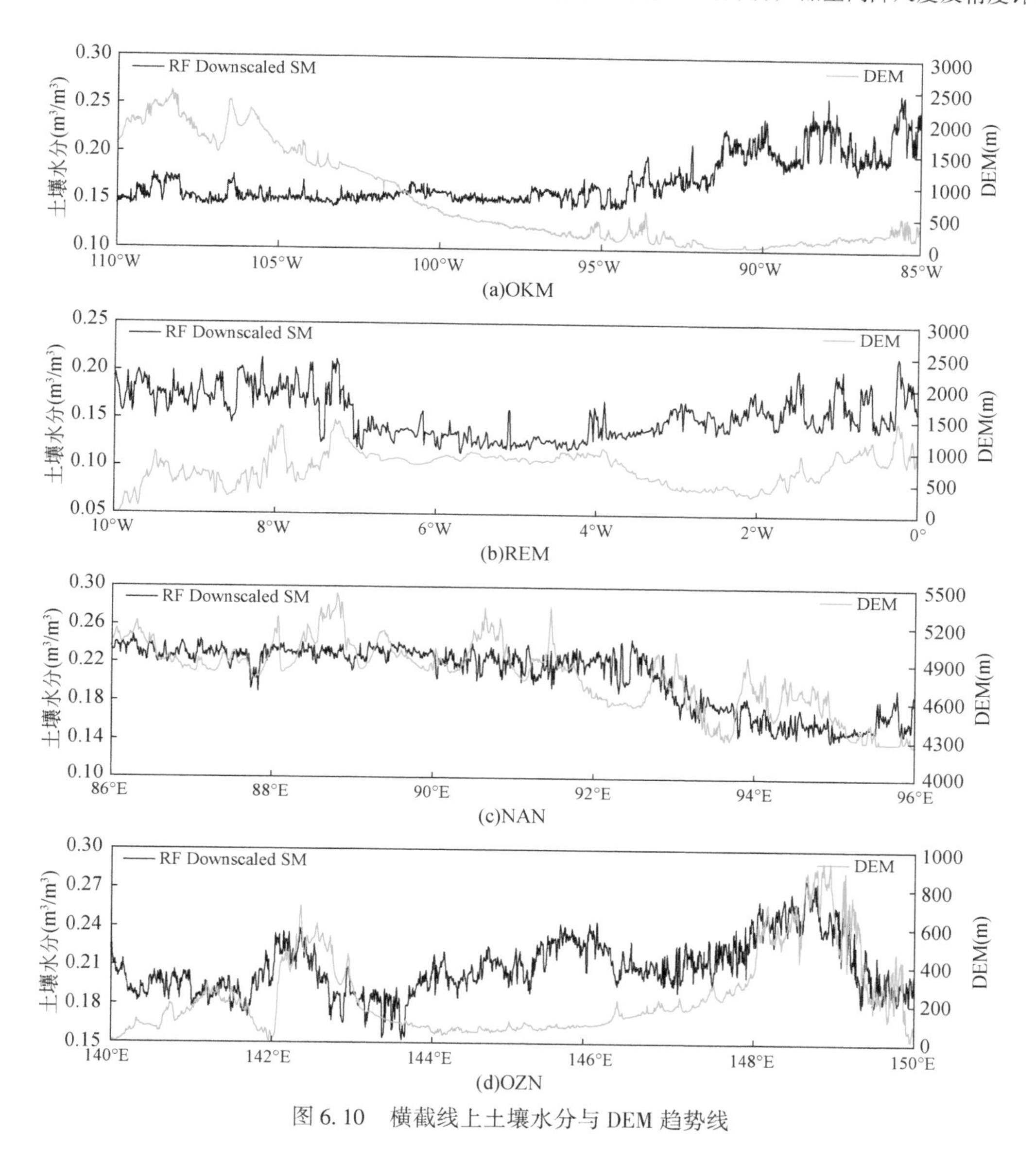

图 6.10　横截线上土壤水分与 DEM 趋势线

6.3　土壤水分降尺度数据综合评价

6.3.1　站点实测值验证

为了验证分析降尺度结果的质量，本研究分区域针对降尺度数据本身采用站点实测数据进行评价。需要注意的是，在本书第 3 章涉及 0.25°尺度上使用站点实测数据验证时，一个像元内常出现多个站点，因此将每个像元范围内的站点实测值取算术平均来拟合验证。但在1km尺度上，单个像元面域仅为0.25°像元的约1/625，每个像元中至多有一个实测站，因此仅使用单个测站的记录值作为真值对降尺度土壤水分进行验证评价。

1. OKM土壤水分重建数据的站点实测值验证

在OKM中，各降尺度结果均出现了对实测数据不同程度的低估现象（表6.1、图6.11）。其中，CART、RF以回归树为基本思想的降尺度算法结果的偏差相同，均为$-0.047\ m^3/m^3$，KNN以值域范围最邻近的K个值来预测回归待测值，偏差最小仅为$-0.019m^3/m^3$。如图6.11（a）所示，各降尺度结果与真值的偏差值域、四分位与中位数分布范围较为一致稳定。均方根误差的位次分布与偏差基本一致。与本书第5章的0.25°重建数据验证结果相比，极值、异常值的取值及数量相仿，但上四分位至下四分位区间更接近0，一方面表明尺度细化后的土壤水分值与实测值更为接近。虽然0.25°分辨率土壤水分验证采用了位置落在该像元范围内的站点算数平均值，但是若干个点尺度的实测站点值仍难以全面有效表征近$625km^2$的土壤水分整体状态。另一方面说明，当站点正常运行且土壤水分探针定期校准时，点尺度的土壤水分实测值对$1km^2$范围的土壤水分能够进行有效表达，因此点尺度上的实测值能够作为面尺度反演值的精度验证参考值。在时空演变拟合度评价指标方面，KNN相关系数算术平均值为0.537，异常值较多，优势不突出。反观RF降尺度结果在刻画土壤水分变化趋势中与诸算法相比较为优秀。与0.25°尺度重建数据验证结果相比，RF、SVM降尺度结果保持了高拟合度，其他降尺度结果相关系数均有明显下降。这一现象阐明RF在演化趋势拟合中的优势和鲁棒性。同时间接表明单个站点实测值的时空序列波动性，与多站点算数平均值相比随机性、不确定性更强，难以捕捉，这与其所处的土地覆被类型的区域性、受人为季节性扰动影响的异质性有关。无偏均方根误差整体与0.25°尺度数据验证结果一致，表示两个不同尺度数据集与均值的偏离程度的耦合性。

图6.12为OKM逐日降尺度土壤水分数据与实测监测站值时间序列变化趋势散点。由于ECV_C数据本身对OKM普遍低估，因此以其为训练样本建立模

型回归出的降尺度数据也普遍低估了该地区的土壤水分含量。ANN 和 CART 散点分布熵较大，缺乏规律，不能反映真正的土壤水分时间演化状态。BAYE、RF、KNN、SVM 降尺度结果时变序列演化趋势拟合度较高。

总的来说，KNN 以其只考虑空间最邻近 K 值作为回归依据的算法简便，在数据精确度上有其独特优势，但算法在追求精准度的同时难以保证高拟合度。RF 不论在 0.25°分辨率还是 1km 分辨率回归模拟中性能均非常稳定，能高质量表现土壤水分的变化趋势，同时数据精度良好。

表 6.1 OKM 逐日降尺度土壤水分 Bias、*R*、RMSE 和 ubRMSD

参数	空间降尺度算法					
	ANN	BAYE	CART	KNN	RF	SVM
Bias（m^3/m^3）	-0.036	-0.040	-0.047	-0.019	-0.047	-0.035
R	0.426	0.624	0.537	0.537	0.656	0.607
RMSE（m^3/m^3）	0.078	0.065	0.077	0.063	0.068	0.063
ubRMSD（m^3/m^3）	0.056	0.037	0.049	0.043	0.035	0.038

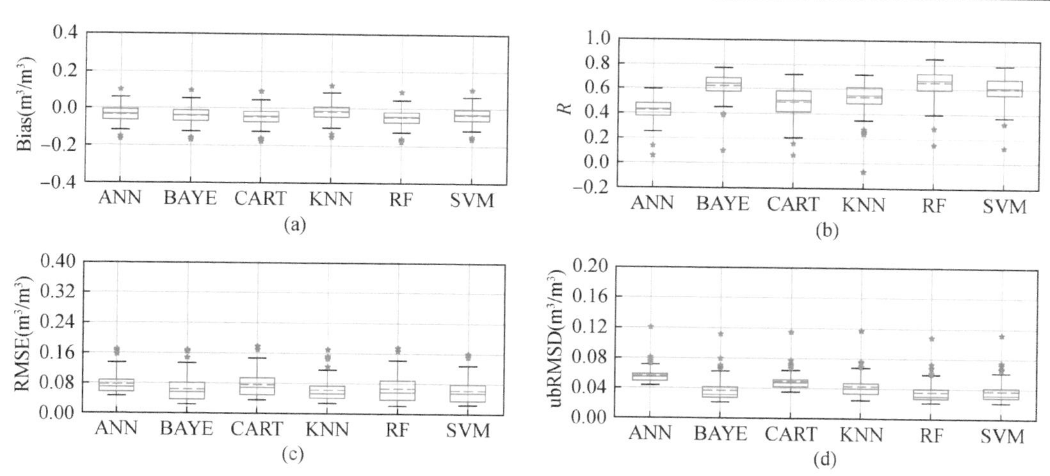

图 6.11 OKM 逐日降尺度土壤水分 Bias、*R*、RMSE 和 ubRMSD 盒须图

（a）Bias，（b）*R*，（c）RMSE，（d）ubRMSD

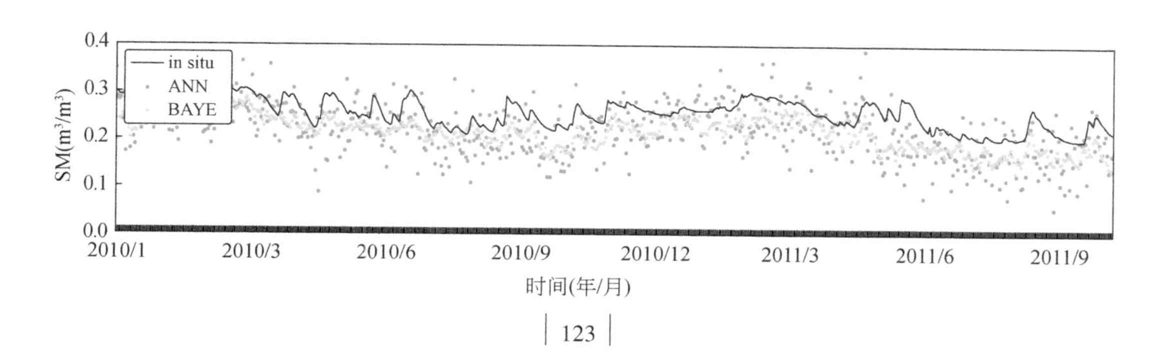

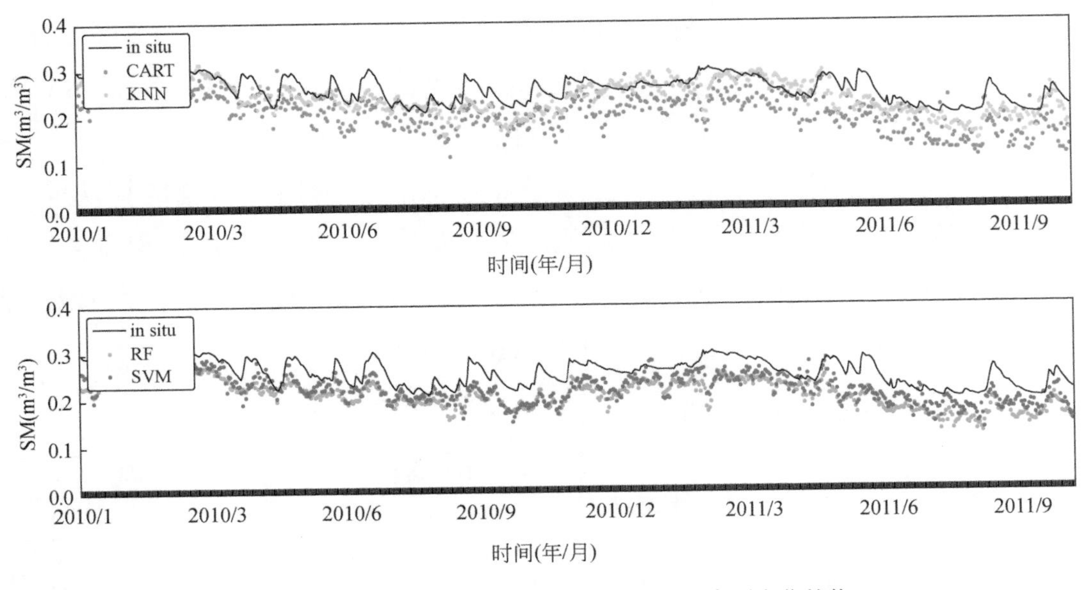

图 6.12　OKM 逐日降尺度土壤水分数据时间序列变化趋势

2. REM 土壤水分重建数据的站点实测值验证

与处于四季分明温带大陆性气候的 OKM 相比，处在温带海洋性气候的 REM 土壤水分季节变幅显著。秋冬季受北大西洋暖流影响降水丰富，因而土壤水分值高于其他季节。如表 6.2 和图 6.13 所示，有别于 OKM 降尺度结果，REM 降尺度数据呈现整体高估现象。KNN 算法延续了其一贯的高数据精度优势，在 REM 绝对误差最小，为 0.076 m^3/m^3；其次是 RF，偏差最大的是 ANN，达到 0.091 m^3/m^3。如图 6.13（a）所示，各降尺度结果偏差值域及分布状况基本位于同一范围。各算法结果的均方根误差分布形态与偏差基本一致，均值在 0.113 ~ 0.123m^3/m^3 浮动。相关系数以 RF 最高，而同为回归树类算法的 CART 相关系数最低。与 REM 在 0.25°尺度上的重建验证结果相比，偏差和均方根误差范围及中位数、均值都有所增大，而相关系数降低，无偏均方根误差有所增加但各算法分布位次基本一致。这表明该区域与在大尺度上拟合多个站点均值序列相比，在精细尺度上对单个站点序列逐个拟合的难度增加，单一站点的实测值变化灵敏度更高。由于站点布放条件、探针成本、监测目的等因素的导向，即使是分布密度较大的土壤水分监测网络，在 1km^2 范围内安置的站点数目也很少超过 1 个。而当下基于农业领域的区域性乃至更小尺度的土壤水分分析评价对站点密度的要求愈发提高。因此，本书研究认为当 1km² 范围内能够合理布放 3 ~5 个监测站位时，这些站位的算术平均能够更加权威有效地代表该范围的整体水分含量状态，各参数评价验证的结果将更可靠、真实。此外，与 OKM 降尺度土壤水分验证结果相比，REM 降尺度结果拟合优度显著提升，精度有所下降。

表 6.2　REM 逐日降尺度土壤水分 Bias、*R*、RMSE 和 ubRMSD

参数	空间降尺度算法					
	ANN	BAYE	CART	KNN	RF	SVM
Bias（m^3/m^3）	0.091	0.088	0.082	0.076	0.081	0.089
R	0.706	0.758	0.705	0.752	0.763	0.757
RMSE（m^3/m^3）	0.123	0.118	0.118	0.113	0.114	0.119
ubRMSD（m^3/m^3）	0.050	0.044	0.052	0.049	0.044	0.043

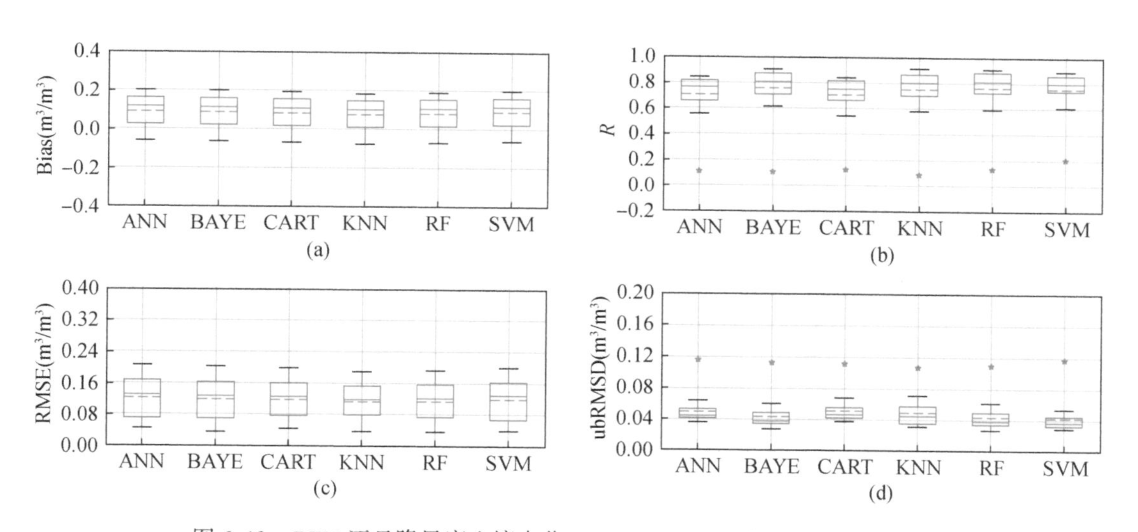

图 6.13　REM 逐日降尺度土壤水分 Bias、*R*、RMSE 和 ubRMSD 盒须图

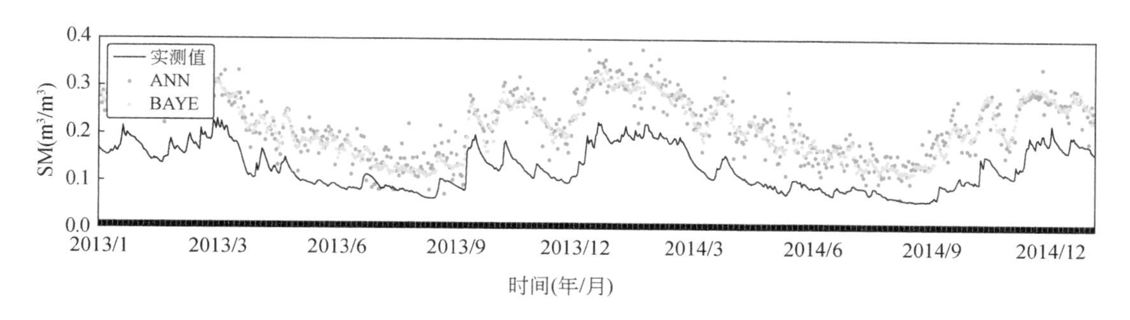

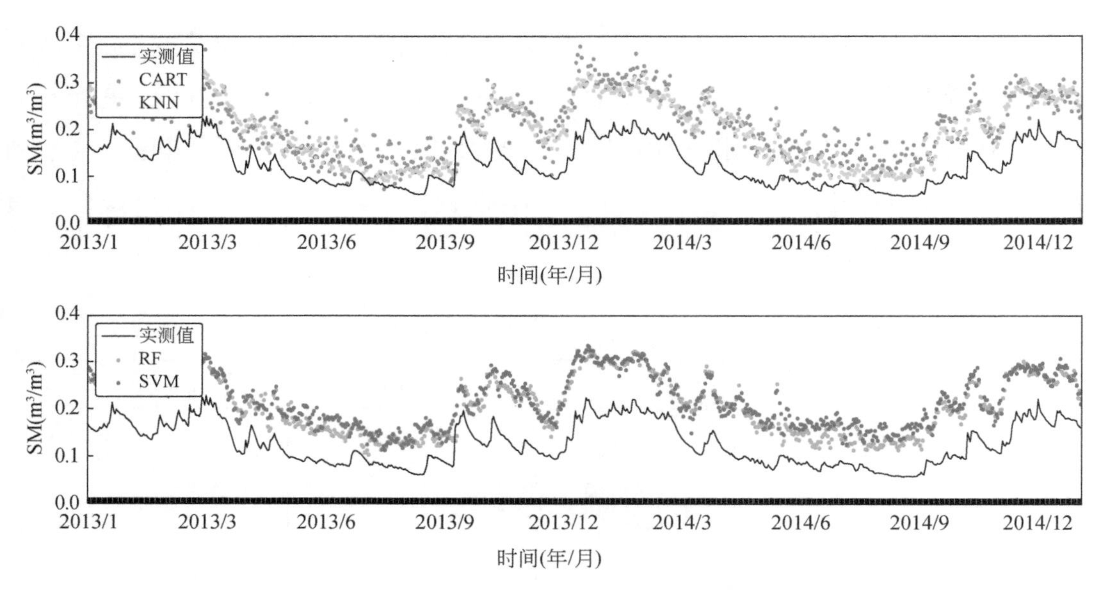

图 6.14　REM 逐日降尺度土壤水分数据时间序列变化趋势

图 6.14 刻画了站点实测表层土壤水分值与降尺度数据时间序列演化趋势散点图。在 2013 年 1 月 ~2014 年 12 月，REM 土壤水分季节变化差异明显，秋冬降水量多、气温低、蒸发量少，土壤水分保持在高位，春夏季则相反，以年为周期的季节节律变化特征性强。各降尺度结果在秋冬时节土壤水分处在高位时的高估现象比春夏季更甚。参考本书 3.3 节，ECV_C 数据本身在秋冬季的高估现象比春夏季严重，训练样本的高估是导致预测结果偏移的主要原因之一。

总体说来，在 1km 降尺度结果中 KNN 和 RF 均能够以较小的高估误差和高相关系数有效模拟土壤水分真值及时空谱演化趋势，但在 0.25°尺度重建结果中 RF 表现较 KNN 值域更集中、更稳定。

3. NAN 土壤水分重建数据的站点实测值验证

与 OKM 、REM 对比，NAN 的偏差、相关系数、均方根误差与无偏均方根误差整体高于 OKM、低于 REM，侧面佐证降尺度数据精确度与时空演化序列拟合度之间存在“此消彼长”现象。各算法对站点实测值基本处于低估状态，仅约上四分位至极大值之间是高估区，各算法绝对误差均值位于 $-0.05\ m^3/m^3$附近，在$-0.061 \sim -0.035m^3/m^3$平稳过渡（表 6.3）。拟合系数中以 ANN、CART 较低，相应地，这两种降尺度结果的均方根误差和无偏均方根误差较高，表明这两种算法即使经过参数优化，仍难以有效刻画土壤水分的数值及走势。其他四种算法则能够较好地表达 NAN 的土壤水分时空变化特点，且与实测值较为接近。对比 0.25°尺度的重建数据验证结果，降尺度土壤水分的参数盒须图出现较多的异常值。不仅如此，降尺度土壤水分在与站点实测值的趋势拟合和数值精确匹配程度上也逊于重建数据（图 6.15）。这一现象表明：一方面，该区在尺度转换过程中出现拟合度损失，降尺度算法、模型、解释变量体系有待进一步优化完善升级；另一方面，土壤水分监测站所处自然环境恶劣，常遭遇大风严寒，土壤水分传感器探针的性能、灵敏度易受到影响，需要针对出现异常值的站点进行不定期的仪器定标校准和维护工作。

表 6.3　NAN 逐日降尺度土壤水分 Bias、*R*、RMSE 和 ubRMSD

参数	空间降尺度算法					
	ANN	BAYE	CART	KNN	RF	SVM
Bias（m^3/m^3）	−0.061	−0.055	−0.045	−0.049	−0.041	−0.035
R	0.583	0.698	0.561	0.723	0.675	0.682
RMSE（m^3/m^3）	0.107	0.100	0.102	0.096	0.096	0.096
ubRMSD（m^3/m^3）	0.069	0.062	0.070	0.060	0.063	0.064

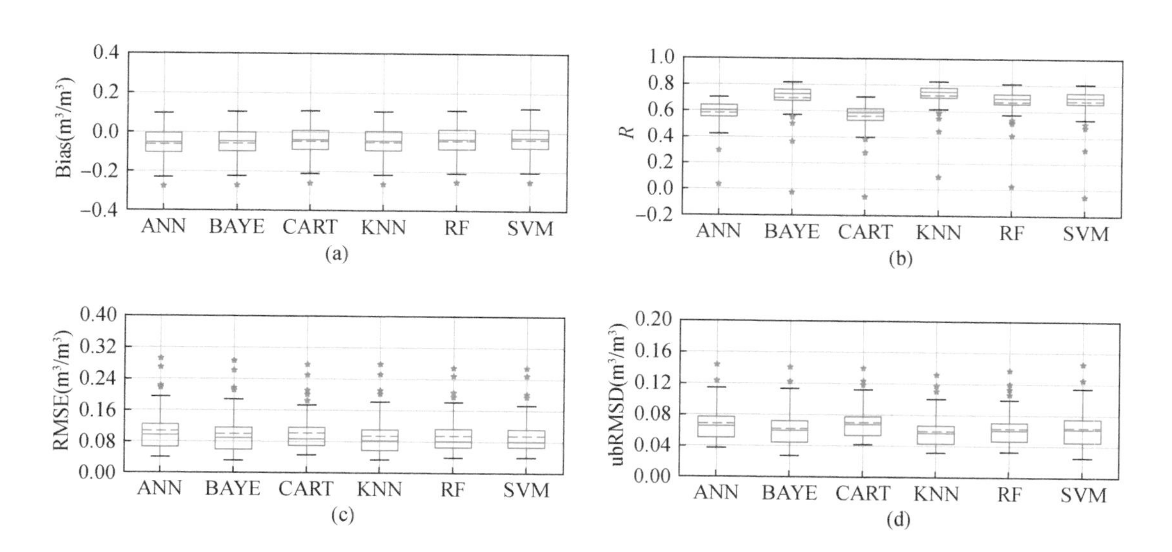

图 6.15　NAN 逐日降尺度土壤水分 Bias、*R*、RMSE 和 ubRMSD 盒须图

（a）Bias，（b）*R*，（c）RMSE，（d）ubRMSD

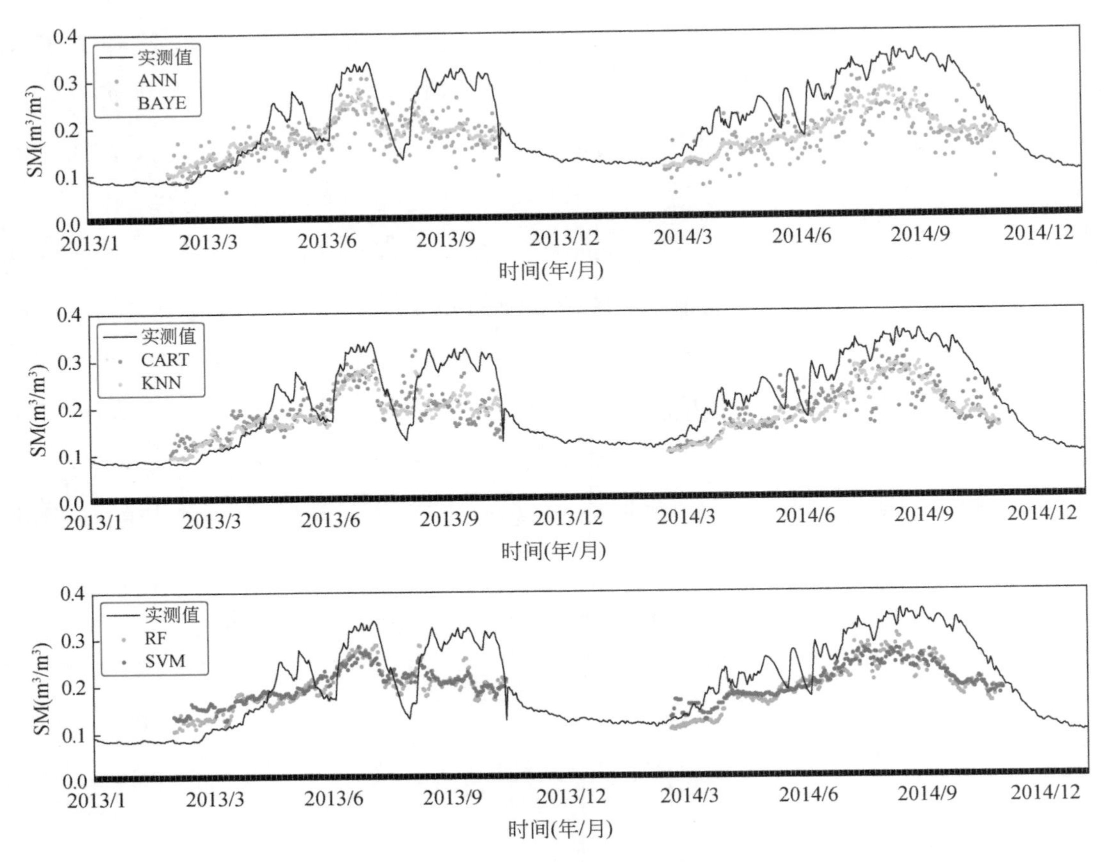

图 6.16　NAN 逐日降尺度土壤水分数据时间序列变化趋势

NAN 每年 1 ~2 月、11 ~12 月平均气温低于 0℃，表层土壤水分结冰，监测土壤水分失去了原本的农学意义，同时微波传感器也无法穿透冰层反射回波。因此，本研究只关注了 2013 ~2014 年 3 ~ 10 月非冰冻季的土壤水分含量。本书 3. 3 节中，ECV_C 整体上处于低估状态。但图 6. 16 中，以 0. 25°的 ECV_C 为训练样本，经机器学习建模预测出的 1km 土壤水分产品在 2013 年 3 ~5 月和 9 月的土壤水分谷值阶段表现出高估误差，而在峰值区间表现出低估误差，表明青藏高原导致表层土壤水分含量变化的因素及各因素之间的作用机理较复杂，除了与植被覆盖度、温度和反照率有关外，还受到其他因素的扰动。0. 25°尺度水平上的各解释变量变化机理在 1km 尺度的适用性可能出现变化。此外，该区域处于特殊的高山高原气候，土壤储水力、短时强降水过程、风速风向、地形地貌、坡度坡向、食草动物啃食等在平原地带影响不显著的因素在生态脆弱的青藏高原地区均会导致局部土壤水分发生变化。而小尺度局部异常值在 1km 尺度及 0.25°尺度的表现力大不相同。

整体上，KNN、RF、SVM 算法能在 NAN 全域凭借高拟合度和取值精度准确推演出 1km 分辨率青藏高原的土壤水分时空演化情况。

4. OZN 土壤水分重建数据的站点实测值验证

如表 6.4 所示，OZN 的土壤水分降尺度值整体上高估了站点实测数据，与原始 ECV_C 的高估状态及数值范围基本一致，因此降尺度能够较好地依据样本数据建立回归模型并保持原数据精度。相较而言，图 6.17 中均方根误差和无偏均方根误差的盒须图中极值与四分位的排序与数值和 0.25°尺度各算法重建的土壤水分验证结果基本一致，间接表明通过谨慎选取适当的陆地表层因子组建解释变量体系，在 0.25°尺度上构建的机器学习黑箱回归模型在 1km 上同样适用的假设是成立的。即使在空间范围上有 625 倍的差异，基于此假设的尺度效应仍是不显著的。在本研究涉及的四个典型区中，OZN 的降尺度数据绝对误差最小，与实测值最为接近，同时 OZN 也是唯一位于南半球，与北半球节律演化相反的区域。此外，与原始数据的均方根误差（RMSE = 0.068 m^3/m^3）和无偏均方根误差（ubRMSD = 0.049 m^3/m^3）相比，降尺度数据误差略有增大。单个测站能够在一定水平上表示所在 1km^2 像元的土壤水分，但究其鲁棒性仍比多站点的算术平均土壤水分情况弱一些。在与站点监测值拟合度方面，RF 降尺度数值的拟合优度最好，与 ECV_C 产品本身的验证精度吻合度最高，具有领先优势。ANN 和 CART 对趋势演化序列的捕捉效果较差。此外，BAYE、KNN、SVM 在图 6.17（b）中出现大量异常低的拟合值，仅 RF 没有出现异常值，这体现了 RF 构建回归模型的出色稳定性和抗干扰性。

表 6.4　OZN 逐日降尺度土壤水分 Bias、*R*、RMSE 和 ubRMSD

参数	空间降尺度算法					
	ANN	BAYE	CART	KNN	RF	SVM
Bias（m^3/m^3）	0.017	0.015	0.018	0.023	0.021	0.038
R	0.585	0.691	0.593	0.695	0.733	0.691
RMSE（m^3/m^3）	0.078	0.074	0.078	0.074	0.074	0.083
ubRMSD（m^3/m^3）	0.062	0.057	0.062	0.055	0.055	0.057

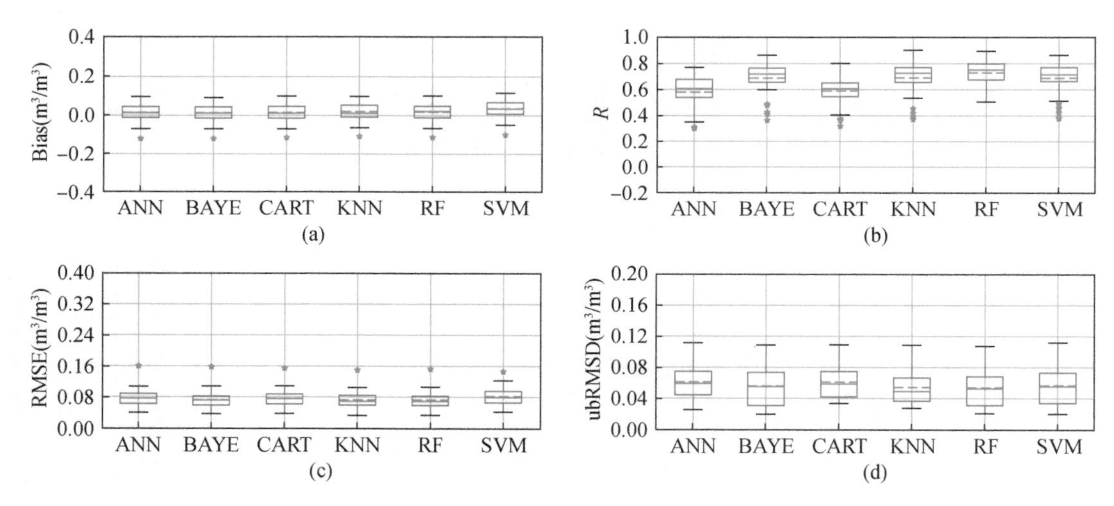

图 6.17　OZN 逐日降尺度土壤水分 Bias、R、RMSE 和 ubRMSD 盒须图

（a）Bias，（b）R，（c）RMSE，（d）ubRMSD

OZN 降水季节变化不明显，土壤水分的季节差异主要由温度和植被导致的蒸发量、根系吸收量及人工灌溉主导。冬季的土壤水分略高于夏季，并伴随每次有效降水或灌溉过程产生一个小高峰。如图 6.18 所示，除 2010 年 9 月的土壤水分峰值出现低估外，KNN、RF、SVM 能够准确回归出 2010 年 1 月至 2011 年 6 月所有土壤水分极大值。但各算法普遍在对极小值的刻画中总是出现显著高估，这也是降尺度数据的绝对误差主要来源。ANN、CART 散点在图 6.18 中分布随机性大，极大限度限制了其对土壤水分演变趋势的表达。

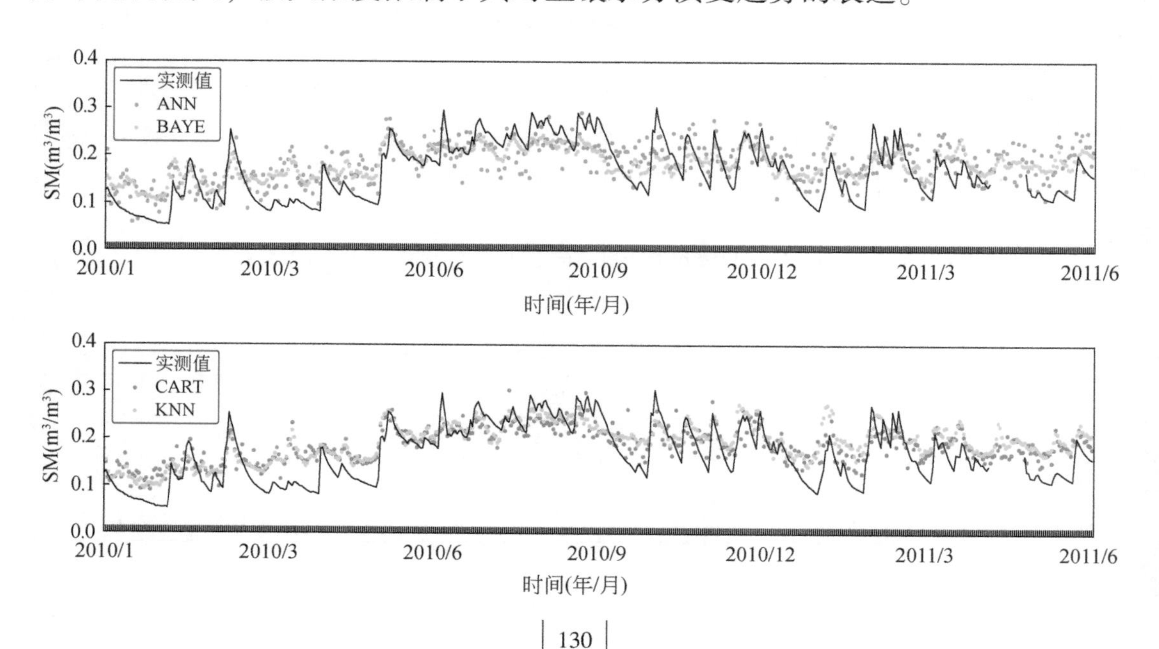

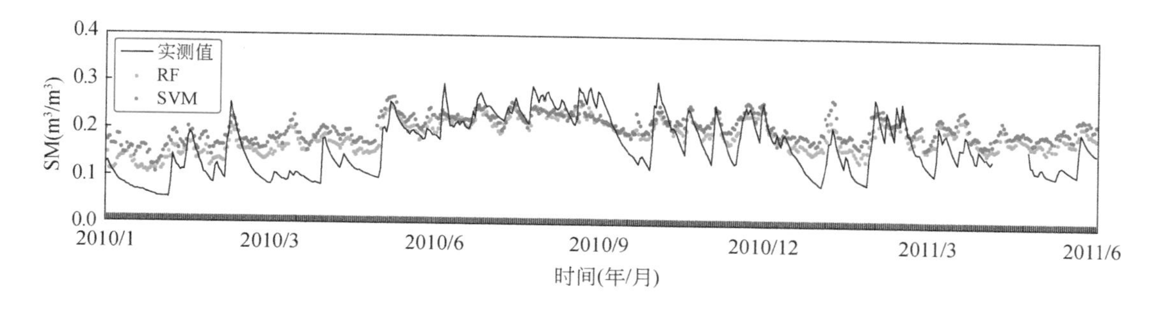

图 6.18　OZN 逐日降尺度土壤水分数据时间序列变化趋势

因此，根据各算法的综合性能，RF 降尺度土壤水分既能够在数据精度上实现对 ECV_C 的高度还原和实测数据的精准表征，也可以以良好的拟合优度反映地表土壤水分时空序列演化趋势，算法本身的鲁棒性成功克服了每个像元的单一站点验证的不稳定性因素，相对其他算法具备多层次的优势。

5. 综合分析

图 6.19 以泰勒图展示了土壤水分在各研究区重建结果精度，相关系数在 [0.4, 0.8] 区间，标准偏移在 0.03 ~ 0.06m³/m³ 浮动。其中，REM 的拟合优度最高且与实测数据最接近，OZN 的数据精度最好。

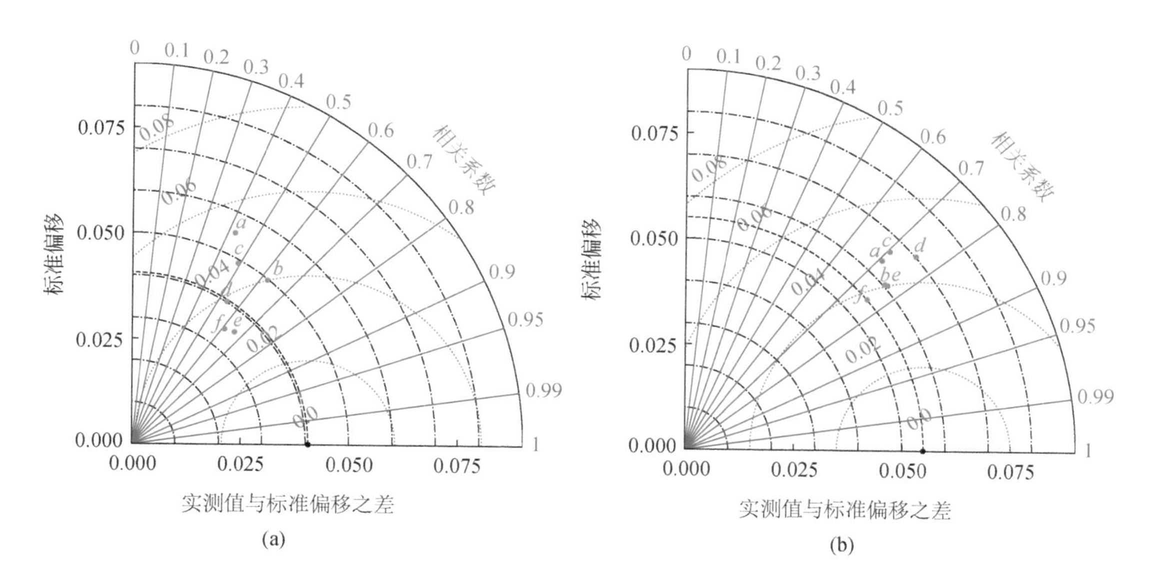

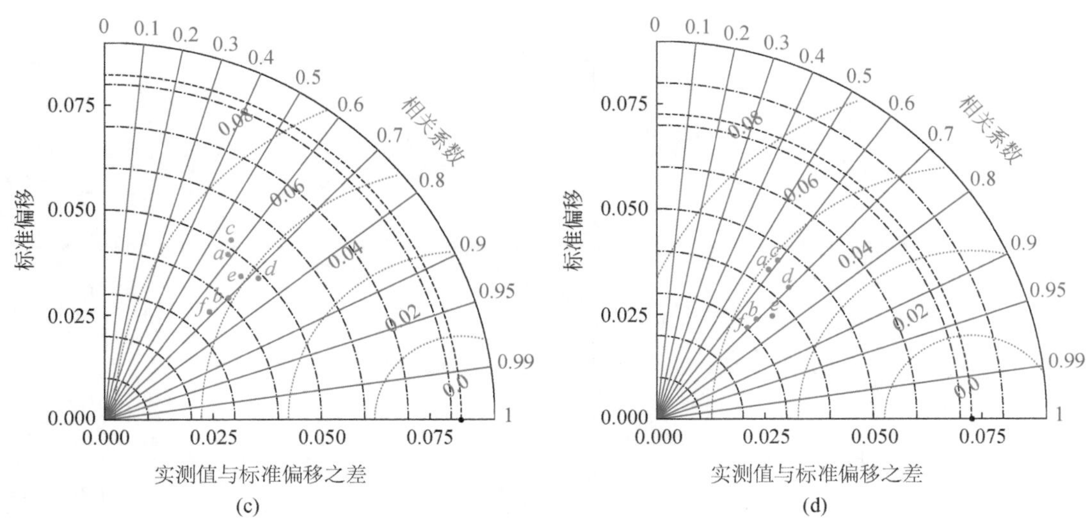

图 6.19　土壤水分降尺度泰勒图

(a) OKM, (b) REM, (c) NAN, (d) OZN

a: ANN, *b*: BAYE, *c*: CART, *d*: KNN, *e*: RF, *f*: SVM

6.3.2　距平趋势精度分析

距平是在一个连续时间序列数据中某一个数值与该序列平均值的差，依照取值分为正距平和负距平，是气象气候要素（如降水、气温）科学研究中常用的评价指示因子。本书研究将距平应用于土壤水分波动变化分析，以 35 天作为一个时间谱滑动周期，计算每 35 天内第 18 天的土壤水分与本周期土壤水分算数平均值的差。其科学意义在于反映当日土壤水分在月尺度上相对整体趋势的波动状态。基于站点实测数据距平的验证能够在月尺度周期描述对实际土壤水分浮动趋势的准确度。

1. OKM 土壤水分降尺度数据距平趋势精度分析

土壤水分月尺度变化率较低，因此距平本身数值较小，多在 -0.05 ~ 0.05m^3/m^3变动，占土壤水分本身数据取值范围的 1/10。由于 6.2.1 节中 OKM 降尺度数据显著整体低估实测值，因此距平也呈低估态势。表 6.5 和图 6.20 中，Bias 取值多在 10^{-5}数量级，与表 6.1 相比下降 3 个数量级，距平值比降尺度数据本身的精准度更高。如图 6.20（c）、图 6.20（d）所示，距平数据的均方根误差与无偏均方根误差在 1km 尺度上完全一致。结合 2.1 节中两指标的计算公式可知，实测值距平平均值与对应降尺度距平平均值的时间序列相同。就算法结果来说，RF 和 BAYE 对实测距平拟合最好，但 BAYE 的 Bias 最大，是唯一达到 10^{-4} 数量级的距平。与此同时，相关系数出现显著下降，RF 距平趋势拟合效果最好，相关系数为 0.398，ANN 距平相关系数仅 0.123，无法表现土壤水分的实际波动特点。

表 6.5　OKM 逐日降尺度土壤水分距平 Bias、*R*、RMSE 和 ubRMSD

参数	空间降尺度算法					
	ANN	BAYE	CART	KNN	RF	SVM
Bias（m^3/m^3）	-0.000 05	-0.000 11	-0.000 09	-0.000 01	-0.000 02	-0.000 05
R	0.123	0.368	0.196	0.250	0.398	0.357
RMSE（m^3/m^3）	0.047 8	0.023 8	0.040 3	0.027 9	0.023 5	0.025 6
ubRMSD（m^3/m^3）	0.047 8	0.023 8	0.040 3	0.027 9	0.023 5	0.025 6

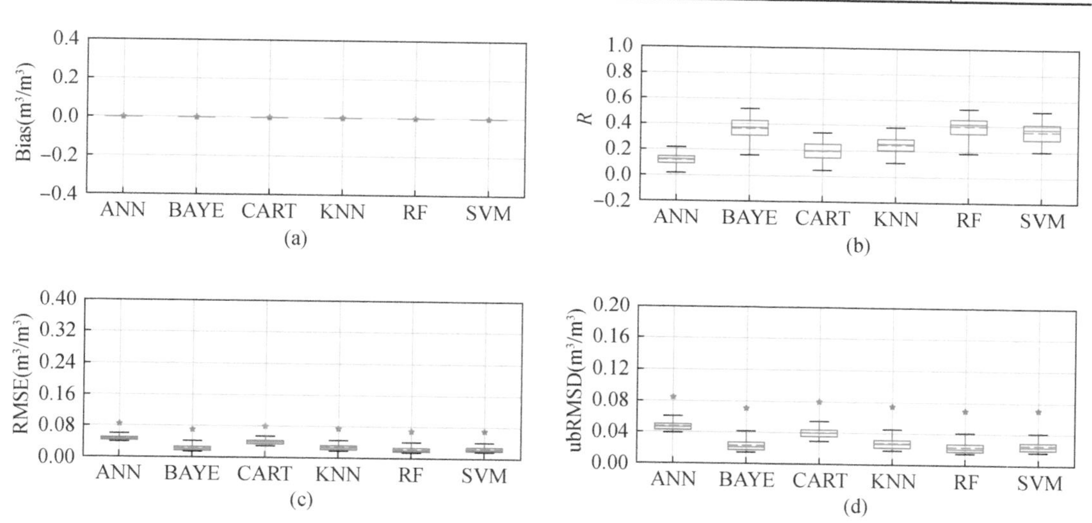

图 6.20　OKM 逐日降尺度土壤水分距平 Bias、*R*、RMSE 和 ubRMSD 盒须图

（a）Bias，（b）*R*，（c）RMSE，（d）ubRMSD

在距平时间序列散点图 6.21 中，土壤水分波动较大的区间集中在 2010 年 5～12 月和 2011 年 5～9 月，该时段降水、蒸发、植被蒸腾作用较强，导致表层土壤含水量波动剧烈。根据散点对实线的拟合度，RF 距平在精度和趋势演化中均能准确反映站点实测值距平的时空演化，ANN、CART 和 KNN 距平中存

在大量的异常值，难以刻画土壤水分实际距平数值及变化情况。

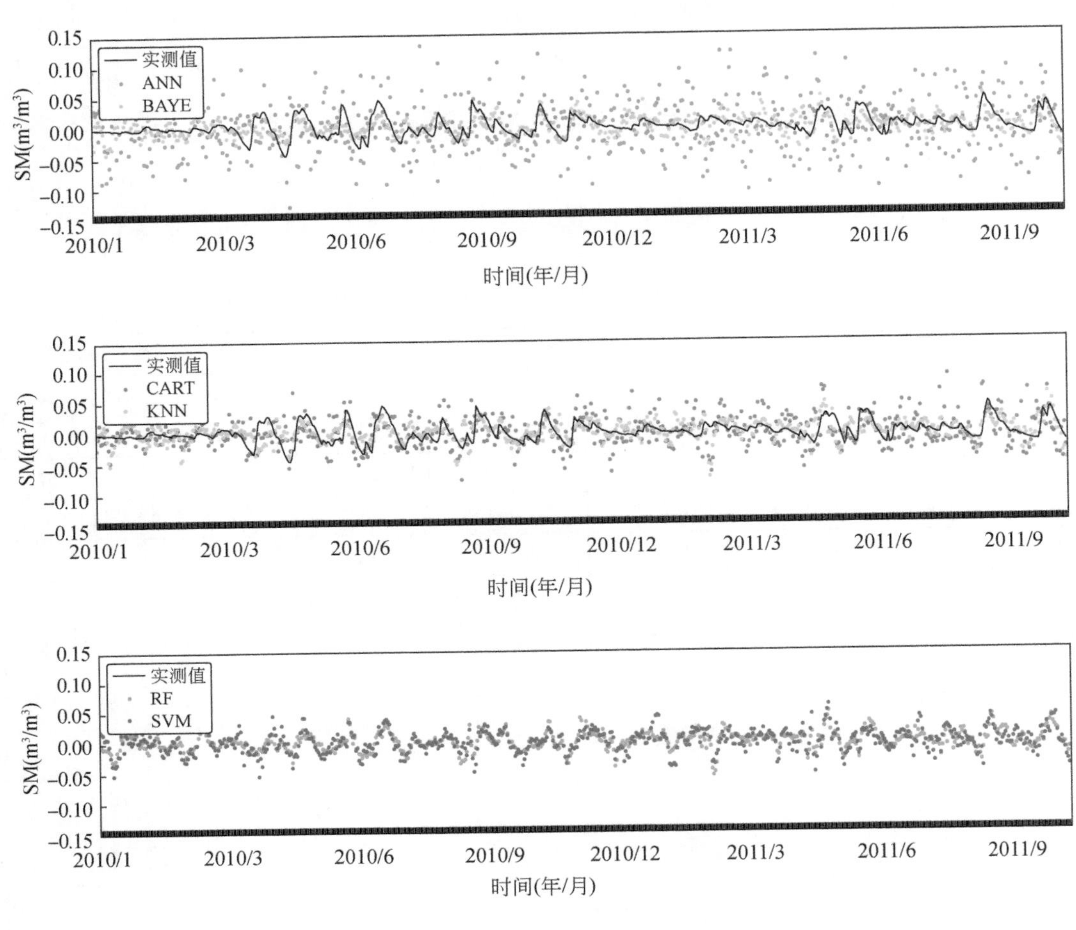

图 6.21　OKM 逐日降尺度土壤水分数据时间序列变化趋势

2. REM 土壤水分降尺度数据距平趋势精度分析

REM 各算法距平 Bias 除 KNN 外均在 10^{-5} 数量级，ANN、BAYE、CART 和 SVM 均表现出对距平的低估，KNN 和 RF 则表现为高估。相比而言，1km 降尺度数据的综合表现为高估，各降尺度结果在土壤水分值较高的冬春时节的高估十分显著，而在夏秋土壤水分较低的区段的高估态势比较轻微。相关系数 R 以 BAYE 和 RF 最优，其中 BAYE 的相关系数均值最高，$R=0.441$，RF 值域和上下四分位值域更为集中，均值和中位数更接近，算法稳定性强。如表 6.6 和图 6.22 所示，REM 距平均方根误差在各站点的取值与无偏均方根误差一致，且各站位的实测距平均值与降尺度距平均值相等。从各评价指标的取值来看，REM 的距平数值精确度与趋势拟合度均好于 OKM。

表 6.6 REM 逐日降尺度土壤水分距平 Bias、*R*、RMSE 和 ubRMSD

参数	空间降尺度算法					
	ANN	BAYE	CART	KNN	RF	SVM
Bias（m^3/m^3）	-0.000 01	-0.000 05	-0.000 06	0.000 16	0.000 04	-0.000 02
R	0.298	0.441	0.278	0.394	0.419	0.386
RMSE（m^3/m^3）	0.031 7	0.022 5	0.034 1	0.025 7	0.023 7	0.024 5
ubRMSD（m^3/m^3）	0.031 7	0.022 5	0.034 1	0.025 7	0.023 7	0.024 5

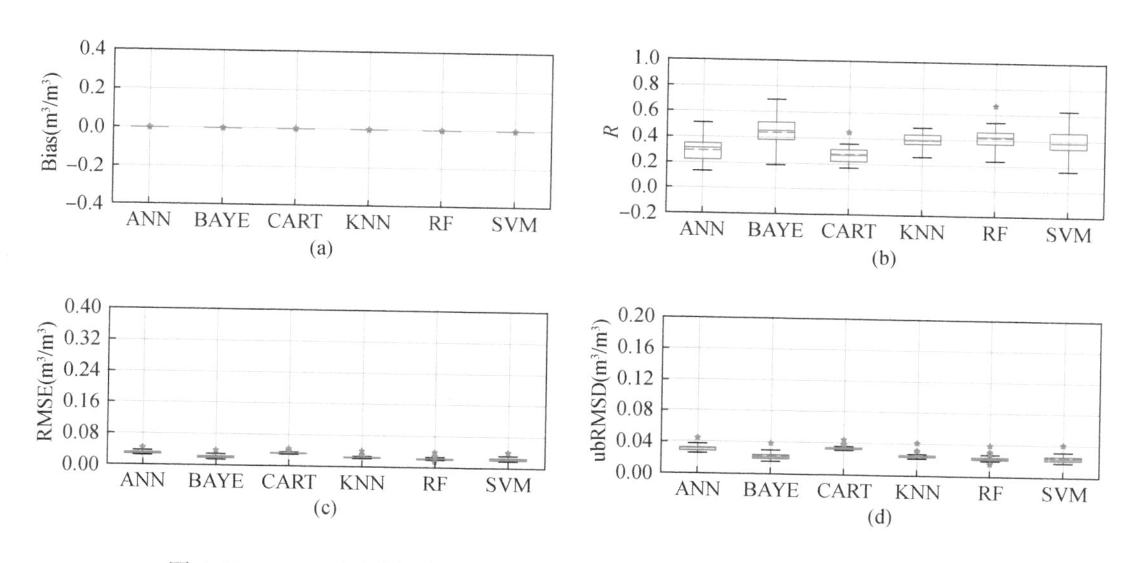

图 6.22 REM 逐日降尺度土壤水分距平 Bias、*R*、RMSE 和 ubRMSD 盒须图

在时间序列变化趋势图中，由距平波动情况可得，冬春季节降水量集中，夏秋两季降水稀少。降水过程使表土层含水量快速上升，随后表土层中的水分进行下渗作用，沿着土壤孔隙向下直至潜水面，期间水分逐渐损耗使各层土壤水分含量上升。土壤上覆盖的植被蒸腾作用、光合作用也相应加强。表层土壤水分含量也在此基础上逐渐下降趋于平稳。综合图 6.22、图 6.23 评价指标取值和散点时间序列波动情况，BAYE、RF 降尺度数据能够以优秀的性能反映土壤水分真值距平的数值及演变趋势，KNN 距平显著高估、精度较低，ANN、CART 极大、极小异常值较多，不能反映距平的波动水平。

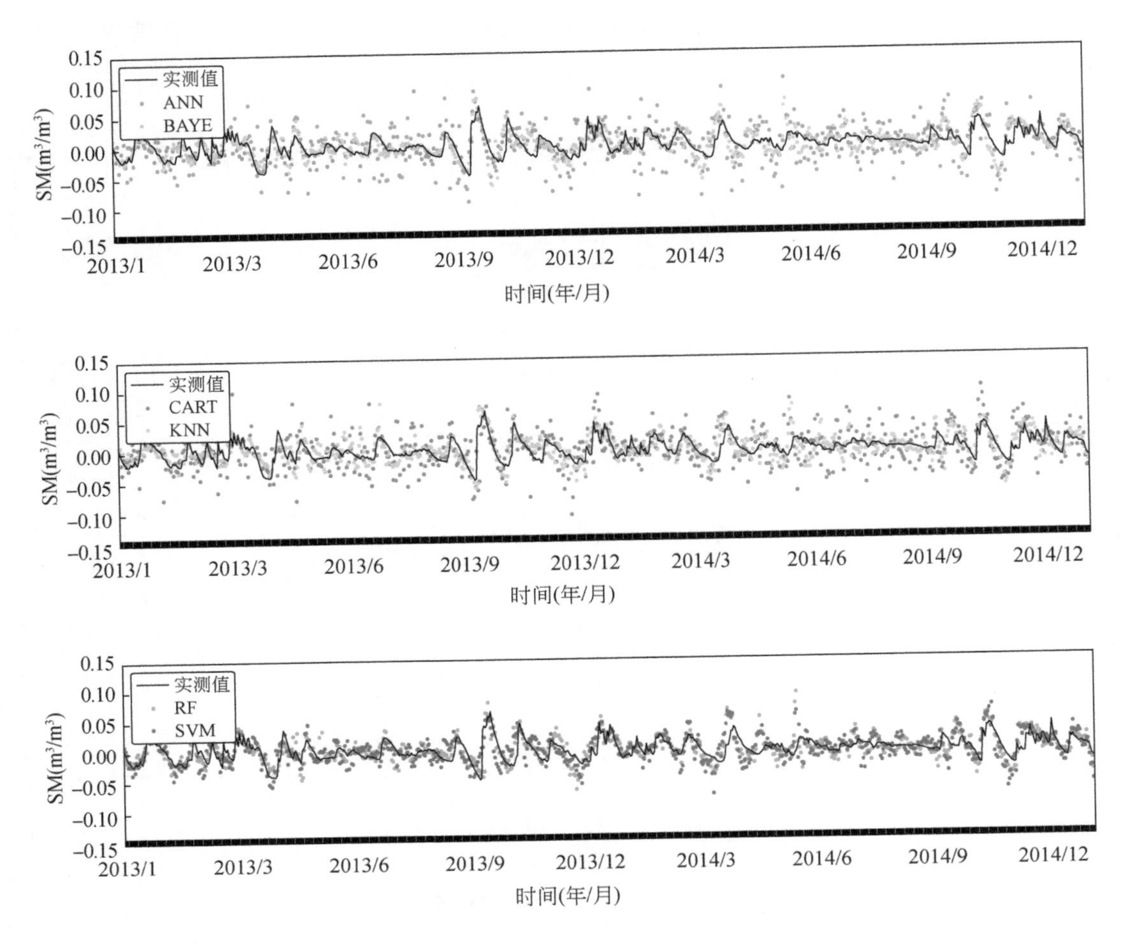

图 6.23　REM 逐日降尺度土壤水分数据时间序列变化趋势

3. NAN 土壤水分降尺度数据距平趋势精度分析

如表6.7 和图 6.24 所示，各算法距平偏差均在 10^{-4} 数量级，较 OKM、REM 绝对误差增大。该地区均方根误差与无偏均方根误差在极值、四分位值、中位数和均值上均相等，但与 OKM、REM 相比也整体偏大，表明 NAN 降尺度距平与实测值距平异质性较大。拟合优度方面，青藏高原地区促使表层土壤水分发生扰动的因素及其作用机理复杂，降尺度距平相关系数远小于降尺度相关系数，最大值 BAYE 距平 R 值 0.219，最小值 CART 距平 R 值仅 0.068。针对 NAN，本书研究选取的 ECV_C 土壤水分产品能准确刻画土壤水分实测数据及其距平的数值及演化趋势；重建算法在 0.25°尺度上构建的回归模型能够准确还原土壤水分分布情况，也能在 1km 尺度上的数据本身验证评价中获得高准确度、高拟合优度，但是难以在 1km 距平中有效表现土壤水分的月尺度波动状态。

表 6.7　NAN 逐日降尺度土壤水分距平 Bias、R、RMSE 和 ubRMSD

参数	空间降尺度算法					
	ANN	BAYE	CART	KNN	RF	SVM
Bias（m^3/m^3）	0.000 26	0.000 36	0.000 25	0.000 42	0.000 38	0.000 29
R	0.122	0.219	0.068	0.156	0.109	0.132
RMSE（m^3/m^3）	0.041 5	0.030 5	0.043 3	0.034 3	0.032 0	0.030 9
ubRMSD（m^3/m^3）	0.041 5	0.030 5	0.043 3	0.034 3	0.032 0	0.030 9

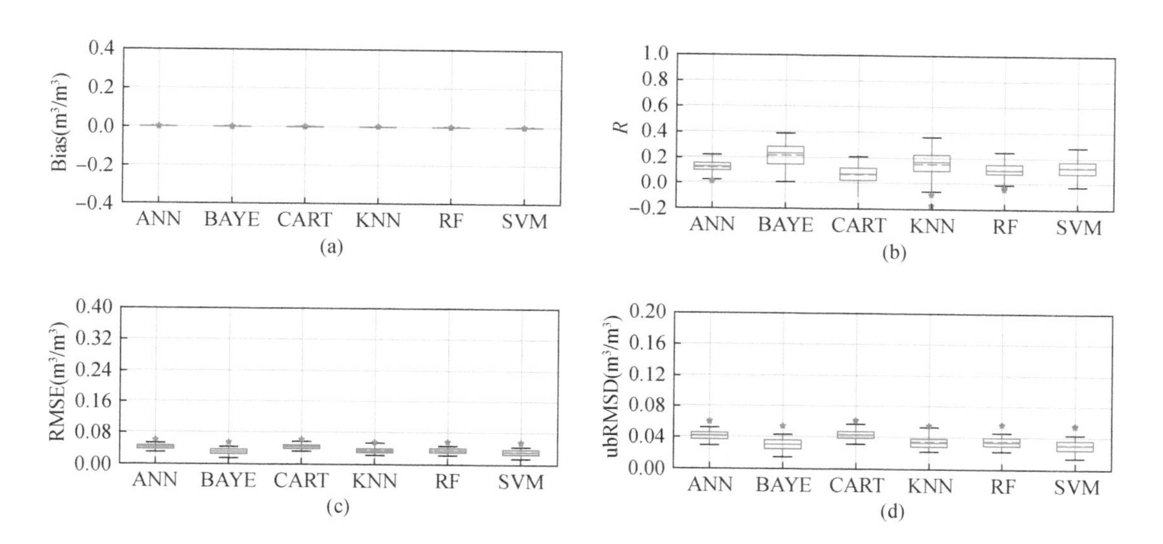

图 6.24　NAN 逐日降尺度土壤水分距平 Bias、R、RMSE 和 ubRMSD 盒须图

（a）Bias，（b）R，（c）RMSE，（d）ubRMSD

图 6.25 为非冰冻季 NAN 的各土壤水分数据集距平散点图，直观表现出不论是实测值的波峰值、波谷值还是上升、下降的变化趋势，除 BAYE 距平能够在一定程度上予以体现外，其他距平散点序列均无法有效模拟其极值和波动趋势。综上所述，虽然该地区站点多位于耕地、草地、草本植被的土地覆被类型区，但受到自身高海拔、高山险峰、冰川环布、高山湖泊和高山沼泽的多重因素作用影响，土壤水分波动趋势难以捕捉。复杂自然环境条件和地形区的土壤水分波动机制亟待在未来有针对性的研究中重点探讨。

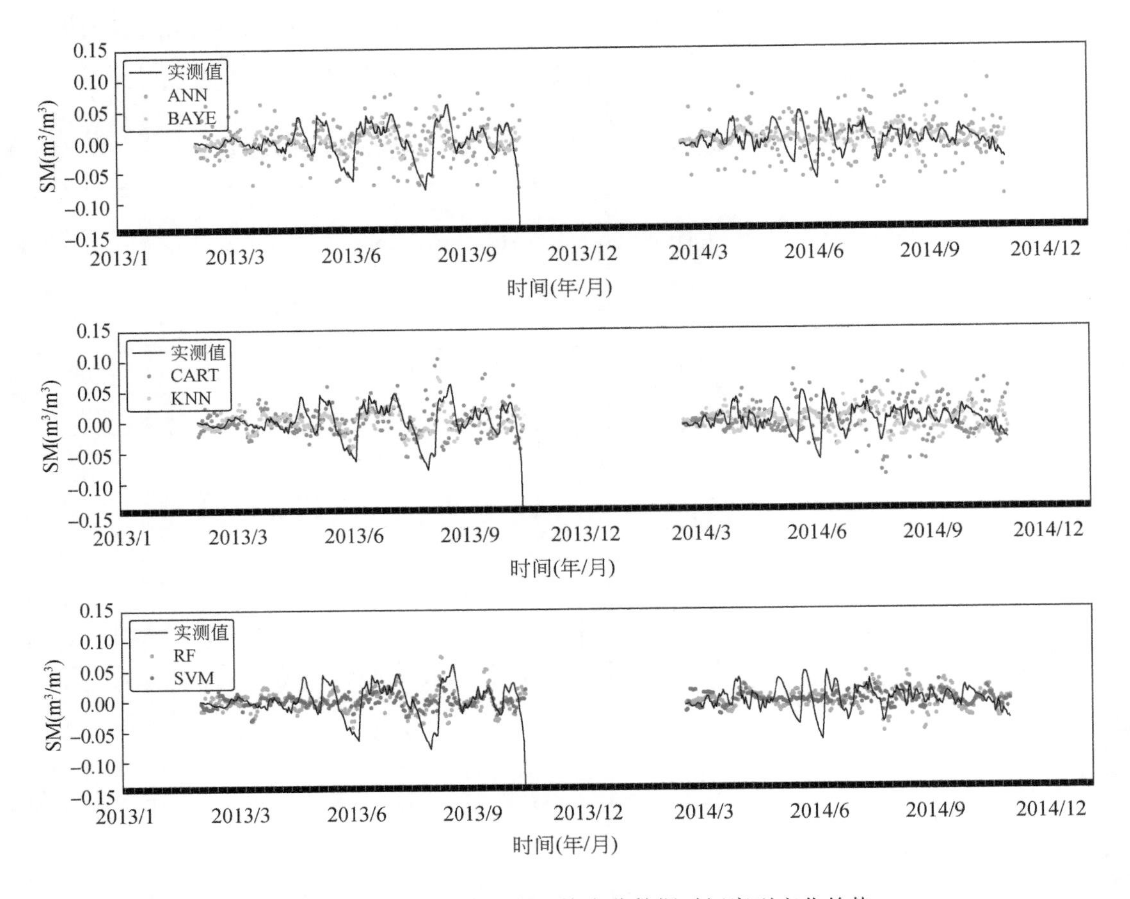

图 6.25 NAN 逐日降尺度土壤水分数据时间序列变化趋势

4. OZN 土壤水分降尺度数据距平趋势精度分析

在表 6.8 中，ANN、CART、KNN 和 RF 距平偏差均处于 10^{-5} 数量级，其中以 RF 的偏差均值最小，仅为 −0.000 01 m^3/m^3。在图 6.26（a）中 RF 的异常值数目最少，数据扰动、噪声及离群点对结果的影响较小。BAYE 和 SVM 距平的偏差较大，均达到了 10^{-4} 数量级，存在显著高估趋势。拟合优度检验中，距平相关系数较降尺度数据有所下降，但仍可以有效刻画站点实测距平，其中 BAYE、SVM 距平 R 值非常高，对实测距平的拟合性能较好［图 6.26（b）］。此外，RF 距平不仅绝对误差整体逼近 0，趋势拟合度也较为理想。与其他三个北半球研究区不同的是，OZN ANN、BAYE 和 SVM 的 ubRMSD 略小于 RMSE［图 6.26（c）和图 6.26（d）］，说明站点土壤水分实测距平均值大于降尺度土壤水分距平均值，即这三种算法高估了实测距平，与表 6.8 的验证结果一致。

图6.27 中土壤水分距平的波动变化贯穿2010 年1 月至2011 年6 月整个研究区段。BAYE、RF 和 SVM 散点序列对折线趋势的拟合度较好，但仍可以看出对2010 年3 月、6 月、11 月的极大值明显低估，且高估了这三处极大值旁的极小值。即降尺度距平的总体演化趋势较实测距平更为和缓。基于各距平在表6.8、图6.26、图6.27 的取值、值域与异常值分布、时间序列演化，RF 降尺度距平各方面评价质量较高，能准确表示 OZN 表层土壤水分时空序列演化。相对于点尺度的实测值，RF 降尺度重建数据以高空间、时间分辨率实现对整个地区的全覆盖，对研究分析该区的地表水分循环、各层土壤含水量数值预报模拟、农业灌溉、农作物估产等大有裨益。

表 6.8　OZN 逐日降尺度土壤水分距平 Bias、*R*、RMSE 和 ubRMSD

参数	空间降尺度算法					
	ANN	BAYE	CART	KNN	RF	SVM
Bias（m^3/m^3）	0.000 06	0.000 13	−0.000 03	−0.000 05	−0.000 01	0.000 16
R	0.400	0.563	0.351	0.493	0.540	0.536
RMSE（m^3/m^3）	0.043 5	0.035 1	0.046 0	0.037 5	0.036 0	0.035 9
ubRMSD（m^3/m^3）	0.043 4	0.035 0	0.046 0	0.037 5	0.036 0	0.035 8

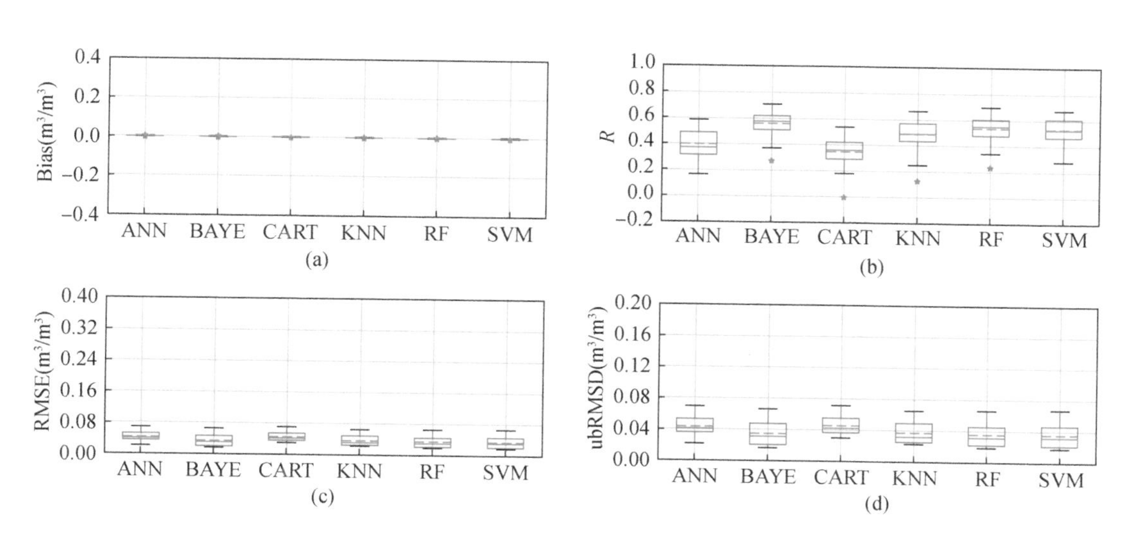

图 6.26　OZN 逐日降尺度土壤水分距平 Bias、*R*、RMSE 和 ubRMSD 盒须图

（a）Bias，（b）*R*，（c）RMSE，（d）ubRMSD

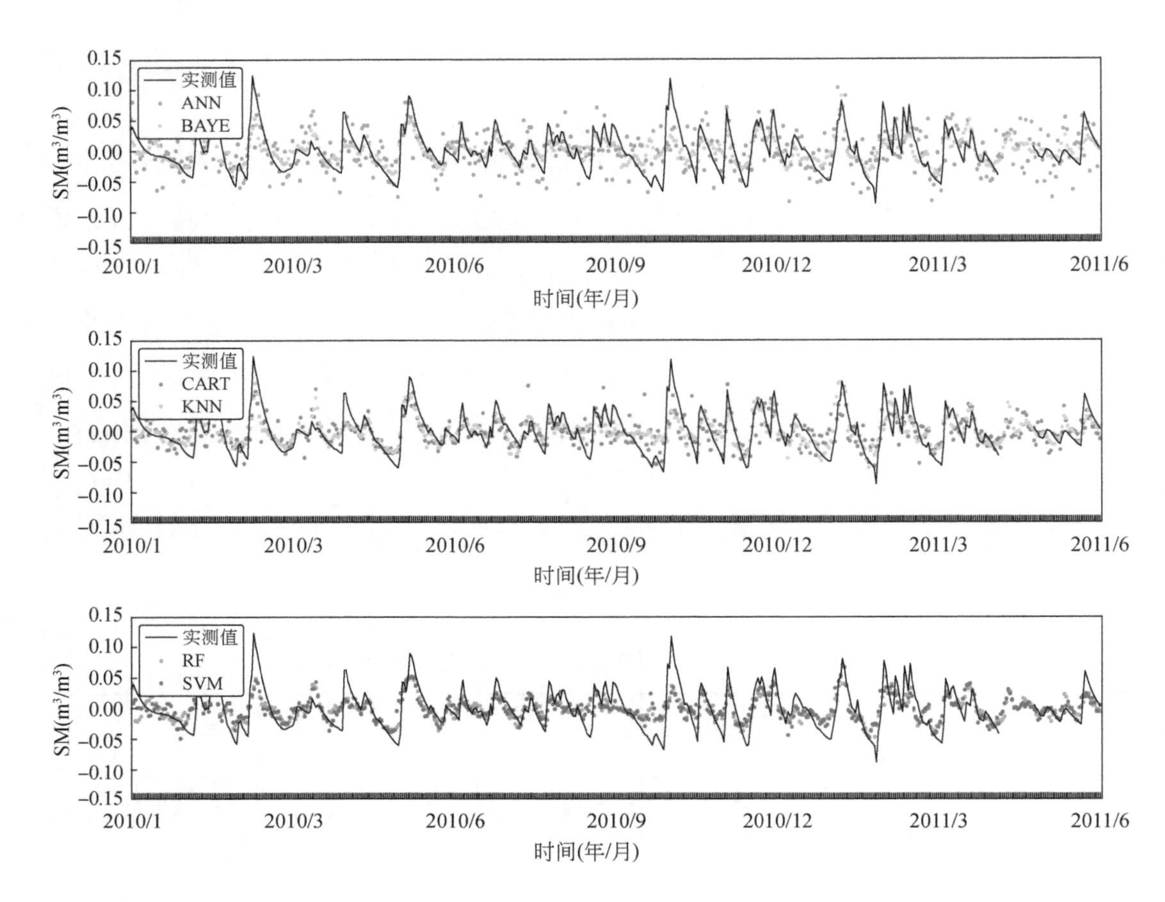

图 6.27　OZN 逐日降尺度土壤水分数据时间序列变化趋势

5. 综合分析

图 6.28 以泰勒图展示了降尺度算法在各研究区重建结果距平的精度。在图 6.28 中距平整体相关系数低于对应的图 6.19 中的取值，标准偏移较降尺度数据下降，多在 0.01 ~ 0.04m^3/m^3之内。点位差异显著，BAYE、KNN、RF 和 SVM 表示距平序列变化趋势较好，ANN 和 CART 距平拟合度过低。

6.3.3　时间序列算法精度分析

本章的验证评价结果表明，BAYE、KNN、RF 和 SVM 降尺度产品能够时空连续、高精度地表征地表土壤水分数值及波动趋势。其中，尤以 RF 的鲁棒性、抗噪性较为出色。为了进一步探索各降尺度土壤水分产品因季相节律更迭

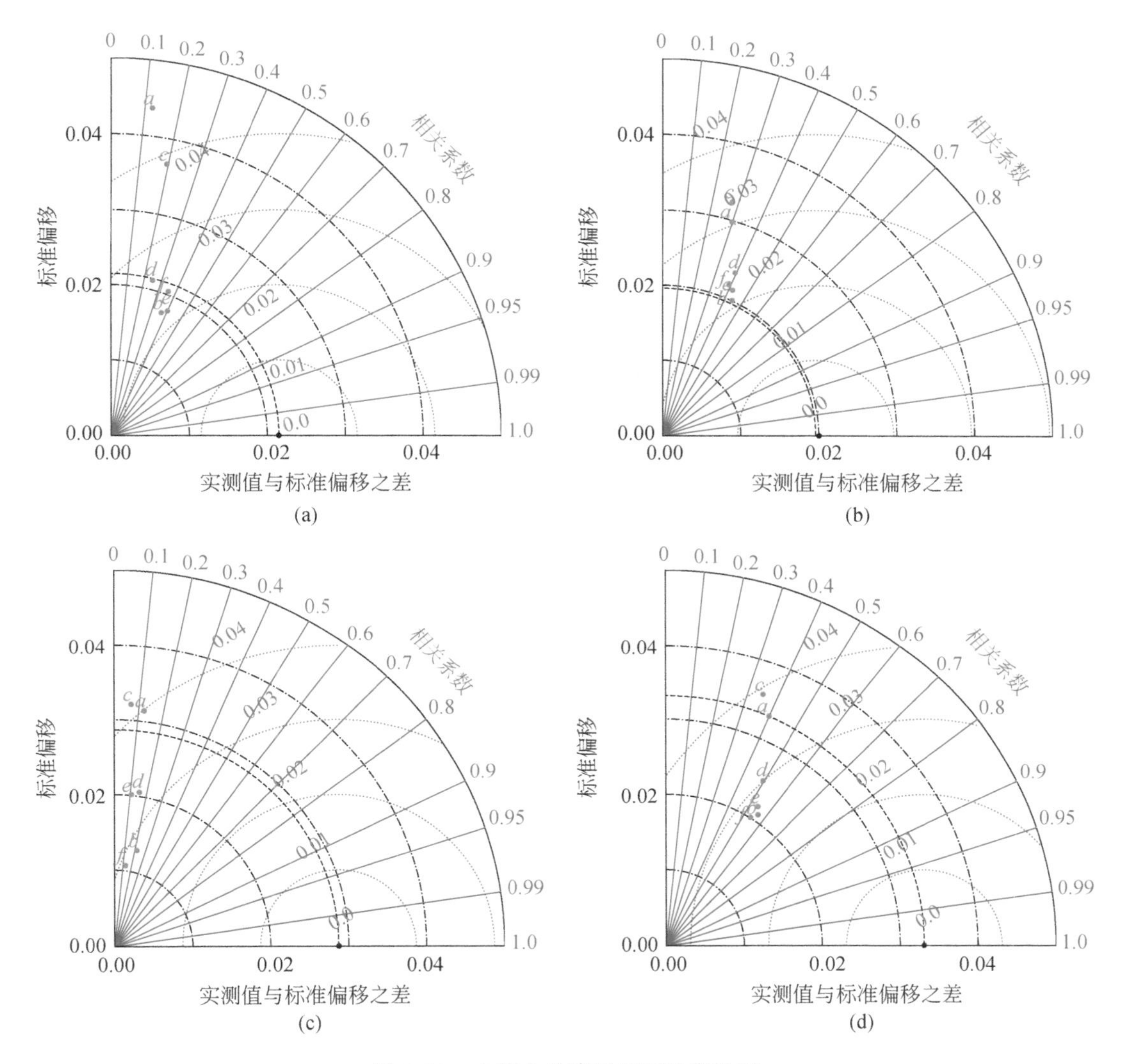

图 6.28 土壤水分降尺度距平泰勒图

(a) OKM，(b) REM，(c) NAN，(d) OZN；*a*：ANN，*b*：BAYE，*c*：CART，*d*：KNN，*e*：RF，*f*：SVM

影响而产生的波动特性，本节就土壤水分降尺度数据时间序列算法精度进行分析。

1. OKM 土壤水分降尺度数据时间序列算法精度分析

表 6.9 为 OKM 逐月的土壤水分降尺度精度，BAYE、KNN、RF 和 SVM 四种算法产品在春夏秋三季的趋势一致性较好，冬季（1 月、2 月、12 月）站点的 R 值普遍低于其他季节，甚至在 12 月呈弱负相关；但其数值误差并未因趋势度下降而有所增大。结合该区大陆性气候特征，冬季低温、低蒸发量、低植被指数导

致土壤水分略高于其他时节，但推断诱发地表土壤水分波动的成因及相互作用方式复杂、人为影响显著。尽管各算法在1～12月存在不同程度的低估，但总括来说，BAYE和RF可以在保持高数值精度的同时兼顾波动趋势匹配度。

2. REM土壤水分降尺度数据时间序列算法精度分析

与OKM不同，REM表现出持续高估的特质，且偏差绝对值超出OKM一倍左右。表6.10中偏差与均方根误差的月旬变率平稳，阐明降尺度产品数值精度的低扰动性特征。各算法的相关系数算数平均值与表6.9中对应取值相似度较高，但最低拟合水准在夏季（6～8月）出现，尤以8月最为严重，除BAYE外均显现负相关。北大西洋暖流影响下的温带海洋性气候呈现一定的节律特点使得夏季温暖干燥，因而植被生长季的人为灌溉干预作用强，土壤水分波动趋势的自然因素驱动力比例降低，难以有效拟合。比较各算法性能，BAYE和SVM的高估误差较大，KNN与RF土壤水分降尺度产品分别在精度和拟合度表现力上最好，凸显了KNN模拟空间自相关土壤水分的精度优势和RF的鲁棒性。

3. NAN土壤水分降尺度数据时间序列算法精度分析

由于该地区崇山峻岭与狭长深谷密布，积温低，无绝对的无霜期，故选取3～10月作为实验研究的时间周期。在表6.11中，偏差对实测数据的低估程度总体上逐月增大，是本研究所选研究区中唯一数据精度呈时间序列递减趋势的区域；相关系数在整个分布周期内变化范围较大，其中与7～9月对站点监测序列吻合效果最好，表明降尺度土壤水分对夏季温暖多雨气候特征产生的丰富降水和丰茂植被反应灵敏。各算法之中RF同时兼顾数据精度和趋势拟合度，综合性能较好；KNN月时间尺度序列对土壤水分变化趋势高度还原模拟；SVM降尺度产品的数值精确度最高，对实测数据低估最少。

4. OZN土壤水分降尺度数据时间序列算法精度分析

OZN与其他北半球典型区的季相节律相反，400 mm降水均匀贯穿全年。由3.3节卫星土壤水分产品时间序列验证分析可知，土壤水分冬季因人工灌溉、低温、低植被光合及蒸腾而较高，夏季则较低。降尺度土壤水分产品在高

表 6.9　OKM 土壤水分降尺度产品逐月时间序列精度

月份	BAYE				KNN				RF				SVM			
	Bias (m^3/m^3)	R	RMSE (m^3/m^3)	ubRMSD (m^3/m^3)	Bias (m^3/m^3)	R	RMSE (m^3/m^3)	ubRMSD (m^3/m^3)	Bias (m^3/m^3)	R	RMSE (m^3/m^3)	ubRMSD (m^3/m^3)	Bias (m^3/m^3)	R	RMSE (m^3/m^3)	ubRMSD (m^3/m^3)
1	-0. 038	0. 305	0. 065	0. 029	-0. 004	0. 200	0. 064	0. 031	-0. 042	0. 280	0. 065	0. 027	-0. 031	0. 216	0. 064	0. 031
2	-0. 049	0. 363	0. 071	0. 023	-0. 027	0. 200	0. 068	0. 031	-0. 054	0. 417	0. 075	0. 026	-0. 045	0. 257	0. 072	0. 027
3	-0. 029	0. 486	0. 063	0. 025	-0. 003	0. 0402	0. 061	0. 024	-0. 038	0. 625	0. 064	0. 023	-0. 026	0. 543	0. 063	0. 026
4	-0. 033	0. 405	0. 063	0. 033	-0. 004	0. 094	0. 066	0. 041	-0. 038	0. 507	0. 063	0. 031	-0. 025	0. 381	0. 062	0. 036
5	-0. 058	0. 281	0. 076	0. 035	-0. 030	0. 212	0. 064	0. 037	-0. 055	0. 312	0. 072	0. 034	-0. 044	0. 308	0. 068	0. 036
6	-0. 034	0. 515	0. 055	0. 029	-0. 017	0. 426	0. 053	0. 032	-0. 047	0. 501	0. 062	0. 029	-0. 028	0. 459	0. 054	0. 032
7	-0. 039	0. 705	0. 058	0. 031	-0. 025	0. 645	0. 056	0. 035	-0. 049	0. 721	0. 064	0. 031	-0. 033	0. 713	0. 055	0. 031
8	-0. 033	0. 340	0. 056	0. 033	-0. 025	0. 237	0. 059	0. 037	-0. 049	0. 371	0. 064	0. 031	-0. 031	0. 303	0. 054	0. 032
9	-0. 044	0. 586	0. 060	0. 030	-0. 029	0. 393	0. 058	0. 038	-0. 050	0. 561	0. 064	0. 030	-0. 037	0. 565	0. 0565	0. 031
10	-0. 053	0. 588	0. 063	0. 023	-0. 042	0. 388	0. 057	0. 029	-0. 052	0. 504	0. 061	0. 024	-0. 053	0. 472	0. 063	0. 024
11	-0. 047	0. 590	0. 061	0. 023	-0. 027	0. 409	0. 056	0. 029	-0. 052	0. 583	0. 065	0. 024	-0. 043	0. 653	0. 061	0. 025
12	-0. 030	-0. 093	0. 056	0. 024	-0. 002	-0. 148	0. 053	0. 022	-0. 032	0. 002	0. 045	0. 022	-0. 033	0. 055	0. 055	0. 020
均值	-0. 041	0. 423	0. 062	0. 028	-0. 020	0. 258	0. 060	0. 032	-0. 047	0. 449	0. 064	0. 028	-0. 036	0. 410	0. 061	0. 029

表 6.10 REM 土壤水分降尺度产品逐月时间序列精度

月份	BAYE				KNN				RF				SVM			
	Bias (m^3/m^3)	R	RMSE (m^3/m^3)	ubRMSD (m^3/m^3)	Bias (m^3/m^3)	R	RMSE (m^3/m^3)	ubRMSD (m^3/m^3)	Bias (m^3/m^3)	R	RMSE (m^3/m^3)	ubRMSD (m^3/m^3)	Bias (m^3/m^3)	R	RMSE (m^3/m^3)	ubRMSD (m^3/m^3)
1	0.105	0.606	0.133	0.017	0.097	0.343	0.129	0.021	0.100	0.574	0.130	0.018	0.106	0.652	0.133	0.017
2	0.094	0.682	0.133	0.018	0.092	0.466	0.133	0.023	0.089	0.733	0.130	0.020	0.086	0.666	0.130	0.023
3	0.093	0.764	0.124	0.031	0.097	0.749	0.126	0.032	0.086	0.763	0.120	0.031	0.083	0.746	0.120	0.033
4	0.101	0.725	0.118	0.032	0.102	0.734	0.119	0.032	0.091	0.661	0.113	0.034	0.091	0.665	0.113	0.035
5	0.090	0.368	0.108	0.032	0.070	0.413	0.095	0.034	0.077	0.335	0.101	0.035	0.089	0.366	0.107	0.031
6	0.083	0.270	0.095	0.018	0.055	0.173	0.079	0.029	0.063	0.350	0.080	0.018	0.088	0.204	0.099	0.019
7	0.058	0.038	0.085	0.027	0.030	0.117	0.072	0.032	0.053	0.048	0.081	0.027	0.073	0.004	0.100	0.026
8	0.058	0.075	0.081	0.014	0.040	-0.108	0.069	0.019	0.063	-0.218	0.084	0.016	0.080	-0.093	0.100	0.020
9	0.074	0.419	0.100	0.401	0.056	0.361	0.093	0.046	0.072	0.219	0.100	0.044	0.089	0.264	0.110	0.041
10	0.086	0.368	0.121	0.041	0.077	0.523	0.114	0.035	0.081	0.477	0.116	0.036	0.087	0.293	0.122	0.043
11	0.110	0.573	0.137	0.032	0.100	0.570	0.130	0.034	0.10	0.623	0.130	0.030	0.104	0.609	0.133	0.033
12	0.092	0.826	0.128	0.022	0.087	0.816	0.124	0.028	0.085	0.828	0.124	0.028	0.091	0.850	0.127	0.027
均值	0.087	0.476	0.114	0.057	0.075	0.430	0.107	0.030	0.080	0.449	0.109	0.028	0.089	0.436	0.116	0.029

表 6.11 NAN 土壤水分降尺度产品逐月时间序列精度

月份	BAYE				KNN				RF				SVM			
	Bias (m^3/m^3)	R	RMSE (m^3/m^3)	ubRMSD (m^3/m^3)	Bias (m^3/m^3)	R	RMSE (m^3/m^3)	ubRMSD (m^3/m^3)	Bias (m^3/m^3)	R	RMSE (m^3/m^3)	ubRMSD (m^3/m^3)	Bias (m^3/m^3)	R	RMSE (m^3/m^3)	ubRMSD (m^3/m^3)
3	-0.003	0.328	0.056	0.036	-0.010	0.326	0.057	0.036	0.000	-0.035	0.059	0.039	0.027	-0.055	0.064	0.040
4	-0.021	0.057	0.076	0.051	-0.022	0.165	0.075	0.051	-0.007	0.159	0.075	0.052	0.000	0.364	0.071	0.047
5	-0.055	-0.313	0.092	0.042	-0.021	-0.015	0.046	0.031	-0.043	-0.162	0.089	0.044	-0.036	-0.164	0.086	0.041
6	-0.042	0.118	0.087	0.047	-0.043	0.020	0.090	0.051	-0.021	0.132	0.085	0.048	-0.017	-0.084	0.086	0.050
7	-0.068	0.379	0.100	0.034	-0.058	0.424	0.095	0.037	-0.052	0.347	0.095	0.037	-0.054	0.354	0.093	0.033
8	-0.040	0.675	0.103	0.059	-0.028	0.714	0.097	0.054	-0.025	0.550	0.105	0.063	-0.027	0.600	0.108	0.066
9	-0.113	0.316	0.129	0.320	-0.099	0.324	0.119	0.036	-0.096	0.371	0.116	0.035	-0.092	0.364	0.114	0.030
10	-0.096	0.190	0.118	0.045	-0.085	0.410	0.110	0.043	-0.081	0.152	0.111	0.049	-0.080	0.236	0.108	0.044
均值	-0.055	0.219	0.095	0.079	-0.046	0.296	0.086	0.042	-0.041	0.189	0.092	0.046	-0.035	0.202	0.091	0.044

表 6.12　OZN 土壤水分降尺度产品逐月时间序列精度

月份	BAYE				KNN				RF				SVM			
	Bias (m^3/m^3)	R	RMSE (m^3/m^3)	ubRMSD (m^3/m^3)	Bias (m^3/m^3)	R	RMSE (m^3/m^3)	ubRMSD (m^3/m^3)	Bias (m^3/m^3)	R	RMSE (m^3/m^3)	ubRMSD (m^3/m^3)	Bias (m^3/m^3)	R	RMSE (m^3/m^3)	ubRMSD (m^3/m^3)
1	0.054	0.642	0.074	0.037	0.051	0.589	0.073	0.041	0.049	0.496	0.073	0.041	0.078	0.643	0.094	0.038
2	0.011	0.574	0.076	0.052	0.009	0.522	0.076	0.053	0.014	0.621	0.076	0.052	0.036	0.578	0.086	0.052
3	0.022	0.594	0.066	0.044	0.026	0.578	0.068	0.046	0.026	0.561	0.068	0.045	0.044	0.593	0.076	0.044
4	0.054	0.365	0.070	0.033	0.059	0.254	0.076	0.037	0.064	0.235	0.079	0.036	0.081	0.282	0.093	0.035
5	0.046	0.684	0.068	0.037	0.046	0.678	0.068	0.037	0.043	0.705	0.065	0.037	0.065	0.648	0.082	0.038
6	0.008	0.540	0.054	0.019	0.010	0.632	0.053	0.020	0.005	0.595	0.053	0.020	0.026	0.552	0.029	0.019
7	-0.017	0.642	0.067	0.023	-0.008	0.379	0.067	0.030	-0.012	0.489	0.067	0.025	-0.003	0.571	0.068	0.024
8	-0.028	0.622	0.076	0.022	-0.010	0.378	0.076	0.027	-0.022	0.405	0.077	0.026	-0.017	0.532	0.077	0.024
9	-0.042	0.653	0.087	0.032	-0.016	0.477	0.085	0.037	-0.021	0.574	0.084	0.034	-0.018	0.647	0.084	0.033
10	-0.014	0.371	0.076	0.052	0.014	0.517	0.075	0.049	0.012	0.657	0.071	0.045	0.026	0.543	0.079	0.049
11	0.009	0.594	0.068	0.038	0.031	0.576	0.071	0.039	0.018	0.606	0.069	0.038	0.034	0.535	0.076	0.040
12	-0.004	0.683	0.072	0.037	0.016	0.688	0.072	0.039	0.012	0.656	0.072	0.039	0.027	0.645	0.078	0.039
均值	0.008	0.580	0.071	0.036	0.019	0.522	0.072	0.038	0.016	0.550	0.071	0.037	0.032	0.564	0.077	0.036

值冬季（7～9月）表现为低估，其他月份基本为高估状态（表6.12），即降尺度数据的取值范围为实测数据值域的子集，这与ECV_C原始数据的取值及分布情况对实测数据的拟合程度及精度密切相关。BAYE和RF算法均能在数据精确程度和趋势演化上与实测数据实现高准确度模拟。BAYE逐月平均评价指标取值更优异，具体到每月的精度和相关系数RF则更有优势。

6.4 误差来源与分析

鉴于土壤水分降尺度产品在不同典型区表现出显著的时空谱异质性，本研究基于平均误差Bias分别与土壤水分实测值、解释变量体系建立散点图（图6.29），分析误差与各要素的相关性。

首先，土壤水分实测值与Bias在OKM（R^2 = 0.9329）、REM（R^2 = 0.9984）、NAN（R^2=0.982）呈线性负相关，随着土壤水分升高，Bias表现为1∶1下降。土壤水分低于0.22 m³/m³时处于高估状态；处于0.22m³/m³时偏差为0，精度最高；高于0.22m³/m³时为低估。OZN则为“U”形的始终高估状态，土壤水分在0.20m³/m³高估偏差最小，两侧偏差逐渐增大。由此可得，降尺度土壤水分在0.20附近的回归拟合精度最高。NDVI与Bias在除NAN外的其他区域相关性较弱，即植被状态不是影响土壤水分降尺度精度的主要因素。NAN Bias与NDVI负相关，说明植被丰茂之处土壤湿润，降尺度结果表现为低估。日间地表温度、夜间地表温度和地表温度日较差同样在OKM、REM和OZN分布均匀，而与NAN Bias与日间地表温度、夜间地表温度和地表温度日较差均为正相关。随着日夜地表温度升高、温差增大，降尺度偏差低估减轻并逐渐过渡至高估。白/黑空反照率在OKM、REM散点图中无规则离散分布且范围较广，NAN的反照率密布在170～220m³/m³，OZN反照率集中于140～200m³/m³。虽然各研究区海拔差异较大（如NAN海拔多处在4400～5000 m而OKM、OZN站点海拔仅有0～500m），但与Bias相关性均不明显。空间位置方面，NAN与经度呈现微弱相关性，越向东低估越显著。其他区域Bias与经纬度相关性较弱，这是因为各站点分布较为集中，在单个研究区内各监测站之间的地域差异带来的偏差影响不显著。

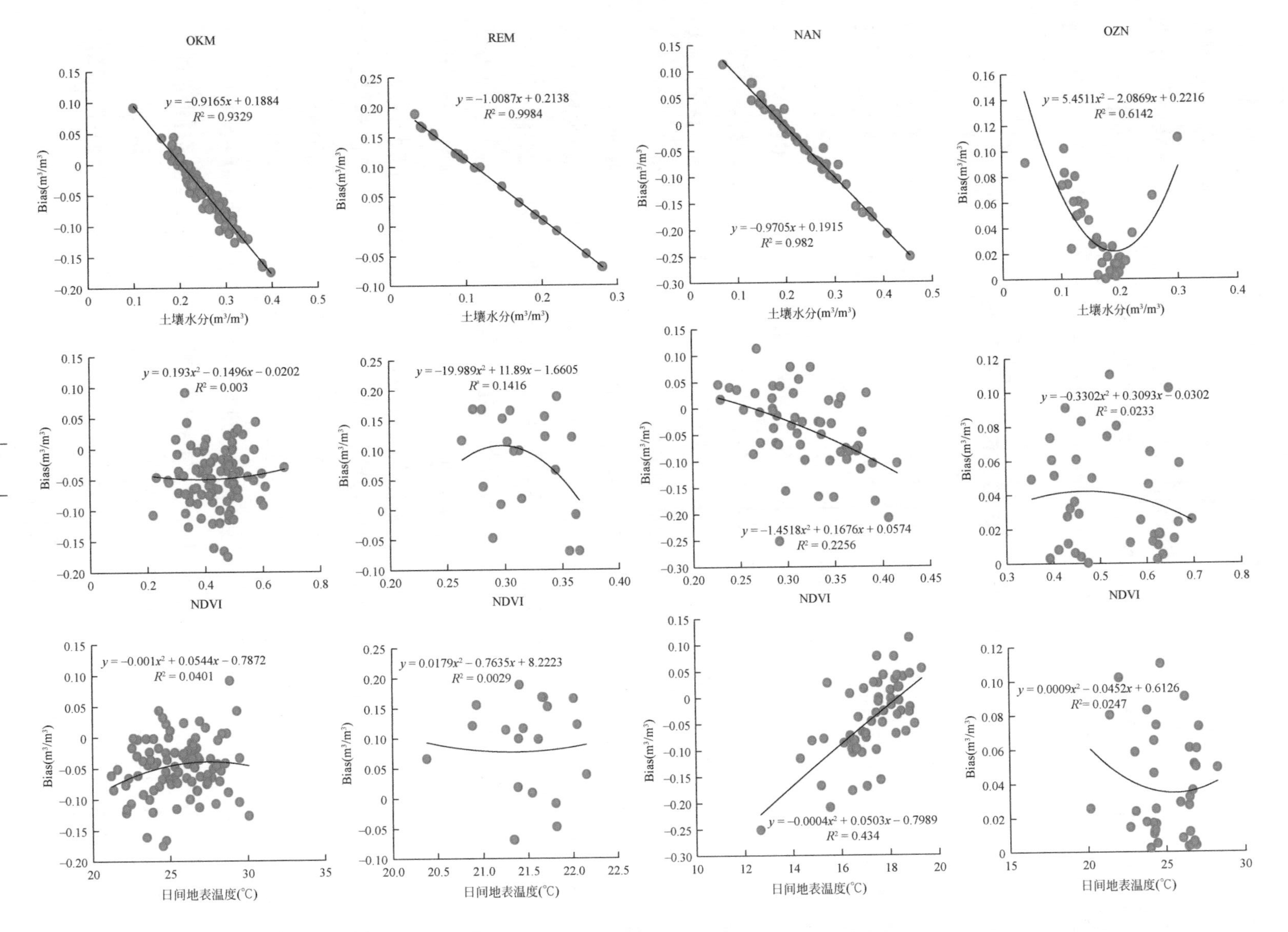

OKM
REM
NAN
OZN
y = −0.9165x + 0.1884
R² = 0.9329
y = −1.0087x + 0.2138
R² = 0.9984
y = −0.9705x + 0.1915
R² = 0.982
y = 5.4511x² − 2.0869x + 0.2216
R² = 0.6142
y = 0.193x² − 0.1496x − 0.0202
R² = 0.003
y = −19.989x² + 11.89x − 1.6605
R² = 0.1416
y = −1.4518x² + 0.1676x + 0.0574
R² = 0.2256
y = −0.3302x² + 0.3093x − 0.0302
R² = 0.0233
y = −0.001x² + 0.0544x − 0.7872
R² = 0.0401
y = 0.0179x² − 0.7635x + 8.2223
R² = 0.0029
y = −0.0004x² + 0.0503x − 0.7989
R² = 0.434
y = 0.0009x² − 0.0452x + 0.6126
R² = 0.0247
Bias(m³/m³)
土壤水分(m³/m³)
NDVI
日间地表温度(℃)

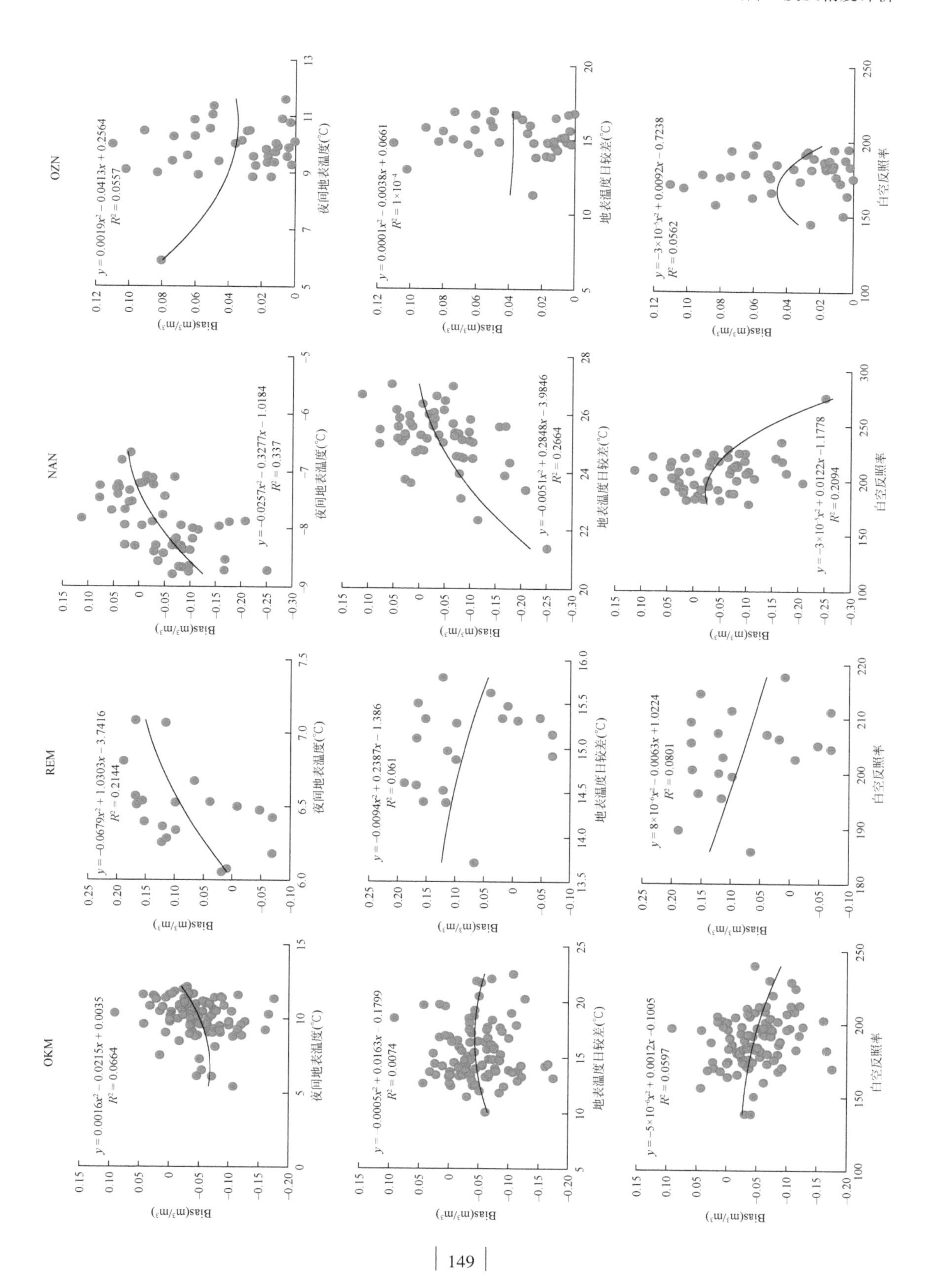
OKM
REM
NAN
OZN
Bias(m³/m³)
夜间地表温度(℃)
地表温度日较差(℃)
白空反照率
y = 0.0016x² − 0.0215x + 0.0035
R² = 0.0664
y = −0.0005x² + 0.0163x − 0.1799
R² = 0.0074
y = −5×10⁻⁶x² + 0.0012x −0.1005
R² = 0.0597
y = −0.0679x² + 1.0303x − 3.7416
R² = 0.2144
y = −0.0094x² + 0.2387x − 1.386
R² = 0.061
y = 8×10⁻⁶x² − 0.0063x + 1.0224
R² = 0.0801
y = −0.0257x² − 0.3277x − 1.0184
R² = 0.337
y = −0.0051x² + 0.2848x − 3.9846
R² = 0.2664
y = −3×10⁻⁵x² + 0.0122x − 1.1778
R² = 0.2094
y = 0.0019x² − 0.0413x + 0.2564
R² = 0.0557
y = 0.0001x² − 0.0038x + 0.0661
R² = 1×10⁻⁴
y = −3×10⁻⁵x² + 0.0092x − 0.7238
R² = 0.0562

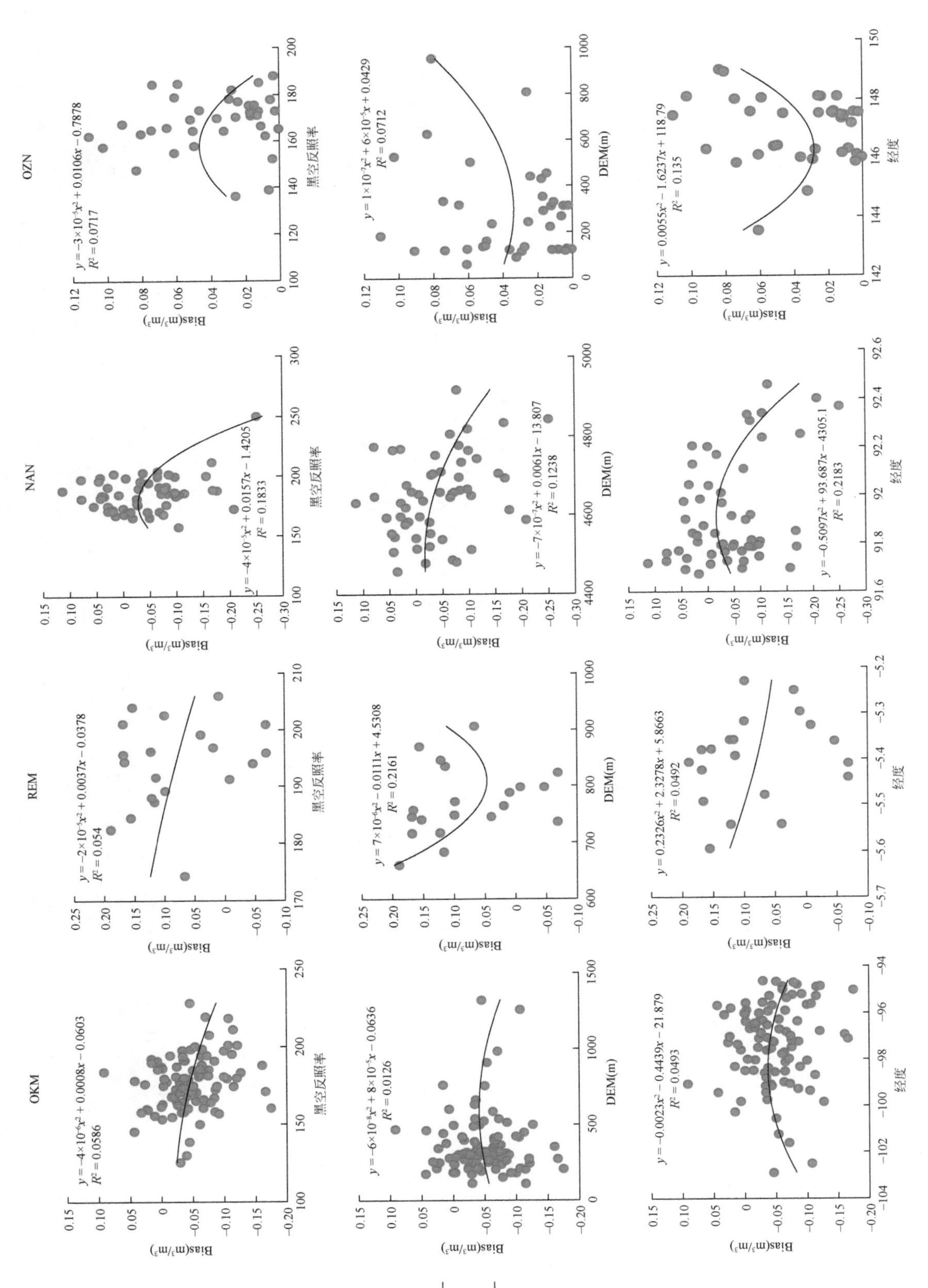
OKM
REM
NAN
OZN
$y = -4\times10^{-6}x^2 + 0.0008x - 0.0603$
$R^2 = 0.0586$
$y = -2\times10^{-5}x^2 + 0.0037x - 0.0378$
$R^2 = 0.054$
$y = -4\times10^{-5}x^2 + 0.0157x - 1.4205$
$R^2 = 0.1833$
$y = -3\times10^{-5}x^2 + 0.0106x - 0.7878$
$R^2 = 0.0717$
$y = -6\times10^{-8}x^2 + 8\times10^{-5}x - 0.0636$
$R^2 = 0.0126$
$y = 7\times10^{-6}x^2 - 0.0111x + 4.5308$
$R^2 = 0.2161$
$y = -7\times10^{-7}x^2 + 0.0061x - 13.807$
$R^2 = 0.1238$
$y = 1\times10^{-7}x^2 + 6\times10^{-5}x + 0.0429$
$R^2 = 0.0712$
$y = -0.0023x^2 - 0.4439x - 21.879$
$R^2 = 0.0493$
$y = 0.2326x^2 + 2.3278x + 5.8663$
$R^2 = 0.0492$
$y = -0.5097x^2 + 93.687x - 4305.1$
$R^2 = 0.2183$
$y = 0.0055x^2 - 1.6237x + 118.79$
$R^2 = 0.135$
Bias(m³/m³)
黑空反照率
DEM(m)
经度

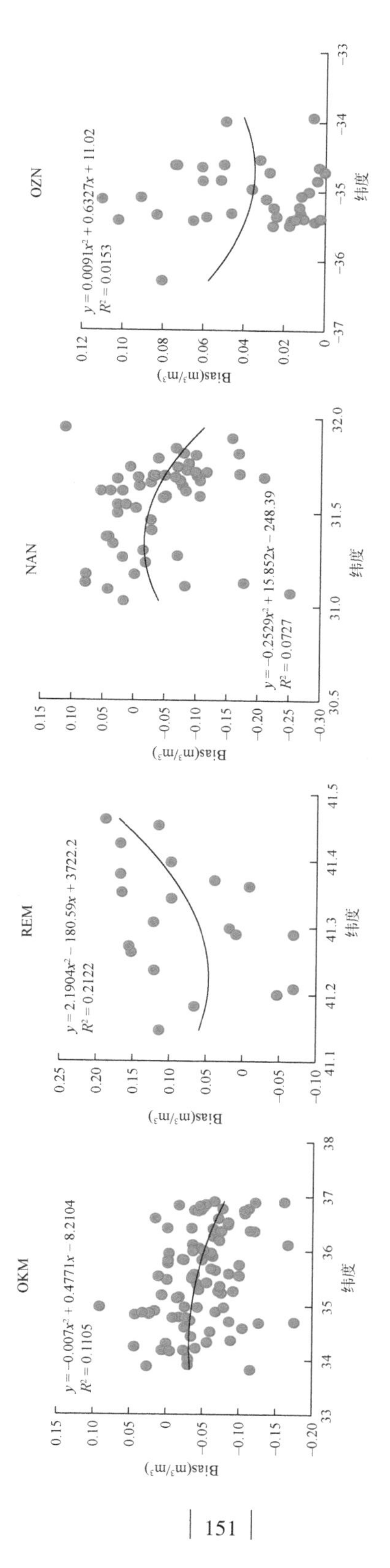

图 6.29 OKM、REM、NAN、OZN降尺度误差Bias与土壤水分及各解释变量散点图

6.5 本章小结

本章针对机器学习算法降尺度1km 土壤水分产品展开分析与验证评价，从与原始低分辨率 ECV_C 数据比较、土壤水分站点实测值验证、距平趋势精度分析、时间序列精度、误差来源等方面开展客观综合分析。基于本章的分析验证结果表明：

（1）降尺度产品整体上将土壤水分分辨率提高625 倍。土壤水分刻画细节变化特征能力增强，填补了多因素导致的空值图斑，形成时空序列完整的土壤水分产品，扩大了其在精细区域尺度中的应用潜力。

（2）在同样的解释变量体系前提下，同种算法模型在不同典型区的适用性存在差异，在同一典型区的不同季节时段的拟合精度也有所区分，湿润季节低估和干燥季节高估普遍。在土壤水分同一典型区中，不同机器学习算法的反演精度和拟合度也大相径庭。

（3）降尺度数据与实测数据的拟合度通常优于二者距平的拟合度，OKM、REM、OZN 的距平序列可以有效拟合，青藏高原 NAN 的距平序列难以高度拟合。

（4）1km 降尺度土壤水分与各动态变量的演化趋势与0.25°尺度的情况基本一致，表明在0.25°建立的土壤水分与解释变量拟合模型在1km 同样适用。

（5）各研究区降尺度误差与土壤水分实测值呈线性负相关，随土壤含水量增大而由高估转为低估，在0.22 m^3/m^3 处平均误差绝对值最小、精度最高。

（6）综合各算法在各典型区再现原始数据空间分布特征、拟合地面土壤水分网络实测数值、表征距平时间序列演化等方面的表现，RF 以其较高的精度、出色的拟合度、稳定的性能，成为本研究选用的所有算法中最适宜降尺度重建土壤水分的算法。BAYE 和 KNN 在不同研究区的验证精度波动起伏大，鲁棒性有待提升。ANN 和 SVM 算法降尺度重建出现大量异常值和与土壤水分时空变化趋势不符的现象，不适于模拟重建土壤水分。

第7章 亚洲及欧洲、非洲部分地区土壤水分降尺度重建

7.1 基于 RF 算法的土壤水分降尺度重建

在第3章至第6章的研究分析中，结合稳态变量（经纬度、DEM）与动态变量（归一化植被指数、日间地表温度、夜间地表温度、地表温度日较差、地表反照率）建立的解释变量体系实现了对本书研究所选典型区域卫星土壤水分数据的有效模拟和多尺度重建。验证比较可得，RF 算法精度和稳定性最高，能够在复杂综合自然环境地带胜任土壤水分的准确还原与模拟任务。降尺度模拟的地表土壤水分在时空序列演化趋势和数值精度上均与实测站点保持高度一致性。因此，为检测验证上述研究结论的应用水平，本章研究将上述模型在空间中拓展，实现对2016年9月逐日亚洲及欧洲、非洲部分地区的地表土壤水分数据1km 降尺度重建，为该地区建设提供基础地理本底数据支撑服务。

本书研究区域涉及“一带一路”沿线部分区域。“一带一路”倡议是以“走出去”为鲜明特色的全球范围的开放、共享、合作、共赢顶层合作倡议，是中国探索提出的推动全球经济深度合作与交流的新模式（刘卫东，2015；杨保军等，2015；袁新涛，2014）。随着“一带一路”概念全球化接纳程度逐步提高，其空间涵盖范围也日益拓展，本书研究参考2016年“一带一路”沿线部分国家和地区名单，包含新加坡、希腊、阿尔巴尼亚、爱沙尼亚、白俄罗斯、塞尔维亚、拉脱维亚、立陶宛、北马其顿、克罗地亚、保加利亚、埃及、阿富汗、巴基斯坦、尼泊尔、巴勒斯坦、格鲁吉亚、蒙古国、文莱、缅甸、老挝、阿塞拜疆、土库曼斯坦、伊朗、哈萨克斯坦、乌兹别克斯坦、亚美尼亚、塔吉克斯坦、阿拉伯联合酋长国、约旦、沙特阿拉伯、阿曼、卡塔尔、土耳

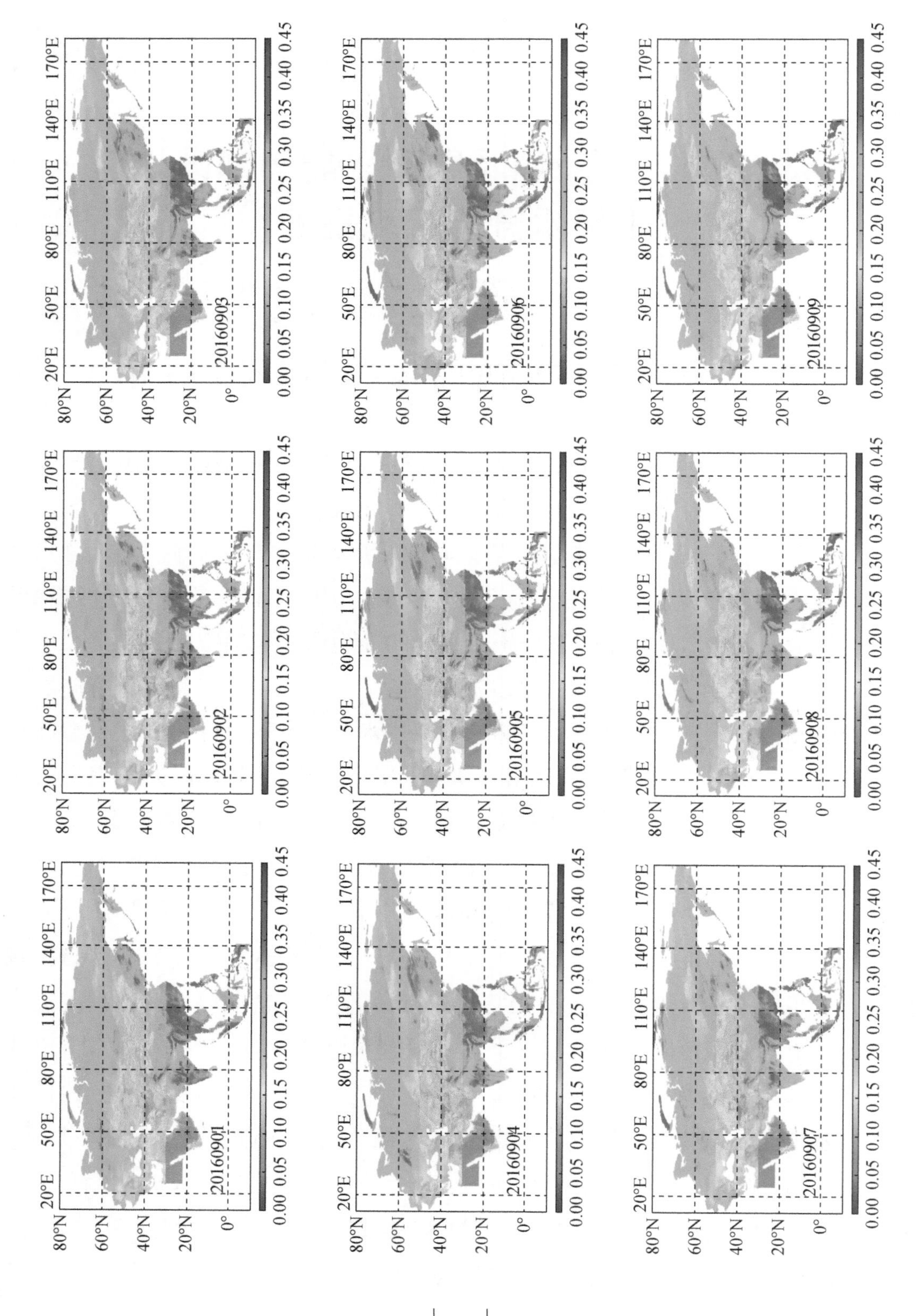
20160901
20160902
20160903
20160904
20160905
20160906
20160907
20160908
20160909
80°N 60°N 40°N 20°N 0°
20°E 50°E 80°E 110°E 140°E 170°E
0.00 0.05 0.10 0.15 0.20 0.25 0.30 0.35 0.40 0.45

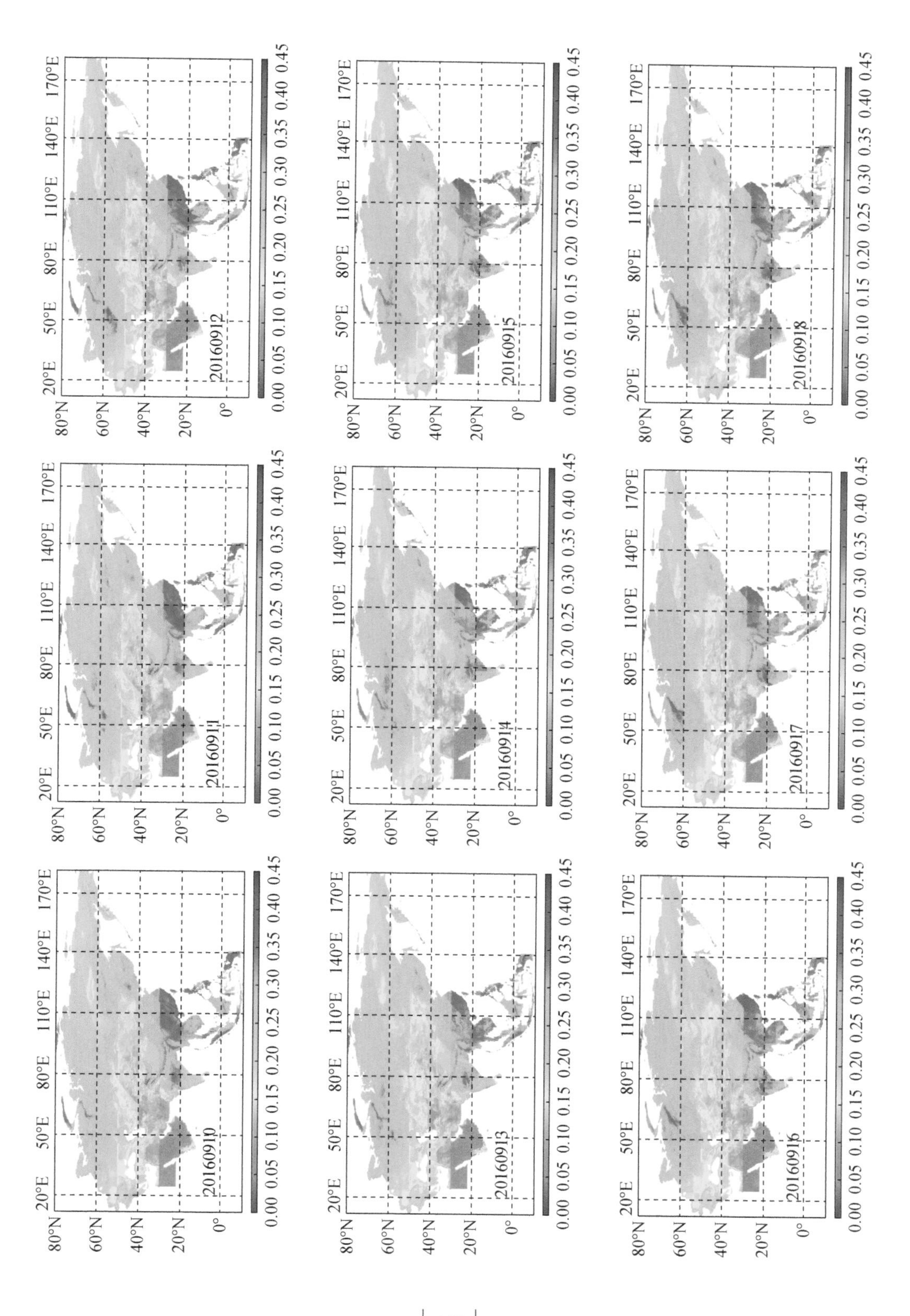
20160910
20160911
20160912
20160913
20160914
20160915
20160916
20160917
20160918

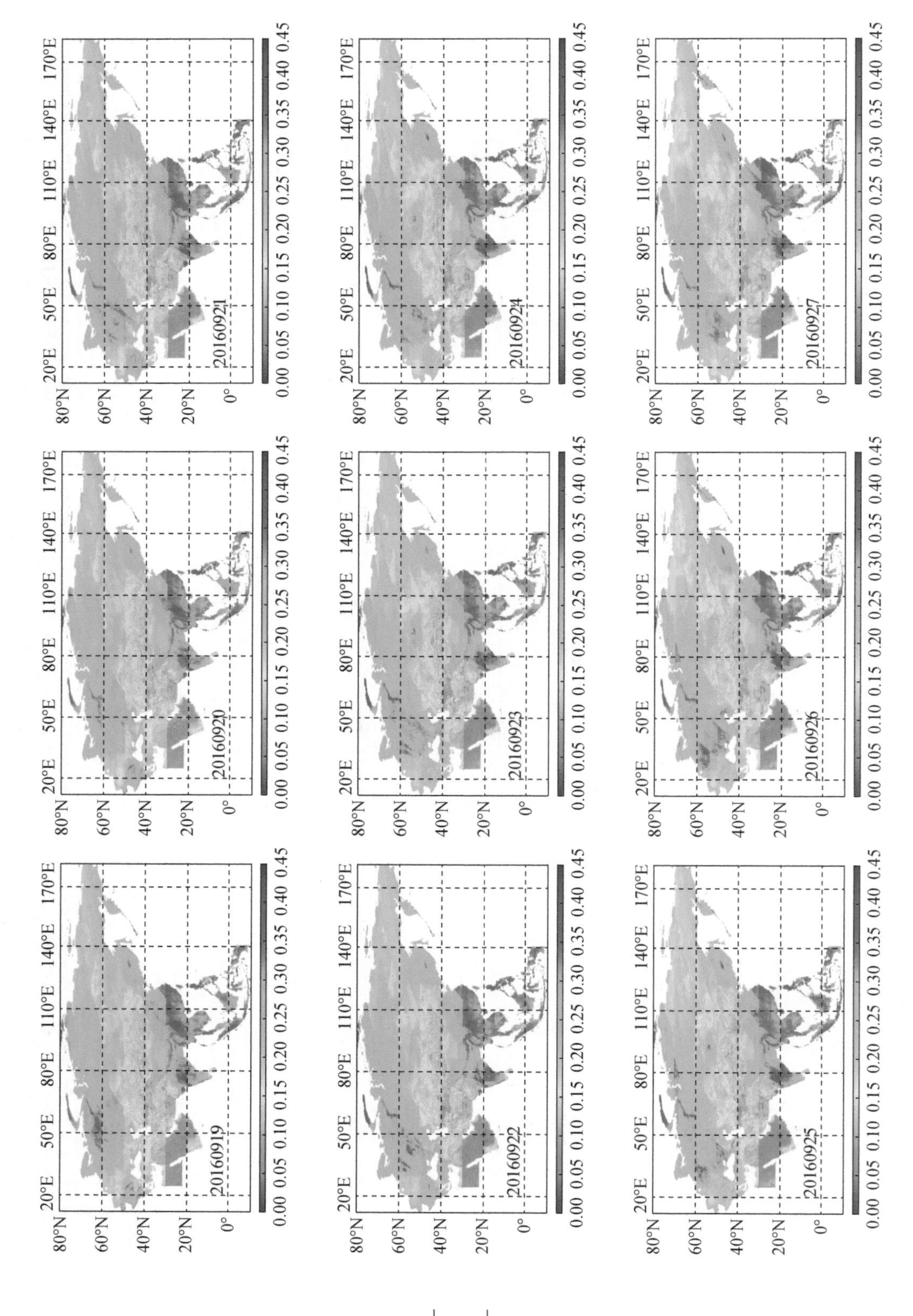
20160919
20160920
20160921
20160922
20160923
20160924
20160925
20160926
20160927
80°N
60°N
40°N
20°N
0°
20°E
50°E
80°E
110°E
140°E
170°E
0.00 0.05 0.10 0.15 0.20 0.25 0.30 0.35 0.40 0.45

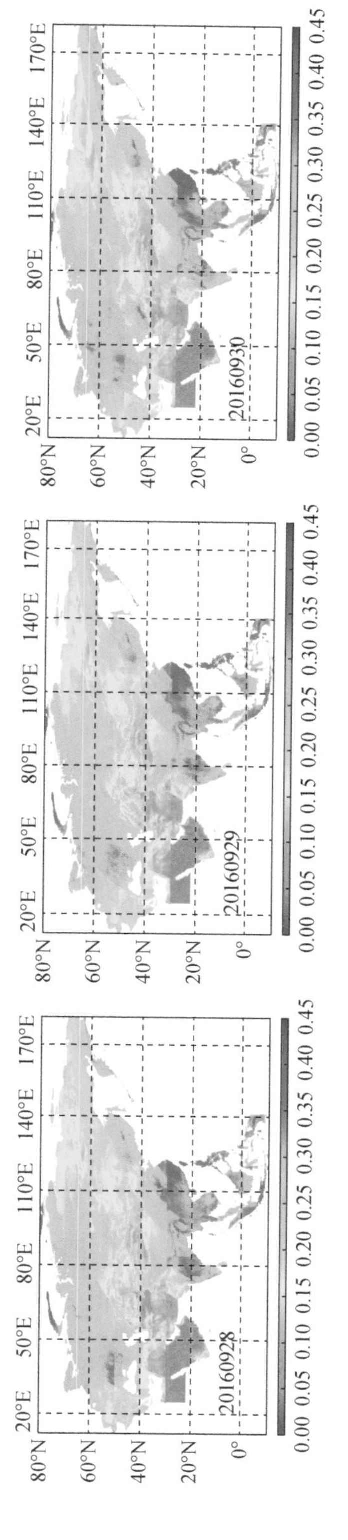

图7.1　2016年9月亚洲及欧洲、非洲部分区域土壤水分1km逐日降尺度产品

单位：m^3/m^3

其、科威特、伊拉克、叙利亚、以色列、塞浦路斯、巴林、菲律宾、泰国、也门、黎巴嫩、波兰、摩尔多瓦、罗马尼亚、匈牙利、捷克共和国、乌克兰、斯洛伐克、斯里兰卡、孟加拉国、黑山、柬埔寨、克什米尔、波黑、不丹、吉尔吉斯斯坦、马来西亚、马尔代夫、印度尼西亚、俄罗斯、印度、越南、中国等国家和地区，总面积超过 5000 万 km^2。以该区域作为研究区开展 1km 分辨率土壤水分空间降尺，为“一带一路”沿线建设提供土壤水分基础地理数据支撑，为研究“一带一路”沿线土壤水分时空分布格局提供科学依据。

本实验首先获取目标时段及对应区域共计 11 696 幅 MODIS 产品 HDF 文件，具体包括 MCD43A3、MCD43A4、MOD11A1、MYD11A1 四类产品，分别提取计算合成反照率、NDVI、地表温度（包含日间地表温度、夜间地表温度与地表温度日较差），并重采样至 1km 和 0. 25°，基于参数自动寻优的 RF 算法构建回归模型进行降尺度模拟。针对 0. 25°尺度样本数量不足、空值图斑频繁出现的现象，基于时空相关性准则使用包含预测日在内的连续五日的 ECV_C 土壤水分作为学习样本构筑回归模型。降尺度重建结果如图 7. 1 所示。

7. 2 土壤水分降尺度产品评价验证与分析

7. 2. 1 土壤水分降尺度模拟结果与原始 ECV_C 比对

将降尺度模拟结果与原始 ECV_C 比对。图 7. 2 为 2016 年 9 月 20 日 RF 降尺度土壤水分与当日 ECV_C，比较图 7. 2（a）、图 7. 2（b）可得，降尺度重建土壤水分与 ECV_C 取得较好的空间取值分布演化一致性。尽管重建数据存在一定的分幅异质性，但仍成功实现了土壤水分空间补全，得到了空间范围完整全覆盖的产品。图 7. 2（c）、图 7. 2（d）分别是取自图 7. 2（b）、图 7. 2（a）相同空间位置和比例尺的土壤水分局部图像，每个 0. 25°空间分辨率栅格像元被分割成 625 个边长 1km 的网格。图 7. 2（d）细致刻画了每个 0. 25°× 0. 25°栅格内部的土壤水分含量的变化纹理，突破了传统卫星土壤水分数据低分辨率带来的大尺度范围研究束缚，丰富了土壤水分在中小尺度陆表水文循环过程、生态修复治理、土地覆被制图和农场作物长势监测等领域的应用。

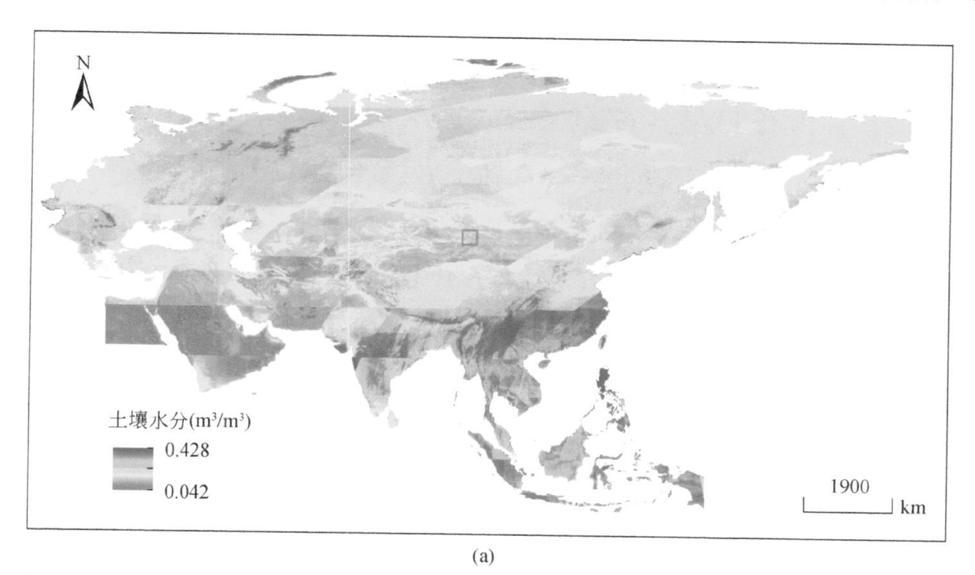

(a)

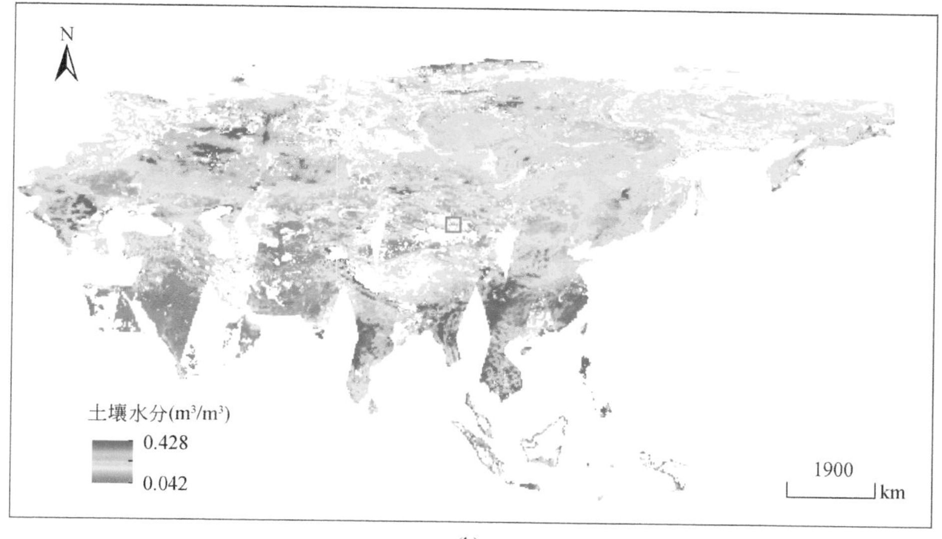

(b)

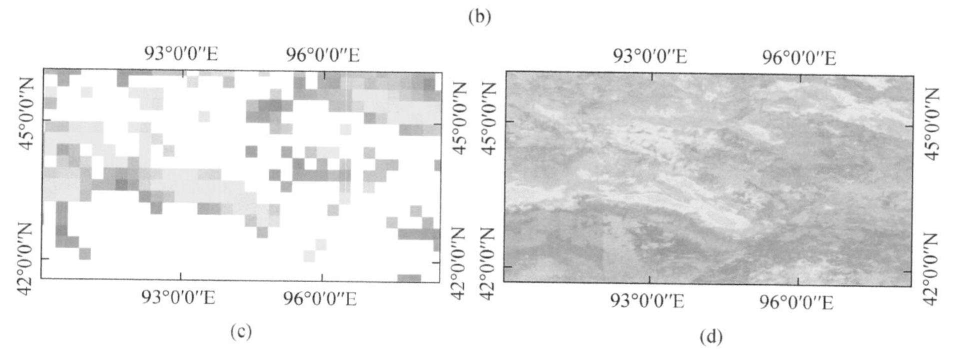

(c) (d)

图 7.2　2016 年 9 月 20 日亚洲和欧洲、非洲部分地区土壤水份降尺度结果

(a) 2016 年 9 月 20 日土壤水分降尺度结果；(b) 2016 年 9 月 20 日 ECV_C 原始土壤水分数据；(c) 图 7.2 (b) 中红框区域放大图；(d) 图 7.2 (a) 中红框区域放大图

本书研究将 1km 分辨率重建土壤水分重采样至 0.25°尺度以评价 RF 算法回归的土壤水分模拟值对 ECV_C 的还原度。图 7.3、图 7.4 分别是降尺度土壤水分与 ECV_C 偏差、相关系数的空间分布。鉴于原始逐日 ECV_C 中缺值普遍存在，本研究选择有效值大于等于 7 天的数据计算其偏差和相关系数的算数平均值，其中空值区域表示 ECV_C 在 2016 年 9 月的有效值小于 7 天。重建土壤水分的偏差大多集中在 0 值色带附近，高估区零星分布在中国长江中下游平原、中国黑龙江省与俄罗斯交界处、哈萨克斯坦北部与俄罗斯接壤处，以及印度中南部的部分地区；低估出现在青藏高原南缘、巴基斯坦东南部、哈萨克斯坦西部和北部国界处，以及乌克兰北部的零散地区。整体偏差较小，表明 RF 算法重建模拟的土壤水分数值还原度较高。相关系数是刻画土壤水分降尺度模拟值对 ECV_C 还原度的另一个关键指标，图 7.4 中相关系数高于 0.75 区域主要连片分布在东欧平原、图兰平原、蒙古高原、东北平原、华北平原、长江中下游平原、印度半岛、青藏高原等地。相反，植被覆盖稀少、沙漠广布、土壤水分较低、极度干燥的区域如塔里木盆地、准噶尔盆地、伊朗高原、阿拉伯半岛、埃及等，其土壤水分产品模拟重建值与原始 ECV_C 相关系数较低甚至负相关。结合本书第 4 章结论推测 NDVI 是主导土壤水分时空演化序列的重要指示因子，适当的空间植被覆盖度是土壤水分高相关度重建的必要条件。

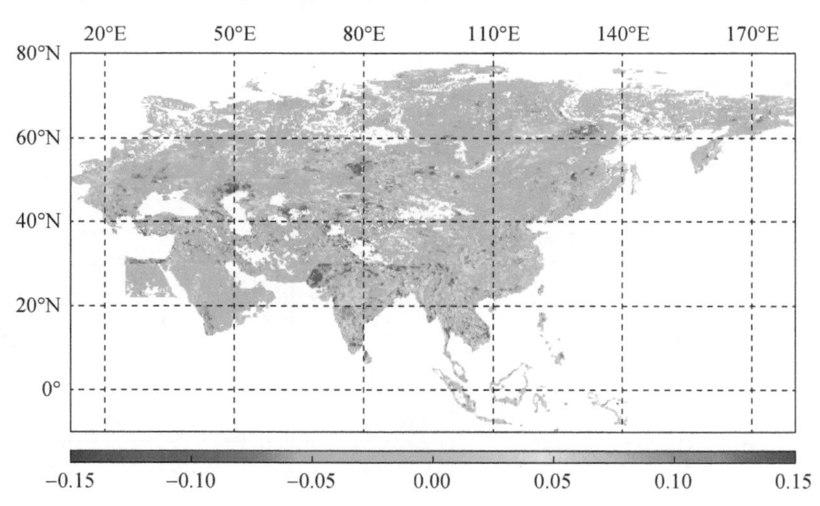

图 7.3　2016 年 9 月亚洲及欧洲、非洲部分地区降尺度土壤水分与 ECV_C 偏差

单位：m^3/m^3

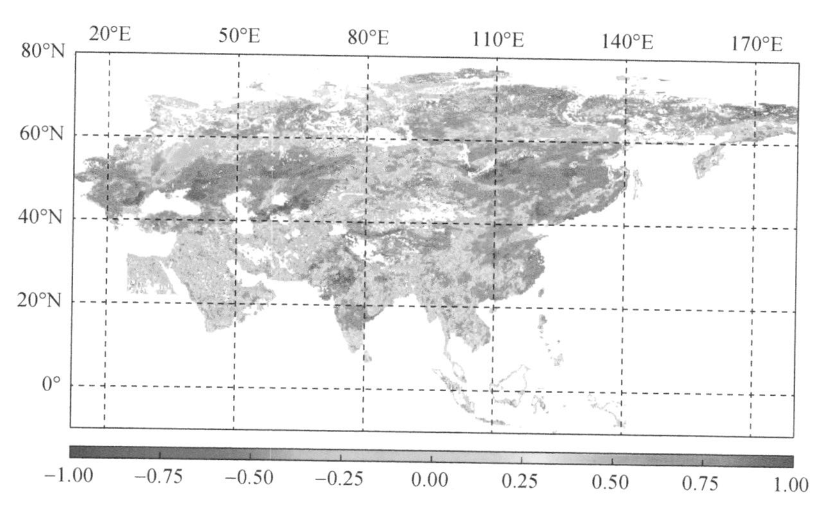

图 7.4　2016 年 9 月亚洲及欧洲、非洲部分地区降尺度土壤水分与 ECV_C 相关系数

单位：m^3/m^3

本书研究绘制了降尺度模拟土壤水分与 ECV_C 的逐日概率分布函数（Percent Distribution Function，PDF）曲线，如图 7.5 所示，来描述输入训练样本与重采样回归预测数据的取值分布概率情况。图 7.5 中降尺度土壤水分和 ECV_C 的 PDF 曲线基本符合正态分布，呈左右对称的钟形。相较而言，降尺度土壤水分 PDF 在中值范围的聚集比例更高，其中最大比例聚集概率比 ECV_C高 1%。降尺度数据 PDF 在 0.15m^3/m^3 和 0.30m^3/m^3 附近与 ECV_C 的 PDF 相交，在 0.00 ~ 0.15m^3/m^3 和 0.30 ~ 0.50m^3/m^3 的取值样本数持续低于 ECV_C。降尺度模拟数据的聚集比例峰值与 ECV_C 基本一致，出现在 0.22m^3/m^3 位置，在 2016 年 9 月 4 日、7 日、11 日、12 日、26 日、29 日，降尺度模拟数据的聚集比例峰值较 ECV_C 有轻微后移现象。

7.2.2　站点实测验证

由于土壤水分站点实测网络监测时间周期有限，为了在时空尺度契合本章的研究内容，选取分别位于罗马尼亚和波兰的 RSMN（Al-Yaari et al., 2017）及 BIEBRZA（Usowicz et al., 2013）土壤水分监测网络开展验证评价。

罗马尼亚位于典型温带大陆性气候区，秋季温凉干爽，平均温度 15 ~ 17℃。农业对罗马尼亚 GDP 贡献率约 8%，全域式地表土壤水分动态变化监测

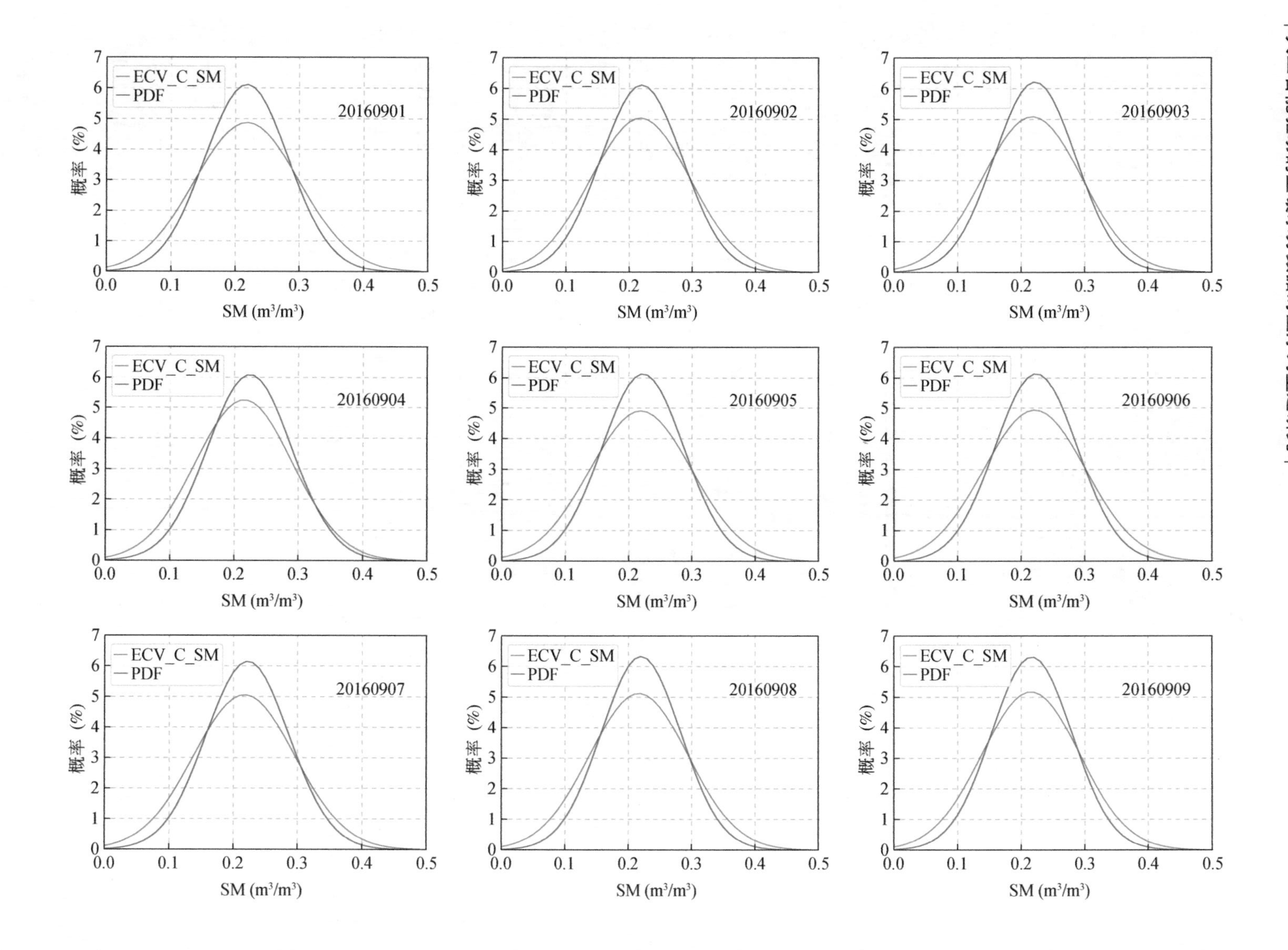
ECV_C_SM
PDF
20160901
20160902
20160903
20160904
20160905
20160906
20160907
20160908
20160909
概率 (%)
SM (m³/m³)

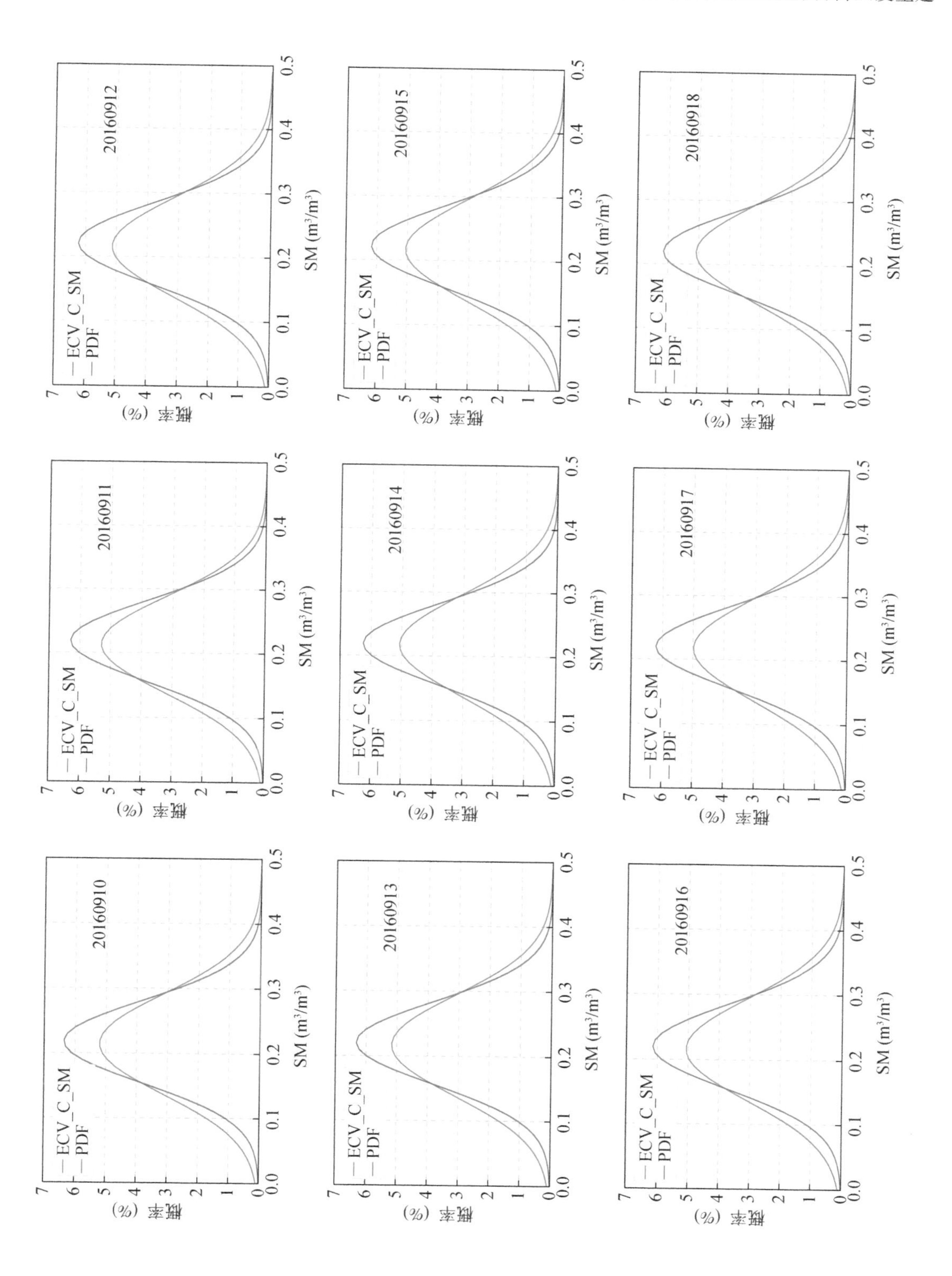
20160910
20160911
20160912
20160913
20160914
20160915
20160916
20160917
20160918
ECV_C_SM
PDF
概率（%）
SM (m³/m³)

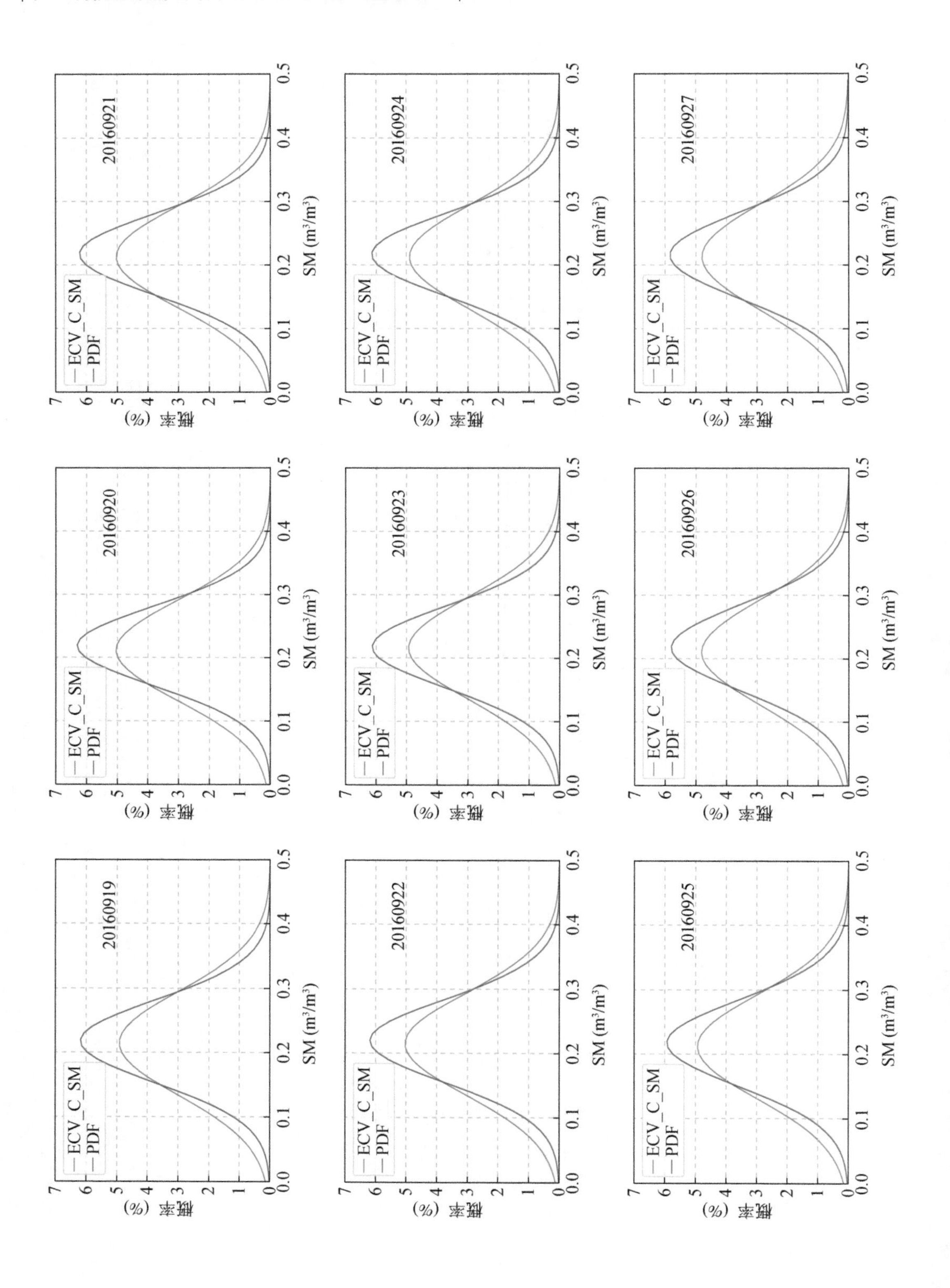
20160919
20160920
20160921
20160922
20160923
20160924
20160925
20160926
20160927
ECV_C_SM
PDF
概率 (%)
SM (m^3/m^3)

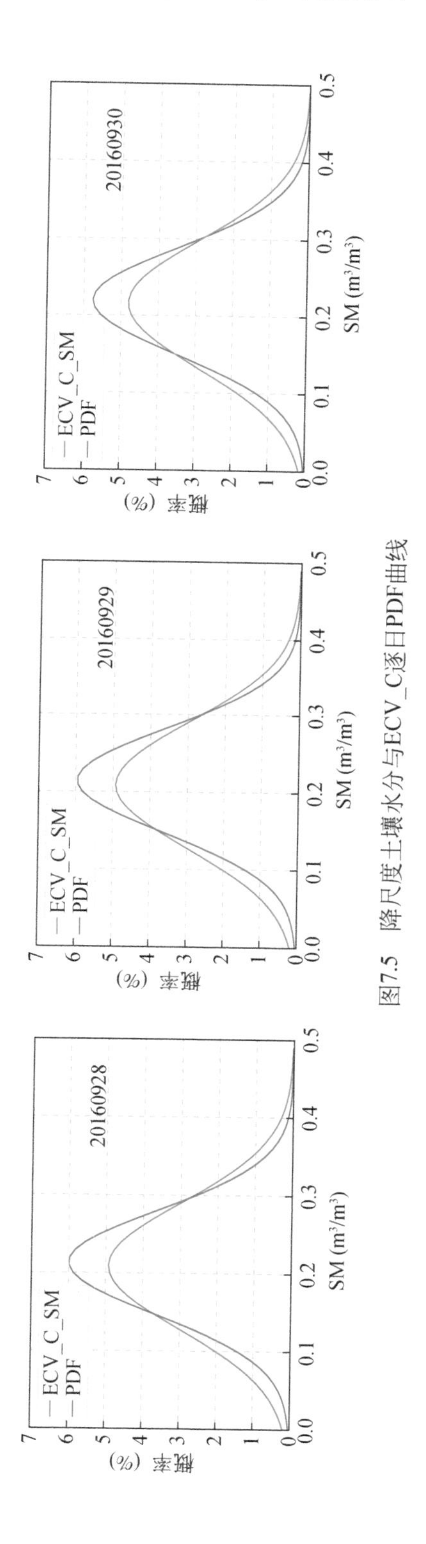

图7.5 降尺度土壤水分与ECV_C逐日PDF曲线

对水文灾害预警与管控起到关键作用，故此罗马尼亚有关部门建立土壤水分地面监测网为卫星反演土壤水分产品在罗马尼亚的应用奠定基础。RSMN 测站空间分布稀疏，如图 7.6 所示。表 7.1 和图 7.7 分别以表格和散点图的形式表达各测站的验证结果，结果显示卫星反演及降尺度模拟土壤水分数据轻度高估了实测值，多数测站降尺度模拟土壤水分与 ECV_C 取值一致性较高，其中偏差、均方根误差高于 ECV_C，相关系数、无偏差均方根误差低于 ECV_C。

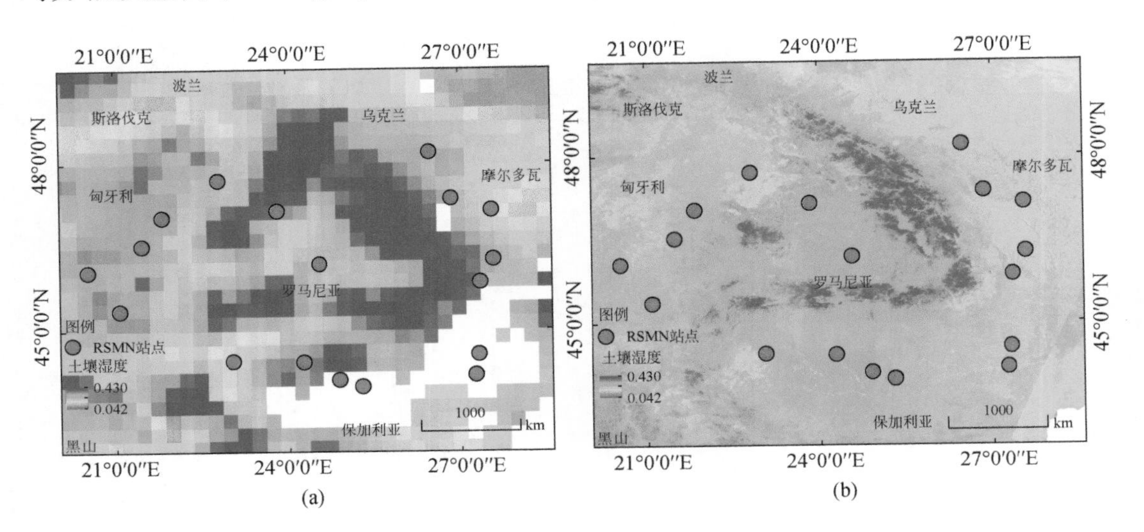

图 7.6　RSMN 土壤水分实测网络站点在（a）原始 ECV_C、（b）1km 降尺度土壤水分中的分布情况

单位：m^3/m^3

表 7.1　RSMN 土壤水分实测网络参数评价结果

测站 ID	降尺度土壤水分产品				ECV_C			
	Bias (m^3/m^3)	R	RMSE (m^3/m^3)	ubRMSD (m^3/m^3)	Bias (m^3/m^3)	R	RMSE (m^3/m^3)	ubRMSD (m^3/m^3)
01	0. 107	0. 908	0. 109	0. 023	0. 094	0. 914	0. 097	0. 024
02	0. 022	0. 535	0. 050	0. 045	-0. 002	0. 602	0. 042	0. 041
03	0. 009	0. 750	0. 024	0. 022	0. 037	0. 847	0. 043	0. 020
04	0. 095	0. 809	0. 096	0. 014	0. 081	0. 873	0. 092	0. 045
05	0. 082	0. 683	0. 087	0. 030	0. 054	0. 758	0. 075	0. 052
06	0. 096	0. 522	0. 101	0. 033	0. 112	0. 549	0. 115	0. 027
07	0. 091	0. 601	0. 094	0. 023	0. 048	0. 869	0. 060	0. 036
08	0. 084	0. 721	0. 086	0. 019	0. 084	0. 850	0. 097	0. 048
09	0. 018	0. 522	0. 032	0. 026	0	0. 559	0. 052	0. 052
10	0. 070	0. 684	0. 075	0. 029	0. 047	0. 537	0. 059	0. 036

续表

测站 ID	降尺度土壤水分产品				ECV_C			
	Bias (m^3/m^3)	R	RMSE (m^3/m^3)	ubRMSD (m^3/m^3)	Bias (m^3/m^3)	R	RMSE (m^3/m^3)	ubRMSD (m^3/m^3)
11	0.086	0.076	0.094	0.038	0.052	0.092	0.058	0.026
12	0.072	0.167	0.079	0.033	0.092	0.703	0.096	0.030
13	0.069	0.865	0.073	0.022	0.040	0.888	0.061	0.047
14	0.082	0.536	0.086	0.024	0.078	0.550	0.083	0.030
15	0.200	0.176	0.201	0.022	0.153	0.349	0.157	0.032
16	0.041	0.767	0.048	0.024	0.012	0.911	0.035	0.033
17	0.082	0.403	0.091	0.038	0.063	0.438	0.088	0.062
18	0.075	0.783	0.079	0.025	0.045	0.772	0.071	0.055
均值	0.077	0.584	0.084	0.027	0.061	0.670	0.077	0.039

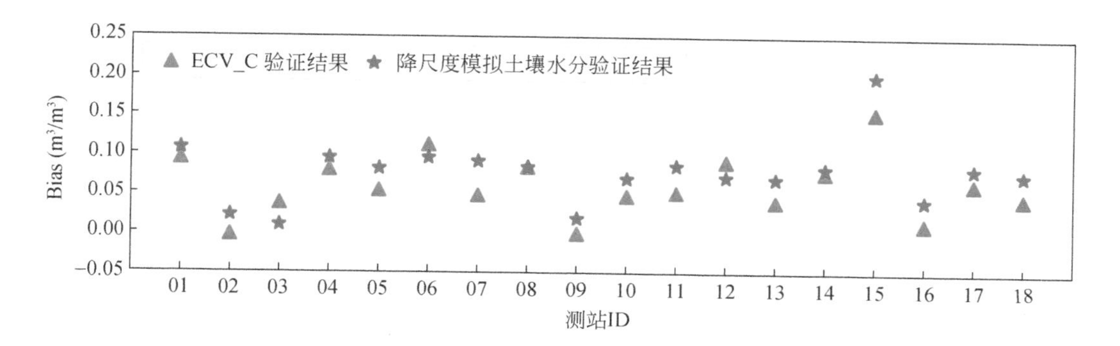

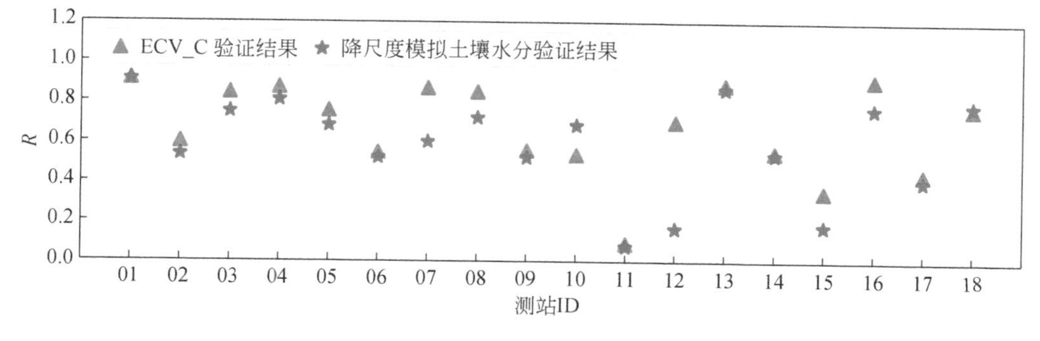

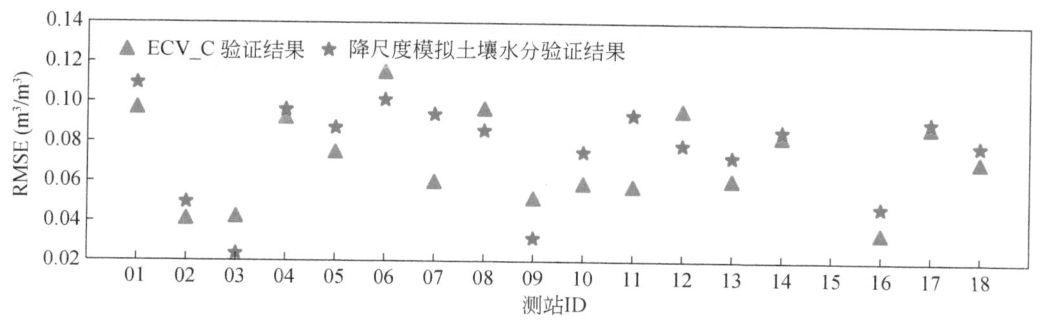

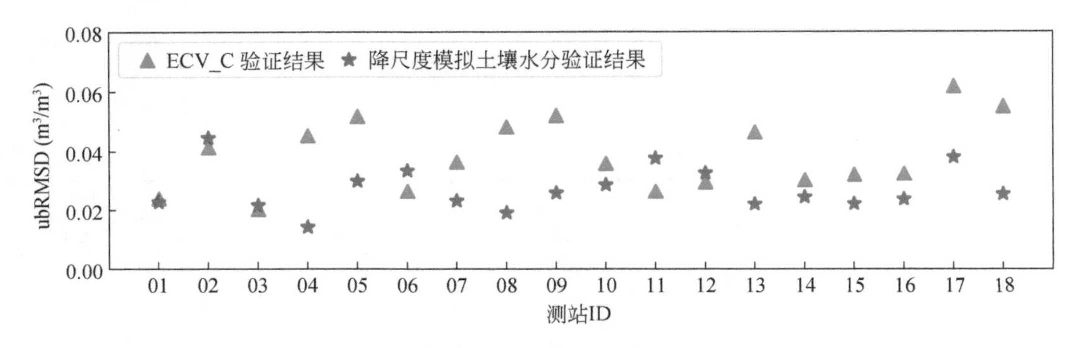

图 7.7 RSMN 土壤水分实测网络评价结果

BIEBRZA 地面监测网位于波兰东北部，属温带大陆性和海洋性之间的过渡地带阔叶林气候区，9 月气候凉爽，降水适中。测站分布密集，18 个点全部位于同一个 ECV_C 像元内 [图 7.8（a）]，在 1km 降尺度土壤水分产品中分布在 4 个栅格区域内 [图 7.8（b）]，因此首先将 18 个测站的依照空间位置分为四组，计算组内测站逐日算术平均数作为每组的土壤水分代表值。表 7.2 和图 7.9 为分组后的测站验证结果，多测站算数平均值验证结果稳定性显著提升，表现在降尺度数据与 ECV_C 在偏差、相关系数和均方根误差取值的高度接近。但土壤水分反演及模拟产品对实测数据低估，尤其是在 03、04 组测站上，偏差超过-0.3 m^3/m^3，反映原始数据的不稳定性直接限制了模拟数据的精度优化能力。

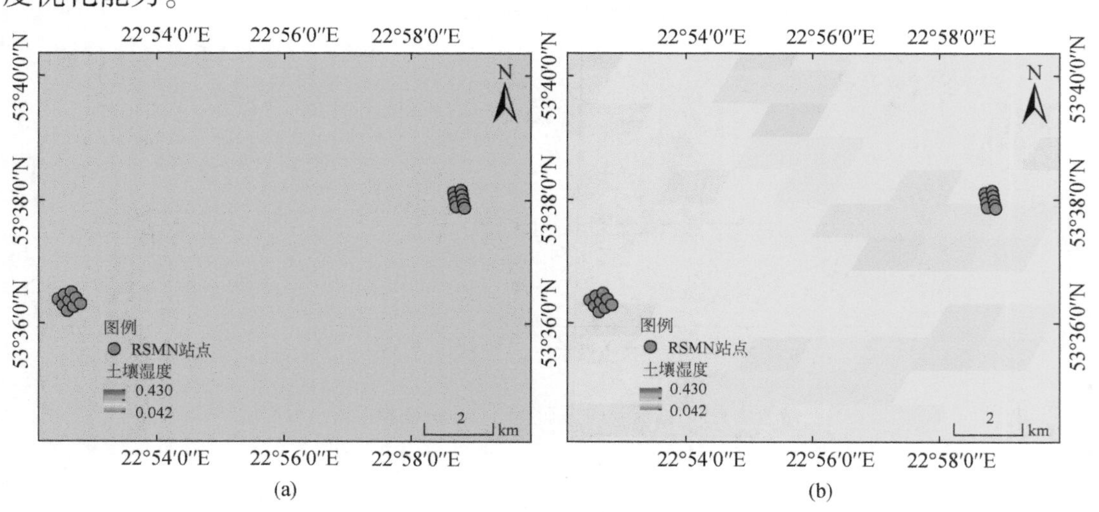

图 7.8 BIEBRZA 土壤水分实测网络站点在（a）原始 ECV_C、（b）1km 降尺度土壤水分中的分布情况 m^3/m^3

表 7.2　BIEBRZA 土壤水分实测网络参数评价结果

测站 ID	降尺度土壤水分产品				ECV_C			
	Bias (m^3/m^3)	R	RMSE (m^3/m^3)	ubRMSD (m^3/m^3)	Bias (m^3/m^3)	R	RMSE (m^3/m^3)	ubRMSD (m^3/m^3)
01	−0.119	0.654	0.120	0.016	−0.106	0.584	0.110	0.029
02	−0.125	0.604	0.126	0.018	−0.111	0.606	0.115	0.028
03	−0.381	0.579	0.382	0.017	−0.376	0.557	0.377	0.030
04	−0.378	0.528	0.379	0.017	−0.370	0.581	0.371	0.029
均值	−0.251	0.591	0.252	0.017	−0.241	0.582	0.243	0.029

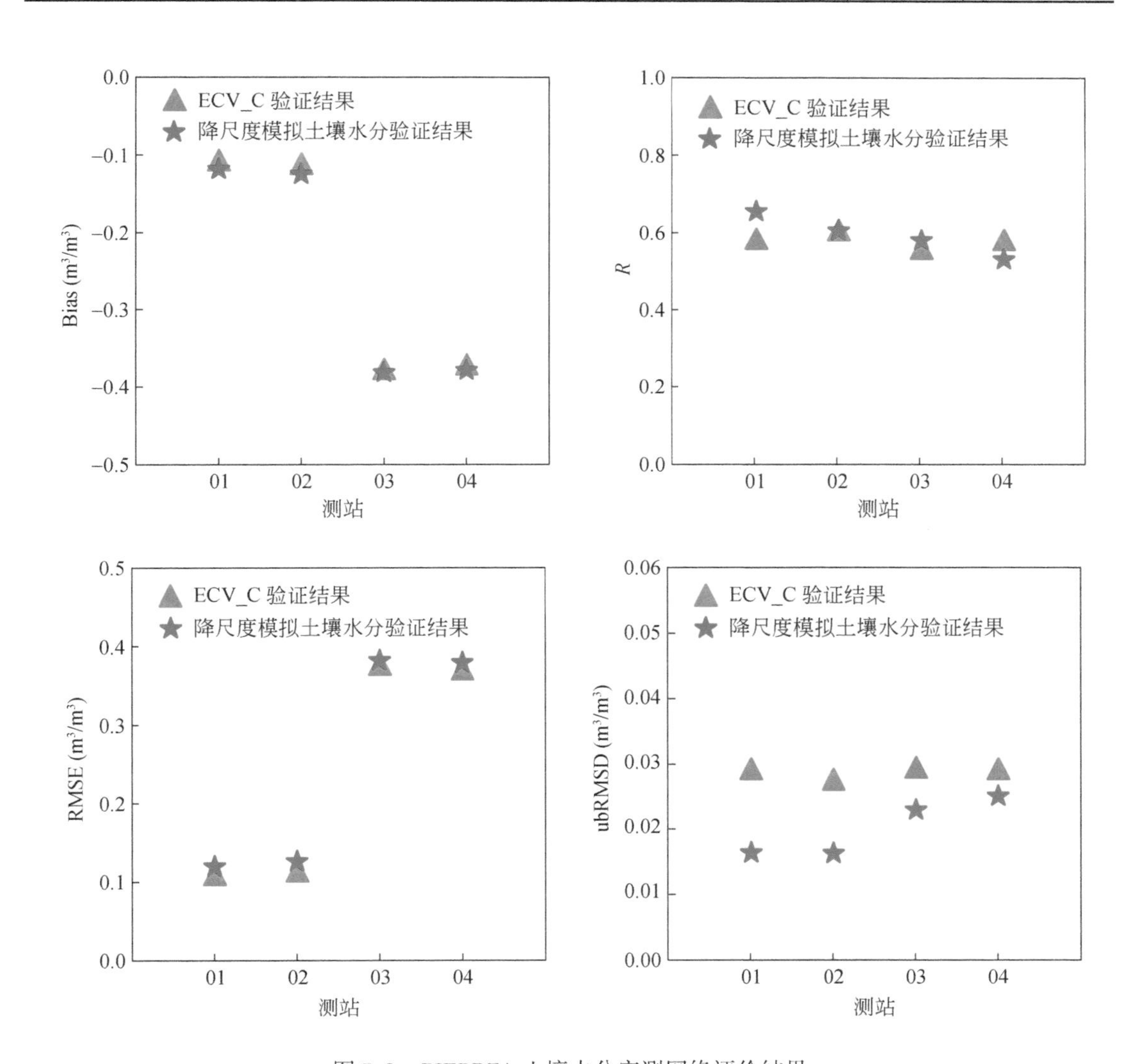

图 7.9　BIEBRZA 土壤水分实测网络评价结果

7.3 土壤水分降尺度产品时空分布特征

亚洲和欧洲、非洲部分地区地表土壤水分分布呈现由沿海到内陆、从低纬到高纬逐渐降低的水平地带性规律。土壤水分降尺度产品存在分幅异质性，一方面是源自多传感器土壤水分数据融合的 ECV_C 验证结果本身的空间取值条带性分布现象；另一方面是由于降尺度重建过程中采用 MODIS 标准行列号分幅对 1km 分辨率上 1.44×10^6 个栅格像元建模回归，因此拼接后的数据出现幅与幅间的差别。本研究尝试将分幅数据先拼接再用 RF 建模降尺度，但拼接后单次模拟运算数值个数超过 5×10^{10}，超出计算机运行能力。

土壤湿润区主要集中于中国的长江中下游平原及其以南的地区，以及马来西亚、泰国、新加坡、菲律宾、老挝、缅甸、越南、柬埔寨、印度尼西亚、印度、文莱、东帝汶、尼泊尔、不丹、孟加拉国等东南亚和南亚的部分国家。受海陆热力差异，这些地区 9 月盛行由海洋吹向陆地的湿润东南季风。热带季风和热带雨林地区还叠加受到印度洋西南季风的影响，产生大量的亚热带/热带气旋雨，有时甚至引发洪水，土壤水分含量非常高（$>0.30m^3/m^3$），植被丰茂。土壤水分低值区多位于塔里木盆地、准噶尔盆地、昆仑山脉、天山山脉、阿尔泰山脉、蒙古高原、伊朗高原、图兰平原、阿拉伯半岛等地，这些地区深居内陆，受高大山脉阻隔海洋湿润气流无法到达，降水量不足，内陆河流灌溉辐射范围有限。气候在平坦开阔区呈温带大陆性，在地形地势复杂区为高原山地气候。另外，埃及属于热带沙漠气候，具备显著的干燥属性，地表植被覆盖稀少，土壤水分不足 $0.15m^3/m^3$。土壤水分取值 $0.15\sim0.30m^3/m^3$，主要分布在中国的东北平原、华北平原、青藏高原，以及东欧平原、西西伯利亚平原、中西伯利亚高原和东西伯利亚山地，行政区划范围主要涵盖中国北、中、西部省市自治区和“一带一路”沿线的欧洲各国。其中，中国的东北平原、华北平原、青藏高原分别属亚寒带季风性气候、温带季风气候和高原山地气候，“一带一路”沿线的欧洲各国属温带大陆性气候。与干旱地区相比，该区未受到高大山脉的水汽阻隔，降水量表现出一定的季相节律变化特征，9 月受来自海洋的湿润气流影响，降水增多，土壤水分增大。

纵观全局，“一带一路”沿线部分区域土壤水分变幅大，区域地带性差异明显，昭示了复杂多变的下垫面特征、水热交换方式与综合自然地理环境。因此，需要因地制宜、因时制宜地进行区位选择、开展国际经济与贸易合作。此外，中国地域辽阔，疆域包含了自平原至青藏高原、从寒带到热带、从沿海到内陆的复杂类型组合生态环境。相应地，土壤水分也涵盖从极干燥到极湿润的所有情形。2017 年，中国第一产业农业增加值占全年 GDP 的 7.9%。作为农业大国，粮食产量安全问题始终是关乎国家自立、社会稳定和经济持续发展的全局性重大战略问题（聂英，2015；李文娟等，2010；姜长云，2012；王丹，2009）。因此，开展精细尺度的地表土壤水分构建，对研究我国的气候环境变化、季相节律特征、农作物地域宜植性分析、农作物估产、农田灌溉等具有深刻的数据支撑意义。

7.4 本章小结

本章针对亚洲和欧洲、非洲部分地区超过 5000 万 km^2 的国家和地区采用 RF 算法基于 2016 年 9 月 ECV_C 数据开展逐日 1km 分辨率土壤水分降尺度模拟和验证、分析。得到结论如下。

（1）1km 分辨率逐日土壤水分降尺度模拟数据不仅实现了土壤水分中高分辨率全域式连续覆盖，且降尺度重采样数据经相关系数、误差空间验证和 PDF 曲线比对均与原始 ECV_C 取得了高度一致性。

（2）经稀疏测站网络 RSMN 和密集测站网络 BIEBRZA 验证，“一带一路”沿线部分地区降尺度模拟数据能够精细反映土壤水分实测数据的时空演化趋势，印证了降尺度土壤水分数据在开展大范围长期农业及生态环境领域监测的实际应用价值。

（3）“一带一路”沿线部分地区地表土壤水分在 2016 年 9 月是水平地带复杂性和月旬取值稳定性的综合体，需要因地制宜、因时制宜地进行区位选择、开展国际经济与贸易合作。

（4）中国疆域包含了地表土壤水分从极干燥至极湿润的所有情形，开展精细尺度的地表土壤水分模拟构建对于保障我国生态环境平衡、水资源监控与调度、粮食生产安全、社会经济稳定发展具有不可或缺的全局战略意义。

第8章 风云卫星土壤水分数据真实性验证分析研究

8.1 风云卫星系列土壤水分产品

风云系列卫星由中国气象局国家卫星气象中心研制发射，对全球地表气象环境要素进行实时监测，其中风云3B、3C卫星携带的高敏感度微波辐射计MWRI在10.65GHz频段获取的微波信号用于反演全球日尺度土壤水分，空间分辨率为25km。风云3B在13：40地方时升轨、在1：40地方时降轨扫描地表；风云3C在22：00地方时升轨、在10：00地方时降轨（Zou et al.，2013；Bao et al.，2014；Cui et al.，2016；Cui et al.，2017；Liu et al.，2021）。尽管风云系列土壤水分在全球范围内采用相同的算法得出，但从下垫面属性来看，数据精度可能存在明显的区域异质性，即在多种水热组合和土地覆盖类型之间存在明显差异。此外，土壤水分实时波动性导致不同过境时刻反演的数据在日尺度代表性上存在差异。因此，本章对风云3B、3C升降轨土壤水分数据在不同下垫面下进行系统评估，土壤水分数据从国家卫星气象中心-风云卫星遥感数据服务网（http：//satellite. nsmc. org. cn）获取。

8.2 站点实测数据

本章研究选取了4个具有稳定长时间序列实测数据和具有代表性自然地理背景的土壤水分监测网。如图8.1所示，LWW（Little Washita Watershed）网络位于美国大平原地区的俄克拉何马州西南部（Chen et al.，2017）；REMEDHUS网络位于伊比利亚半岛北部（Peng et al.，2015）；CTP_SMTMN

（青藏高原土壤湿度温度监测网）位于那曲盆地，地势平坦，山峦起伏，平均海拔为4500m（Su et al.，2011）；OZNET 网络位于澳大利亚东南部的山区和沿海平原（Mei et al.，2017）。这4个严格设计的网络因其可靠的数据质量和在土壤水分评价、水文模型定标中的广泛应用而得到认可。CTP_SMTMN 在理解青藏高原土壤水分变化方面发挥了关键作用，而青藏高原是北半球气候变化的调节器。LWW 和 REMEDHUS 网络都分布在种植区，但气候类型完全不同。系统阐明作物种植区的季节性土壤水分演变规律具有关键应用意义。采用 OZNET 网络来明确风云3号卫星获取到的南半球土壤水分产品的质量。图8.2为本章研究中使用的风云土壤水分数据和站点实测值的时间段。

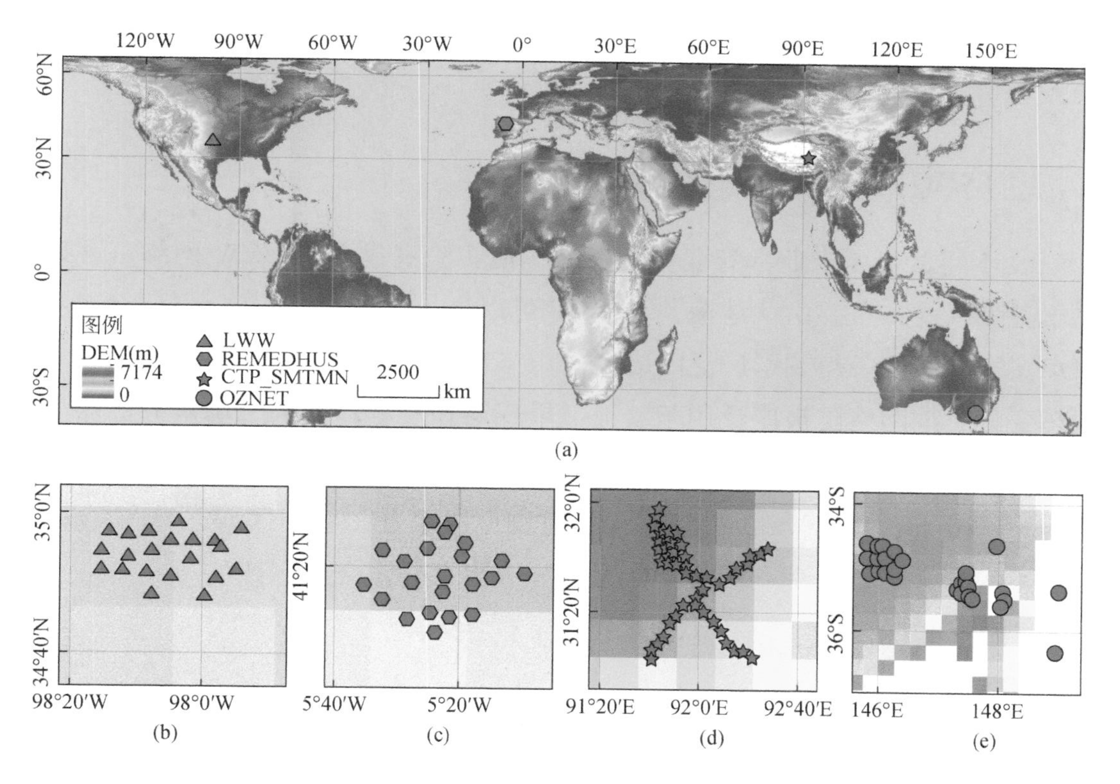

图8.1　(a) LWW、REMEDHUS、CTP_SMTMN、OZNET 地面监测网络空间分布 (a) 和 LWW (b)、REMEDHUS (c)、CTP_SMTMN (d)、OZNET (e) 监测网的站点分布情况
格网表示风云土壤水分像元

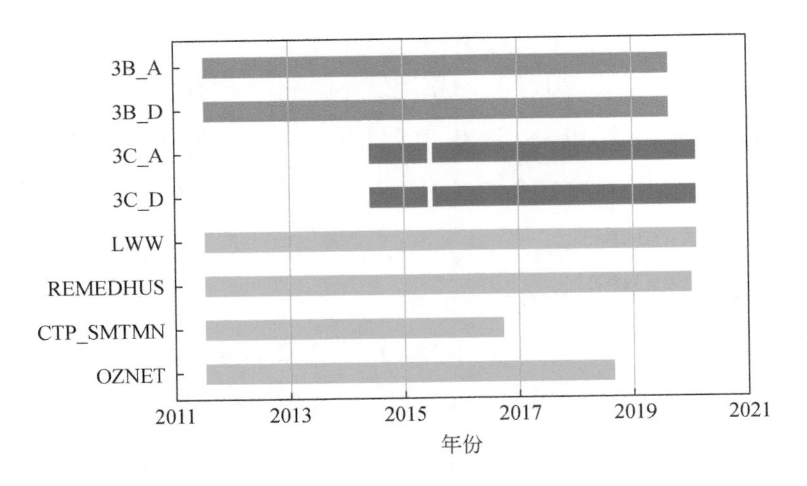

图 8.2 风云土壤水分与站点实测数据时间监测范围

3B-A 为风云 3B 升轨，3B-D 为风云 3B 降轨，3C-A 为风云 3C 升轨，3C-D 为风云 3C 降轨

1. LWW 网络

1961 年，美国农业部农业研究局牧草地实验室建立了 LWW 网络。该地区属于温带气候，主要由草地覆盖。LWW 可以提供有价值的土壤水分测量数据，在水文气象研究中得到了广泛的应用。由于在地势平坦地区具有显著的季节性动态变化，该网络已被广泛用于验证卫星反演和尺度转换的土壤水分产品的质量。该网络有 20 个密集分布的站点，每 5 分钟监测一次气象条件和土壤水分。在 5cm、10cm、15cm、30cm 地表深处监测土壤水分，鉴于 X 波段 MWRI 微波穿透力限制，本章研究利用 LWW 的 5cm 土壤水分记录进行评估。

2. REMEDHUS 网络

REMEDHUS 所处的区域具有典型的温带海洋性气候，降水充足，该区域的最高和最低海拔分别约为 900m 和 700m。由于降雨主要集中在冬季，土壤水分相对来说在冬季较高，在夏季较低。REMEDHUS 网络目前有 24 个站点，本章研究利用了其中 22 个具有较长时间序列数据记录的站点，大部分站点布置在农田中。自 2005 年起，REMEDHUS 网络通过水文探测仪每小时测量 0 ~ 5cm 深处的土壤水分。除了应用于土壤水分真实性检验外，该网络还被广泛用于水文模型的校准。

3. CTP_SMTMN 网络

CTP_SMTMN 网络位于青藏高原中部，57 个站点均布设在高山草甸上，通过 EC-TM 和 5TM 电容探头监测 0 ~ 5cm、10cm、20cm 和 40cm 深处的土壤水分。本章研究采用 0 ~ 5cm 处测得的土壤水分进行评价。考虑到青藏高原气候的特殊性和生态的脆弱性，CTP_SMTMN 网络一直被当作验证各种土壤水分产品精度水平的关键区域。因此，选取风云土壤水分数据来系统验证风云土壤水分数据在刻画表达青藏高原土壤水分方面的适用性。

4. OZNET 网络

OZNET 是一个稀疏分布的土壤水分和气象水文监测网络，位于澳大利亚东南部马兰比吉河流域的海洋季风气候区。在这个网络的 27 个站点中，有 24 个位于海拔 500m 以下，其他 3 个站点位于海拔 500 ~ 1000m。在 0 ~ 5cm、0 ~ 30cm、30 ~ 60cm、60 ~ 90cm 深度监测每小时土壤水分，这里采用 0 ~ 5cm 土壤水分数据进行研究。OZNET 网络通过对土壤水分、土壤温度和降水的连续测量，极大地促进了对南半球地表水文特征和生态状况的深入分析。因此，选取 OZNET 网络实际测量值作为理论真值，评估风云土壤水分数据在南半球的表现。

8.3　真实性验证分析方法

本章评估了风云 3B 和 3C 卫星升轨和降轨土壤水分产品在不同下垫面的精度水平。为了客观系统地开展评价，采用相关系数（R）、偏差（Bias）、均方根误差（RMSE）、无偏均方根误差（ubRMSD）共同验证数据真实性。R 是统计学家卡尔·皮尔逊设计的一个统计指数，它是衡量变量之间线性相关的有效指标；Bias 是通过正/负值来精确描述高估/低估的程度；RMSE 可以量化预测的离散程度；ubRMSD 表示卫星反演数据和实测值之间的标准差。因此，可以结合四种误差指标来全面分析风云卫星土壤水分在不同下垫面的拟合精度质量水平。在本章研究中，R 用来衡量两个数据集之间的时间动态一致性。因此，当风云卫星土壤水分数据能够准确拟合实测数据季节性波动时，预计 R 值较高。Bias 通过正负值来描述误差状况，RMSE 反映了偏差程度，一个准确的卫星土壤水分的 Bias 和 RMSE 应尽可能接近于零。ubRMSD 描绘了风云卫星土壤水分与实际测量结果之间的概率密度分布差异。各误差参数计算公式如下：

$$R = \frac{\sum_{i=1}^{n}(Y_i - Y)(X_i - \overline{X})}{\sqrt{\sum_{i=1}^{n}(Y_i - Y)^2}\sqrt{\sum_{i=1}^{n}(X_i - \overline{X})^2}} \tag{8.1}$$

$$\text{Bias} = \frac{\sum_{i=1}^{n} X_i - \sum_{i=1}^{n} Y_i}{n} \tag{8.2}$$

$$\text{RMSE} = \sqrt{\frac{\sum_{i=1}^{n}(Y_i - X_i)^2}{n}} \tag{8.3}$$

$$\text{ubRMSD} = \sqrt{\frac{\sum_{i=1}^{n}\left[(X_i - \overline{X}) - (Y_i - \overline{Y})\right]^2}{n}} \tag{8.4}$$

式中，X_i、$\overline{X}$、Y_i、$\overline{Y}$ 分别为在像元 i 处的风云卫星土壤水分取值、所有风云卫星土壤水分算术平均值、i 站点的实测值、所有站点的实测平均值。

除了与地表实测值进行精度验证外，本章研究还利用互相关系数来证明降水过程与土壤水分相关性的时间变化。互相关系数的计算公式如下所示：

$$\text{Cross correlation} = \sum_{n} x[n+k] \times y^{*}[n] \tag{8.5}$$

式中，x 为土壤水分；y^{*} 为降水复共轭；n 为 x 数组长度；k 为滞后天数。

8.4 结　论

8.4.1 时空完整性

对数据时空序列完整性进行分析，结果如图 8.3、图 8.4 所示，各卫星数据时空覆盖率大致相似，高空间覆盖率集中于中低纬度地势起伏平缓植被覆盖适中区域，如非洲、澳大利亚、印度、欧洲西部、中国东部、美国中部和阿根廷，低空间覆盖率主要集中于高纬度和高海拔地区，如青藏高原、巴西高原、加拿大与西伯利亚，该区地表因低温而长期被冰雪覆盖或处于冻土状态。数据时间序列覆盖率呈现显著的季节周期演化趋势，高密度观测区集中于夏季的20°N～60°N 和 20°S～50°S 地带。受不规律辐射传输干扰和植被冠层状态的影响，覆盖率呈现年际不规则变化，其中风云 3C 数据在 2015 年 6 月由于传感器技术问题出现空值条带。

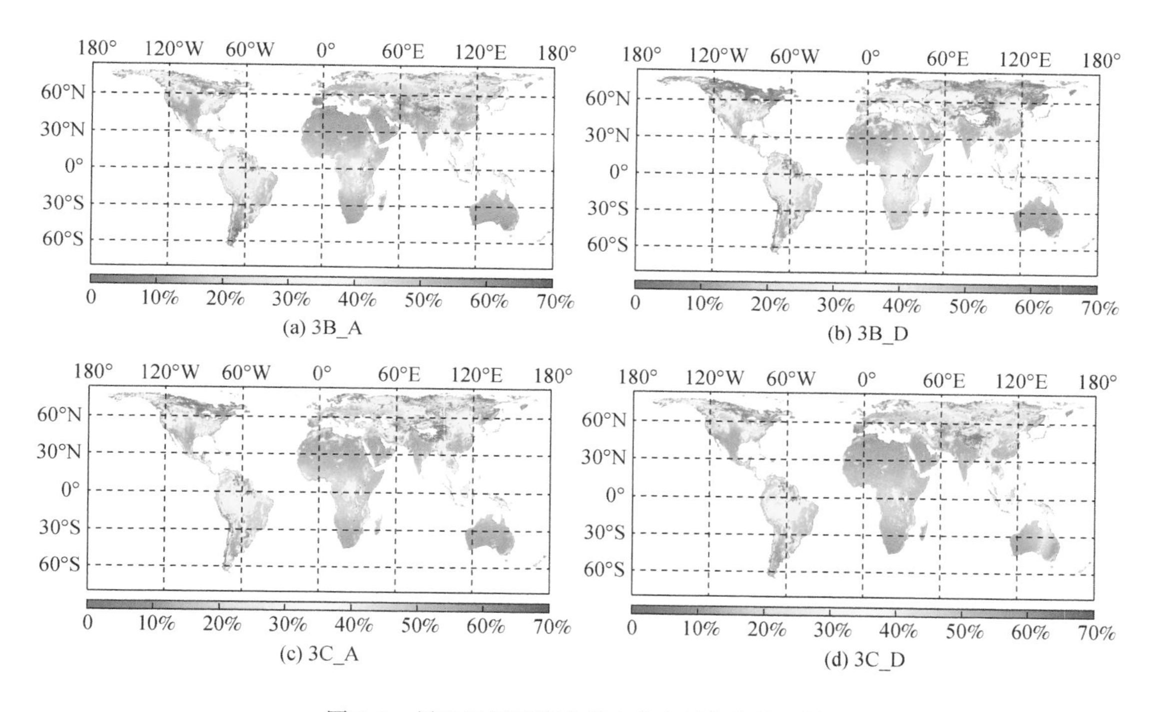

图 8.3　风云卫星系列土壤水分空间完整性比例

8.4.2　站点精度验证

基于站点实测值的验证评价是分析数据精度的基础。表 8.1 列出了各实测网络的有效监测天数，LWW 有效天数最多，CTP_SMTMN 有效监测天数最少。由于青藏高原地区昼夜温差显著，夜间气温常降至 0℃ 以下，微波无法获取液态水回波信号，因此夜间过境获取的土壤水分数据稀少，白天过境获取的土壤

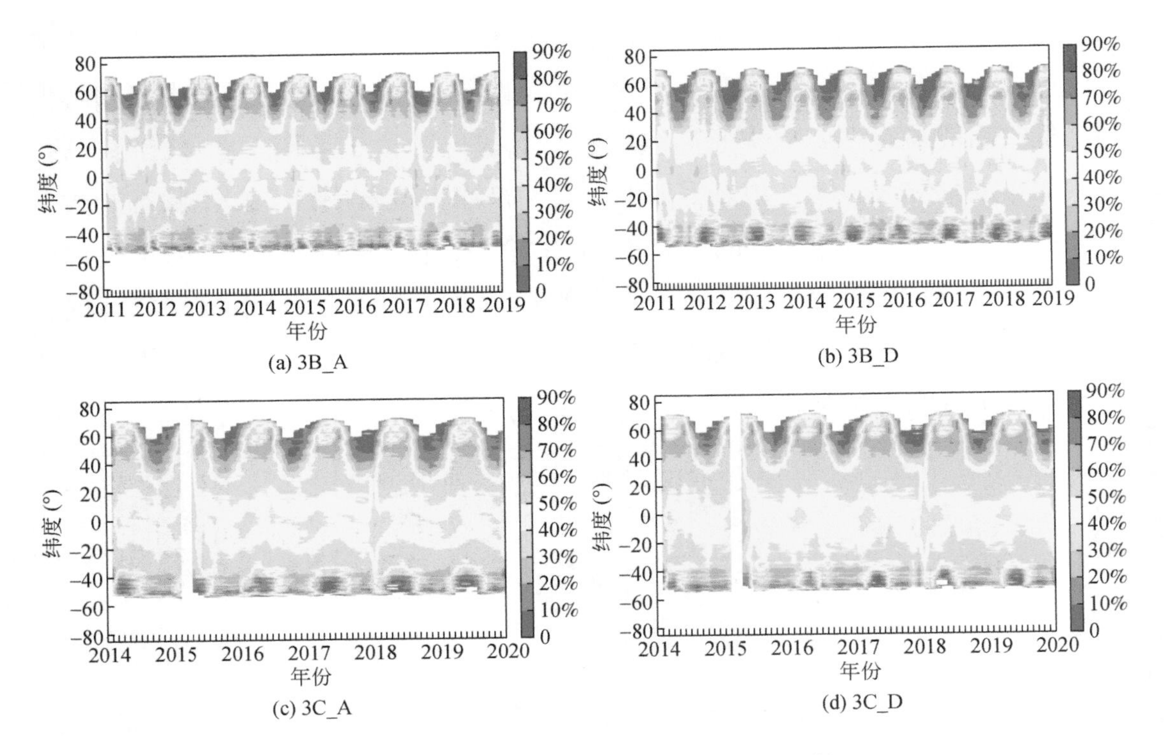

(a) 3B_A (b) 3B_D

(c) 3C_A (d) 3C_D

图 8.4 风云卫星系列土壤水分时间完整性比例

水分数据较为充足。

表 8.1 实测站点有效监测天数 (单位：天)

卫星产品	LWW	REMEDHUS	CTP_SMTMN	OZNET
升轨风云 3B	1646	1405	514	717
降轨风云 3B	1365	696	32	644
升轨风云 3C	1036	963	81	529
降轨风云 3C	1090	1126	238	547

如图 8.5～图 8.8 所示，各实测网络的精度指标呈现出区域差异，LWW、REMEDHUS 和 CTP_SMTMN 均取得较高的 R 和较低的 RMSE，除 REMEDHUS 外其他网络均表现为高估状态。在南半球 OZNET，数据偏差较大、拟合度较低，卫星数据难以准确刻画实际的土壤水分取值和演化趋势，表明风云卫星在南半球的监测精度有待提升。综上，风云卫星数据能够准确反映极地气候区的土壤水分演化趋势，在 REMEDHUS 区域误差最小、真实水平最高，在降水充

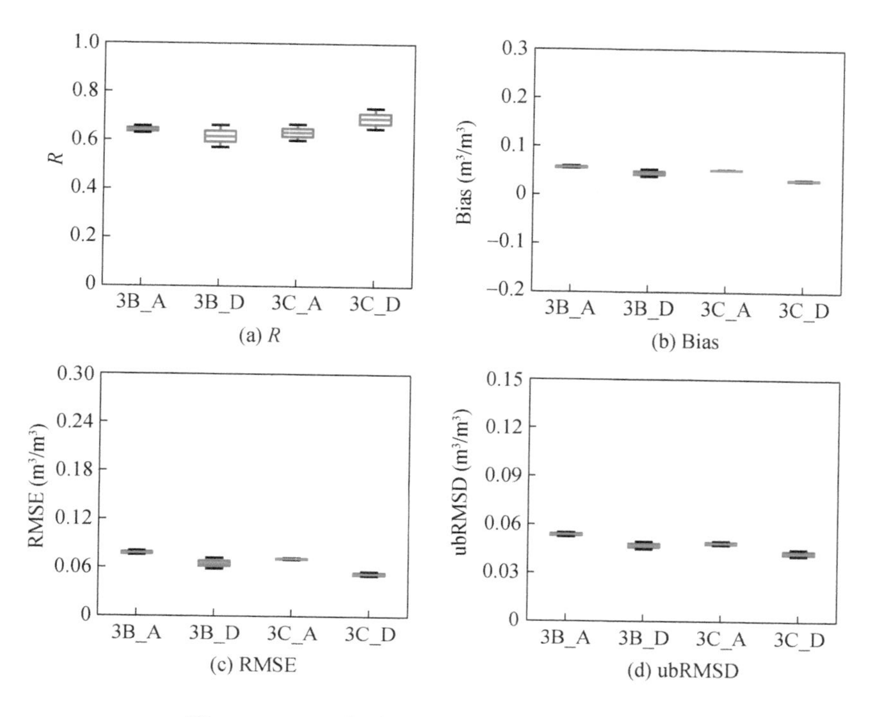

图 8.5　LWW 监测网验证精度误差参数盒须图

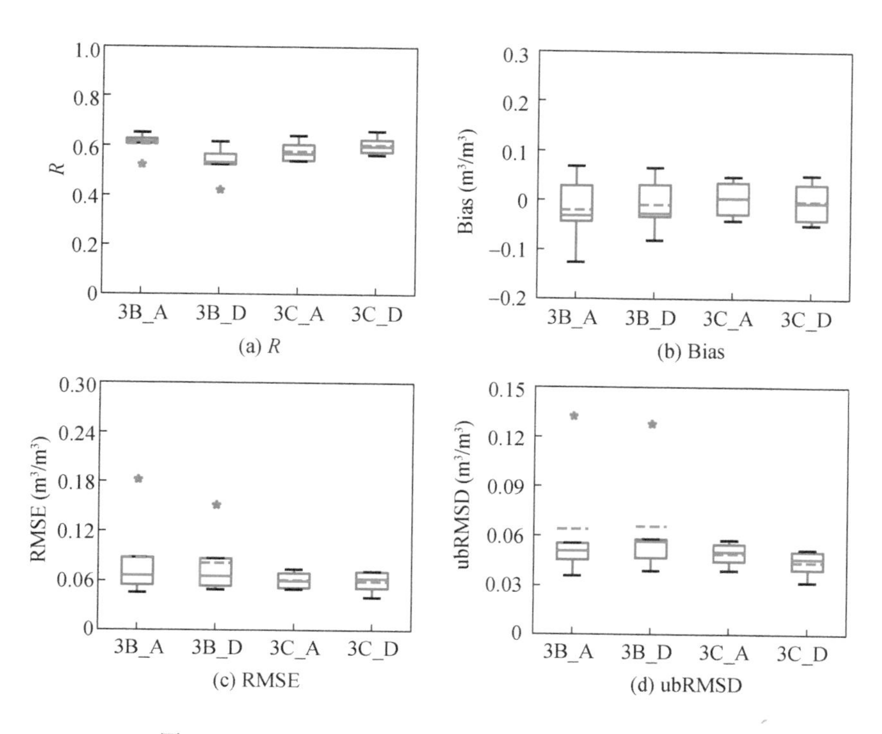

图 8.6　REMEDHUS 监测网验证精度误差参数盒须图

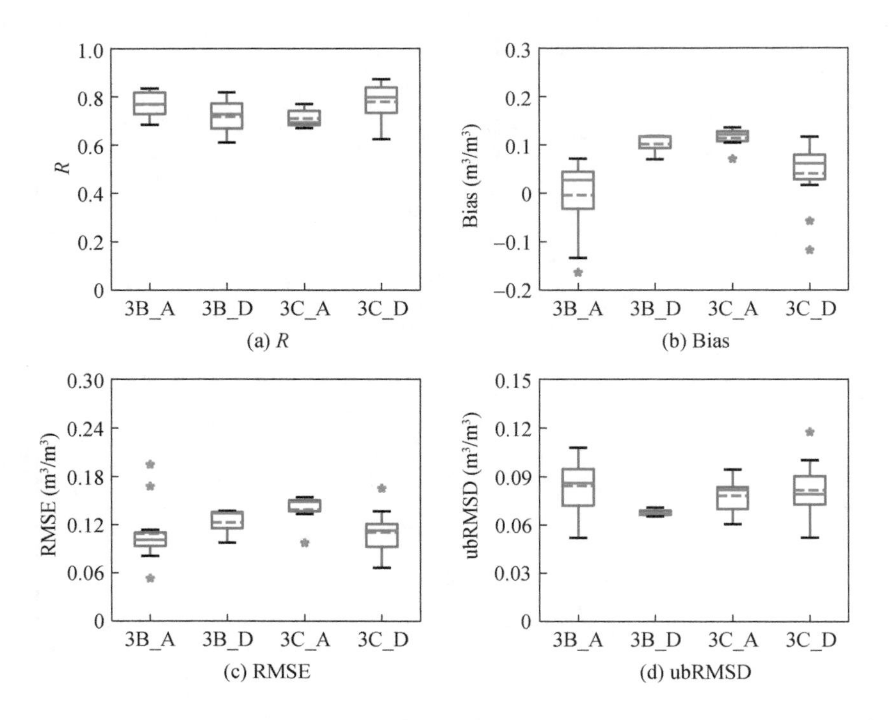

图 8.7　CTP_SMTMN 监测网验证精度误差参数盒须图

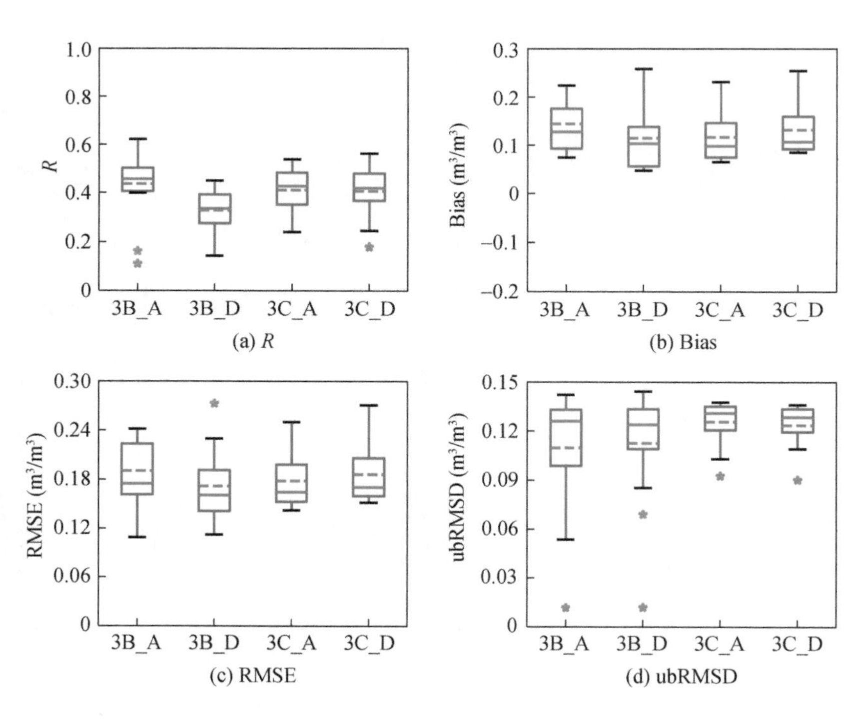

图 8.8　OZNET 监测网验证精度误差参数盒须图

沛的温带气候区 LWW 表现为明显高估，而在 OZNET 精度较低、难以有效表达土壤水分真实情况。

所有数据均来源于相同的 X 波段微波信号和反演算法，各数据之间的精度差异主要源于不同的过境时间。验证结果表明，日间过境的数据精度明显好于夜间。但是，从土壤水分反演算法模型来看，地表和植被冠层在夜间的温度更相近，理论上精度应更高；但实际上，白天植被在高温的促进下变得更加透明，因此提升了回波信号精度，反演的数据可信度更高。

8.4.3 地表参数误差相关性分析

NDVI 和 LST 是与土壤水分紧密耦合相关的地表参数。植被根部从土壤中吸收水分进行蒸腾和光合作用，导致土壤水分减少。同时，由于土壤干燥导致水分阻力增加，净光合速率和蒸腾速率下降。NDVI 与叶绿素含量息息相关，即 NDVI 值越高，反映植被冠层的光合能力越强，而 NDVI 值越低，则代表叶绿素含量降低。当可供植被利用的根系土壤水分耗尽时，蒸发量和光合作用都会减少，植被表面的温度也会升高。NDVI 和 LST 与土壤水分关系密切，已被广泛用于土壤湿度模拟和干旱监测。因此，推测风云 3 号土壤水分精度与这两个地表参数之间可能存在潜在联系。图 8.9 和图 8.10 显示了土壤水分数据 Bias 与 NDVI 和 LST 在各研究区域的散点图。在图 8.9 中，LWW 和 REMEDHUS 的相关系数并不显著，CTP_SMTMN 和 OZNET 中的 NDVI 与土壤水分 Bias 呈正相关，升轨数据 Bias 与 NDVI 的相关系数比相应降轨数据更显著。在自然条件下，数据 Bias 与 NDVI 呈现有规律的变化，而牧场和农田的人工干预（即灌溉和收割）会不同程度地干扰这种规律。植被冠层减弱了来自土壤表面的信号，降低了亮温对土壤湿度的敏感性。对不同植被覆盖类型的误差进行修正对于获取稳健和准确的土壤水分至关重要。就 LST 而言，在南半球研究区，相关分析显示 Bias 与 LST 之间存在负相关关系。因此，在对土壤水分反演中的扰动因子（植被和地表温度）进行严格、系统的修正后，特别是在 OZNET 和 CTP_SMTMN 区域，风云 3 号土壤水分的精度将进一步得到提高。

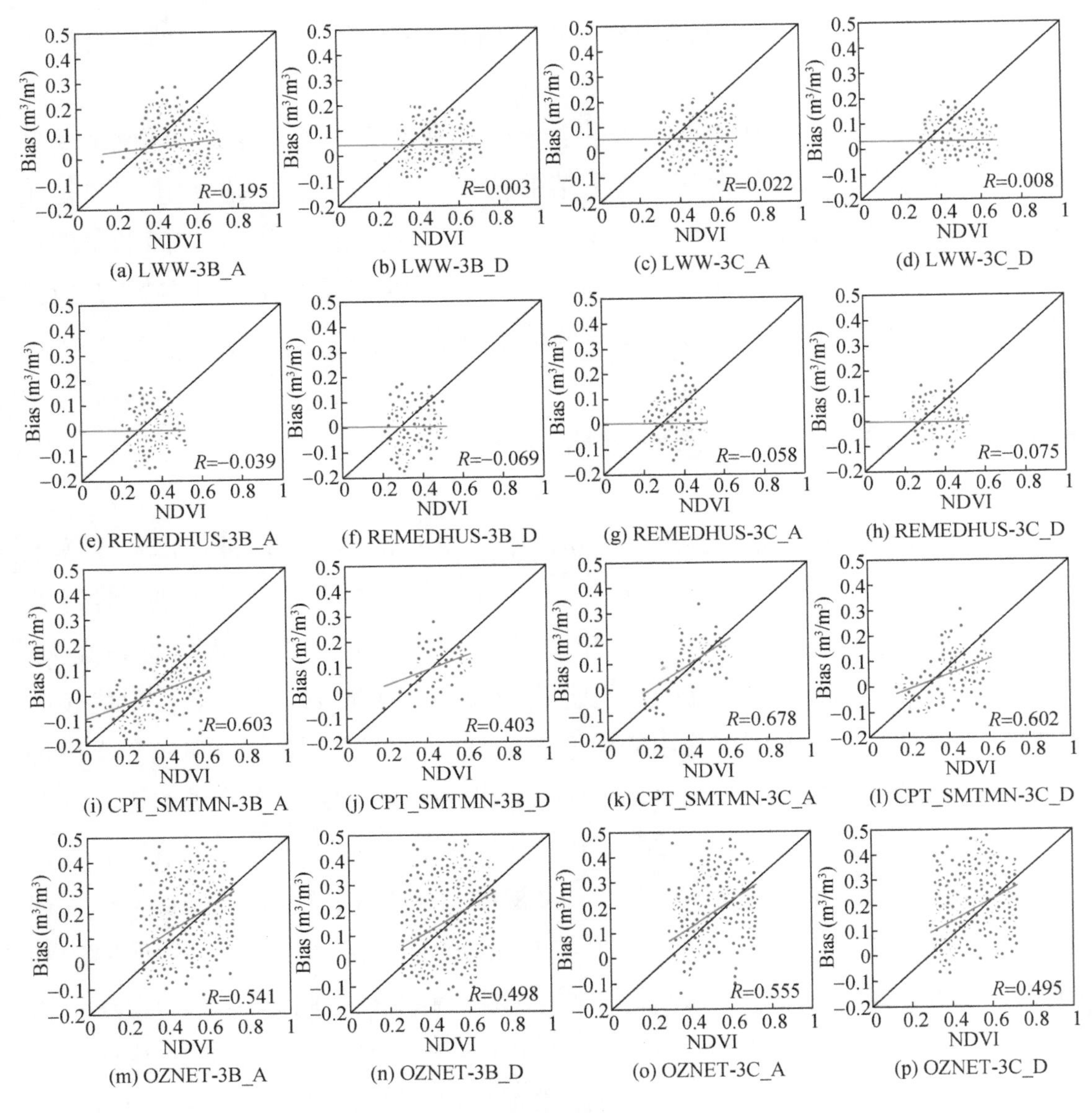

图 8.9 土壤水分 Bias 与 NDVI 散点图

8.4.4 土壤水分对降水和植被的时间记忆性分析

如图 8.11 所示，在蒸发和降水驱动下，土壤水分表现出明显的年际波动周期。但在 LWW 牧草区域，周期性规律性并不显著，这种现象主要与大量的人工灌溉有关。由于冰和液态水之间存在巨大的微波频谱差，卫星微波无法获

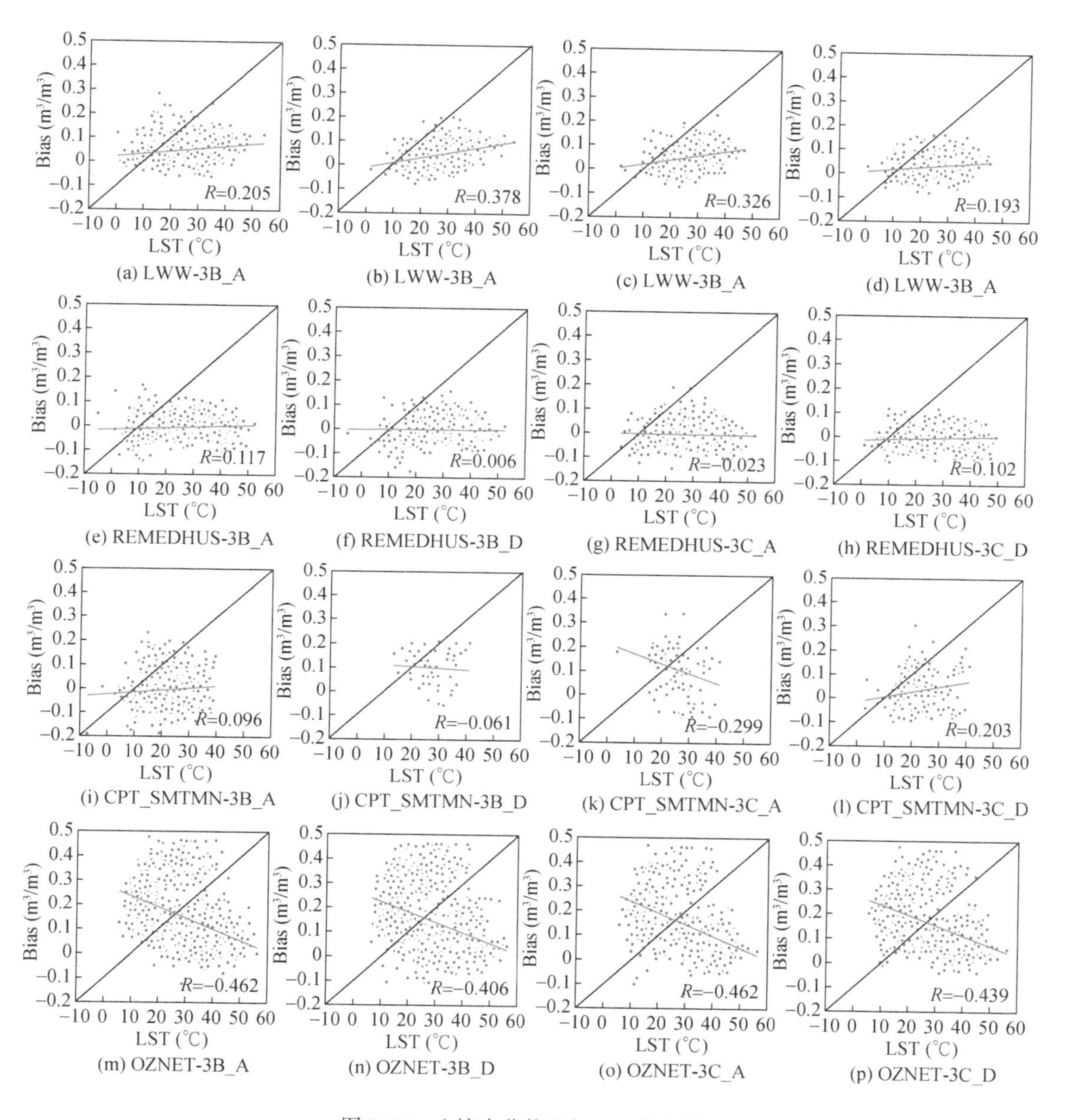

图 8.10 土壤水分偏差与 LST 散点图

取冰冻状态下的土壤含水量，故在 CTP_SMTMN 东西表现为空值。风云 3B 和 3C 的升降轨土壤水分呈现出一致的取值演变趋势，可以精确刻画实测值的取值和动态变化，但 OZNET 网络除外，该网络高估现象普遍存在。

8.4.3 节阐明不同区域的总体估计偏差和不确定性。然而，鉴于遥感土壤水分会受植被覆盖率和蒸发量的影响，数据的准确性在时间序列上也会有季节

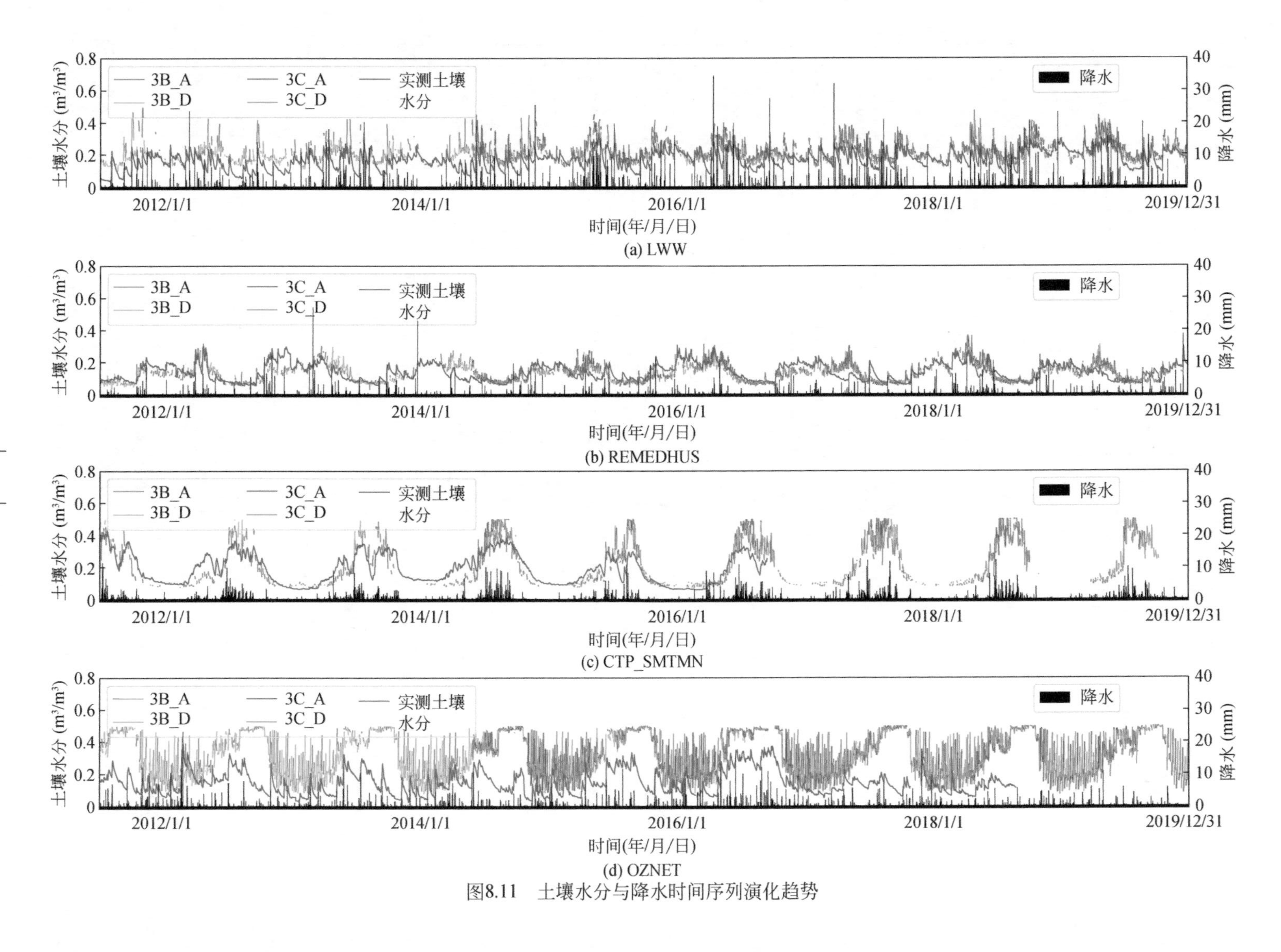

(a) LWW

(b) REMEDHUS

(c) CTP_SMTMN

(d) OZNET

图8.11　土壤水分与降水时间序列演化趋势

性波动。时间精度规律性对于评价土壤水分产品在特定季节的可靠性和稳健性至关重要。图8.12为风云数据Bias和NDVI的时间序列演化趋势，其演化趋势与季节演替有显著相关性。在植被生长季节，伴随适当的温度和降水或人工灌溉，风云3号数据总是高估实测值，植被密度越高，高估越显著。植被密度对卫星土壤水分的准确性有明显影响，植被冠层削弱表层土壤的微波信号，降低了亮温对土壤水分的敏感性。因此，植被校正算法在提升土壤水分反演精度方面发挥了关键作用。

除了原位记录与风云土壤水分数据与实测值的拟合度外，分析风云卫星土壤水分数据与降水的互相关关系同样有意义。一次降水过程中，在分子力、毛细管力和引力的作用下，雨水渗入土壤孔隙，补充土壤含水量，表层土壤水分迅速增加，然后逐渐下渗到深层土壤，渗透率受到降水特征、土壤质地、土地覆盖率和地形的影响。因此，降水与土壤水分之间的相关性在不同的下垫面存在明显异质性。图8.13～图8.17展示每个实测网络中降水和土壤水分之间的时间序列互相关关系。各研究区土壤水与降水的滞后相关性差异显著，例如，在CTP_SMTMN，降水在土壤水分补给源中占主导地位，互相关性明显高于其他区域。相反，在地中海气候区，生长季节降水很少，人工灌溉在调节土壤水分促进作物生长方面发挥着举足轻重的作用。如图8.13（b）所示，即使在降水后，互相关系数仍然较低，说明土壤水分的变化受植被状况、人类活动、降水、施肥引起的土壤性质变化等多种因素的调节。由图8.14～图8.17可知，风云土壤水分对降水事件呈现积极响应，其互相关系数与实测土壤水分相似（图8.13）。这种高度的相似性证明了瞬间扫描信号反演土壤水分在日尺度土壤水分方面的能力。在降水发生的当天，互相关系数立即增加，在降水发生后1～2天达到最大值，然后呈逐日下降趋势。降水引起的土壤水分记忆至少可持续5天，互相关系数起初迅速上升，然后逐渐下降到雨前水平。相比而言，升轨的风云3B（3B_A）与实测值的互相关系数表现为更高的一致性趋势。

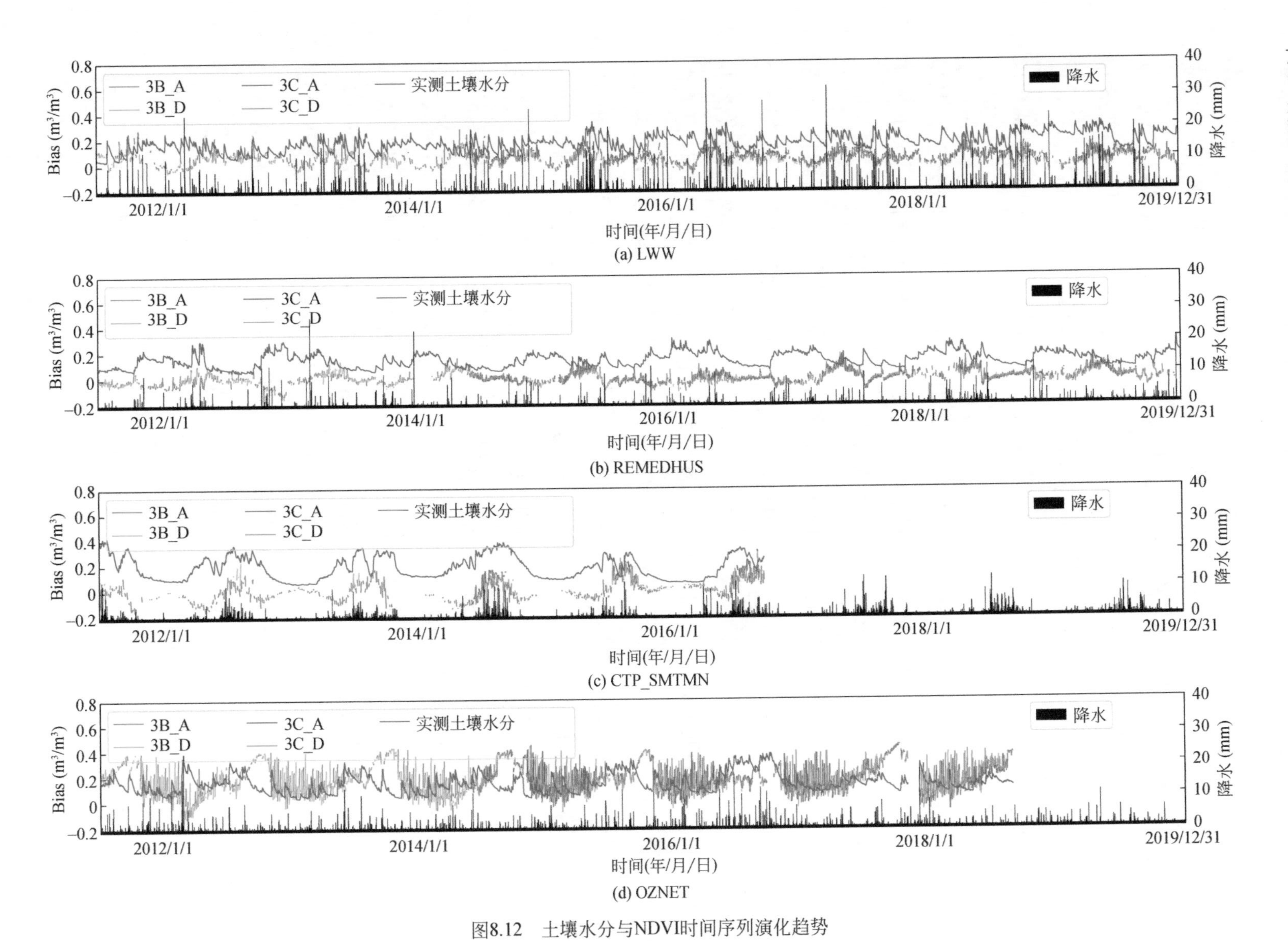

图8.12　土壤水分与NDVI时间序列演化趋势

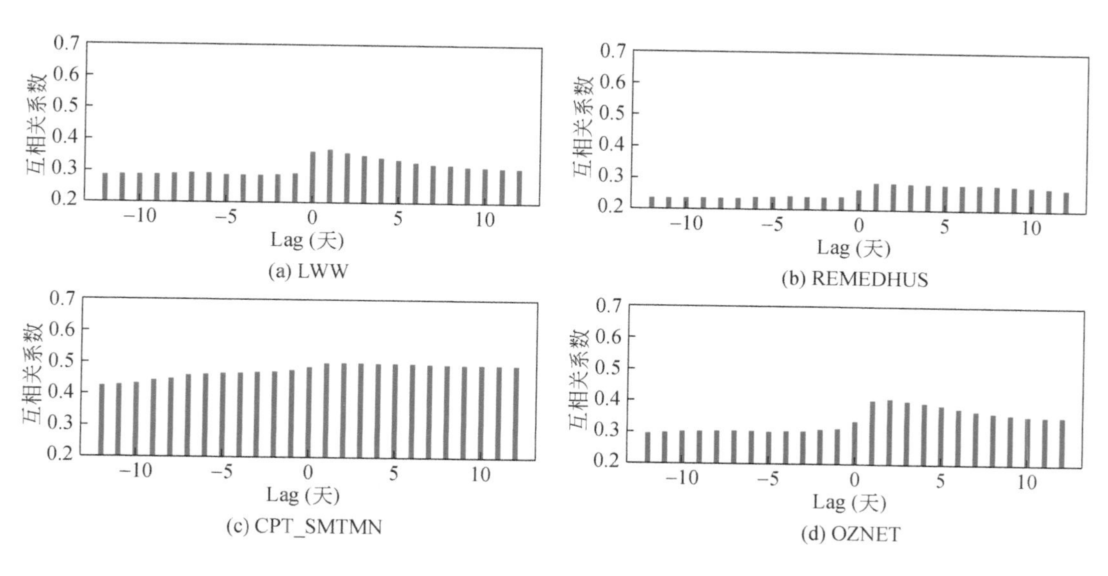

图 8.13 各研究区降水与实测值互相关系数

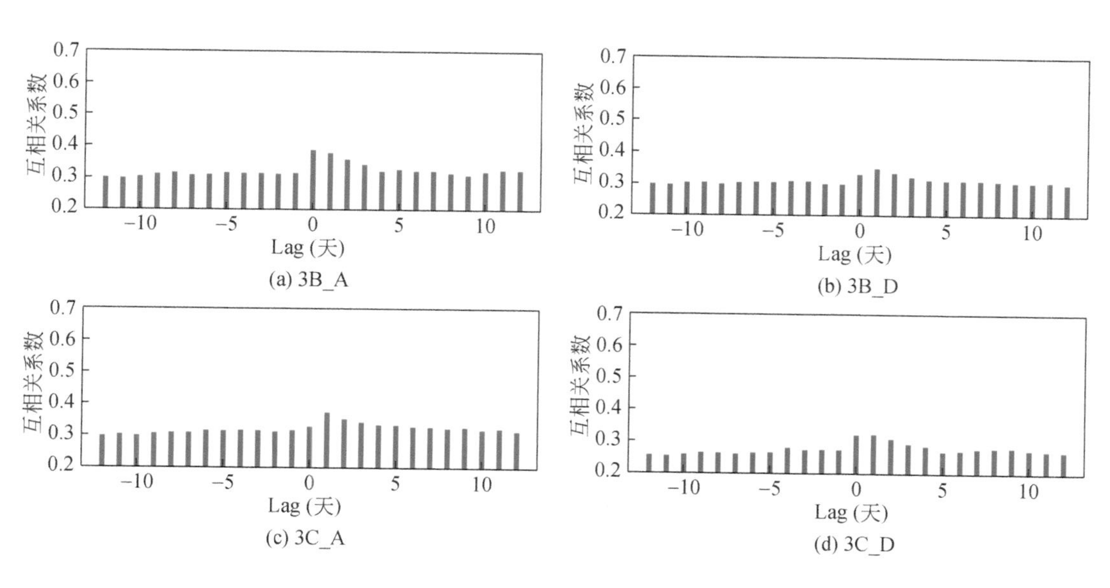

图 8.14 LWW 研究区降水与风云卫星数据互相关系数

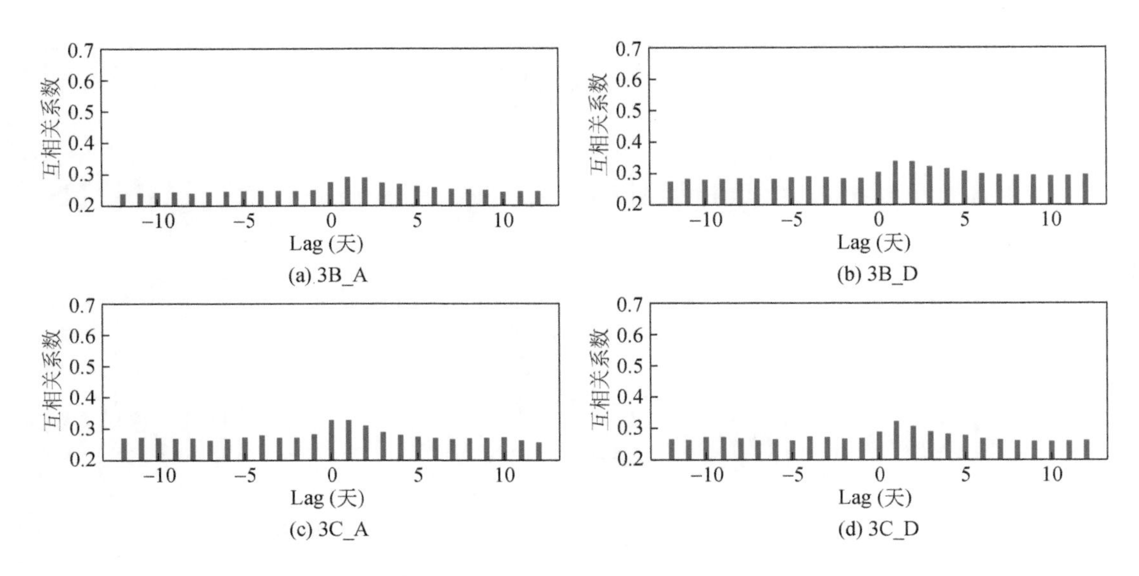

图 8.15 REMEDHUS 研究区降水与风云卫星数据互相关系数

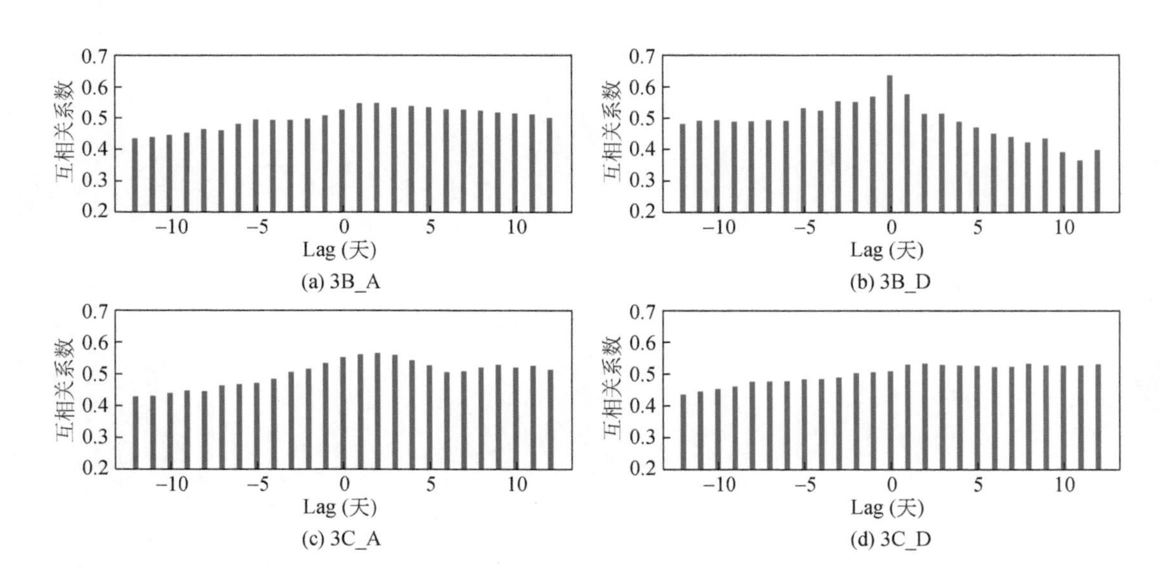

图 8.16 CTP_SMTMN 研究区降水与风云卫星数据互相关系数

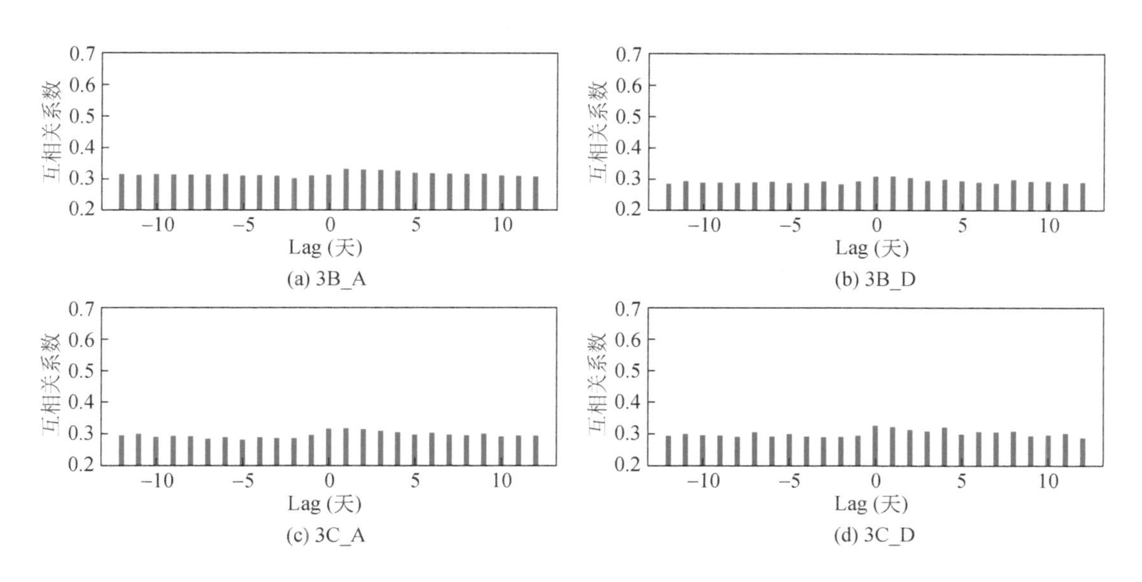

图 8.17　OZNET 研究区降水与风云卫星数据互相关系数

8.4.5　多尺度评价结果对比研究

本章研究比较和分析了不同尺度实测数据的评价结果，以明确不同密度站点在评价卫星土壤水分栅格数据中的表现。如图 8.18 所示，CTP_SMTMN 是一个多尺度的土壤水分网络，可以测量大（空间范围 1.0°×1.0°，共有 36 个测站）、中（空间范围 0.3°×0.3°，共有 21 个测站）、小尺度（空间范围 0.1°×0.1°，共有 9 个测站）的每小时土壤水分，站点分布密度随尺度的减小而增大。本章研究针对 CTP_SMTMN 不同尺度的监测网，对风云 3 号卫星土壤水分的精度进行了评估，图 8.19 为相应的误差参数结果。验证结果表明，随着测站密度的增加，精度逐渐提高。相比而言，风云数据对小尺度监测网的拟合效果最佳，表现为高拟合度和低误差，其中升轨风云 3B（3B_A）精度最高。因此，随着像元范围内站点密度的增加，点位均值与像元取值的拟合度提高，验证精度也随之提高。多尺度评价分析在以高山草甸为主要土地覆被类型的区域进行，若研究区土地覆被类型丰富多样，则密集测站验证结果相对于稀疏站点将取得更显著的精度提升。

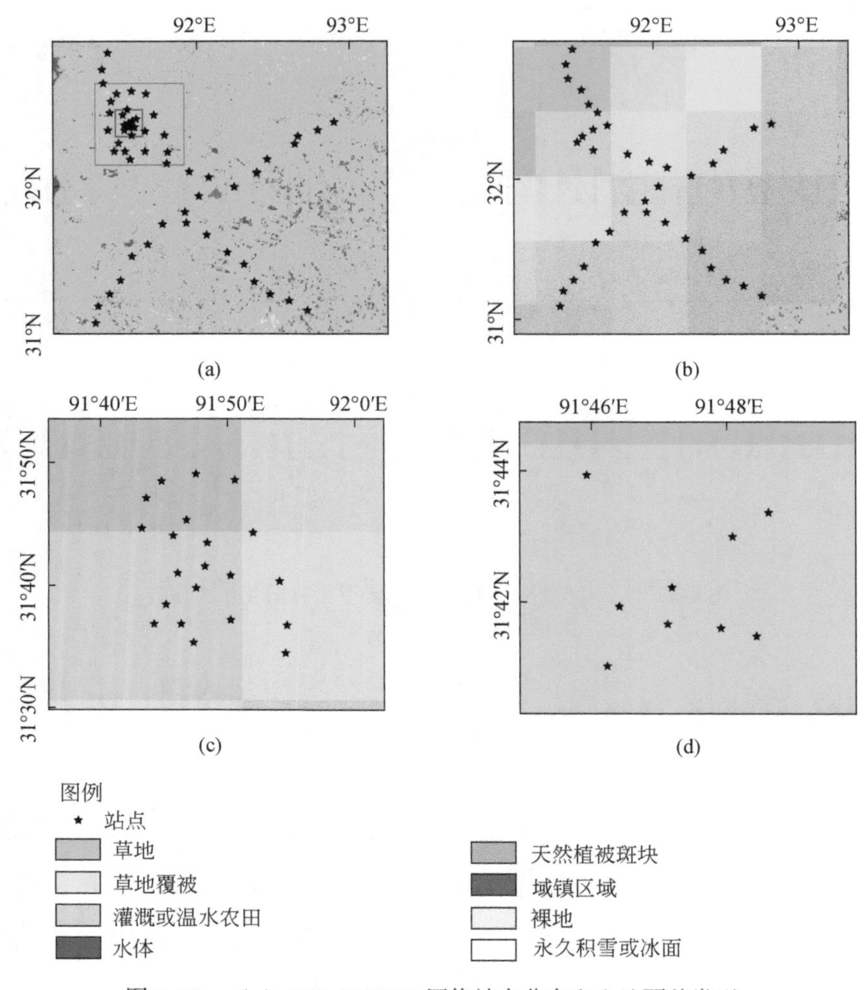

图 8.18 (a) CTP_SMTMN 网络站点分布和土地覆盖类型；
(b) 大尺度站点分布；(c) 中尺度站点分布；(d) 小尺度站点分布
(b)～(d) 中的彩色网格代表风云土壤水分数据像元大小和分布

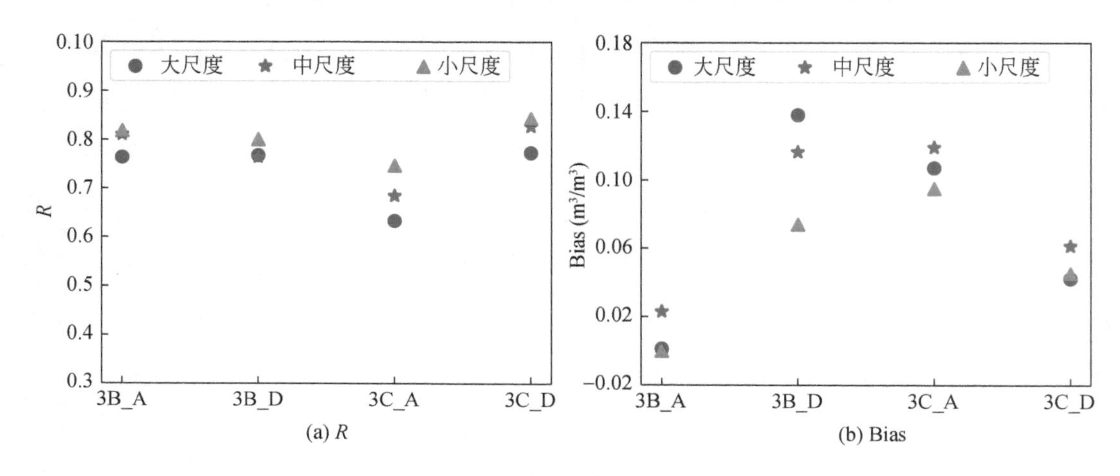

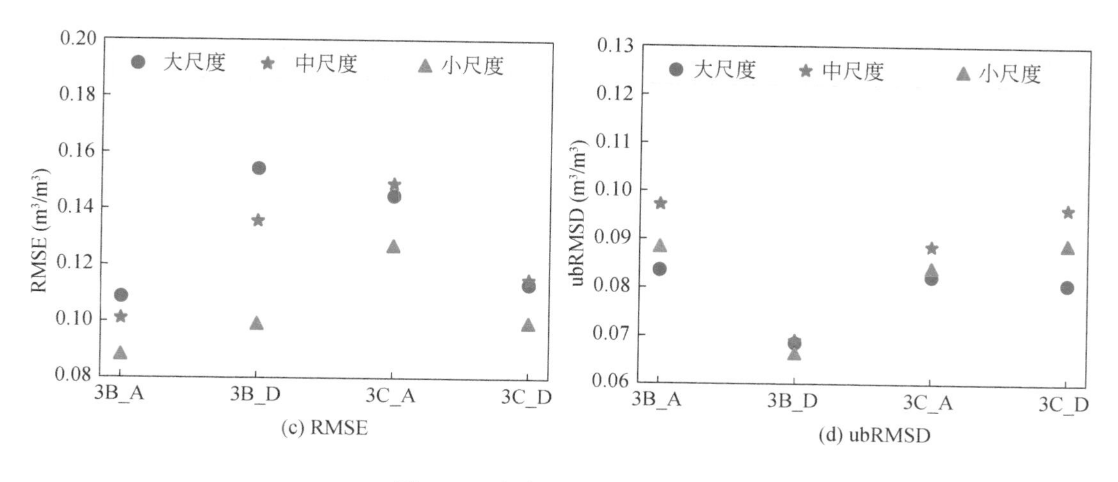

图 8.19　大中小尺度误差参数

8.5　本章小结

本章对国产风云卫星系列土壤水分数据进行了系统评价，利用位于不同土地覆盖类型和气候区的实测网络数据为实测值开展验证，取得了一些有意义的结果：①风云卫星系列土壤水分数据密集观测集中于夏季 20°N ~ 60°N 和 20°S ~ 50°S 地带，升轨风云 3A 数据的时空覆盖率最高；②风云卫星土壤水分产品在拟合北半球站点数据的数值和演化趋势方面均表现出良好的性能，在南半球精度波动显著、可靠性较低、需要进一步优化校正；③本章研究探讨了随着季节的变化，土壤水分与 NDVI、LST 和降水的相关性，研究结果有望为风云 3 号土壤水分校正算法提供辅助参考；④本章研究比较了风云卫星土壤水分数据在同一实测网络中不同尺度验证的数据精度，结果表明小尺度、高密度实测网络验证精度最高，证明了密集测站在表示粗分辨率栅格土壤水分数据方面的优越性。

第9章 卫星土壤水分数据插补重建方法研究——以美国俄克拉何马州区域为例

9.1 ECV土壤水分数据

ECV土壤水分产品涵盖全球范围近40年的地表0~5cm深处土壤水分数据集合，其时间序列随着版本的更新而不断延长，为研究全球地表水循环和热量交换提供了一套时空序列连续的数据（Chakravorty et al.，2016；Ma et al.，2019）。目前，ECV土壤水分已被广泛应用于大尺度水文演化趋势和干旱空间分布等研究中（Dorigo et al.，2017）。依据星载传感器工作模式，将ECV土壤水分产品划分为基于多源主动传感器（Active Sensor）集成的ECV_A，基于多源被动传感器（Passive Sensor）集成的ECV_P，以及基于主被动联合（Combined）集成的ECV_C。ECV系列土壤水分产品空间分辨率为0.25°（约25km），数据从欧洲空间局土壤水分产品数据网站（https：//esa-soilmoisture-cci.org）开放下载汇聚。被动微波反演的土壤水分单位为m^3/m^3，主动微波反演的土壤水分单位为%，二者之间转换公式如式（9.1）所示（Dorigo et al.，2015；Liu et al.，2017）。

$$\theta_v = S_m \rho \, \theta_g \tag{9.1}$$

式中θ_v、S_m、ρ和θ_g分别为土壤体积含水量、土壤相对湿度、土壤容重和田间持水量。

9.2 插补重建方法

9.2.1 特征空间三角形方法

LST 与 NDVI 组合可以提供地表植被和湿度信息，理论上，若研究区植被分布包含从裸土到浓密植被覆盖的全部情况，土壤水分存在从极度干燥到非常湿润的取值分布，则 NDVI-LST 散点图呈现三角形（图 9.1），根据此原则构建三角形特征空间。

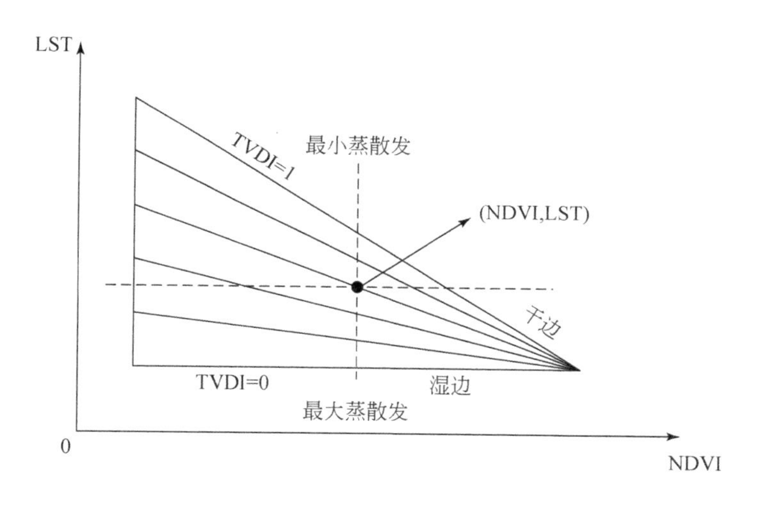

图 9.1　TVDI 特征三角形

在三角形特征空间 TVDI 中，湿边由不同 NDVI 对应的最低 LST 连线而成，对应地表蒸散发和湿度最大值。如式（9.2）所示，在最湿润情况下 TVDI = 0。相应地，干边表示最干燥的情况和最小蒸散发。干边由不同 NDVI 对应的最大 LST 连线而成，当 LST 最高时 TVDI = 1。

$$\mathrm{TVDI}=\frac{\mathrm{LST}-\mathrm{LST}_{\min}}{a+b\mathrm{NDVI}-\mathrm{LST}_{\min}} \tag{9.2}$$

式中，LST 为某像元位置地表温度；$\mathrm{LST}_{\min}$ 为特征空间 LST 最小值；NDVI 为归一化植被指数；a、b 为干边方程［$\mathrm{LST}_{\max}$（NDVI）$= a+b\mathrm{NDVI}$］的截距和斜

率；LST_{max}（NDVI）为对于既定 NDVI 的 LST 最大值。

如图 9.1 所示，一系列 TVDI 等值线在地表水分条件变化最小或没有变化的情况下出现，鉴于该相关性，Sandholt 等（2002）在三角形特征空间的理论基础上，设计了一种 LST 与 NDVI 相结合的土壤水分模拟方法，即 Tri 方法，该方法能够从大量样本数据集训练拟合得到土壤水分非线性映射关系。Tri 方程如下所示：

$$SM = a_{ij}\sum_{i=0}^{4} LST^{*i}\sum_{j=0}^{4} NDVI^{*j} \tag{9.3}$$

式中，SM 为土壤水分；a_{ij}为多项式中每一项的相关系数，由多源回归拟合得出。本书研究中使用普通最小二乘多元回归拟合模型，最小化原始 ECV 土壤水分值与预测值之间的残差平方和。此外，本书研究还采取了一些措施来选择适当的训练样本。首先，利用 MOD44W 数据作为水掩膜过滤水体，基于 MODIS 质量控制层（QC=0，1）挑选样本以避免劣质样品。然后，将具有有效土壤水分、NDVI 和 LST 值的像元作为合格的训练样本库，选取 50% 样本进行训练，剩余 50% 样本用于测试模型的性能。LST^*、$NDVI^*$ 是归一化的 LST 和 NDVI，LST^* 计算公式如下所示：

$$LST^* = \frac{LST - LST_{min}}{LST_{max}(NDVI) - LST_{min}} \tag{9.4}$$

式中，LST_{max}、LST_{min} 分别为 LST 数据集的最大值、最小值。

9.2.2 RF 算法

机器学习是聚合了概率论、统计学、逼近理论、凸分析、算法复杂性理论等多个学科的交叉学科算法，主要任务是有效地模拟事物的内在规律，将已有的内容分解为知识结构，有效地提高模拟学习能力和预测映射效率。在众多的机器学习算法中，RF 是一个包含多重回归树的集成回归器，每棵回归树基于随机抽取的 N 个土壤水分样本构建，每个样本由土壤水分值以及从同一位置获取的 LST 和 NDVI 值组成。利用 MOD44W 和 MODIS QC 层选取合格的训练样本，其中 50% 的合格样本用于训练，其余样本用于验证所建立模型的性能。如式（9.5）和式（9.6）所示，分裂算法根据节点 t 处的最优变量x_t和最优分裂值x^*将节点 t 分割成两个子节点t_L和t_R。

$$\Delta i(x,t)=i(t)-p_L i(t_L)-p_R i(t_R) \tag{9.5}$$

$$p_L=N_{t_L}/N_t;p_R=N_{t_R}N_t \tag{9.6}$$

式中，N_{t_L}和N_{t_R}分别为节点t_L、t_R的样本数量。i（t）为模型精度的测量函数：

$$i(t)=\frac{1}{N_t}\sum_{i=1}^{N_t}|y_i-\bar{y}| \tag{9.7}$$

式中，N_t为节点 t 的样本数量；y_i为节点 t 处土壤水分参考值；$\bar{y}$为土壤水分算术平均值，由公式$\frac{1}{N_t}\sum_{i=1}^{N_t} y_i$计算得出。以所有回归树的预测平均值作为土壤水分输出结果：

$$f=\frac{1}{N_{\text{tree}}}\sum_{i=1}^{N_{\text{tree}}} f_i(x) \tag{9.8}$$

式中，N_{tree}为回归树棵数；f_i（x）为每棵回归树的预测值。

9.3　土壤水分重构技术流程

本章系统地比较 Tri 和 RF 在卫星土壤水分重建中的作用。在 Tri 算法重构中将 LST_D、LST_N 和 ΔLST 分别与 NDVI 相结合，确定最适合土壤水分模拟的 LST 产品，对应土壤水分重构结果命名为 Tri_D、Tri_N 和 Tri_A。为了保持可比性，RF 解释变量由相同的相应 LST 和 NDVI 组成（分别命名为 RF_D、RF_N 和 RF_A 重建产品）。鉴于 RF 模型可以由两个以上的变量建立，本章研究还测试了 LST_D、LST_N、ΔLST 和 NDVI 的组合变量数据集的性能，重构数据命名为 RF_C。ΔLST 是 LST_D 和 LST_N 之间的差值，晴天 ΔLST 通常比阴天大得多，ΔLST 在指示影响地表蒸散的天气条件（包括土壤蒸发和植被蒸散）方面起着重要作用。详细的土壤水分重构流程如图 9.2 所示，本章研究旨在通过系统客观的实验，比较 RF 和 Tri 模型在土壤水分原尺度重构中的性能。

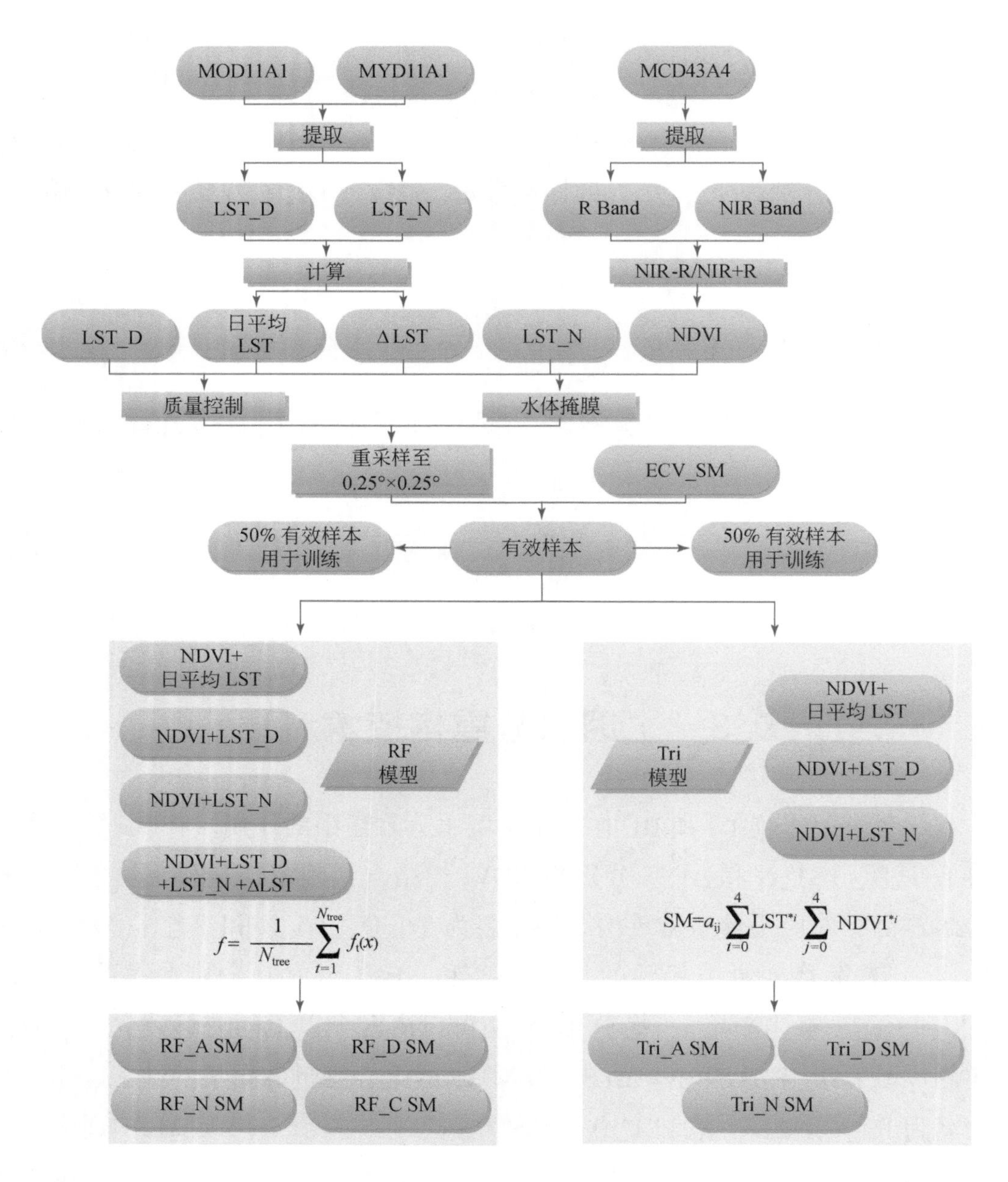

图 9.2　土壤水分重构流程

9.4　特征空间三角形与 RF 重建结果分析

如图 9.3 所示，算法研究区位于美国中南部的俄克拉何马州，该区位于温带大陆性气候区，年均温为15.5℃，海拔自西北向东南递减。俄克拉何马土壤水分监测网每半小时记录一次地表5cm深处土壤体积含水量，本研究计算实测数据的日均值作为理论参考真值。在图9.3（c）中，ECV数据在研究区存在大量空缺值，亟须通过补全重建得到时空序列完整的土壤水分数据。

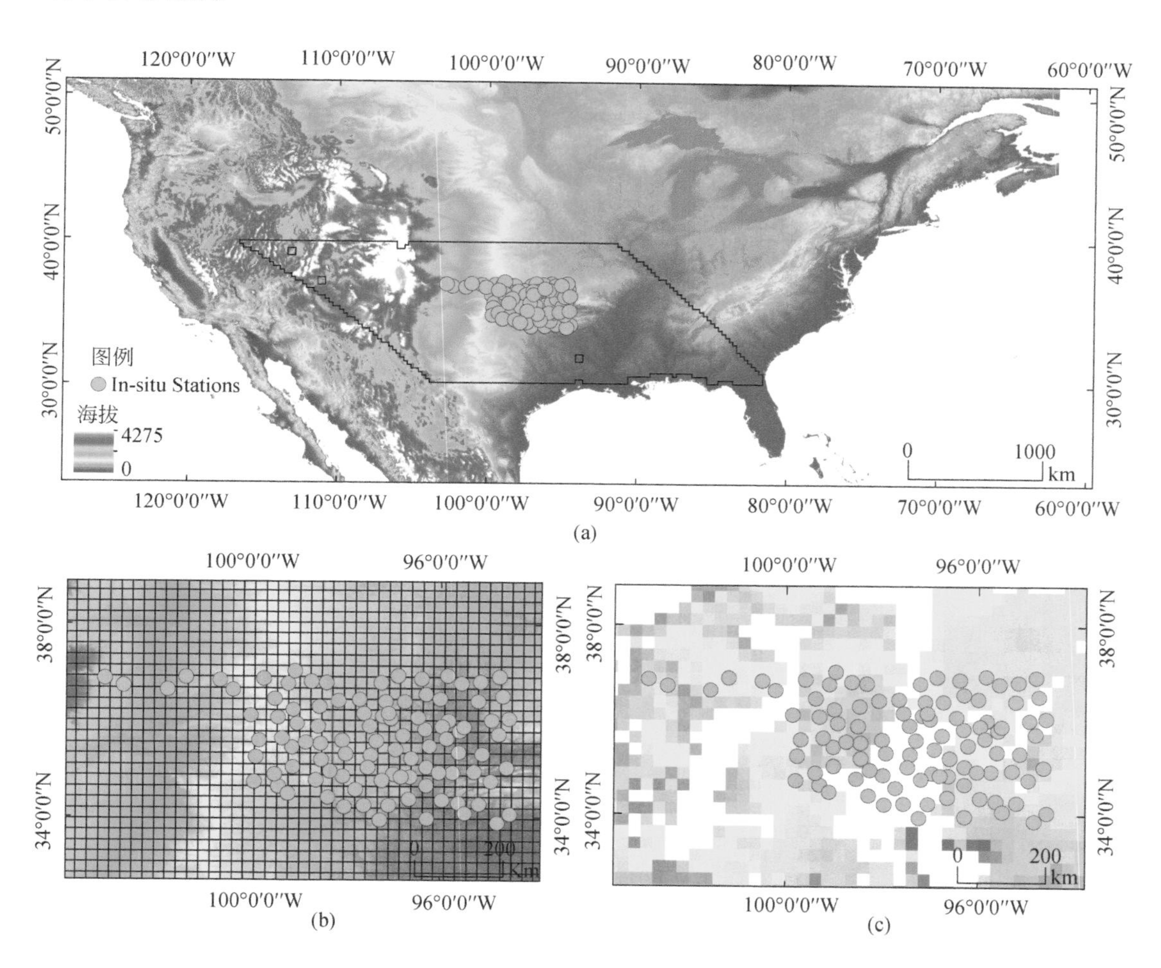

图 9.3（a）研究区位置；（b）海拔、站点分布与土壤水分像元尺寸；（c）研究区 ECV 土壤水分空缺情况

9.4.1 基于原始土壤水分数据的精度分析

图9.4～图9.7对比了原始ECV和重构结果，分别选取2010年1月30

日、4 月 30 日、7 月 30 日和 10 月 30 日的数据作为冬季、春季、夏季、秋季的代表，发现湿润区主要位于研究区东部，干燥地区主要集中在中部和西部。原始数据中普遍存在大量空值条带，而 Tri 和 RF 算法能够拟合出无缝覆盖数据。不同参数组合的 Tri 和 RF 算法拟合结果相似，相比而言，RF 算法重构结果与原始数据更为相似。

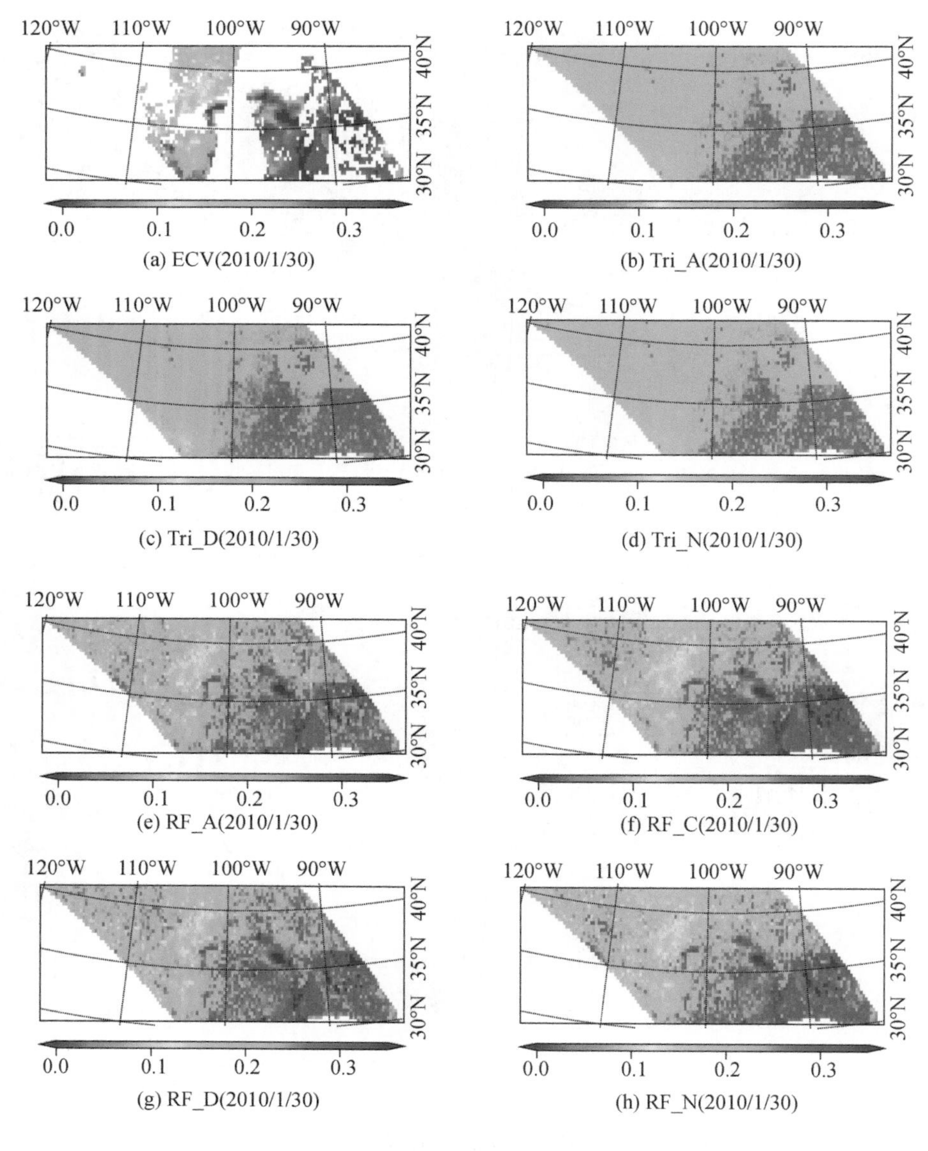

(a) ECV(2010/1/30)
(b) Tri_A(2010/1/30)
(c) Tri_D(2010/1/30)
(d) Tri_N(2010/1/30)
(e) RF_A(2010/1/30)
(f) RF_C(2010/1/30)
(g) RF_D(2010/1/30)
(h) RF_N(2010/1/30)

图 9.4　2010 年 1 月 30 日原始土壤水分数据与重构数据

单位：m^3/m^3

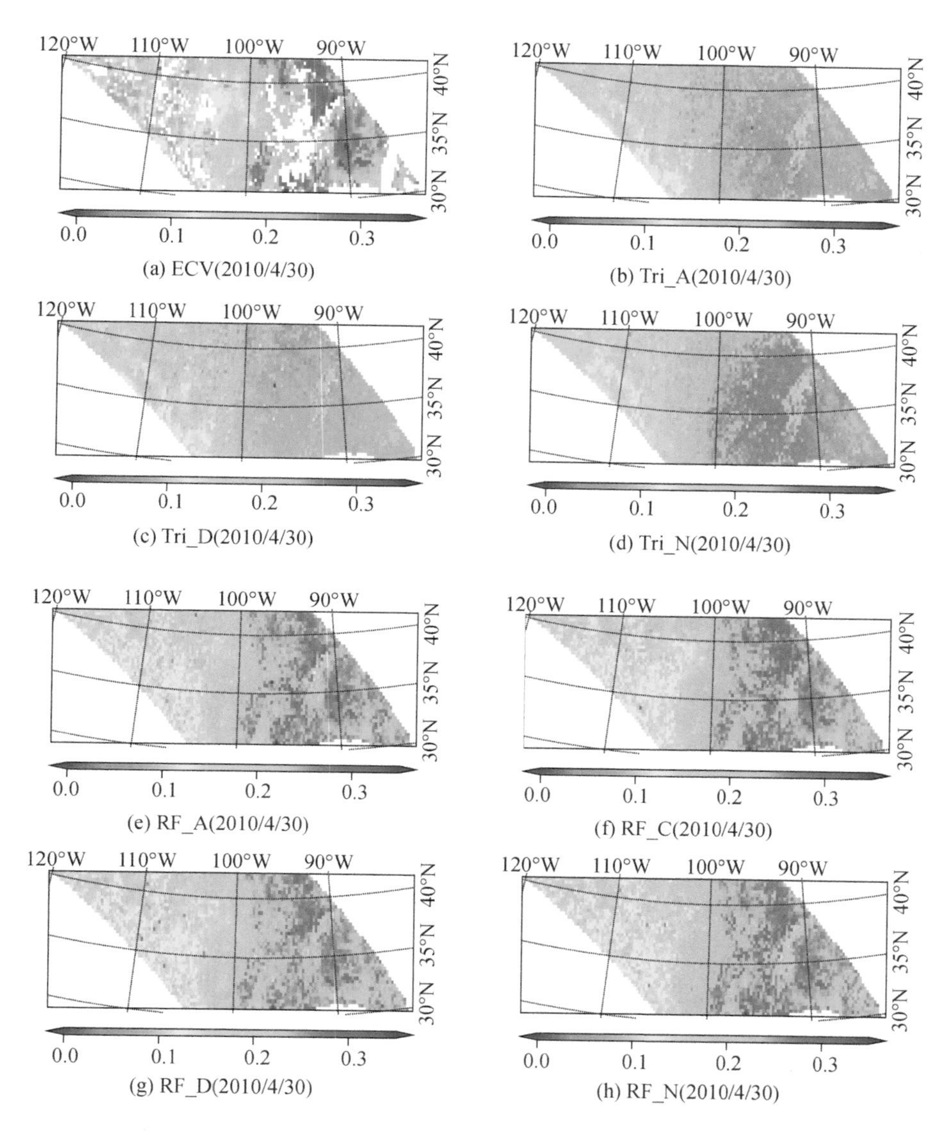

(a) ECV(2010/4/30)

(b) Tri_A(2010/4/30)

(c) Tri_D(2010/4/30)

(d) Tri_N(2010/4/30)

(e) RF_A(2010/4/30)

(f) RF_C(2010/4/30)

(g) RF_D(2010/4/30)

(h) RF_N(2010/4/30)

图 9.5　2010 年 4 月 30 日原始土壤水分数据与重构数据

单位：m^3/m^3

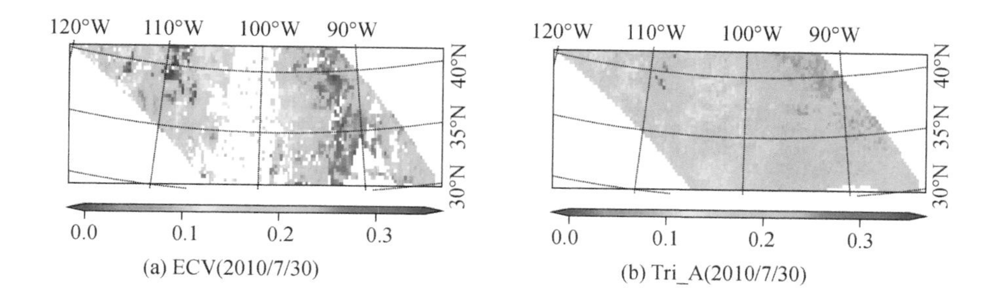

(a) ECV(2010/7/30)

(b) Tri_A(2010/7/30)

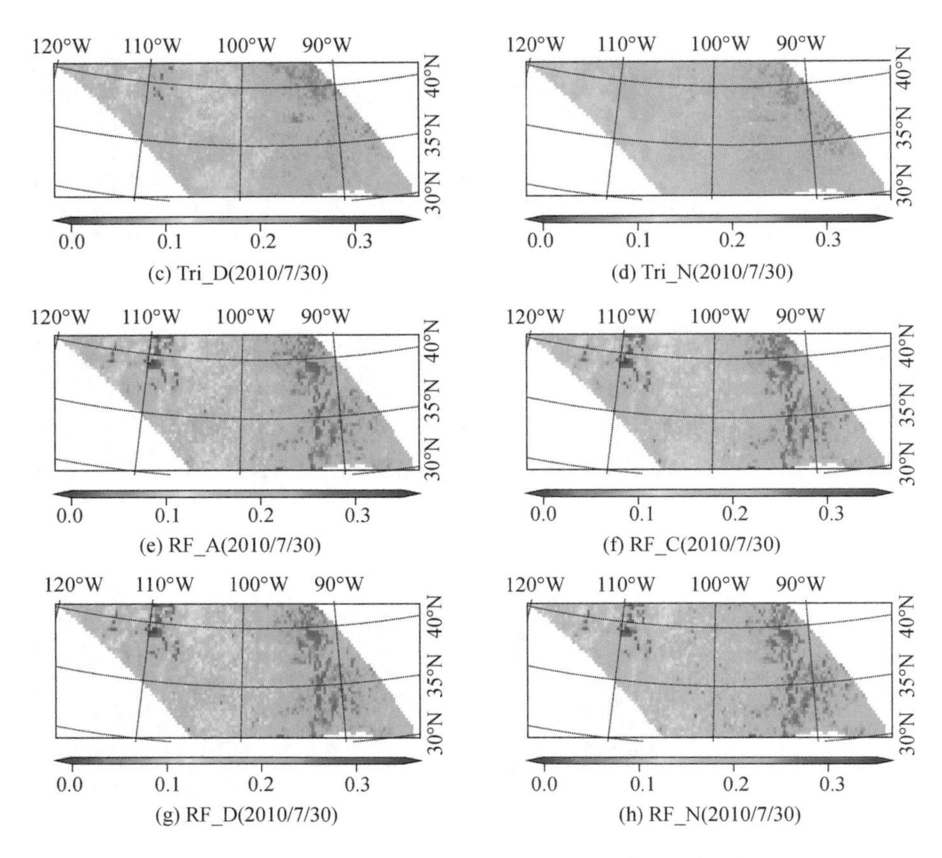

(c) Tri_D(2010/7/30)
(d) Tri_N(2010/7/30)
(e) RF_A(2010/7/30)
(f) RF_C(2010/7/30)
(g) RF_D(2010/7/30)
(h) RF_N(2010/7/30)

图 9.6　2010 年 7 月 30 日原始土壤水分数据与重构数据

单位：m^3/m^3

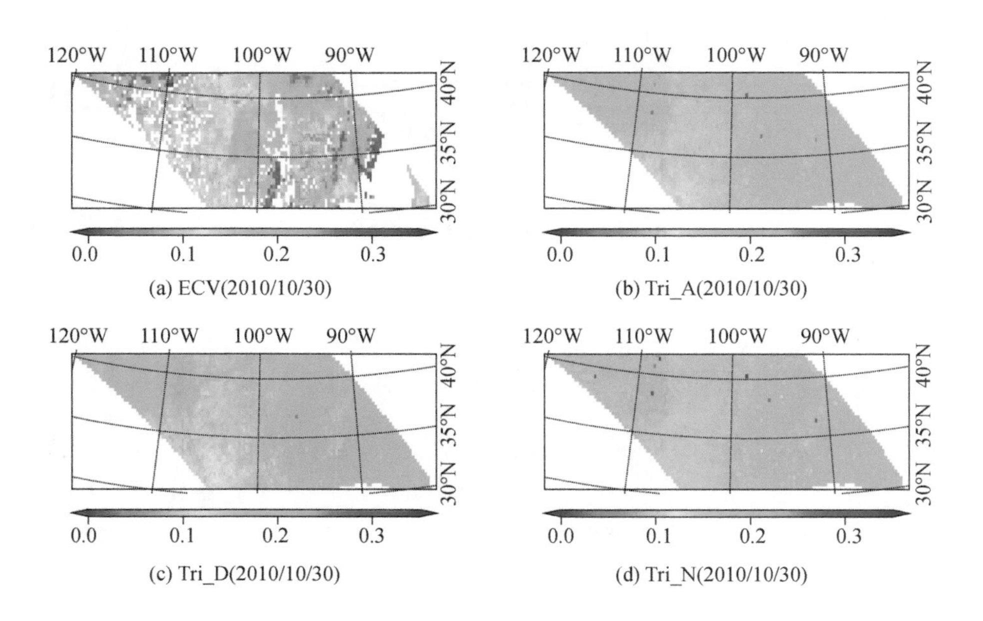

(a) ECV(2010/10/30)
(b) Tri_A(2010/10/30)
(c) Tri_D(2010/10/30)
(d) Tri_N(2010/10/30)

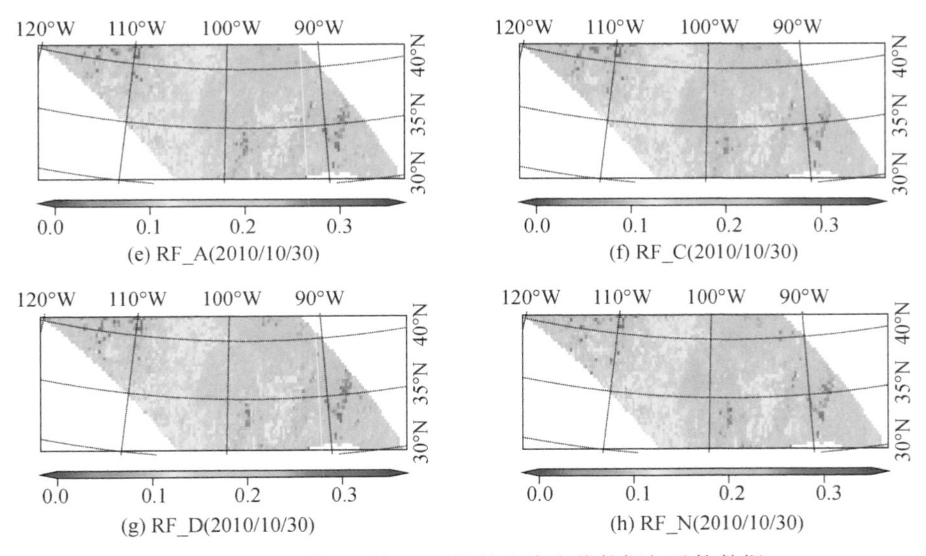

图 9.7　2010 年 10 月 30 日原始土壤水分数据与重构数据

单位：m^3/m^3

图 9.8 展示了重构土壤水分和原始数据密度散点图，计算得出拟合方程及各精度参数。在图 9.8（a）~（c）中，三种基于 Tri 模型的重构结果表现出相似的精度，其中 Tri_D 的拟合优度较好（R^2=0.50）。基于 RF 模型的四种重构数据散点分布较为一致，其中 RF_C 拟合度最高（R^2=0.95），RF_D 误差最小（Bias=0.04%），在精确无缝重建土壤水分方面性能良好。

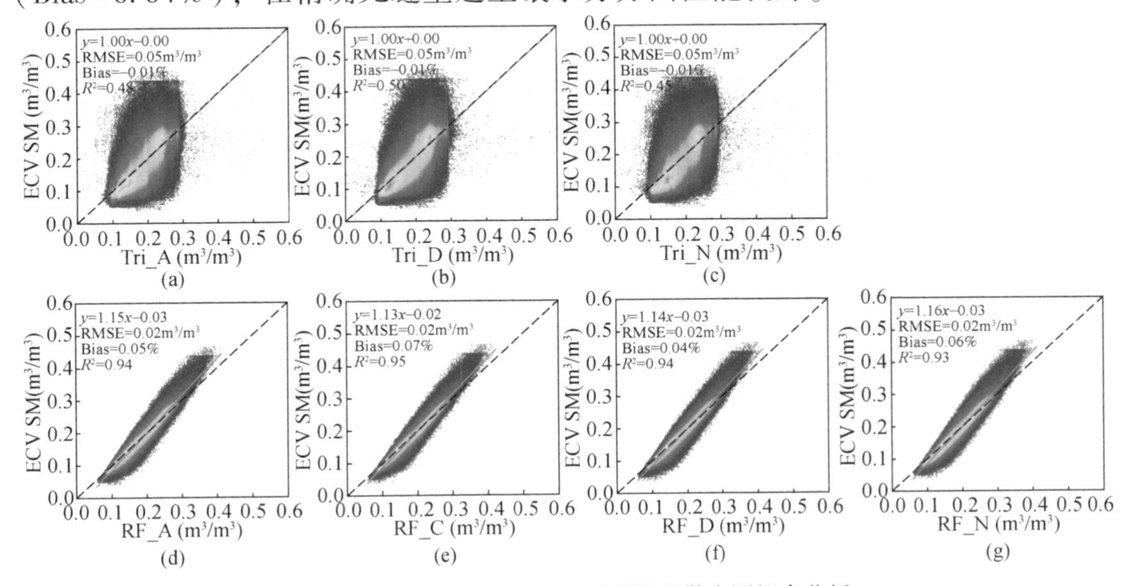

图 9.8　各算法测试数据与原始数据的散点图拟合分析

(a) Tri_A，(b) Tri_D，(c) Tri_N，(d) RF_A，(e) RF_C，(f) RF_D，(g) RF_N

对 Bias、ubRMSD 和 R 进行空间化展示，深度剖析误差参数分布格局（图 9.9～图 9.11）。图 9.9 是 Bias 空间分布格局，重构结果在中西部区域呈现高估，在东部条带状区域（密西西比河流域）为低估。RF 重构结果以高拟合度、低误差、低无偏均方根误差实现对土壤水分的精度重现，进一步印证 RF 在土壤水分重构中的出色表现力。

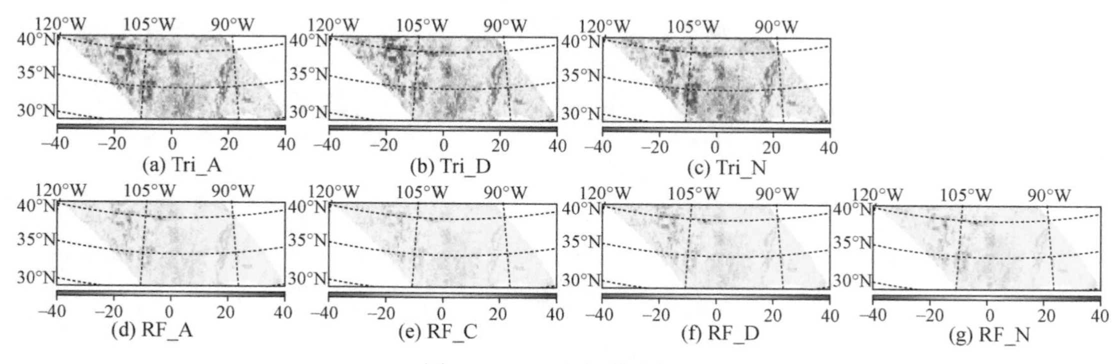

图 9.9　Bias 空间分布格局

单位：%

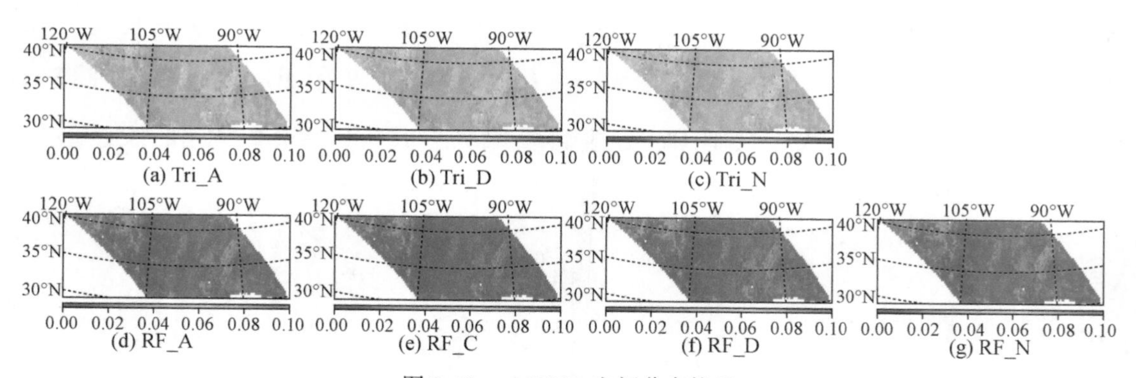

图 9.10　ubRMSD 空间分布格局

单位：m^3/m^3

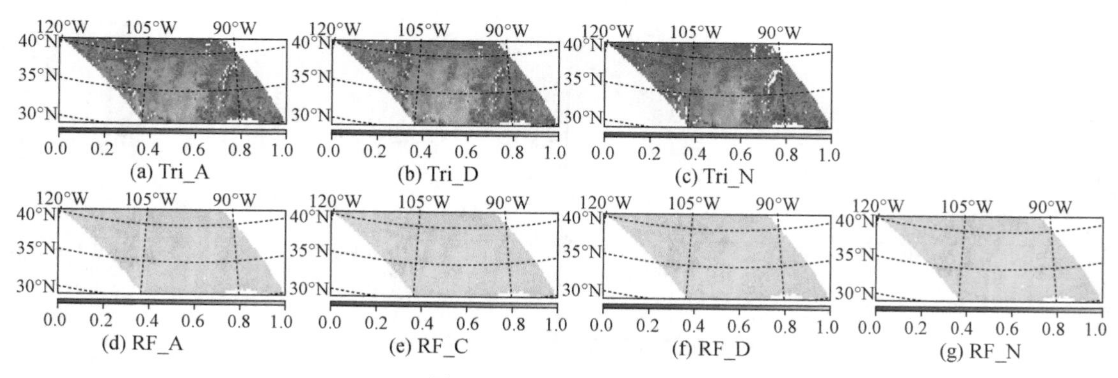

图 9.11　R 空间分布格局

9.4.2 基于站点实测数据的精度分析

1. 全域验证

首先对模型重构结果基于站点实测数据进行全域验证，同时将原始 ECV 数据验证结果作为参考。如表 9.1 所示，ECV 整体低估实测值，以 ECV 为训练样本重构的 Tri 和 RF 同样表现为低估，但低估程度有所改善。Tri 与 RF 重构数据精度相当，RF 未表现出显著优势，Tri_D 以较高拟合优度和低误差（R=0.620，RMSD = 0.080m^3/m^3，ubRMSD = 0.038m^3/m^3）取得最高综合精度，Tri_N 精度较差，表明夜间 LST 与土壤水分的耦合度较弱。基于逐月时间序列精度演化趋势（图 9.12）可知，Tri 和 RF 重构值在时间序列的低估较 ECV 有所改善，在冬春季节尤为明显。逐月 R 值小于表 9.1 中的整体 R 值，推测是由样本数量不足造成的。综上所述，Tri 与 RF 重构数据均能准确拟合实测数据，虽然 Tri 模型在与 ECV 拟合评价中的表现欠佳，但在与地表实测数据的验证分析中取得较好结果。

表 9.1 重建结果误差参数

项目	Tri_A	Tri_D	Tri_N	RF_A	RF_C	RF_D	RF_N	ECV
Bias（%）	-20.779	-20.300	-21.618	-20.067	-22.321	-19.923	-20.692	-29.523
R	0.592	0.620	0.535	0.526	0.562	0.561	0.472	0.697
RMSE（m^3/m^3）	0.081	0.080	0.083	0.083	0.085	0.082	0.084	0.095
ubRMSD（m^3/m^3）	0.038	0.038	0.039	0.043	0.042	0.043	0.045	0.041

2. 分区验证

对整个研究区划分成 1.25°×1.25°的 15 个子区域，每个子区域内包含若干个站点，以这些站点的算术平均值为参考对子区域的重构数据精度进行评价分析，旨在克服点-面数据之间的尺度代表性差异，增强评价结果的稳定性和可

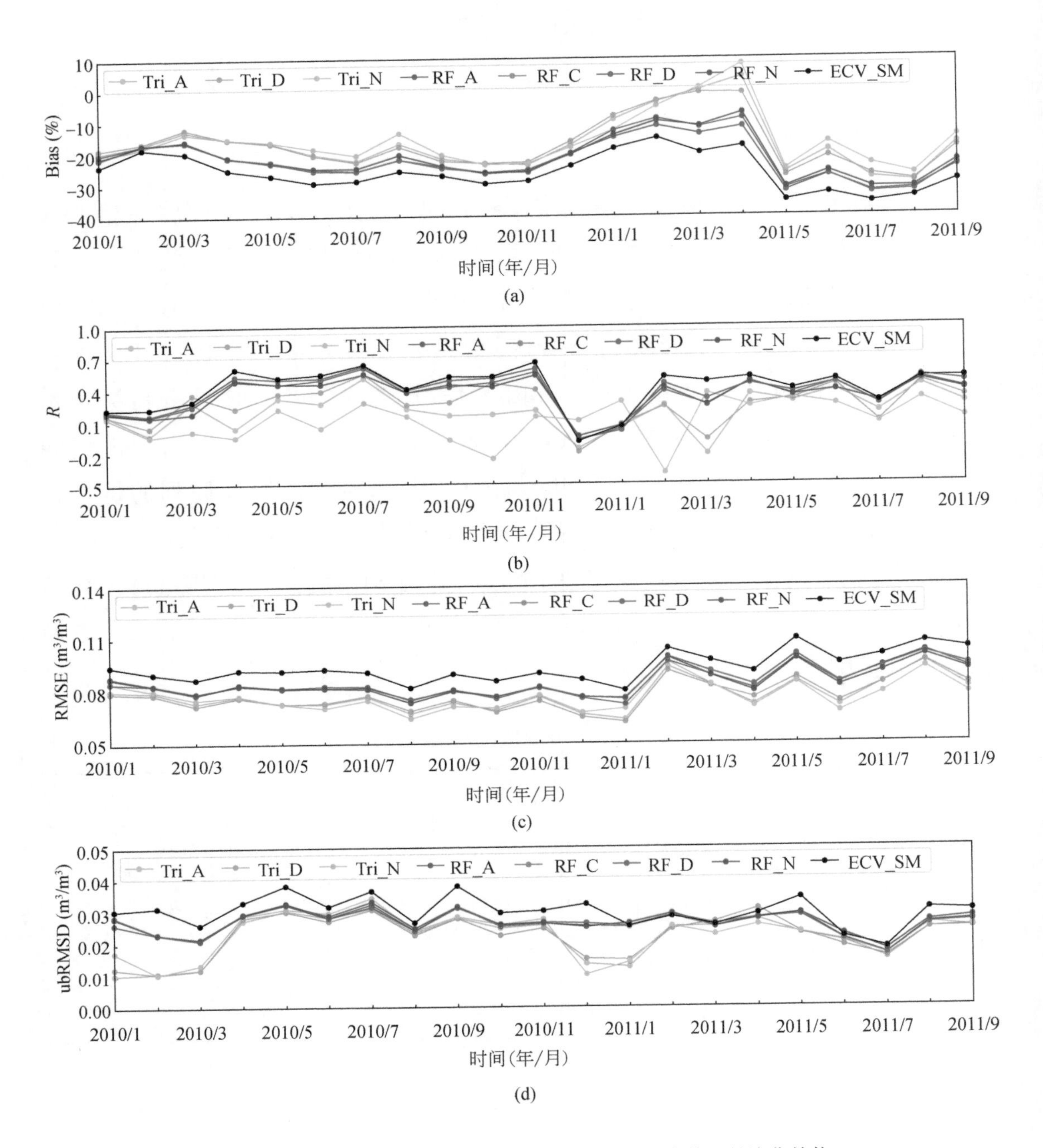

图 9.12　重构数据、原始数据、地面实测值误差参数逐月演化趋势

(a) Bias，(b) R，(c) RMSE，(d) ubRMSD

信度（图9.13）。

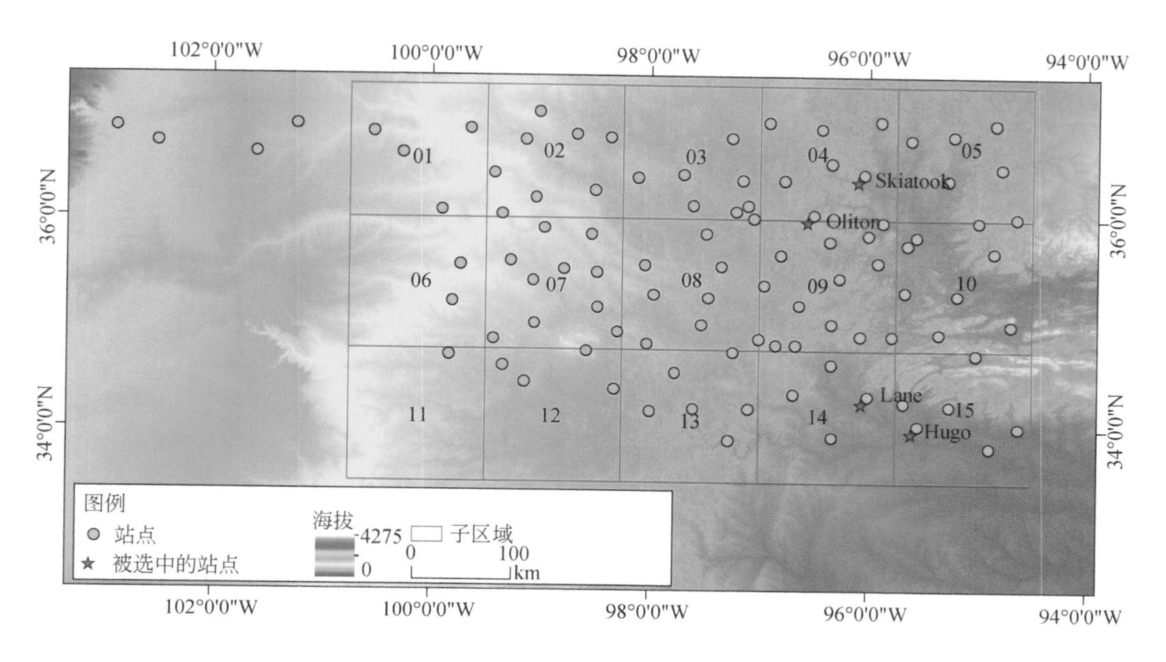

图9.13 格网分区及实测站点分布

分析Tri、RF重构数据、ECV数据和站点实测数据时间序列演化趋势可知，重构数据能够有效捕捉实测数据的动态变化特征，即使在ECV的空值时段重构数据仍旧可以精确重现土壤水分时间序列取值，展示出Tri和RF模型在ECV数据补空值的巨大潜力（图9.14）。在子区域02区和10区，Tri重构数据存在一定程度离群波动性，表明Tri算法偶尔会出现性能不稳问题。

本研究对每个子区域绘制误差参数统计图来定量评价重构算法的精度水平（图9.15）。多数子区域评价精度较高，但在01、02区误差陡增，可能是由于该区的高海拔及地形变化导致。多站点的拟合优度显著优于单一站点，充分体现多站点算术平均真值的稳定性和可信度。误差参数未受到区域缺值的影响，即总体样本数量充分的情况下，子区域的数据缺失不影响重建结果的精度，阐明Tri、RF模型的鲁棒性较好，两种模型在土壤水分重构中均表现稳定可靠。

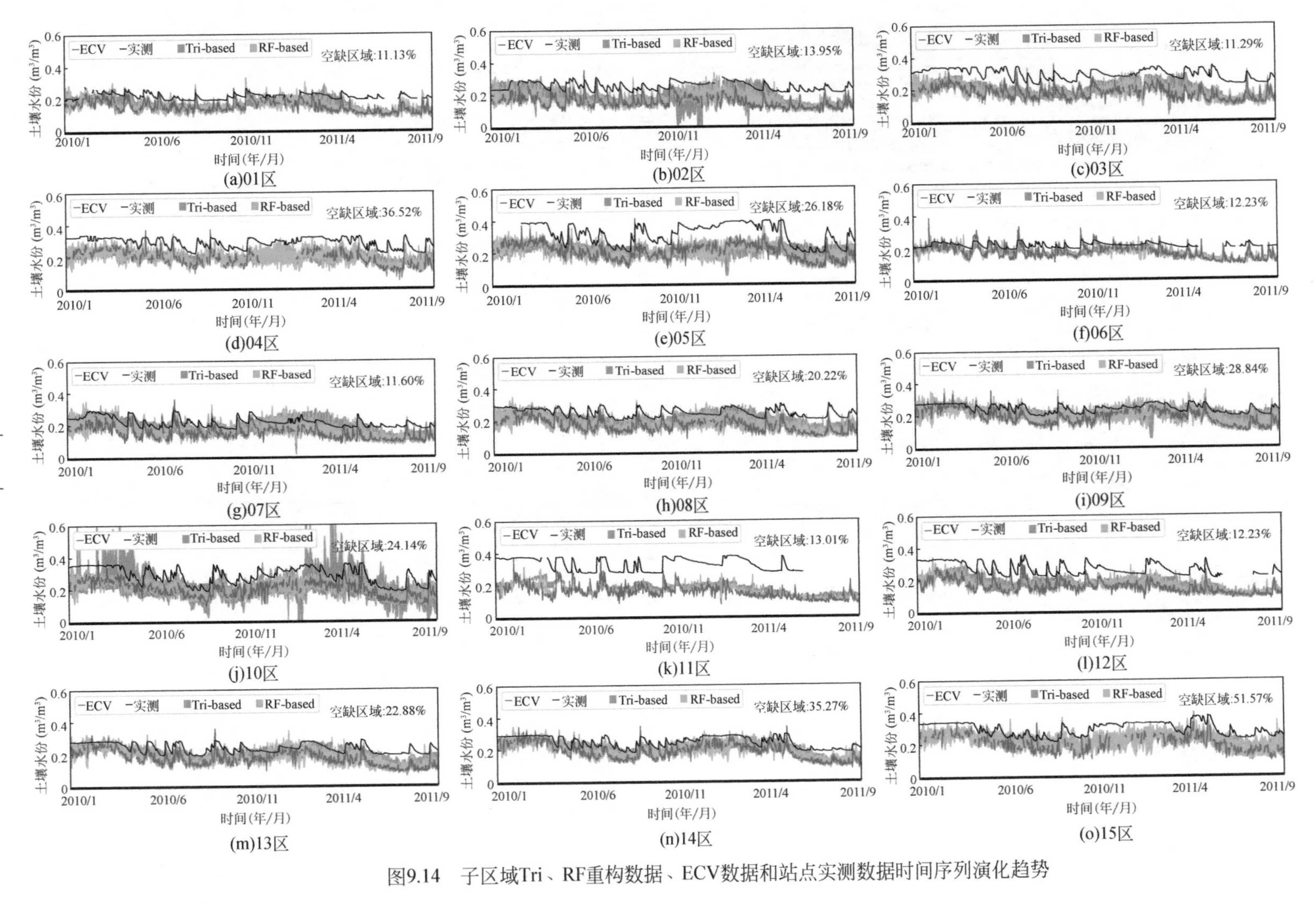

图9.14 子区域Tri、RF重构数据、ECV数据和站点实测数据时间序列演化趋势

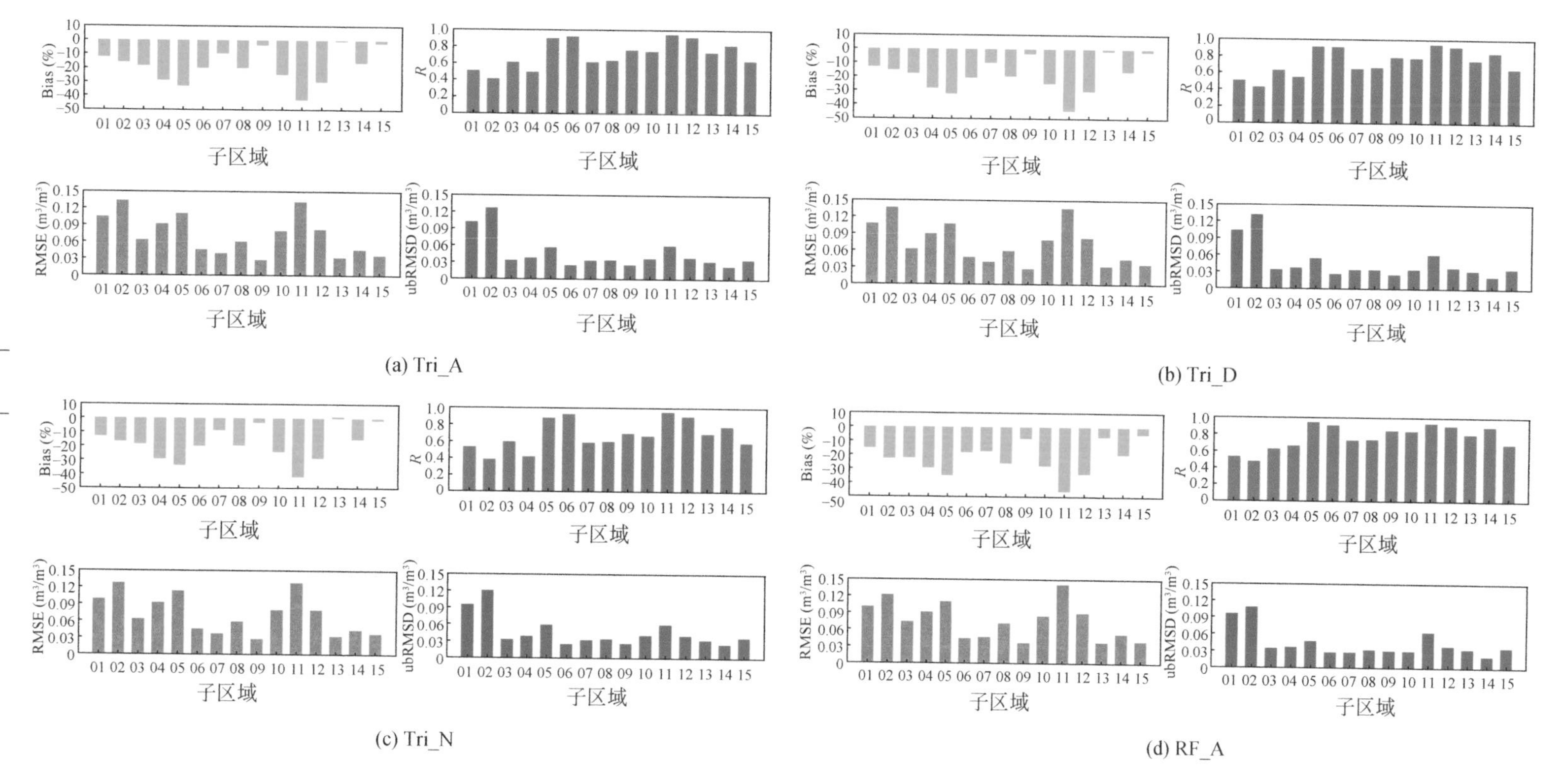

(a) Tri_A

(b) Tri_D

(c) Tri_N

(d) RF_A

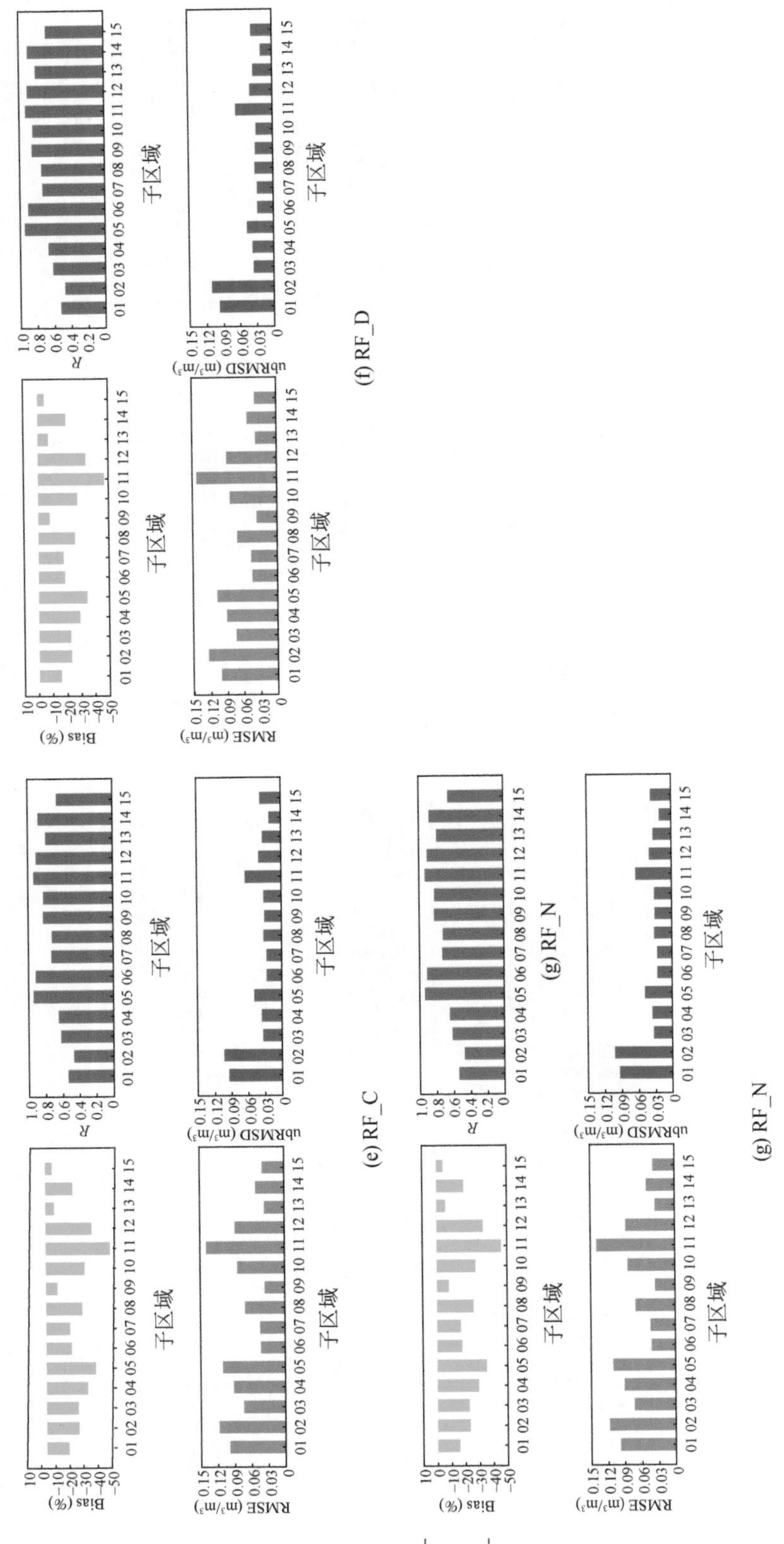

图9.15 子区域重构数据误差参数

(a) Tri_A，(b) Tri_D，(c) Tri_N，(d) RF_A，(e) RF_C，(f) RF_D，(g) RF_N

为了进一步分析某一区域大量的数据缺失是否会对重构数据精度产生影响，本研究抽取四个空值率最高的点位 Hugo、Lane、Oliton、Skiatook，基于重建数据时序演化趋势、精度参数统计开展深度剖析（图 9.16、图 9.17）。结果表明，在空值率超过 60% 的点位，重构数据依然能够精确吻合土壤水分实测值，表现为一致的时间序列演化趋势、高拟合度和低误差。因此，只要建模过程中使用的总体样本数据充足，单个像元及子区域的高缺失率对重构结果质量无显著影响。

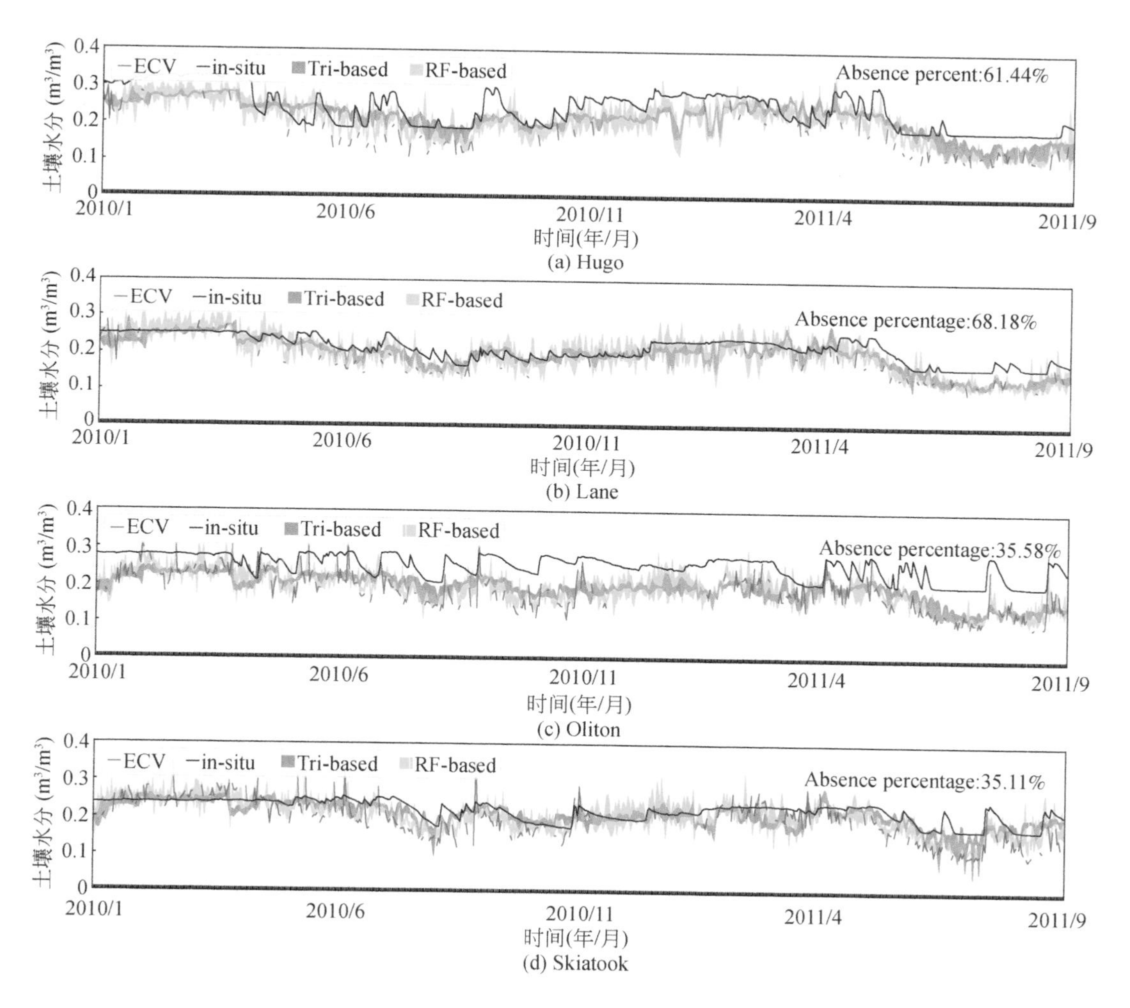

图 9.16　Hugo、Lane、Oliton、Skiatook 四个点位的 Tri、RF 重构数据、ECV 数据和站点实测数据时间序列演化趋势

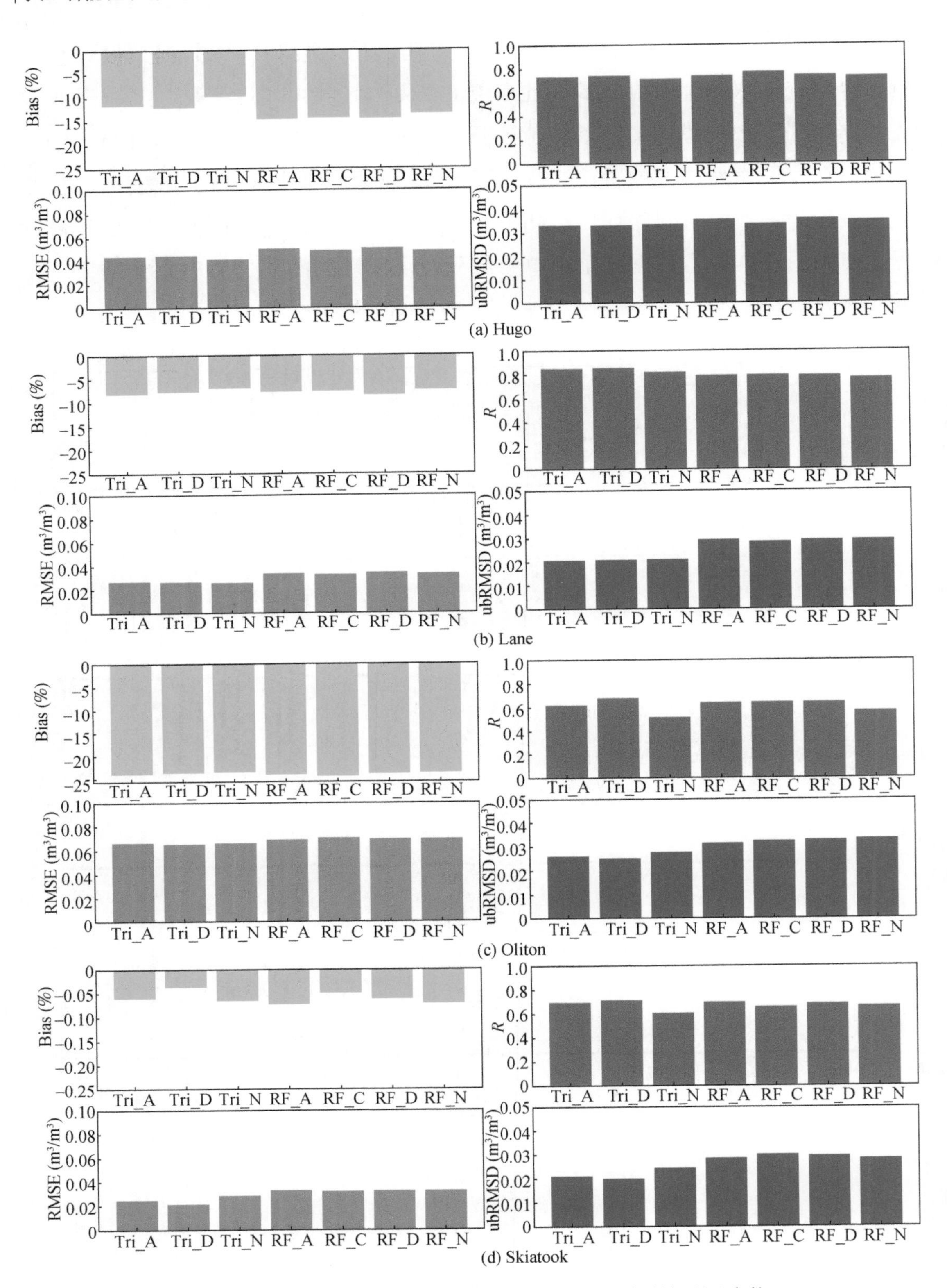

图 9.17　Hugo、Lane、Oliton、Skiatook 四个点位重构数据误差参数

9.4.3　插补前后数据精度对比分析

经过上述综合评价与分析，RF_C 和 Tri_D 重构结果展示出对原始 ECV 和地表实测值的高度匹配。鉴于二者出色的鲁棒性和精确度，使用 RF_C 和Tri_D 重构结果填补原始 ECV 空值图斑，形成时空序列完整的土壤水分数据产品，插补结果如图 9.18 所示。对插补数据产品和原始数据再次进行误差参数评价，如表 9.2 所示，插补数据减小了对地面实测值的低估程度，同时降低了均方根误差。插补后的数据既保持了原始 ECV 的取值分布纹理特征，又实现了土壤水分时空完整无缝覆盖。

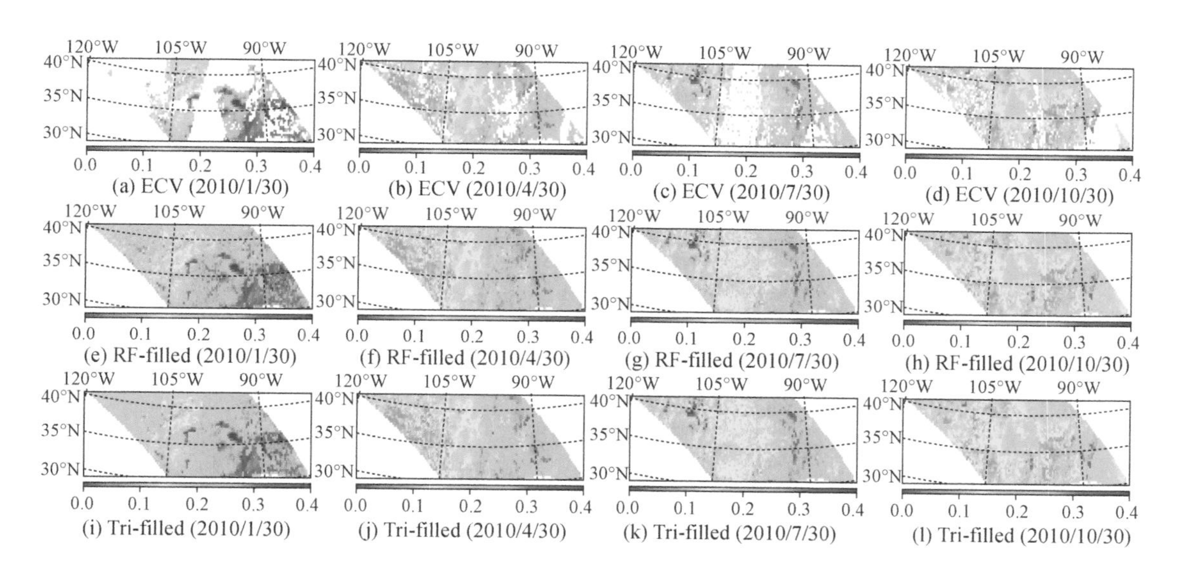

图 9.18　2020 年 1 月 30 日、4 月 30 日、7 月 30 日、10 月 30 日原始土壤水分数据与重建插补数据

单位：m^3/m^3

表 9.2　重建插补数据误差参数

产品	误差参数			
	Bias（%）	R	RMSE（m^3/m^3）	ubRMSD（m^3/m^3）
RF-Filled ECV SM	-28.544	0.666	0.095	0.042
Tri-Filled ECV SM	-28.385	0.668	0.094	0.041
Original ECV SM	-29.523	0.690	0.096	0.041

9.5 本章小结

本章对土壤水分插补重构算法进行设计实现和分析比对，选用经典的地统计学特征三角形模型和机器学习 RF 算法，借助与地表土壤水分密切耦合的地表温度和植被指数，对土壤水分建模重构，旨在研究机制可解释算法（Tri）和人工智能模型（RF）的性能差异、探索一种可靠的算法来修复 ECV 数据的间隙区域。研究结果表明：①在以原始 ECV 参考进行精度评估时，RF 模型在拟合优度方面明显优于 Tri 模型，其中 RF_C 相关系数高达 0.95；②在基于地面实测数据的验证评价中，Tri 和 RF 均取得良好精度，与原始 ECV 相比，将低估误差从-29% 减缓到-20%；③对子区域的评价分析进一步阐明 Tri 和 RF 算法的稳定性，在全域样本数充足的情况下，子区域数据大量缺失丝毫不会影响重建数据的精度；④利用重构数据补全后的土壤水分弥补了卫星微波遥感数据产品的先天缺陷，实现了无缝覆盖，提升了应用价值。RF 模型在重构稳定性和精度方面整体优于 Tri 模型，表明该算法在土壤水分重构中的优越性，此外，RF 算法支持多变量建模，在后续研究中可将降水、蒸散发、反照率、坡度坡向等多源地表参数加入，持续优化提升模型。

第10章 决策树驱动的土壤水分降尺度方法研究——以法国南部区域为例

10.1 ECV、SMAP数据原始精度

2015年1月31日，美国国家航空航天局成功发射搭载L波段雷达与辐射计的SMAP卫星（Entekhabi et al.，2010）。SMAP计划采用其搭载的主动雷达与被动微波辐射计传感器对全球土壤水分开展监测，其产品空间分辨率分别为3km和36km（Chan et al.，2018）。依据卫星自南向北、自北向南的运动扫描方向，获取的土壤水分产品分别被称为升轨产品和降轨产品，SMAP卫星每天于6：00 UTC升轨，18：00 UTC降轨。自2015年7月7日，雷达传感器失灵，不再回传数据。因此，本章研究主要针对被动辐射计反演的36km和基于被动增强型的9km分辨率土壤水分产品进行精度评价。本章研究使用的SMAP土壤水分产品自美国国家冰雪数据中心（National Snow & Ice Data Center，https：//nsidc.org/data/smap/smap-data.html）获取。

36km分辨率SMAP土壤水分从微波亮温数据中直接反演，未进行进一步插值处理。相比而言，9km分辨率的被动增强型SMAP土壤水分产品源自SMAP 1级亮温数据，采用Backus-Gilbert最优插值算法进行综合校正，形成增强型亮温产品。以9km网格增强亮温数据作为主要输入数据，对土壤水分开展反演（Entekhabi et al.，2010；Chen et al.，2017a；Sabaghy et al.，2018）。

本章研究收集了位于欧洲的8个土壤水分地面监测网络作为评价验证数据（图10.1），该数据源自国际土壤水分网络（Dorigo et al.，2011）。每种监测网络均已在国际上广泛应用于土壤水分评价、校正和不确定性分析，并呈现出较好的一致性。土壤水分监测网络的基本信息如表10.1所示，这些地面站点位

于气候类型和生物群落丰富的地区，可以对土壤水分进行系统和全面的验证分析。本章研究选取5cm深度的表层土壤水分记录值来验证卫星土壤水分产品的性能。为了保持数据序列的稳定性，根据每小时监测值的算术平均值计算得到每日土壤水分观测值。

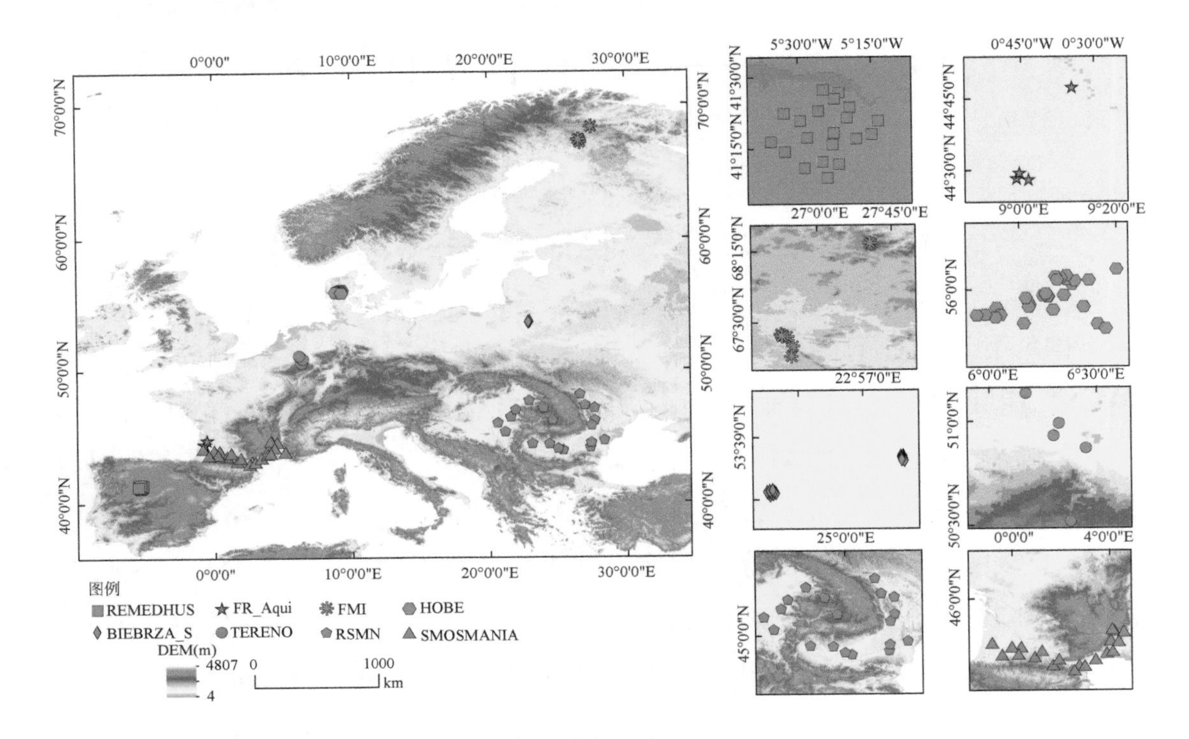

图10.1　土壤水分监测网络分布

表10.1　土壤水分地面监测网络基本属性

名称	国家	站点数目	气候	土地覆被类型	参考文献
REMEDHUS	西班牙	20	温带海洋气候	耕地、灌丛	Sanchez 等（2012）
FR_Aqui	法国	4	地中海气候	耕地、森林	Albergel 等（2009）
FMI	瑞典	20	亚寒带针叶林气候	稀树草原	Zeng 等（2016）
HOBE	丹麦	27	温带海洋气候	耕地、森林	Jensen 等（2011）
BIEBRZA_S	波兰	18	温带大陆气候	草地、湿地	Dabrowska-Zielinska 等（2018）
TERENO	德国	5	温带海洋气候	耕地、森林	Bogena 等（2007）
RSMN	罗马尼亚	19	温带大陆气候	耕地、森林	Sandric 等（2016）
SMOSMANIA	法国	21	地中海气候	多类型混合	Calvet 等（2007）

本章研究使用盒须图表示卫星土壤水分产品在各监测网络的精度分布情况（图 10.2 ~ 图 10.4）。盒须图中自上而下的水平实线分别表示最大值、上四分位、中值、下四分位、最小值，水平虚线表示算术平均值，点表示异常值（Mirzargar et al.，2014）。

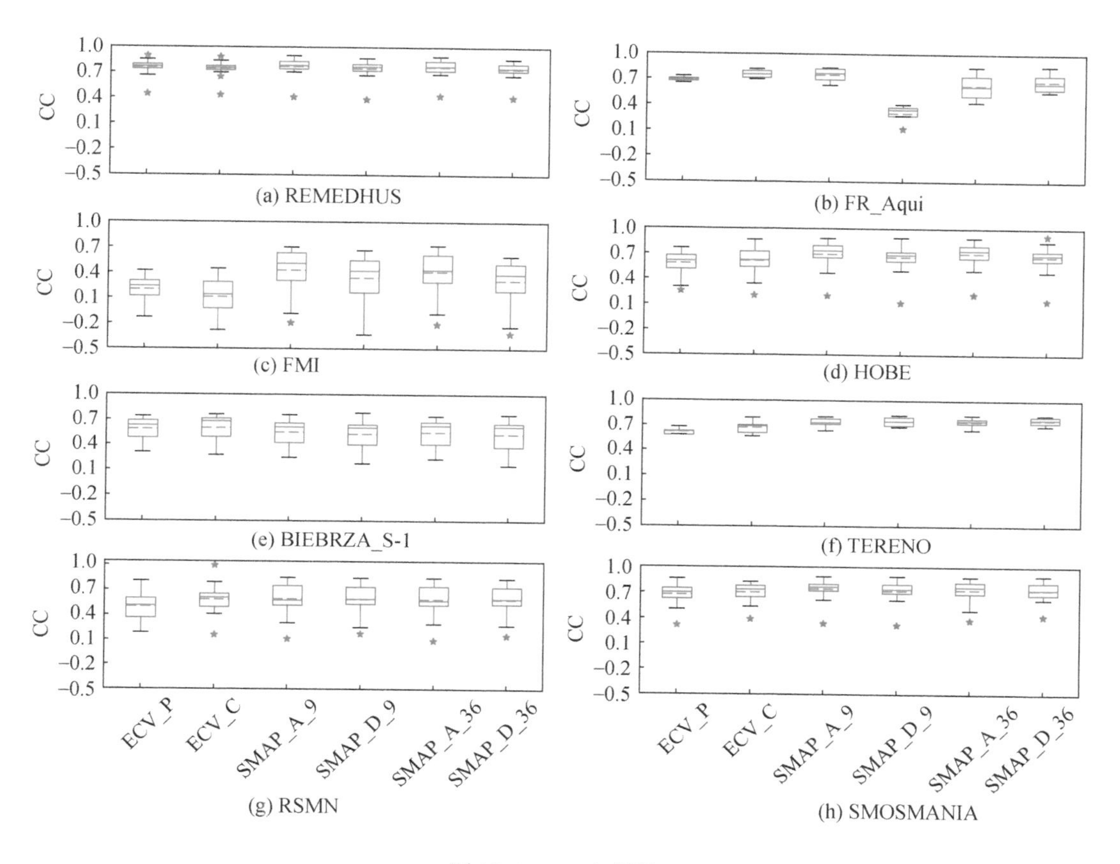

图 10.2　CC 盒须图

多传感器反演的土壤水分产品在地面实测值验证结果中存在显著差异。由 ECV_A 和 ECV_P 合成的 ECV_C 在拟合度和数值误差方面均优于 ECV_P。相比而言，SMAP 反演的土壤水分数据集在评估产品中取得了优异的精度。其在相关系数和误差中的表现均显著优于基于多源卫星数据融合的 ECV_C［图 10.2（c）、图 10.2（f）、图 10.2（g）和图 10.3（a）、图 10.3（b）、图 10.3（h）］。SMAP 9km 和 36km 土壤水分均取得相当高的精度，但升轨数据精度略优于降轨数据，夜间降轨数据可能受到露水影响略有下降（Dabrowska - Zielinska et al. 2018）。CC、Bias 和 ubRMSD 的综合评价指标值共同证实了

SMAP 土壤水分产品的高精度，即以 1.41GHz 为中心波长的 L 波段对土壤水分的刻画能力。

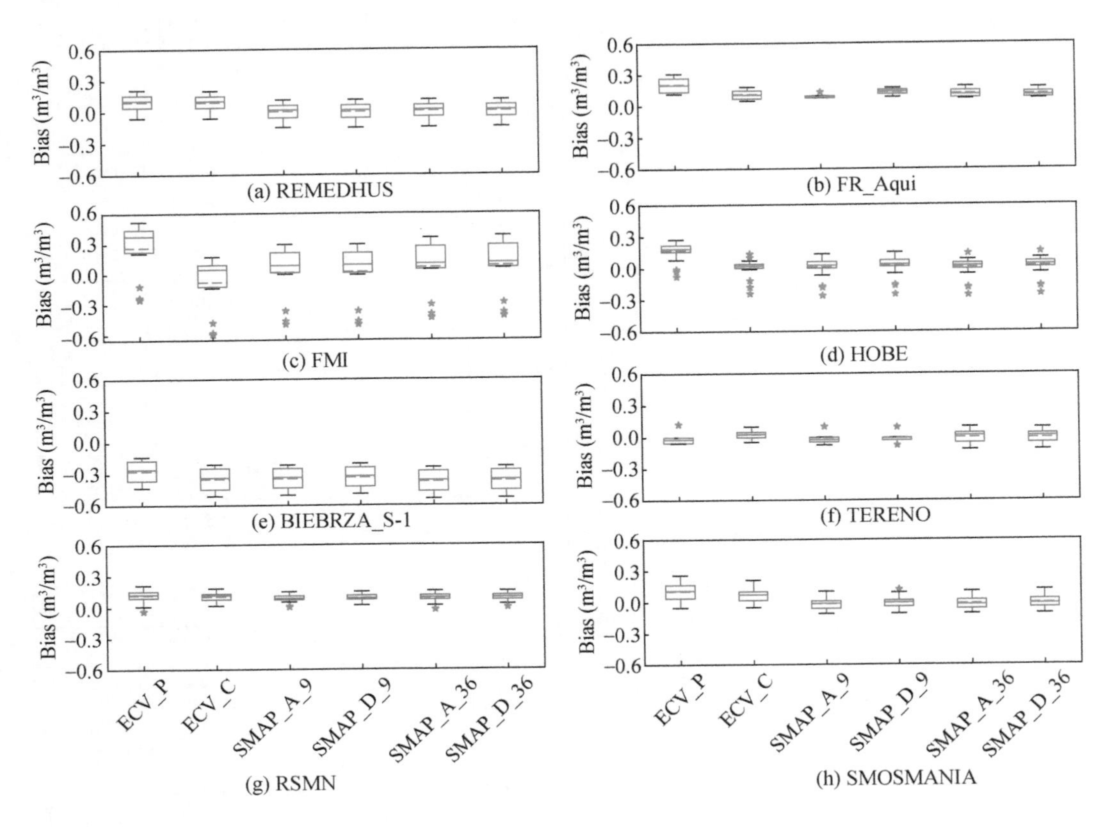

图 10.3　Bias 盒须图

就不同的站点观测网络而言，在 REMEDHUS、TERENO 和 SMOSMANIA 的验证精度较高，ECV 和 SMAP 均能取得大于 0.7 的相关系数和接近 0 的偏差；然而卫星土壤水分产品在 FMI 和 BIEBRZA_S-1 的拟合度较差，表现出显著的误差。在 FMI 监测网，虽然 SMAP 与站点监测值取得较好的趋势拟合度，但呈现显著的高估。这一现象可能与其寒冷的气候有关，最近在位于高海拔寒冷气候区的青藏高原进行的研究也显示出卫星土壤水分遥感产品的不良性能（Zeng et al.，2015；Zeng et al.，2016）。BIEBRZA_S-1 布设在湿地生态系统中，其土壤水分值是普通耕地的数倍之高。最近的一项调查研究表明，Sentinel-1 土壤水分产品与 BIEBRZA_S-1 的相关系数为 0.5，与本研究的验证结果较为相似（Dabrowska-Zielinska et al.，2018）。

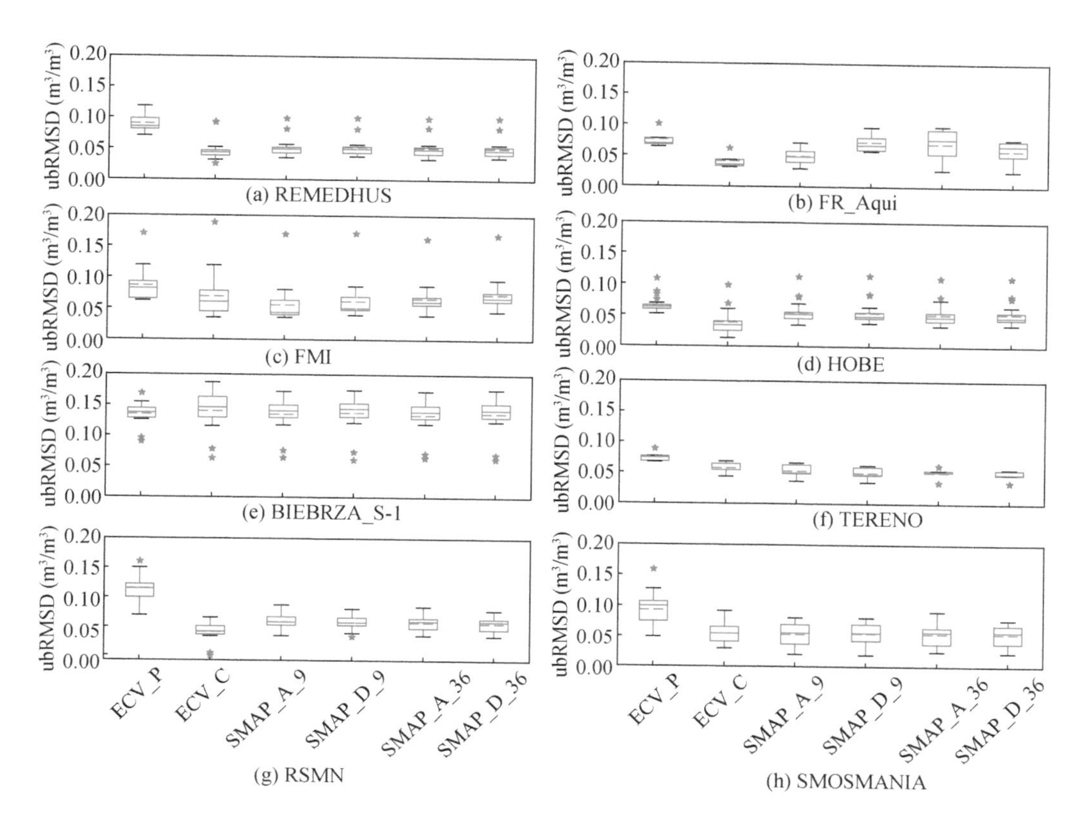

图 10.4　UbRMSE 盒须图

本章研究绘制了 8 个站点监测网络的 PDF 曲线，探讨了卫星土壤水分产品的取值分布特征（图 10.5）（Inamdar et al.，2008）。相比而言，站点监测的土壤水分取值分布更加分散，其最高比例值显著低于源于卫星的土壤水分产品。地面传感器通常以小时或分钟的时间周期尺度监测土壤水分，并通过计算其算术平均值来获得日土壤水分值，因此该值可代表一天之内的土壤水分平均情况。相比之下，由于卫星瞬时过境，卫星获取的数据只能记录一天内某个时间点的土壤水分信号。因此，不同的日内测量频率可能是导致 PDF 曲线形状差异大的原因之一。

就不同 SMAP 土壤水分产品而言，9km 和 36km 分辨率产品的 PDF 曲线形状相似，升降轨土壤水分取值分布差异较小。与 ECV 土壤水分产品相比，SMAP 在取值分布特征上与地面站点监测数据更为接近，表明基于 SMAP 卫星反演的土壤水分产品精度优于基于多源卫星融合的 ECV 土壤水分产品。

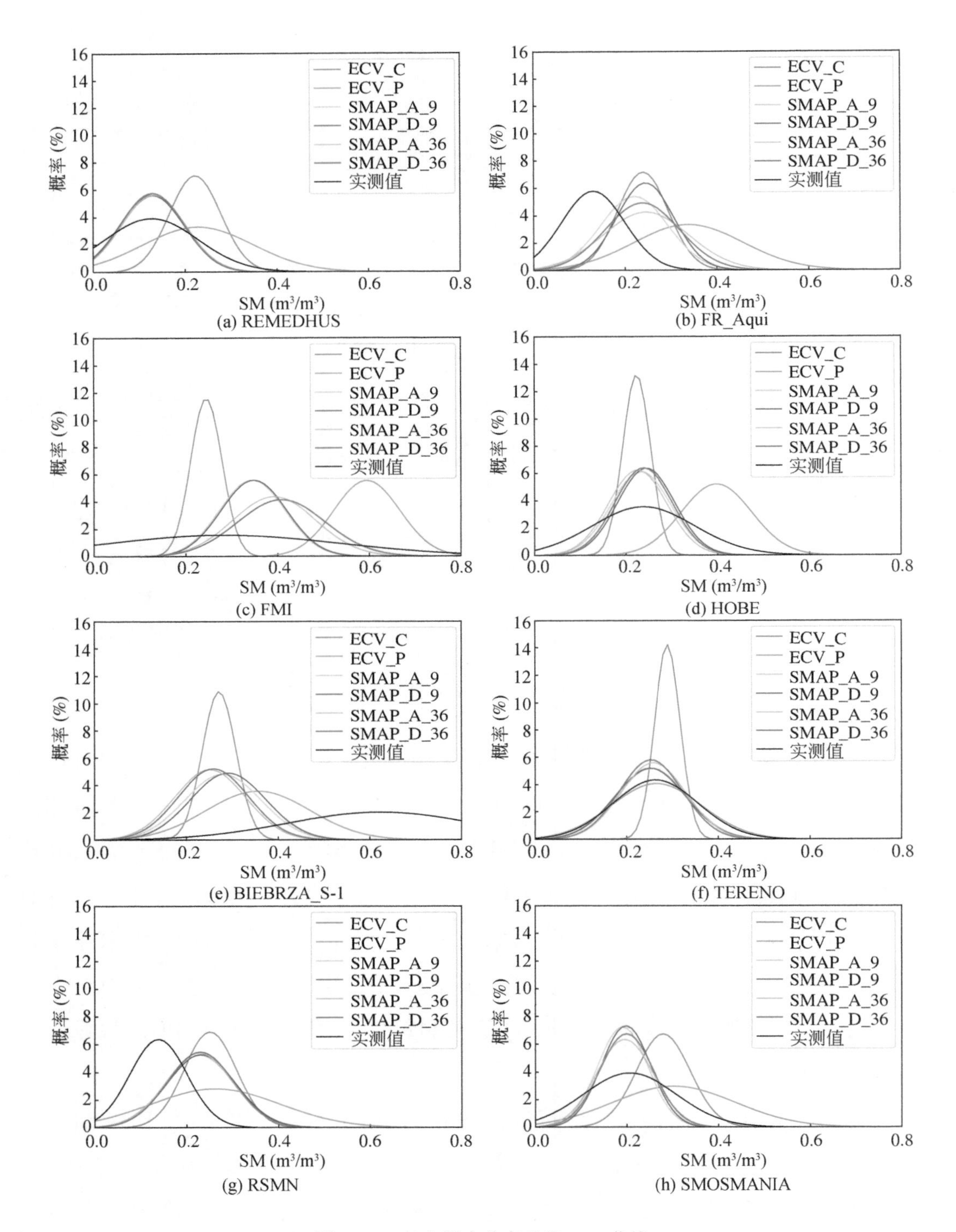

图 10.5　各土壤水分产品的 PDF 曲线

SMAP 土壤水分产品与地面监测数据的趋势拟合度高、误差小，数据精度优于基于多源卫星微波土壤水分数据融合的 ECV 土壤水分产品，是一套能够精确刻画地表土壤水分的数据集。决策树驱动的 RF 机器学习算法在卫星土壤水分重建中的表现显著优于其他算法。因此，以 SMAP 为对象，针对其像元分辨率低、难以满足区域尺度水文分析需求的问题，开展降尺度算法模型构建，通过比对多种决策树驱动的机器学习模型，实现 SMAP 土壤水分产品尺度下推，得到一种适用于 SMAP 土壤水分产品的算法模型，探索一种最适宜进行土壤水分尺度转换的决策树驱动的算法模型。

10.2 研究区与数据源

10.2.1 研究区与地面实测数据

选取位于法国南部的 SMOSMANIA 监测网络所在的区域开展案例研究。参考柯本气候分类可知，该区域位于典型的地中海气候带，夏季炎热干燥，冬季寒冷湿润（Rohli et al., 2015）。SMOSMANIA 土壤水分监测网最初是为了验证 SMOS 卫星土壤水分产品而布设的，目前共有 21 个测站，配有专业土壤水分监测传感器（Delta-T Devices 与 ThetaProbe ML2X/ML3），每个站测量逐小时地表 5cm、10cm、20cm 和 30cm 深处的土壤水分值（Calvet et al., 2007；Albergel et al., 2008）。鉴于星载微波穿深仅能到达地表 0 ~ 5cm，本章研究通过计算 5cm 逐小时土壤水分值得加权平均值进而得到逐日土壤水分监测值，为了确保数据的有效性和代表性，各站每天至少需有 12 小时的有效数据才会被用于计算逐日土壤水分值。如图 10.6 所示，测站主要分布于耕地、草地、灌丛、林地 4 类土地覆被类型中，土地覆被数据源于欧洲空间局发布的 2015 年全球 300m 土地覆被数据（https://www.esa-landcover-cci.org）（Arino et al., 2008）。

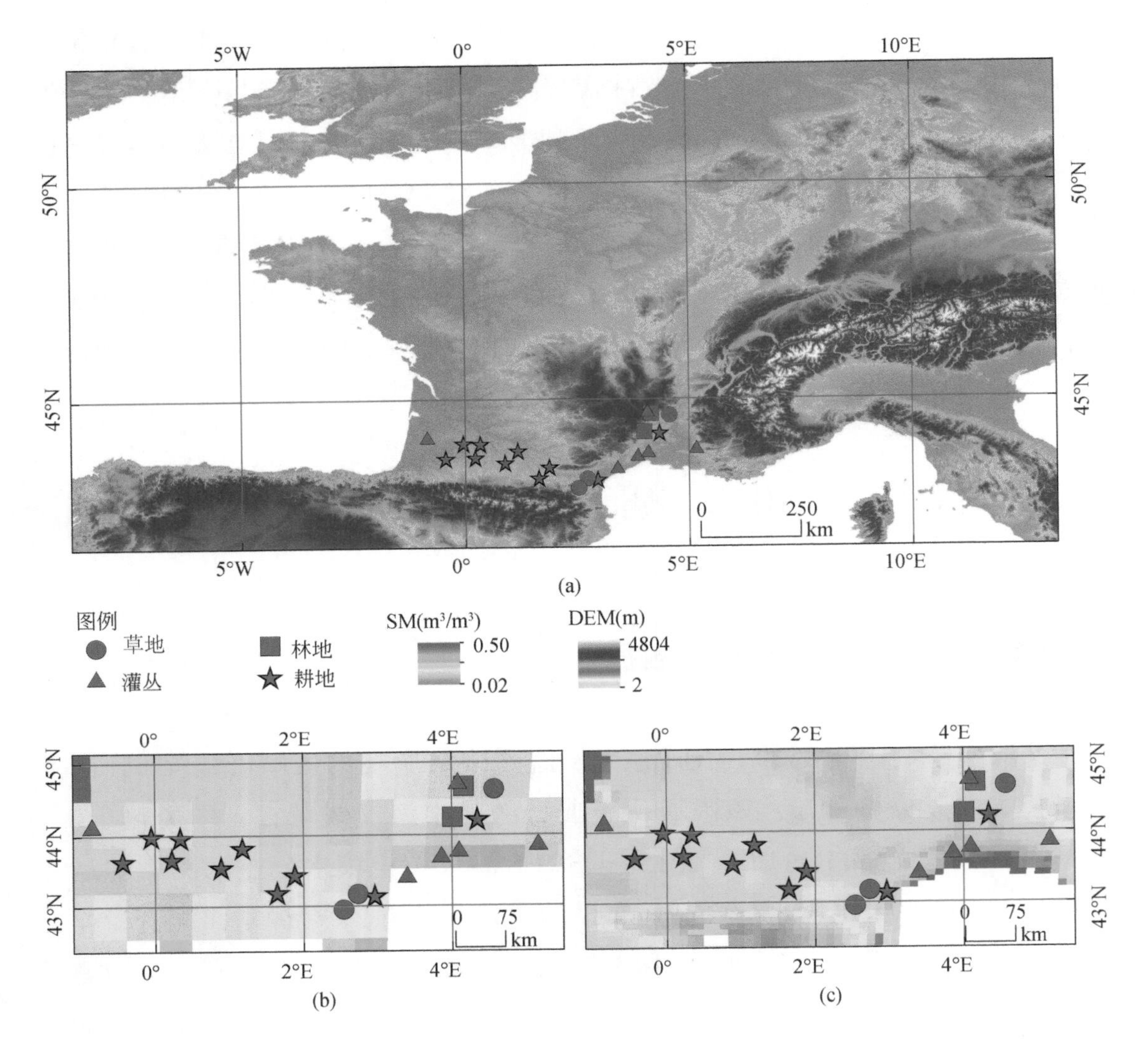

图 10.6　SMOSMANIA 站点分布及研究区的（a）DEM、（b）36km SMAP 土壤水分产品、（c）9km SMAP 土壤水分产品

10.2.2　数据源

1. SMAP 土壤水分产品

由真实性检验结果可知，两种分辨率的 SMAP 土壤水分产品精度相当，因此本章研究分别对它们开展降尺度研究，分析不同分辨率 SMAP 数据的尺度转

换异质性。SMAP 土壤水分产品中存在大量的空值条带，这主要是由射频干扰、密集植被覆盖、卫星与地球相对运动等引起的。为了提高数据覆盖率和稳定性，计算相同分辨率的升轨与降轨数据的算术平均值来表示当日的土壤水分值。

2. 解释变量数据

基于土壤水分与地表参数的密切关系，选取增强植被指数（EVI）、归一化植被指数（NDVI）、地表温度（LST）、蒸散发（ET）、反照率（Albedo）、数字高程模型（DEM）构建解释变量体系。解释变量数据源于 MODIS 地表数据（https：//earthdata. nasa. gov），为了增强数据的稳定性和代表性，计算 Terra（10：30 UTC 过境）和 Aqua（13：30 UTC 过境）两颗卫星获取的 MOD 和 MYD 系列数据的算术平均值作为当日的值。DEM 数据源于 SRTM 官网（http：//srtm. csi. cgiar. org/srtmdata/）。所有数据通过重采样将分辨率统一到 1km。各解释变量的数据集信息如表 10. 2 所示。

表 10. 2　解释变量基本信息

解释变量	数据集名称	空间分辨率	时间分辨率
EVI、NDVI	MOD13A2；MYD13A2	1km	16 天
LST	MOD11A1；MYD11A1	1km	1 天
ET	MOD16A2；MYD16A2	500m	8 天
Albedo	MCD43A3	500m	1 天
DEM	SRTM	30m	—

10. 3　降尺度模型构建

大量已有研究表明，决策树驱动的机器学习算法在土壤水分降尺度研究中取得了较好的效果（Im et al. ，2016；Han et al. ，2018；Wei et al. ，2019），因此本章研究拟对比四类经典基于决策树的机器学习算法在 SMAP 土壤水分降尺度中的性能，分别是 CART、RF、梯度提升决策树（Gradient Boosting Decision Tree，GBDT）和极端梯度提升（eXtreme Gradient Boosting，XGB）。

CART 的本质是将特征空间分成两部分，即生成二叉树；经过迭代二叉分解后，同一子树中的样本具有最大的均匀性，不同子树中的样本具有最大的异质性（Breiman et al.，1984；De'Ath et al.，2000）；同时根据相应子树中的拟合模型计算出最终的土壤水分估计值。RF 是一种具有良好抗过拟合能力的集成学习方法，利用 bootstrap 聚合样本抽取技术，反复选择一组随机样本进行训练。所有的子集彼此独立，并且它们的样本可以重复。每个子集都有一棵 CART，最终的预测值是所有 CART 的平均值（Liaw et al.，2002；Chen et al.，2004）。GBDT 又称多重加性回归树，是一种具有很强泛化能力的迭代算法，利用前向分式算法来实现学习优化。每一棵新的回归树都是按照之前的整体集成模型的误差顺序生成和训练的，以通过迭代使代价函数最小化（Yang et al.，2017；Chen et al，2018ab）。XGB 是梯度提升框架的扩展，与 GBDT 相比，XGB 在代价函数中增加了一个正则项来控制模型的复杂度。正则项可以减少模型的方差，使所建立的模型更简单，防止过度拟合。另外，参考 RF 算法原理，XBG 同样支持列采样，可以有效减少计算量（Chen et al.，2015，2016）。

降尺度过程如图 10.7 所示，相应步骤如下：

（1）将所有自变量重新投影到 Albers 等面积圆锥投影、WGS1984 基准面上，分别统一为 1km、9km、36km 的空间分辨率，该预处理通过使用 Python 的地理空间数据抽象库 GDAL 来进行（Shekhar et al.，2017）。通过空间聚集插值将自变量重采样到 9km 和 36km 尺度。计算位于相同 9km×9km 和 36km×36km 像素中的所有 1km×1km 像素的算术平均值来表示相应的值。

（2）训练样本由 SMAP 土壤水分产品和解释变量数据构成，通过 CART、RF、GBDT 和 XGB 算法在训练样本中建立土壤水分估算模型。本章研究使用 GridSearchCV 方法迭代每个算法的可调参数，以寻求最佳参数组合。本章研究采取了若干措施来选取适当的训练样本：首先利用 MOD44W 数据作为水体掩膜过滤水体；采用 MODIS 质量控制层（QC=0，1）避免劣质样本。然后，将同时具有有效土壤水分和自变量的像素点作为合格的训练样本，利用所有合格的训练样本建立回归模型。理论上，36km 分辨率的样本量是 9km 分辨率样本量的1/16。从 9km 尺度训练数据集中随机抽取 1/16 个训练样本参与回归模型的建立，以使训练样本在 9km 和 36km 尺度上基本保持一致。

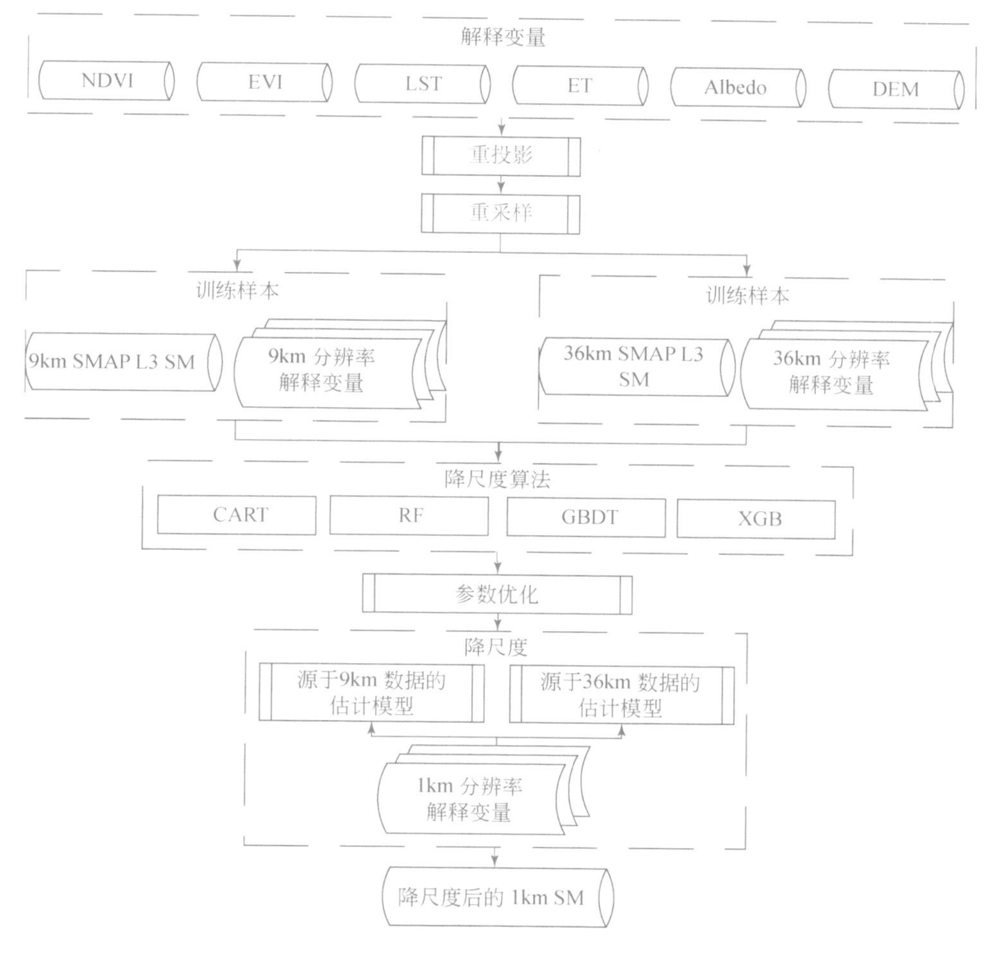

图 10.7　降尺度算法流程

（3）在优化后的回归模型基础上输入 1km 空间分辨率自变量作为预测数据，得到降尺度后的土壤水分产品。

10.4　结果分析

10.4.1　基于原始 SMAP 土壤水分产品的评价

图 10.8 显示了 36km、9km 和 1km 像元之间的分辨率比较，可以清楚地看到，降尺度过程显著地提高了空间分辨率。图 10.9 和图 10.10 显示了不同季

节降尺度后的结果和原始的9/36km粗分辨率SMAP土壤水分。在本章研究中，春季为3～5月；夏季为6～8月；秋季为9～11月；冬季为12至次年2月。1km分辨率的土壤水分产品不仅可以表达更详细的信息，而且可以有效地捕捉原始SMAP数据的空间变化特征。

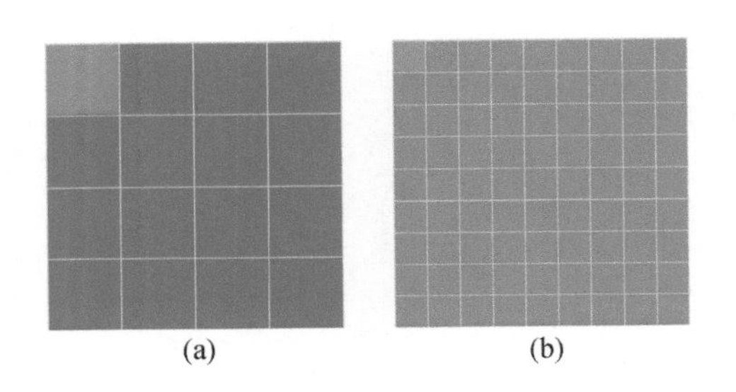

图10.8 （a）36km（蓝色）和9km（红色）之间的格网尺寸比较；（b）9km（红色）和1km（绿色）之间的格网尺寸比较

如图10.9所示，在9km尺度上建立的估计模型对1km模型进行回归预测，得到了较为准确的降尺度结果。相对而言，由于巨大的尺度差异，36km降尺度后的土壤水分产品与原始SMAP相比在沿海区域呈现出肉眼可见的异质性。因此可以推测尺度转换效应可能会影响降尺度数据的精度。就不同降尺度算法而言，四种降尺度方法在本案例研究区域得到相似的结果，有必要进一步对降尺度的土壤水分数据质量进行定量研究。

10.4.2 基于原始SMAP土壤水分产品的精度分析

本节定量评估了降尺度后的土壤水分的精度，通过将降尺度后的1km土壤水分数据集重采样到原始SMAP土壤水分网格分辨率来进行空间精度分析。采用偏差、相关系数和均方根误差对估计结果的准确性进行了系统、客观的评估。

图10.11～图10.16展示了9km和36km尺度上偏差、相关系数和均方根误差的空间和季节分布。与其他季节相比，机器学习反演结果在春季显示出更高的精度，误差更小，拟合趋势更好。研究区主要有三种气候类型，即地中海附近的地中海气候、北大西洋沿岸的温带海洋气候和内陆温带大陆性气候。这

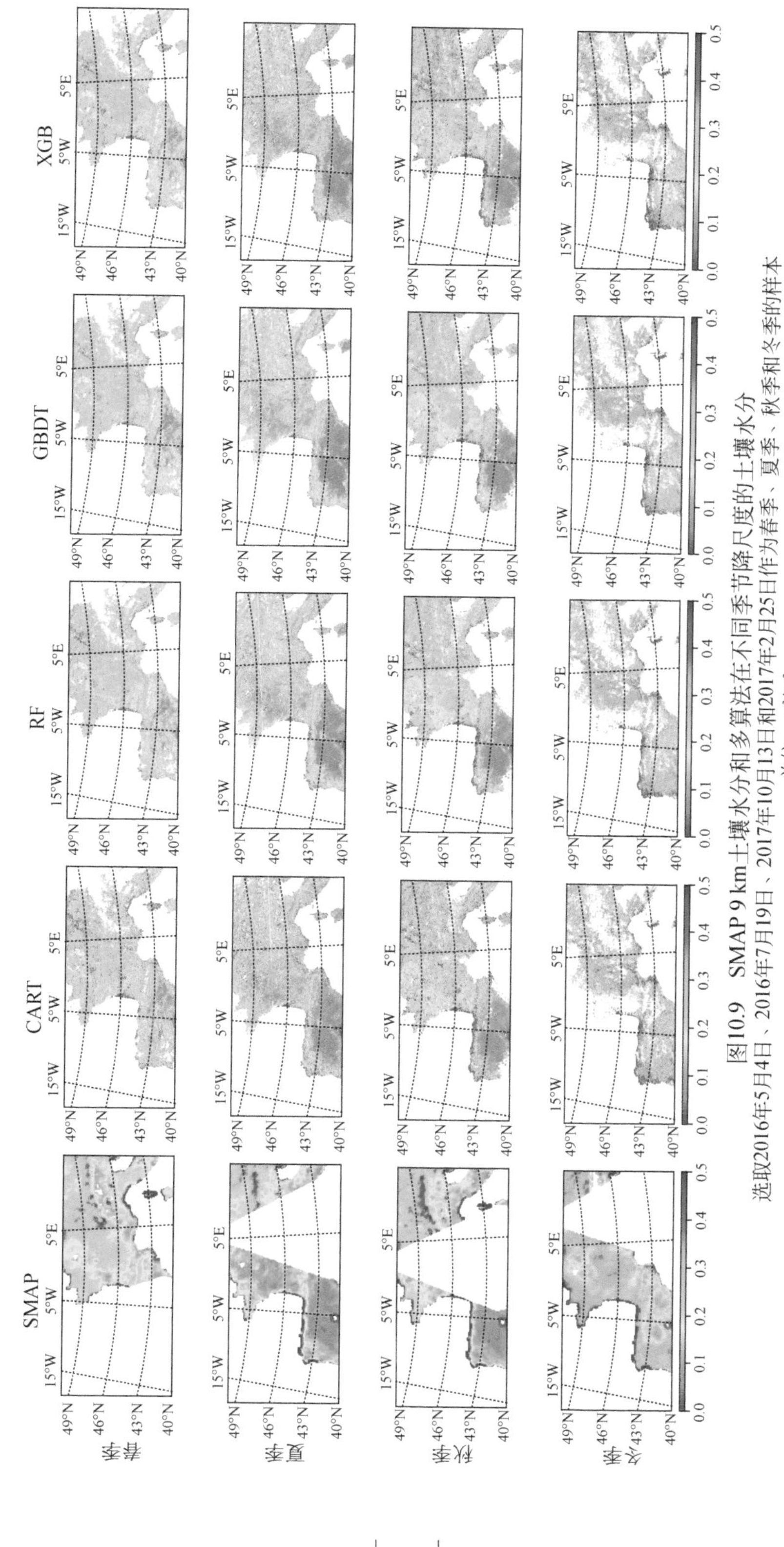

图10.9 SMAP 9 km土壤水分和多算法在不同季节降尺度的土壤水分

选取2016年5月4日、2016年7月19日、2017年10月13日和2017年2月25日作为春季、夏季、秋季和冬季的样本

单位：m^3/m^3

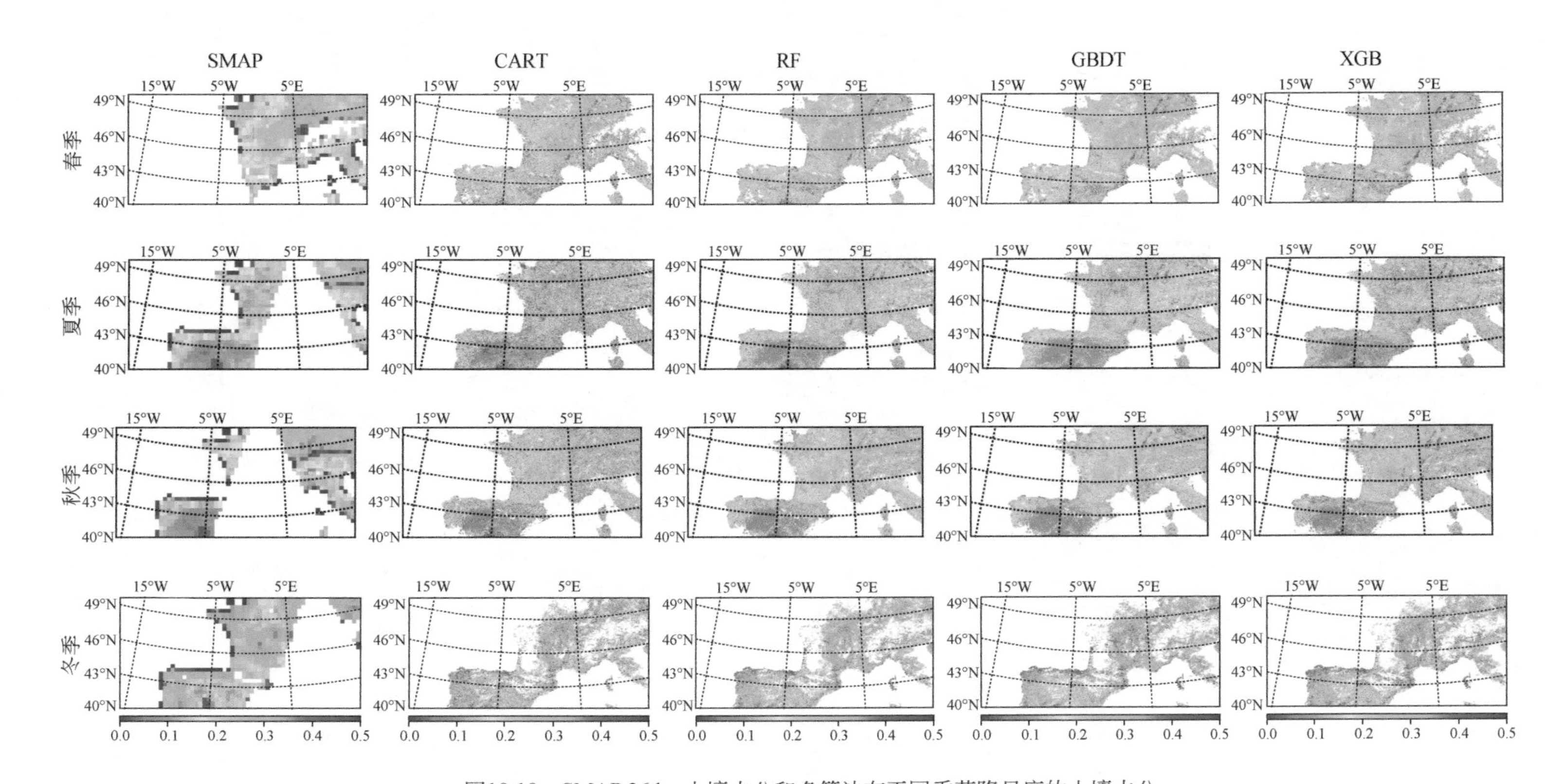

图10.10　SMAP 36 km土壤水分和多算法在不同季节降尺度的土壤水分

选取2016年5月4日、2016年7月19日、2017年10月13日和2017年2月25日作为春季、夏季、秋季和冬季的样本

单位：m^3/m^3

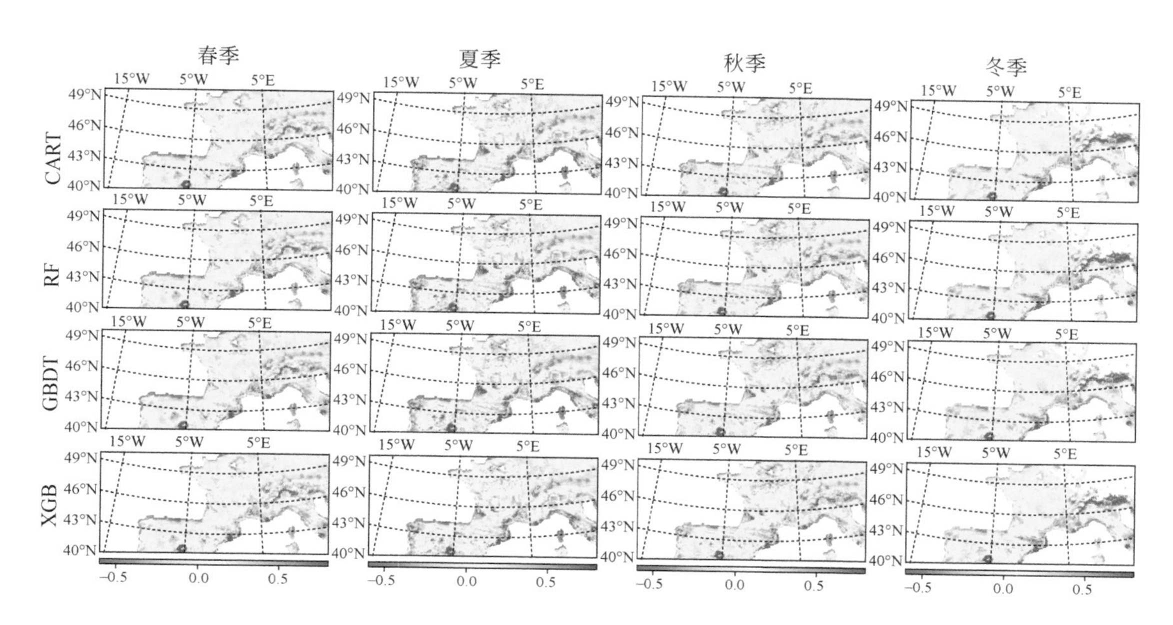

图 10.11　SMAP 9km 降尺度结果的四季偏差比例空间分布

单位：×100%

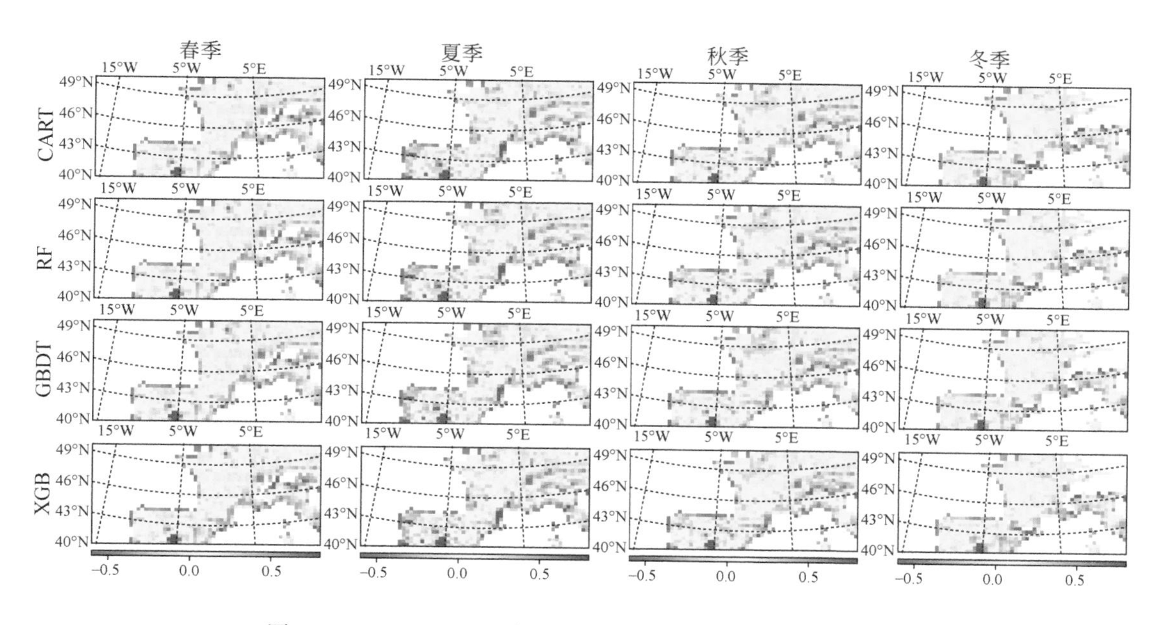

图 10.12　SMAP 36km 降尺度结果的四季偏差比例空间分布

单位：×100%

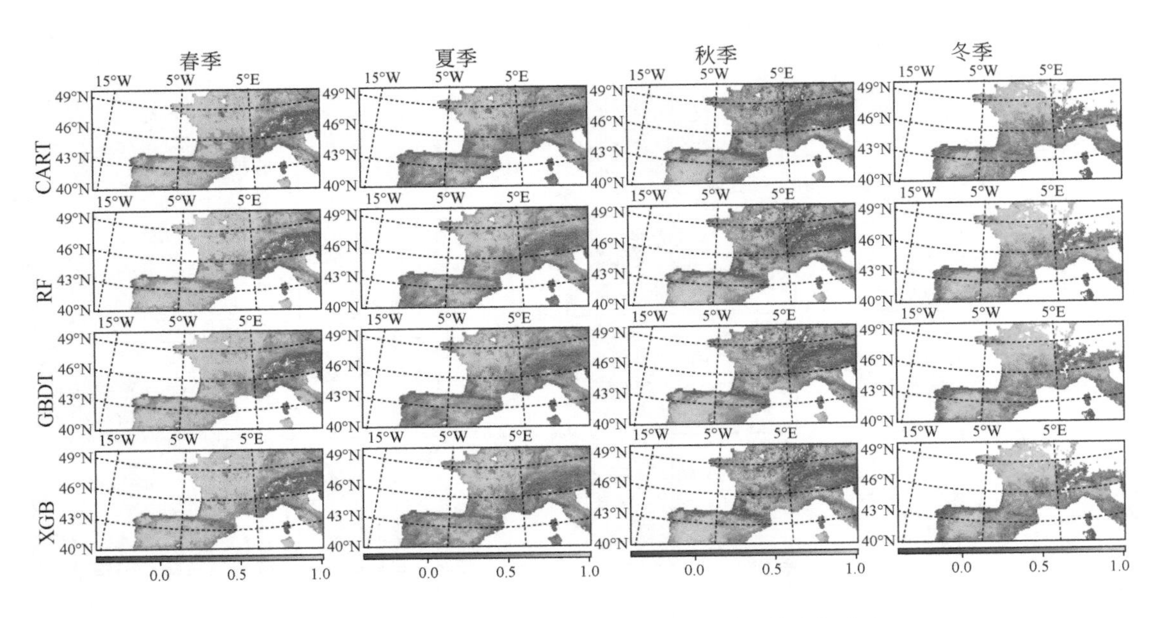

图 10.13　SMAP 9km 降尺度结果的四季相关系数空间分布

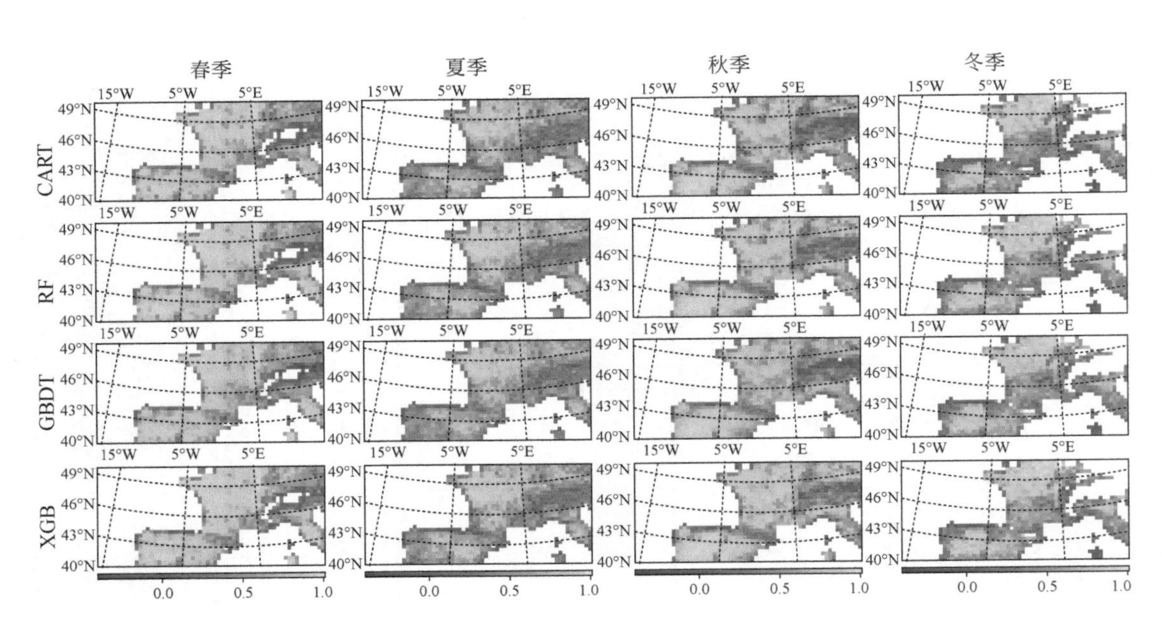

图 10.14　SMAP 36km 降尺度结果的四季相关系数空间分布

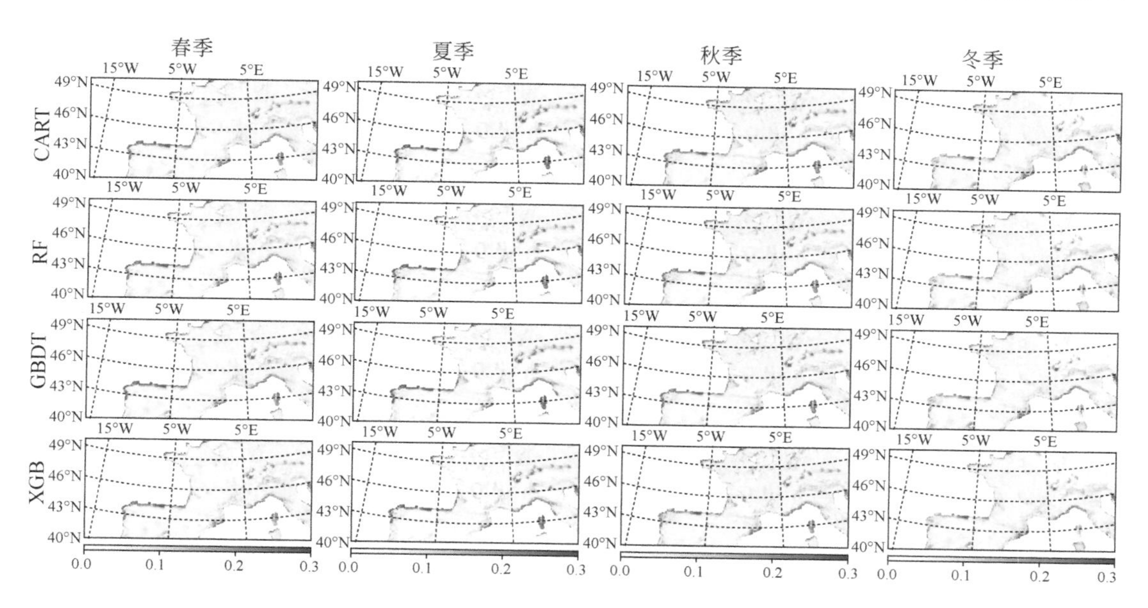

图 10.15　SMAP 9km 降尺度结果的四季均方根误差空间分布

单位：m^3/m^3

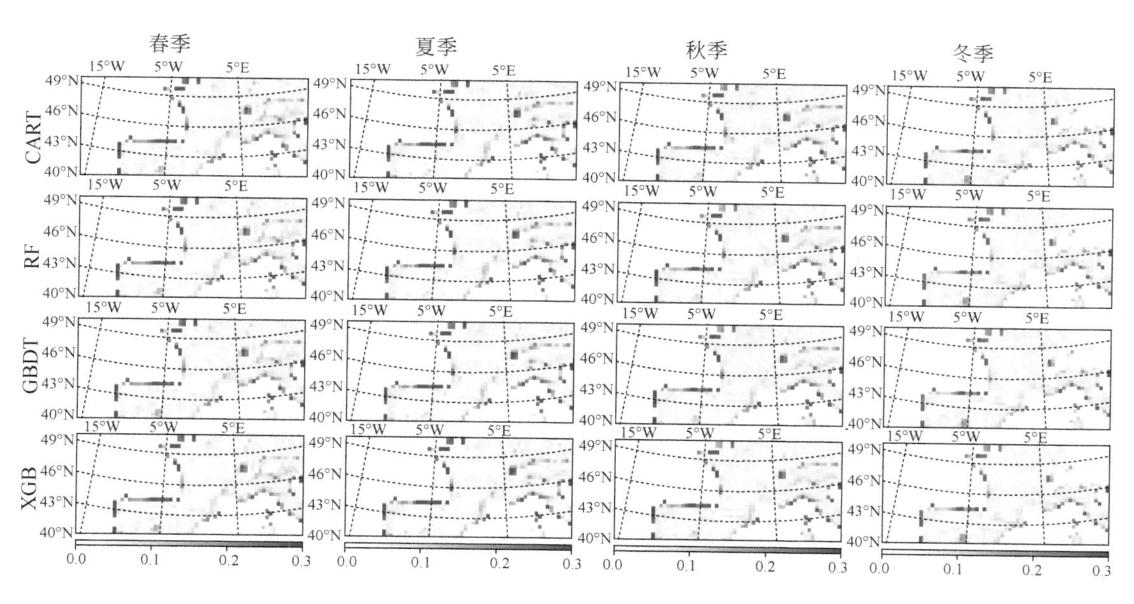

图 10.16　SMAP 36km 降尺度结果的四季均方根误差空间分布

单位：m^3/m^3

些气候具有完全不同的季节性水热组合特征，并且每一种气候都能显著地驱动土壤水分变化。相对而言，这些气候在春季气温适中、降水量少的情况下水热特征相似。因此，本章研究认为相似的水热组合是所选算法准确建立回归的有利条件，9km 和 36km 尺度的估计结果在偏差、相关系数和均方根误差上的表现相似，但在沿海地区除外。相对而言，36km 尺度的 SMAP 反演结果在沿海地区表现出更为显著的低估。

在图 10.11 和图 10.13 中的同一位置存在明显的偏差及较低的相关系数。研究发现，高估主要发生在阿尔卑斯山和比利牛斯山脉，该区域地势陡峭。SMAP 土壤水分在这些地区极低。山区地表蒸散发与土壤水分之间的相互作用比平原更为复杂（Mulder et al.，2011）。在 1km、9km 和 36km 尺度上，陡坡地形与土壤水分的相互作用特征具有明显的异质性。西班牙首都马德里也出现了高估现象，马德里位于 5°W，40°N 附近，由不透水表面和少量耕地组成，气候全年干旱。然而，由于算法很难区分主要由不透水表面构成的混合像元，因此可能会产生具有明显误差的降尺度结果。此外，城市热岛效应也会导致不透水表面温度升高。这些异常情况可能会混淆反演模型，导致高估。相比之下，低估值主要分布在西班牙北部沿海地区。这些地区属于温带海洋气候，全年保持相对湿润状态，其水热条件的季节变化与地中海气候大相径庭。同时，低估值也出现在阿尔卑斯山附近，那里有密集分布的湖泊群，混有水体的像元易使回归模型产生误判。

综上所述，降尺度土壤水分对原始 SMAP 产品的拟合度很高，最佳结果出现在春季。本章研究初步认为，精度较高的降尺度区域主要位于地中海气候区，植被覆盖度适中，地形变化较小。高估和低估可能是由气候差异、不透水表面、水体和崎岖地形组成的混合像元共同导致的。同时，高低估现象也可能归因于重采样过程，即计算每个 9km 和 36km 像元范围中所有 1km 像元的平均值。重采样数据可以代表较大区域土壤水分取值分布，但极值（最大值和最小值）无法体现。

10.4.3 基于地面实测数据的验证分析

1. 精度参数定量评价

本节以地面观测值为参考，系统地评估了每种降尺度土壤水分的精度。除了偏差、相关系数和均方根误差外，本研究还加入了无偏均方根误差，以深入探讨各种回归树驱动算法的性能。降尺度土壤水分整体上略微高估了地面实测值［图 10.17（a）和 10.18（a）］。RF、GBDT 和 XGB 在相关系数上通常优于基于单回归树的 CART［图 10.17（b）和 10.18（b）］。此外，RF、GBDT 和 XGB 的优势还体现在数据精度上，较小的均方根误差和无偏均方根误差反映了这一点［图 10.17（c）、图 10.17（d）和图 10.18（c）、图 10.18（d）］。从各回归树驱动算法的性能来看，GBDT 以更高的相关系数和更小的误差位居第一。

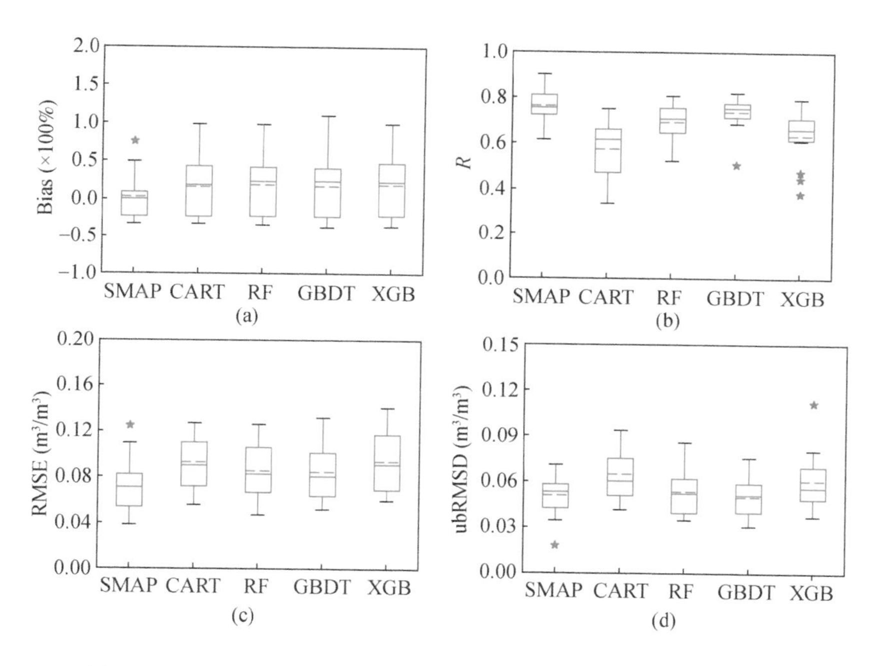

图 10.17　SMAP 9km 降尺度土壤水分（a）偏差、（b）相关系数、（c）均方根误差、（d）无偏均方根误差盒须图

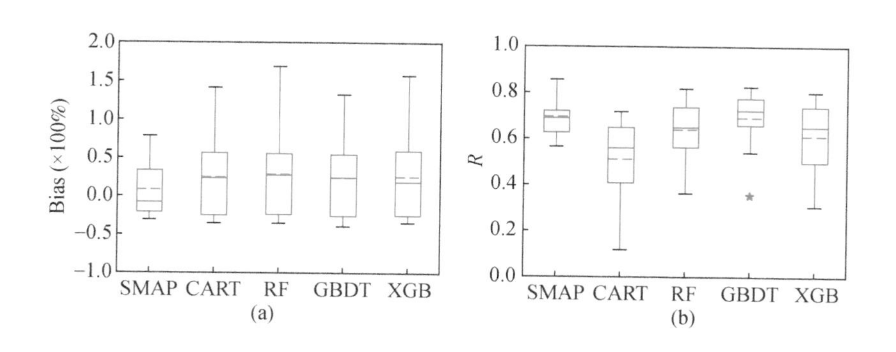

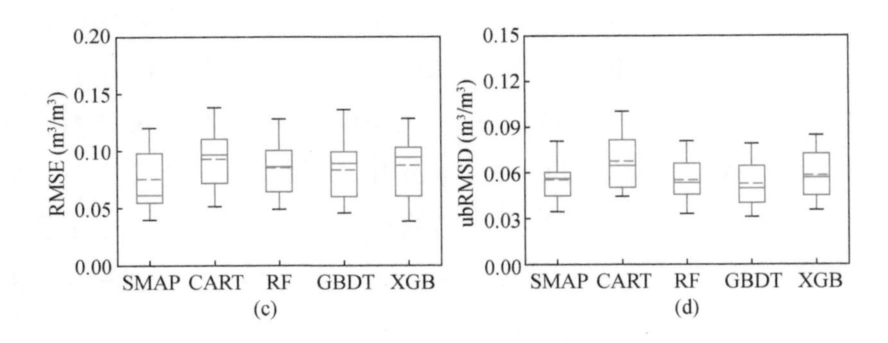

图 10.18　SMAP 36km 降尺度土壤水分（a）偏差、（b）相关系数、（c）均方根误差、（d）无偏均方根误差盒须图

此外，图 10.19 和图 10.20 比较了不同算法降尺度结果在 SMAP 覆盖区（CART_1、RF_1、GBDT_1 和 XGB_1）和空值区（CART_2、RF_2、GBDT_2 和 XGB_2）的精度。由盒须图可知，在 SMAP 覆盖区和空值区上估计降尺度结果的精度相当。高相似精度证明了回归树驱动模型的鲁棒性。此外，较高的精度水平表明，本章研究使用的算法模型在填补原始 SMAP 的间隙方面具有很大的潜力。

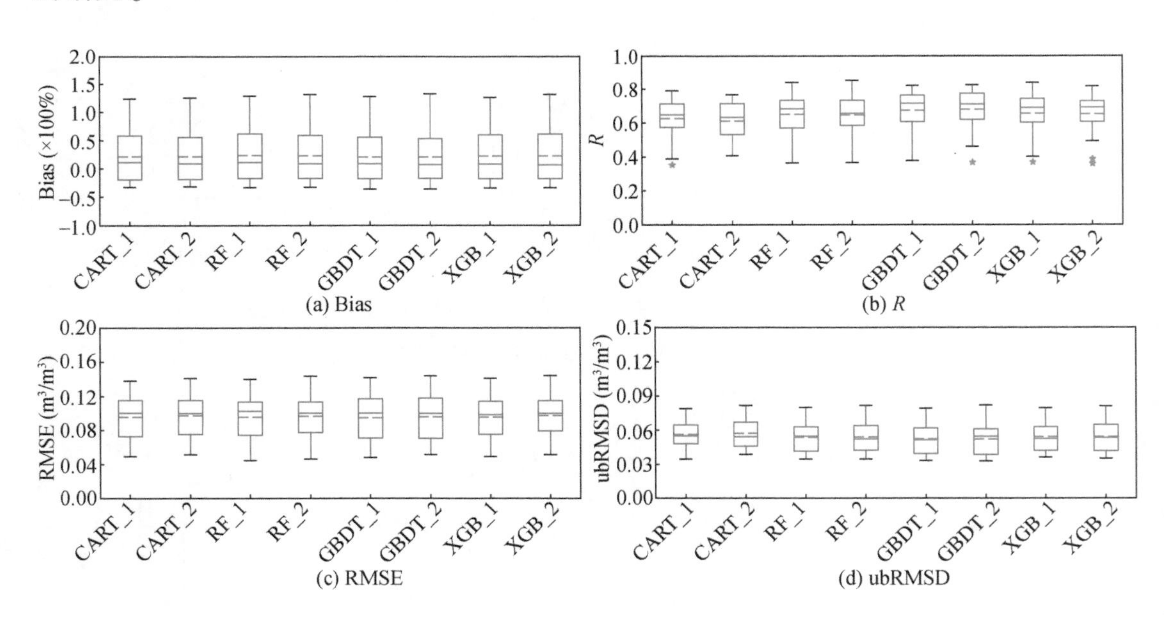

图 10.19　9km 尺度上 SMAP 覆盖区（CART_1、RF_1、GBDT_1、XGB_1）与 SMAP 空值区（CART_2、RF_2、GBDT_2、XGB_2）的降尺度结果比较

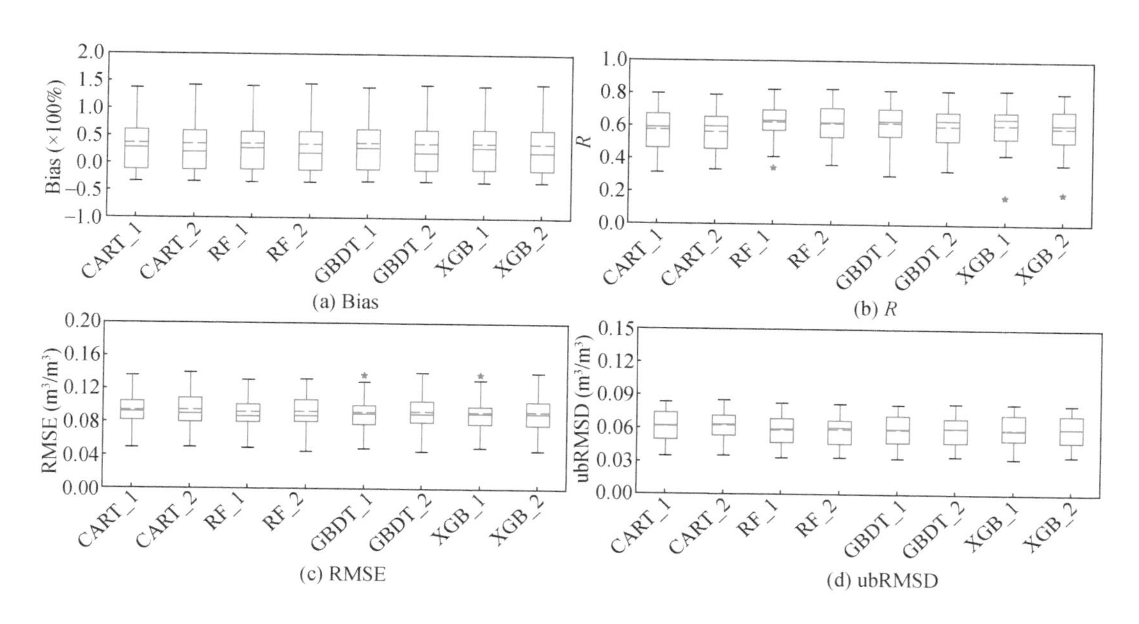

图 10.20 36km 尺度上 SMAP 覆盖区（CART_1、RF_1、GBDT_1、XGB_1）与 SMAP 空值区（CART_2、RF_2、GBDT_2，XGB_2）的降尺度结果比较

2. 基于土地覆被类型的精度分析

以土地覆盖为基础的分类质量评估是为了明确每种降尺度土壤水分产品在各土地覆盖类型区域重现土壤水分的能力。本章研究使用的土地覆盖数据源自欧洲空间局研制的 ESA CCI LC 土地覆被 2015 年数据，空间辨率为 300m（Bontemps et al.，2013）。研究区被重新分类为耕地、草地、灌丛和林地，如表 10.3 所示，本章研究还对每种土地覆盖类型分布的站点数量和比例进行统计。其中，21 个地面站点中有 10 个分布在耕地，表明对农田土壤含水量的重视。地面站点所在的法国西南部以其先进的植物生产和加工工业而闻名（Rossing et al.，2007），地面站点的配置分布也反映了对种植区旱涝监测的重视。

如表 10.4 所示，降尺度的土壤水分产品在耕地和草地均取得良好的精度，在林地区域质量有待进一步提高。初步推断植被覆盖度中等的地区往往会产生比较理想的降尺度结果。在四种回归算法中，GBDT 在耕地、草地和灌丛中保持显著优势，在灌丛的降尺度精度甚至超过了原始 SMAP。除林地外，RF 和 XGB 在不同的土地覆盖类型中表现良好。然而，CART 显示出相对较差的准确性。

表 10.3　土地覆被再分类及站点数

原始土地覆被类型	再分类类型	地面站点数	比例（%）
雨水灌溉的农田； 灌溉或洪水冲积农田； 混合农田（>50%）/自然植被（乔木，灌木，草本植被覆盖）（<50%）	耕地	10	47.62
草地； 草本植被覆盖； 混合草本植被（>50%）/乔木和灌木（<50%）	草地	3	14.29
灌丛； 树木灌丛覆盖； 混合树木和灌丛（>50%）/草本植被覆盖（<50%）；	灌丛	6	28.57
乔木覆盖，针叶林，常绿林，郁闭度（>15%）； 乔木覆盖，混合叶片类型（阔叶与针叶）	林地	2	9.52

表 10.4　不同土地覆被类型验证结果

土地覆被类型		耕地		草地		灌丛		林地	
SMAP		9km	36km	9km	36km	9km	36km	9km	36km
CART	偏差	0.05	0.07	0.73	0.63	0.67	0.79	0.31	0.44
	相关系数	0.47	0.51	0.54	0.62	0.67	0.50	-0.13	0.15
	均方根误差	0.10	0.10	0.09	0.08	0.08	0.09	0.12	0.14
	无偏均方根误差	0.07	0.07	0.06	0.05	0.06	0.08	0.11	0.12
RF	偏差	0.05	0.07	0.75	0.75	0.71	0.89	0.34	0.47
	相关系数	0.62	0.51	0.68	0.72	0.75	0.58	-0.17	0.10
	均方根误差	0.09	0.10	0.08	0.07	0.07	0.09	0.10	0.12
	无偏均方根误差	0.06	0.07	0.04	0.04	0.05	0.06	0.09	0.09
GBDT	偏差	0.06	0.02	0.71	0.63	0.74	0.86	0.34	0.40
	相关系数	0.68	0.67	0.77	0.76	0.77	0.65	-0.16	0.10
	均方根误差	0.09	0.09	0.08	0.07	0.07	0.09	0.10	0.11
	无偏均方根误差	0.05	0.06	0.04	0.04	0.05	0.06	0.09	0.09

续表

土地覆被类型		耕地		草地		灌丛		林地	
SMAP		9km	36km	9km	36km	9km	36km	9km	36km
XGB	偏差	0.12	0.05	0.69	0.65	0.73	0.80	0.34	0.45
	相关系数	0.54	0.58	0.65	0.70	0.71	0.57	0.02	0.09
	均方根误差	0.10	0.10	0.08	0.07	0.08	0.09	0.11	0.13
	无偏均方根误差	0.07	0.06	0.05	0.04	0.06	0.06	0.10	0.11
SMAP	偏差	−0.04	−0.03	0.40	−0.08	0.49	0.65	−0.08	−0.15
	相关系数	0.74	0.70	0.83	0.73	0.76	0.66	0.36	0.38
	均方根误差	0.08	0.08	0.06	0.05	0.07	0.09	0.12	0.09
	无偏均方根误差	0.05	0.06	0.04	0.04	0.06	0.07	0.09	0.08

注：偏差的单位是×100%，均方根误差、无偏均方根误差的单位是 m^3/m^3，相关系数无单位

除静态表外，本研究绘制了散点线图，以直观表示土壤水分产品的时间序列演变趋势（图 10.21 和图 10.22）。土壤水分时间变化符合地中海气候带的水热组合特征，降水和土壤水分高值主要集中在冬季。在草地和灌丛中，SMAP 表现为一贯的高估，解释了降尺度的土壤水分产品通常高估地面观测值的原因。此外，SMAP 本身很难保证密集植被覆盖区（$>5kg/m^2$）的数据质量，因而降尺度后的土壤水分在此类区域也很难保证数据质量。总的来说，GBDT

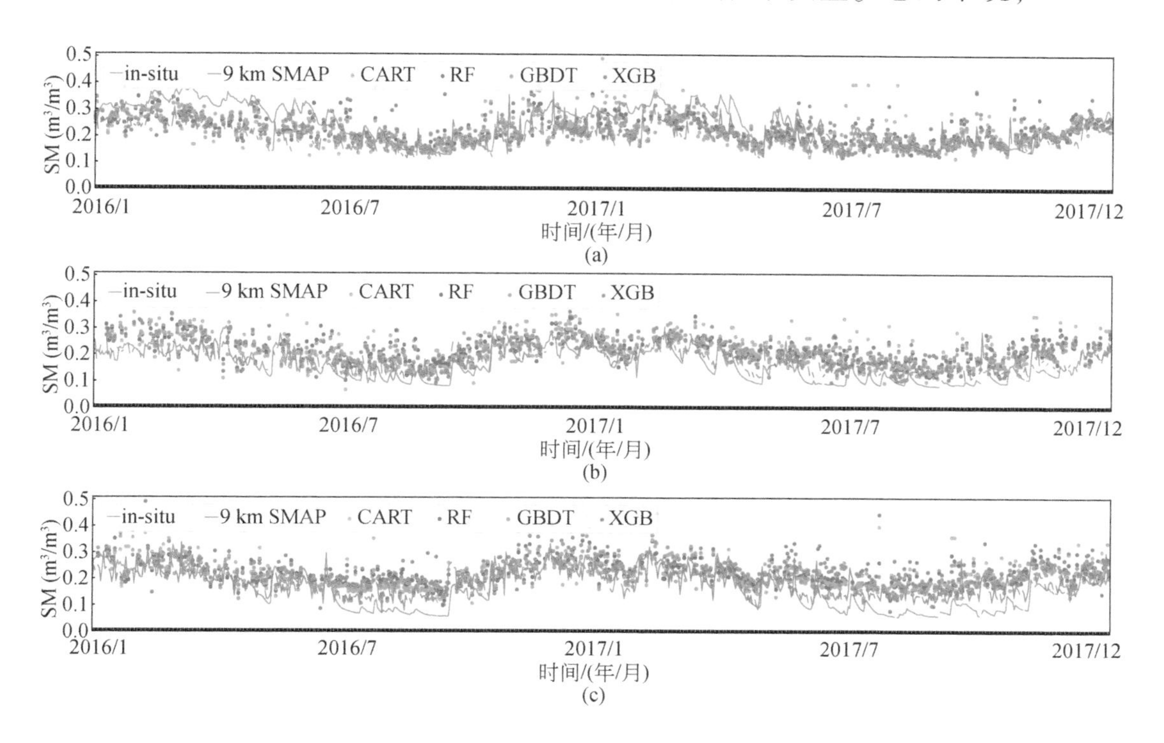

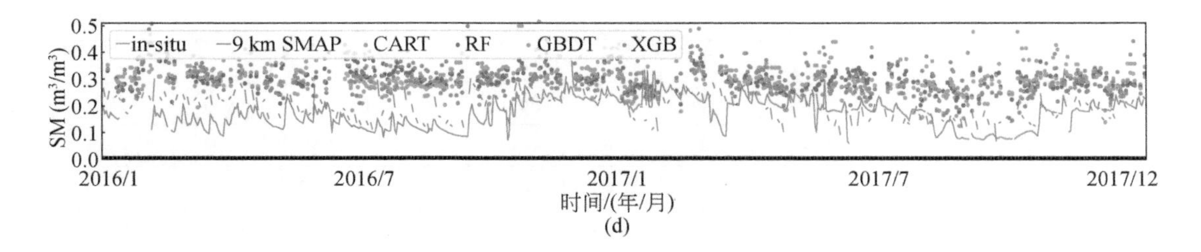

图 10.21　SMAP 9km 降尺度土壤水分时间序列演化趋势

（a）耕地，（b）草地，（c）灌丛，（d）林地

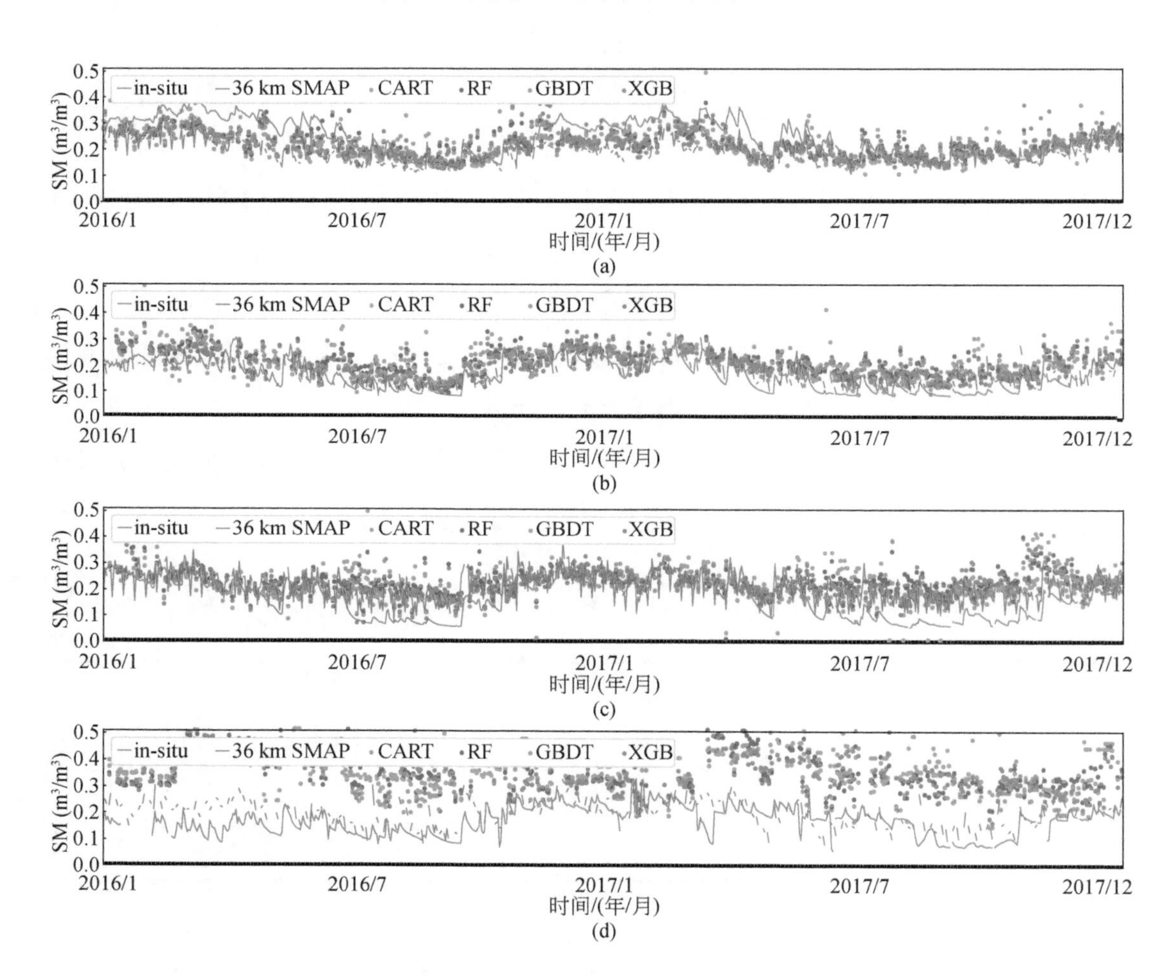

图 10.22　SMAP 36km 降尺度土壤水分时间序列演化趋势

（a）耕地，（b）草地，（c）灌丛，（d）林地

和 RF 能够准确地捕捉到地面观测的时间序列变化，证明了其在时空土壤水分拟合中的出色表现力。

3. 土壤水分概率密度分布

本章研究还绘制了不同降尺度土壤水分产品的 PDF 曲线（Parzen，1962），探索每种土壤水分产品的取值分布特性（图 10.23 和 10.24）。由于以 SMAP 作为学习样本应用于回归模型训练与构建，因此降尺度后的土壤水分 PDF 曲线形状与 SMAP 相似。相比而言，地面观测值概率峰值较低，表明其值分布稀疏。SMAP 对耕地的估计偏低，而对其他三种土地覆盖类型的估计过高。

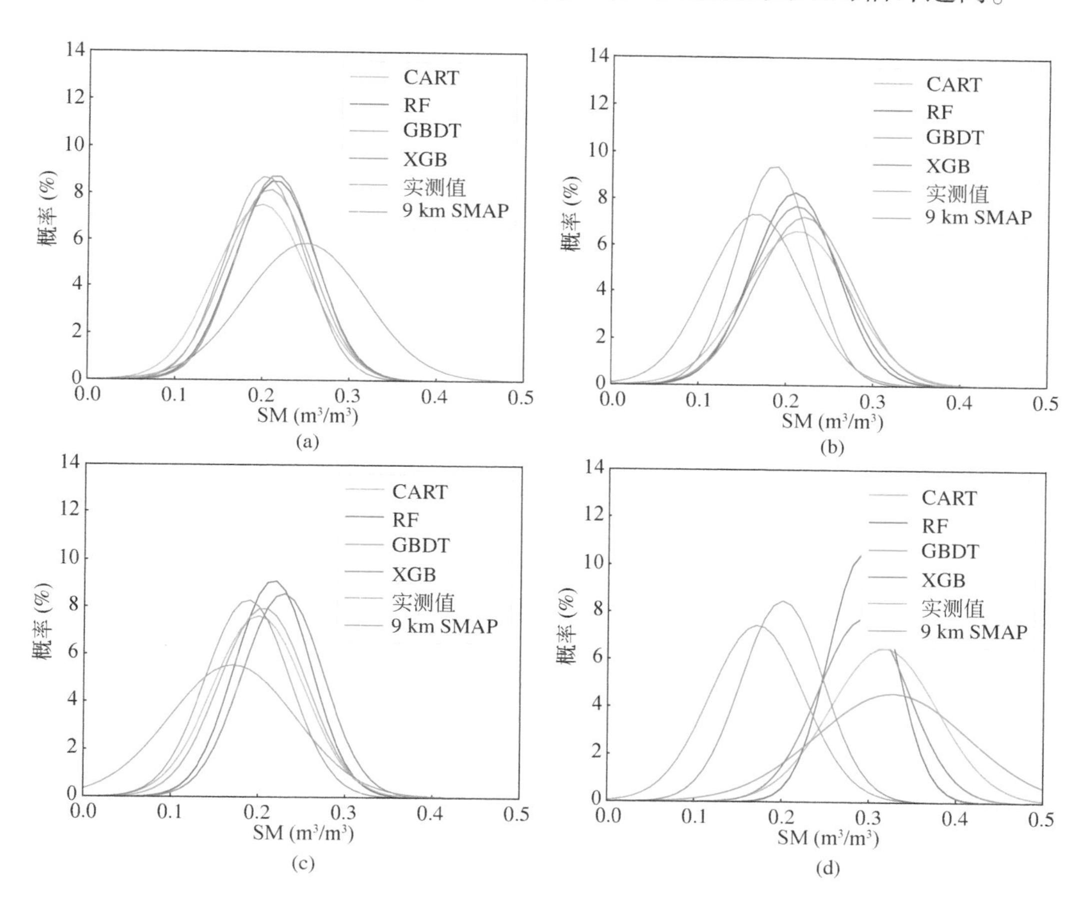

图 10.23　9km SMAP 降尺度土壤水分 PDF 曲线

（a）耕地，（b）草地，（c）灌丛，（d）林地

如图 10.23（a）和 10.24（a）所示，耕地地面观测值 PDF 的最大比例对应土壤水分值约为 $0.25m^3/m^3$。相比之下，卫星土壤水分值约为 $0.20m^3/m^3$。耕地出现这种现象，可能与灌溉、施肥、收获等多种人为干预措施有关。例

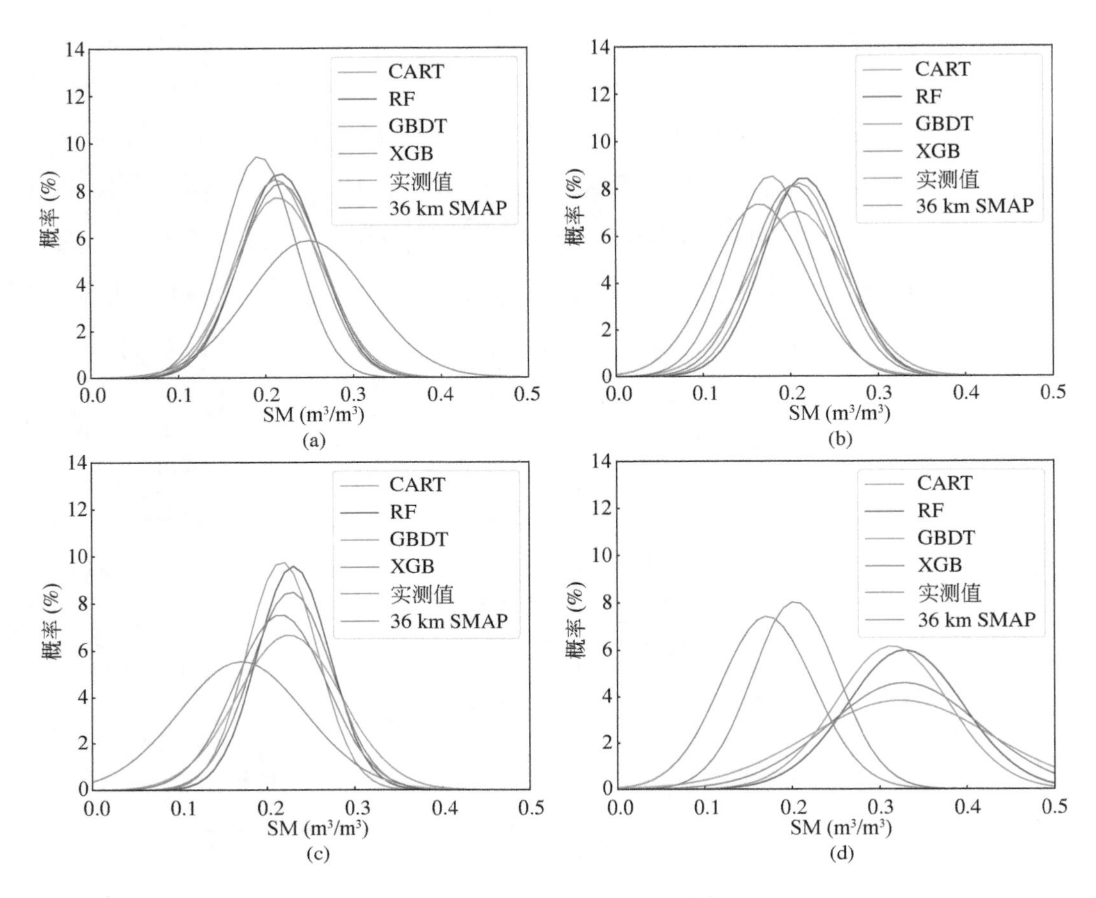

图 10.24　36km SMAP 降尺度土壤水分 PDF 曲线

（a）耕地，（b）草地，（c）灌丛，（d）林地

如，在生长季节，特别是夏季，地中海气候农业区经常会进行人工灌溉。在土壤分子力、重力和毛管力的共同作用下，地表土壤水逐层向下运移，补给各土层的含水量，最终入渗到潜水面补给地下水（Sokol et al.，2009）。地面观测可以连续监测土壤水分先上升后下降的变化过程，由于 SMAP 每天两次在固定时间（当地时间 6：00 和 18：00）扫描陆地表面，因此很难捕捉到这种逐渐变化的过程。

综上所述，降尺度 1km 土壤水分产品丰富了地表土壤湿度信息。从以上多方面的定量分析可以看出，GBDT 算法可以获得高相关性、小偏差的精确降尺度结果。在中等植被覆盖区得到的降尺度结果通常比在森林等植被密集区得到的结果更准确。

10.5 本章小结

本章设计构建了主流决策树算法 CART、RF、GBDT、XGB 模型框架，比较了其在土壤水分降尺度中的表现。结果表明：

（1）经系统评价，GBDT 算法降尺度结果精度最优，与 SMAP 和站点实测数据均取得较高拟合优度，在不同土地覆被类型区域均能准确刻画土壤水分的时空序列动态演化规律。RF 和 XGB 降尺度结果精度较好，CART 拟合结果的取值不确定性较高，表明多棵决策树集群驱动建模的优势。

（2）低估区域主要位于沿海地带，高估区域主要位于建设用地地区。地势陡峭、起伏显著的山区，土壤水分与地表参数耦合作用尺度异质性大，降尺度结果存在较大不确定性。就不同土地覆被类型来说，降尺度结果精度在植被覆盖度适中区域（如耕地、草地）较高，在灌丛、森林等植被密集覆盖区域显著下降。

第 11 章　讨论与结论

11.1 讨　论

11.1.1 遥感土壤水分产品空间降尺度模拟不确定性分析

遥感土壤水分数据空间降尺度模拟全周期中，经由建立解释变量体系、算法遍历优化、原尺度重建、降尺度重建，共同促成1km 分辨率逐日土壤水分产品。但原始卫星土壤水分产品、尺度转换算法、解释变量数据、尺度效应及评价验证部分均存在制约数据精度的不稳定因素。

原始遥感土壤水分探测波段、传感器工作方式、反演算法众多，不同区域不同类型的辐射干扰、下垫面性质、土地覆被类型的组合对土壤水分高精度反演形成严峻挑战（Hossain and Anagnostou，2005）。虽然经评价 ECV_C 是稳定性最高、质量最好的卫星土壤水分数据，但与不同地区实测数据仍存在不同程度的误差，数据本身也存在较多的空值和取值突变区（Wang et al.，2016；Bartalis et al.，2010）。

本书研究在参数遍历寻优基础上比较了机器学习算法在卫星土壤水分重建与降尺度中的性能，认为 RF 是一种优秀的、自适应强的监督学习模拟算法（Lindner et al.，2012）。但模拟结果难以超越训练样本集的原始数值精度（Alexander et al.，2014），限制了降尺度模拟中输出预测样本的精度上限，使降尺度 PDF 曲线聚集峰值概率高于原始土壤水分样本。

MODIS 解释变量数据本身存在不确定性。尽管本书研究采用了 Aqua 和

Terra 两颗卫星数据的算术平均以增加数据稳定性，但 MODIS 本身瞬时过境的属性决定其数据产品难以表征全天候的地表状态（Wu et al.，2018；Roy et al.，2002）。此外，地表反射率还会受到云层、人为扰动、土地覆被、植被冠层结构等多重影响而产生难以定量预测和纠正的空缺和异常（Román et al.，2009；Stefanov and Maik，2005；Zhang et al.，2004）。

经验证，本书研究在 0.25°尺度建立的模型应用在 1km 降尺度模拟中取得了较高的数据精度。但降尺度算法在 0.25°分辨率建立的土壤水分与各解释变量间的模型在 0.25°和 1km 尺度存在适用性差异，导致 1km 降尺度结果相关系数难以超越 0.25°的重建土壤水分和原始遥感土壤水分数据（Western et al.，2002；Western and Grayson，2003）。另外，降尺度土壤水分的距平与测站距平存在一定差异，表明降尺度土壤水分描述数据时空演化趋势性能尚有待提升。

此外，卫星土壤水分数据获取的是表土层 0 ~ 5cm 未定深度瞬时含水量，微波穿深程度因土壤含沙量、土壤孔隙度、植被覆盖类型而呈现多样化的水平地带性和垂直地带性（Liu et al.，2012；Jackson et al.，2010；Jeu et al.，2008）。实测站点获取的是固定深度 5cm 的土壤含水量，多以小时或半小时为单位定时回传土壤水分含量值（Jiao et al.，2014；Jackson et al.，2012）。所以，卫星土壤水分产品及降尺度模拟数据与地面实测值存在量测深度和时段不一致问题，从而影响评价结果，增加了卫星土壤水分产品空间降尺度模拟的不确定性。

水文气象要素降尺度是在精细化尺度开展研究的重要手段。有研究针对中国区域的遥感降水数据开展降尺度研究（荆文龙，2017）。在从 0.25°降至 1km 尺度转换过程中，月尺度上 R^2 最高可达 0.869，而在周尺度上 R^2 骤降至 0.44，随着时间尺度精细化，高精度降尺度模拟难度明显增加。有研究在对全球 0.25°土壤水分重建的基础上降尺度至 0.05°，0.25°尺度重建数据与原始数据拟合度 R^2 为 0.98，0.05°降尺度模拟结果与实测数据的 R^2 降至 0.5 左右（Jing et al.，2018c）。影响地表土壤水分变化的因素众多，不仅包含遥感领域能够监测的地表反射率及其相关指数反演要素，还包括土壤类型、土壤生化性质、人工干预等多种因素。受到多源、多类型的因素影响，土壤水分时刻处在动态变化过程中，因此有必要对其开展日尺度的重建与降尺度。仅仅基于遥感数据和空间位置进行日尺度高时间分辨率上的重建，对重建数据的精度形成严峻挑战，是限制土壤水分降尺度数据精度提高的瓶颈因素之一。

11.1.2 地表实测验证数据精度影响因素

土壤水分地表监测数据是卫星土壤水分产品及尺度转换模拟土壤水分数据的主要验证参考数据，也是国际上土壤水分产品相关研究通用的评价数据。但其本身存在不确定性，各监测网络配备的土壤水分测定仪型号也各异。同一型号测定仪因元件老化速度不同导致灵敏度、阻抗特性显现差异性而出现误差（Franz et al.，2012；Kizito et al.，2008）。地表土壤水分变率大，点尺度实测数据与1km、0.25°分辨率栅格数据的匹配验证存在点-面尺度转换问题，成为制约评价精度的瓶颈因素（Gruber et al.，2013）。

除此之外，土壤水分地表监测数据全球分布不均，多分布在北美洲、欧洲和澳大利亚的开阔地带，南美洲和非洲极度稀缺（Paulik et al.，2014；Dorigo et al.，2013；Dorigo et al.，2011）。实测数据时间周期持续度差，与卫星土壤水分数据时序相比十分有限。因此，难以在全球开展全域式、系统性、长时间序列的土壤水分产品评价验证。

11.1.3 可见光-近红外数据在土壤水分重建中的局限性

卫星遥感技术是获取全球尺度、连续时间序列的陆地表层土壤水分数据的重要手段，海量丰富的全球尺度卫星土壤水分产品为开展全球气候演化分析与旱涝监测提供了前所未有的机遇（孙九林，1996；李召良等，2007；赵春江，2014；梁顺林等，2020），但是卫星土壤水分产品存在大量空值图斑、空间分辨率低、时间分辨率受到卫星任务周期限制。因此，当前卫星土壤水分产品难以满足在全球多尺度陆地表面进行连续时间序列监测分析的研究需求。国内外学者围绕土壤水分产品多尺度重建开展了大量研究，根据土壤水分与地表参数（如地表温度、植被指数、蒸散）的相互作用关系构建基于多源遥感数据融合的非线性拟合模型，实现土壤水分产品时空序列重建（Chen et al.，2020；Wu et al., 2020)。但数据融合模型严重依赖光学和热红外遥感地表参数，地表参数数据的时空分辨率决定了土壤水分降尺度结果的时空分辨率上限，星载光学传感器受云雨天气影响显著，在多云雨地区，无效和不连续的光学和热红外遥感观测制约了微波-光学/热红外遥感数据的融合。因此，亟须充分发挥微波遥感的优势，探索研究微波遥感土壤水分产品在多云雨地区的高分辨率重构方法。

11.1.4 深度学习算法在土壤水分重建中的应用潜力

卫星土壤水分数据通过空间降尺度提高数据的空间分辨率，以尺度平稳过渡性为理论依据，将在低分辨率构建的土壤水分拟合模型应用在高分辨率尺度。当前主要的重构方法包括地统计学模型、数据同化和机器学习算法（Peng et al., 2017)。地统计学模型基于土壤水分与地表参数（如气温、植被）的统计学特征构建回归模型，在高分辨率水平实现土壤水分重构（Peng et al., 2016)。但地统计学模型适用范围有限，空间拓展性较差，在复杂土地覆被类型区域应用效果欠佳。数据同化通过集成海量地面观测数据和多源遥感土壤水分数据驱动陆面模式生成具有时间、空间、物理一致性的高分辨率土壤水分产品（Walker and Houser, 2001)。但是同化模型涉及的参数十分复杂，模型参数的调试、修改、测试耗时耗力，未能考虑人为干扰（如灌溉、收割）对土壤水分的影响。机器学习算法通过构建土壤水分与多元地表参数的复杂非线性模型，实现土壤水分高分辨率拟合重建（Liu et al., 2020)。然而传统机器学习方法只能将样本数据以离散化的形式输入模型，缺乏对土壤水分时空相关性的考虑，当解释变量个数较少时，拟合结果精度有待提升。同时，土壤水分高分辨率重建算法依赖植被指数、地表温度、蒸散发等可见光、近红外波段反演的高分辨率地表参数，在多云雨地区可见光数据严重缺失，难以开展降尺度研究。深度学习是人工智能领域的前沿研究方向，通过自动提取数据特征，实现特征挖掘与建模模拟（Lecun et al., 2015, Kamilaris and Prenafeta-Boldú, 2018)。国内外学者使用深度学习算法围绕土壤水分数据进行了一系列初步研究。深度学习在卫星土壤水分反演中已得到实践，有研究使用 CNN 基于亮温对 AMSR-E 卫星土壤水分开展反演，结果表明反演精度明显优于支持向量机算法（Hu et al.，2018）。除了单独使用深度学习算法外，深度学习与传统模型融合也在土壤水分领域取得一定进展，有研究将深度学习网络与传统元胞自动机模型结合，以甘肃省张掖市的水浇玉米地为研究区，实现了土壤水分时空序列精准重建（Song et al.，2016）。

深度学习算法在多种地面观测及卫星土壤水分产品的融合重建、尺度转换中表现出良好的鲁棒性和精确度，为进一步开展土壤水分高分辨率重建提供了充分的支撑依据。

11.2 结　　论

本书基于多源遥感数据融合对卫星土壤水分数据时空序列重建方法展开研究。通过对国内外多源微波遥感土壤水分产品在全球典型区验证分析、构建重建解释变量体系、运用机器学习算法在 0.25°尺度重建补全的基础上进行 1km 分辨率空间降尺度重建，对亚洲和欧洲、非洲部分地区开展地表土壤水分逐日降尺度重建和分析，得到的结果如下。

（1）对卫星土壤水分产品在全球典型区进行验证分析。结果表明，ECV_C 在青藏高原那曲地区（NAN）、西班牙西北部监测网络（REM）、美国俄克拉何马州（OKM）和澳大利亚东南沿海（OZN）四个全球典型区的长时间序列逐日验证结果均表现出较好的趋势性和数据精度，表明主被动传感器融合的土壤水分产品的卓越性。AMSR 与实测值相关系数高于 SMOS，时空序列演化趋势拟合度较好，SMOS 不能刻画 NAN 和 OZN 的土壤水分空间分布特征和时间演化规律。就升降轨数据来说，升轨产品 AMSR_A、SMOS_A 质量分别优于对应降轨产品 SMOS_A、SMOS_D。

（2）选择白空反照率、黑空反照率、NDVI、日间地表温度、夜间地表温度、逐日地表温差作为时序变量和经度、纬度、DEM 三种相对稳态变量建立起土壤水分重建因子体系。以已有研究基础作为土壤水分与地表环境参数耦合相关性的理论支撑依据。采用皮尔逊相关系数和显著性检验进行时空序列定量化分析，研究区样本数量充足且各解释变量均通过了显著性检验。结果显示，不同解释因子在同一典型区内部与土壤水分的相关度存在区域异质性，同一解释因子与不同典型区土壤水分的相关度也存在明显差异性，即各解释变量在不同区域对土壤水分变化的作用方式和引导机制大相径庭。

（3）在 0.25°尺度使用 ANN、BAYE、CART、KNN、RF、SVM 六种算法开展土壤水分重建。从典型区角度，OKM 重建数据与原始产品拟合度最好，与原始产品的时空演化趋势一致性较好且数值精度高，高/低估不显著；OZN 相关系数最低。就不同类型的土壤水分产品来说，ECV_C 重建数据优于 AMSR 重建数据。从重建算法分析，BAYE、KNN、SVM 算法重建结果质量较好，整体上能够有效刻画原始土壤水分产品的精度和变化趋势；RF 重建结果在所有算法中效果最好，既能以高精度重现原始土壤水分产品，又能精确体现土壤水分的时空序列演变趋势。

（4）在重建补空值的基础上，运用机器学习算法对 Gap Filled ECV_C 土壤水分产品开展逐日 1km 降空间尺度重建。降尺度数据将土壤水分分辨率提高 625 倍，实现了土壤水分的全域式连续覆盖，刻画细节特征能力增强，扩大了其在精细区域尺度的应用。具体说来，同一算法模型在不同典型区的适用性程度存在差异，雨季低估和旱季高估较为普遍。综合各算法在典型区还原原始数据空间分布特征、拟合地面土壤水分网络实测数值、表征距平时间序列演化等方面的表现，RF 以其较高的精度、出色的拟合度、稳定的性能，成为本研究选用的所有算法中最适宜降尺度重建的一种。

（5）综合机器学习算法在各研究区的土壤水分在 0.25°和 1km 像元尺度的重建结果，在其他区域应用中，当土地覆被类型为耕地、草地、灌丛、林地等具有适中及较高 NDVI 之处，重建结果既能反映土壤水分空间变化趋势，又能实现对土壤水分取值的高质量模拟；当土地覆被类型以裸地、荒漠、戈壁等 NDVI 近于 0 区域为主时，这些地区本身的土壤水分含量极低且年际变化不明显，机器学习重建值能够较好地拟合该区土壤水分空间演变状态，但是模拟值的精度有待进一步提高。

（6）在亚洲和欧洲、非洲部分地区超过 5000 万 km^2 的国家和地区采用 RF 算法基于 ECV_C 对 2016 年 9 月开展逐日 1km 土壤水分降尺度模拟和分析。经验证，亚洲和欧洲、非洲部分地区 1km 逐日土壤水分降尺度模拟数据与原始

ECV_C、稀疏/密集测站网络取得了高度一致性。降尺度数据能够精细反映土壤水分时空演化趋势，印证了降尺度土壤水分在开展大范围长期农业及生态环境领域监测的应用价值。亚洲和欧洲、非洲部分地区土壤水分表现为气候带与地势主导的复杂水平地带性和月旬取值稳定性。其中，中国疆域包含了地表土壤水分从极干燥至极湿润的所有情形。因此，开展精细尺度的地表土壤水分模拟构建对保障我国生态环境平衡、水资源监控与调度、粮食生产安全、社会经济稳定发展具有不可或缺的全局战略意义。

（7）对国产风云卫星系列土壤水分数据进行评价分析。结果表明，风云卫星系列土壤水分数据最高覆盖率出现在夏季的 20 °N ~ 60 °N 和 20°S ~ 50 °S 地带，其中白天过境的数据覆盖率优于夜间过境的数据产品；在北半球的数据精度和拟合度均优于南半球，在地势起伏缓和、植被密度适中的区域精度最高；对降水事件的记忆性可达 5 天左右；在南半球的误差与 NDVI 和地表温度呈现显著相关性，可作为后续风云卫星系列土壤水分数据校正的参考量。

（8）系统对比经典统计模型与黑箱模型在土壤水分模拟中的性能。分别利用特征空间三角形和 RF 算法构建土壤水分插补重建模型，实现土壤水分模拟插补，结果表明，两者在基于地面站点实测数据的评价中精度相似，但 RF 重建结果与原卫星土壤水分数据取值及动态变化拟合度显著优于特征空间三角形算法的重要结果，体现出人工智能算法在拟合复杂非线性对象中的优越性，为进一步开展土壤水分降尺度重构奠定了方法基础。

（9）鉴于决策树驱动的算法在土壤水分降尺度重构中的出色表现力，选取多种由决策树驱动的机器学习算法构建土壤水分拟合模型，深度探讨究竟是哪一种算法更加适合土壤水分多尺度重构。结果表明，所有决策树拟合结果均能较好地实现土壤水分精确模拟，梯度提升决策树算法重构结果的精度和趋势拟合度最好，为将来形成时空序列完整的多分辨率土壤水分产品提供了方法参考，单棵决策树驱动的 CART 算法整体性能一般。

11.3 创 新 点

（1）在系统比较遥感土壤水分产品的基础上，突破传统土壤水分降尺度算法的空间局限性，设计参数可自主调节的优化型机器学习回归模拟，实现 ECV_C 土壤水分产品从 0.25°（约 25km）到 1km 的空间降尺度，丰富了小区域的土壤水分细节内容和变化表达，扩大了卫星土壤水分产品的应用尺度和应用领域。

（2）有别于现有降尺度算法囿于单一或双动态解释因子的局限，结合多源遥感与地学空间数据，充分考虑土壤水分时空变化特征与研究区相对恒定地学属性，建立多时序动态变量与稳态变量组合的土壤水分重建解释变量体系。

（3）实现了地表土壤水分产品在经纬度、高程、时间四维谱带的全域式连续覆盖与拓展，将卫星土壤水分数据产品去条带空值补全技术和降尺度有机结合，实现高分辨率土壤水分产品重建，形成高精度、高分辨率土壤水分时空序列产品。

（4）针对国产卫星数据产品研究不足问题，在系统比较风云卫星系列土壤水分产品的基础上，厘清土壤水分对降水的记忆性特征，明晰土壤水分误差与地表温度和植被指数的相关性，为明确国产卫星土壤水分数据可用性和迭代优化方法提供参考。

（5）系统分析人工智能算法在土壤水分多尺度重构中的优越性，针对庞大的机器学习算法家族，设计实验逐步迭代找出适宜进行土壤水分拟合的梯度提升决策树算法，构建土壤水分高精度重建模型，为日后研制高质量全球多尺度土壤水分数据产品奠定方法基础。

11.4 展　　望

本书研究基于多源遥感数据融合对卫星土壤水分产品时空谱评价、重建与降尺度进行了一系列探索与尝试。但是，鉴于地表土壤水分、各微波波段辐射特性、重建算法、土壤水分与陆面要素交互作用方式等多方面的复杂定量与定性过程的未定性，未来土壤水分降尺度数据精度还有进一步提升空间。

研究结果表明，卫星土壤水分降尺度产品精度以原始 ECV_C 数据为基准，难以超越原始数据，日后将尝试将站点实测点数据融合到土壤水分降尺度体系中以力图突破这一精度限制的瓶颈。因此，时空分布不均的实测点数据向面尺度转化与应用是后续土壤水分降尺度精度提升的难点和关键方向。

有机质含量、含沙量、孔隙度、质地与类型等土壤属性影响土壤持水力，进而使土壤含水量产生区域异质性。下一阶段将尝试将土壤属性数据融入解释变量以提高降尺度数据精度。

为了实现遥感土壤水分产品空间分辨率的进一步提升以适应更小田块尺度更加精细化的土壤水分分析需求，未来将探索运用 30m 分辨率 Landsat 影像建立解释变量体系与回归模拟模型。但原始土壤水分 0.25°分辨率与目标 30m 分辨率相差 69 万倍之多，尺度转换效应是降尺度过程需要格外关注的问题。

ECV_C 土壤水分计划自开展以来一直致力于通过改进主被动传感器融合算法、增加主被动土壤水分反演产品得到高质量土壤水分数据集，从 2012 年发布 v0.1 版本至今已有 8 个版本公开问世。本书研究使用的是 2017 年底发布的 v03.3 版土壤水分产品，时间序列更新至 2016 年 12 月 31 日。2018 年 12 月发布 v04.4 版土壤水分产品，数据时间序列更新延长至 2018 年 6 月 30 日。希望未来 ECV_C 能够实时提供逐日土壤水分产品，通过对当日土壤水分降尺度，得到高分辨率实时土壤水分数据，实现对农田水分状态的及时监测反馈，持续提升地表土壤水分的时效性和应用价值。

为了提高土壤水分重建及降尺度精度，需要从机理上追根溯源，提高土壤水分产品本身的精度。卫星土壤水分产品由物理模型（包括后向散射模型、辐射传输模型、经验模型、半经验模型）从微波数据中反演而来，因此，反演土壤水分的精度主要取决于物理模型设计集成和迭代优化。在未来的研究中，将致力于物理反演方法探讨与优化，从源头提高土壤水分产品的质量。

参考文献

鲍艳松，刘利，孔令寅，等. 2010. 基于ASAR的冬小麦不同生育期土壤水分反演［J］. 农业工程学报，26（9）：224-232.

鲍艳松，刘良云，王纪华. 2007. 综合利用光学、微波遥感数据反演土壤湿度研究［J］. 北京师范大学学报（自然科学版），43（3）：228-233.

鲍艳松，林利斌，吴善玉，等. 2018. 基于Sentinel-1和Landsat 8数据的植被覆盖地表土壤水分反演［C］//合肥：第35届中国气象学会年会S21卫星气象与生态遥感.

蔡天净，唐瀚. 2011. Savitzky-Golay平滑滤波器的最小二乘拟合原理综述［J］. 数字通信，38（1）：63-68，82.

程街亮. 2008. 土壤高光谱遥感信息提取与二向反射模型研究［D］. 杭州：浙江大学.

郭广猛，赵冰茹. 2004. 使用MODIS数据监测土壤水分［J］. 土壤，36（2）：219-221.

姜长云. 2012. 中国粮食安全的现状与前景［J］. 经济研究参考，2012（40）：12-35.

荆文龙. 2017. 基于机器学习算法的卫星降水数据空间降尺度方法研究［D］. 北京：中国科学院大学.

兰恒星，伍法权，王思敬. 2002. 基于GIS的滑坡CF多元回归模型及其应用［J］. 山地学报，20（6）：732-737.

李得勤，段云霞，张述文，等. 2015. 土壤水分和土壤温度模拟中的参数敏感性分析和优化［J］. 大气科学，39（5）：991-1010.

李杭燕，颉耀文，马明国. 2009. 时序NDVI数据集重建方法评价与实例研究［J］. 遥感技术与应用，24（5）：596-602.

李树岩. 2007. 河南省近20年土壤水分的时空变化特征分析［J］. 干旱地区农业研究，25（6）：10-15.

李文娟，覃志豪，林绿. 2010. 农业旱灾对国家粮食安全影响程度的定量分析［J］. 自然灾害学报，19（3）：111-118.

李召良，秦其明，童庆禧，等. 2007. 全覆盖植被冠层水分遥感监测的一种方法：短波红外垂直失水指数［J］. Science in China Series D-Earth Sciences（in Chinese），37（7）：957-965.

梁顺林，白瑞，陈晓娜，等. 2020. 2019年中国陆表定量遥感发展综述［J］. 遥感学报，24（6）：618-671.

凌自苇，何龙斌，曾辉. 2014. 三种Ts/VI指数在UCLA土壤水分降尺度法中的效果评价［J］. 应用生态学报，25（2）：545-552.

刘卫东 . 2015. 一带一路战略的科学内涵与科学问题 [J]. 地理科学进展, 34 (5): 538-544.

刘元波, 吴桂平, 柯长青 . 2016. 水文遥感 [M], 北京: 科学出版社 .

马柱国, 符淙斌, 谢力, 等 . 2001. 土壤湿度和气候变化关系研究中的某些问题 [J]. 地球科学进展, 16 (4): 563-568.

马柱国, 魏和林 . 2000. 中国东部区域土壤湿度的变化及其与气候变率的关系 [J] . 气象学报, 58 (3): 278-287.

聂英 . 2015. 中国粮食安全的耕地贡献分析 [J]. 经济学家, 1 (1): 83-93.

施建成, 杜阳, 杜今阳, 等 . 2012. 微波遥感地表参数反演进展 [J]. 中国科学: 地球科学, 42 (6): 814-842.

孙九林 . 1996. 中国农作物遥感动态监测与估产总论 [M]. 北京: 中国科学技术出版社 .

王丹 . 2009. 气候变化对中国粮食安全的影响与对策研究 [D]. 武汉: 华中农业大学 .

吴玮 . 2015. 水分迁移对非饱和土壤热湿传递特性的影响研究 [D]. 北京: 北京建筑大学 .

严昌荣, 申慧娟, 何文清, 等 . 2008. 基于多元回归方法的土壤水分预测模型研究 [J]. 湖北民族学院学报 (自科版), 26 (3): 241-245.

杨保军, 陈怡星, 吕晓蓓, 等 . 2015. “一带一路” 战略的空间响应 [J]. 城市规划学刊, (2): 6-23.

袁新涛 . 2014. 丝绸之路经济带建设和 21 世纪海上丝绸之路建设的国家战略分析 [J]. 东南亚纵横, (8): 3-8.

曾旭婧, 邢艳秋, 单炜, 等 . 2017. 基于 Sentinel-1A 与 Landsat 8 数据的北黑高速沿线地表土壤水分遥感反演方法研究 [J]. 中国生态农业学报, 25 (1): 118-126.

赵春江 . 2014. 农业遥感研究与应用进展 [J]. 农业机械学报, 45 (12): 277-293.

赵昕, 黄妮, 宋现锋, 等 . 2016. 基于 Radarsat2 与 Landsat8 协同反演植被覆盖地表土壤水分的一种新方法 [J]. 红外与毫米波学报, 35 (5): 609-616.

郑兴明 . 2012. 东北地区土壤水分被动微波遥感高精度反演方法研究 [D]. 北京: 中国科学院研究生院 (东北地理与农业生态研究所) .

Abadi M, Agarwal A, Barham P, et al. 2016. TensorFlow: Large- Scale Machine Learning on Heterogeneous Distributed Systems [J]. Computer Science, 3 (16): 1-20.

Al- Yaari A, Wigneron J P, Kerr Y, et al. 2017. Evaluating soil moisture retrievals from ESA's SMOS and NASA's SMAP brightness temperature datasets [J]. Remote Sensing of Environment, 193: 257-273.

Albergel C, C Rüdiger, D Carrer, et al. 2009. An evaluation of ASCAT surface soil moisture products with in-situ observations in Southwestern France [J]. Hydrology & Earth System Sciences Discussions, 13 (4): 115-124.

Albergel C, C Rüdiger, T Pellarin, et al. 2008. From near-surface to root-zone soil moisture using an exponential filter: an assessment of the method based on insitu observations and model simulations [J]. Hydrol Earth Syst Sci. Hydrology & Earth System Sciences Discussions, 5 (3): 1323-1337.

Alexander D, Zikic D, Zhang J, et al. 2014. Image Quality Transfer via Random Forest Regression: Applications in Diffusion MRI [J]. Med Image Comput Comput Assist Interv, 17 (3): 225-232.

Altman N S. 1992. An Introduction to Kernel and Nearest-Neighbor Nonparametric Regression [J]. The American Statistician, 46 (3): 175-185.

An R, Wang H L, You J J, et al. 2016a. Downscaling soil moisture using multisource data in China [J]. Proceedings of the Spie, 4: 100041Z.

An R, L Zhang, Z Wang, et al. 2016b. Validation of the ESA CCI soil moisture product in China [J]. International Journal of Applied Earth Observation & Geoinformation, 48: 28-36.

Angiulli M, Notarnicola C, Posa F, et al. 2004. L-band active-passive and L-C-X-bands passive data for soil moisture retrieval, two different approaches in comparison [C] //Anchorage: IEEE International Geoscience & Remote Sensing Symposium. IEEE.

Arino O, D Gross, F Ranera, et al. 2007. GlobCover: ESA service for global land cover from MERIS [C]. Barcelona IEEE International Geoscience & Remote Sensing Symposium. .

Austin P C. 2007. A comparison of classification and regression trees, logistic regression, generalized additive models, and multivariate adaptive regression splines for predicting AMI mortality [J] . Statistics in Medicine, 63 (10): 1145-1155.

Aurenhammer, F. 1991. Voronoi diagrams—a survey of a fundamental geometric data structure [J]. ACM Computing Surveys, 23 (3): 345-405.

Bai L, Long D, Yan L. 2019. Estimation of surface soil moisture with downscaled land surface temperatures using a data fusion approach for heterogeneous agricultural land [J]. Water Resources Research, 55 (2): 1105-1128.

Balsamo G, Mahfouf J F, Bélair S, et al. 2006. A Global Root-Zone Soil Moisture Analysis Using Simulated L-band Brightness Temperature in Preparation for the Hydros Satellite Mission [J]. Journal of Hydrometeorology, 7 (5): 1126-1146.

Bao Y, F Mao, Min J, et al. 2014. Retrieval of bare soil moisture from FY-3B/MWRI data [J]. Remote Sensing for Land & Resources, 26 (4): 131-137.

Barnes W L, X Xiong, et al. 2003. Salomonson. Status of terra MODIS and aqua modis [J]. Advances in Space Research, 32 (11): 2099-2106.

Bartalis Z, Wagner W, Dorigo W, et al. 2010. Accuracy and stability requirments of ERS and METOP scatterometer soil moisture for climate change assessment [C] // Bethesda: Esa Special Publication. ESA Special Publication.

Benito G, Thorndycraft V R, Rico M, et al. 2008. Palaeoflood and floodplain records from Spain: Evidence for long-term climate variability and environmental changes [J]. Geomorphology, 101 (1): 68-77.

Berk R A. 2006. An Introduction to Ensemble Methods for Data Analysis [J]. Sociological Methods & Research,

34 (3): 263-295.

Betts A K, Ball J H. 1998. FIFE Surface Climate and Site- Average Dataset 1987 – 89 [J]. Journal of the Atmospheric Sciences, 55 (7): 1091-1108.

Bian J, Ainong L I, Song M, et al. 2010. Reconstruction of NDVI time- series datasets of MODIS based on Savitzky-Golay filter [J]. Journal of Remote Sensing, 14 (4): 725-741.

Bindlish R, M H Cosh, T J Jackson, et al. 2018. GCOM-W AMSR2 Soil Moisture Product Validation Using Core Validation Sites [J]. IEEE Journal of Selected Topics in Applied Earth Observations & Remote Sensing, 11 (1): 209-219.

Birkes D, Dodge Y. 2011. Alternative Methods of Regression [M]. Hoboken: John Wiley & Sons.

BitarA A, Leroux D, Kerr Y H, et al. 2012. Evaluation of SMOS Soil Moisture Products Over Continental U. S. Using the SCAN/SNOTEL Network [J]. IEEE Transactions on Geoscience and Remote Sensing, 50 (5): 1572-1586.

Bogena H, P Haschberger, I Hajnsek, et al. 2007. TERENO – A new Network of Terrestrial Observatories for Environmental Research [J]. Migraciones Internacionales, 6 (3): 109-138.

Bolten J D, Lakshmi V, Njoku E G. 2003. Soil moisture retrieval using the passive/active l- and s-band radar/radiometer [J]. Geoscience & Remote Sensing IEEE Transactions on, 41 (12): 2792-2801.

Bontemps S, P Defourny, J Radoux, et al. 2013. Consistent global land cover maps for climate modelling communities: current achievements of the ESA' s land cover CCI [C]. Edimburgh: Proceedings of the ESA Living Planet Symposium.

Bradley D, Brambora C, Wong M E, et al. 2010. Radio- frequency interference (RFI) mitigation for the soil moisture active/passive (SMAP) radiometer [C] //Honolulu: 2010 IEEE International Geoscience and Remote Sensing Symposium. IEEE.

Breiman L I, J H Friedman, R. A. Olshen, et al. 1984. Classification and Regression Trees (CART) [J]. Biometrics, 40 (3): 358.

Brock F V, Crawford K C, Elliott R L, et al. 1995. The Oklahoma Mesonet: A Technical Overview [J]. Journal of Atmospheric and Oceanic Technology, 12 (1): 5.

Brockett B F T, Prescott C E, Grayston S J. 2012. Soil moisture is the major factor influencing microbial community structure and enzyme activities across seven biogeoclimatic zones in western Canada [J]. Soil Biology & Biochemistry, 44 (1): 9-20.

Bromba M U A H Ziegler. 1981. Application hints for Savitzky- Golay digital smoothing filters [J]. Analytical Chemistry, 53 (11): 1583-1586.

Brubaker K L, Entekhabi D. 1996. Analysis of Feedback Mechanisms in Land- Atmosphere Interaction [J]. Water Resources Research, 32 (5): 1343-1357.

Cahill A T, Parlange M B, Jackson T J, et al. 1999. Evaporation from Nonvegetated Surfaces: Surface Aridity

Methods and Passive Microwave Remote Sensing [J]. Journal of Applied Meteorology, 38 (9): 1346-1351.

Carlson, Toby. 2007. An Overview of the Triangle Method for Estimating Surface Evapotranspiration and Soil Moisture from Satellite Imagery [J]. Sensors, 7 (8): 1612-1629.

Calvet J-C, N Fritz, F Froissard, et al. 2007. In situ soil moisture observations for the CAL/VAL of SMOS: The SMOSMANIA network [C]. Barcelona: 2007 IEEE International Geoscience and Remote Sensing Symposium. IEEE.

Castro-Díaz, R. 2013. Evaluation of MODIS Land products for air temperature estimations in Colombia [J]. Agronomía Colombiana, 31: 223-233.

Chakravorty A, B R Chahar, O. P. Sharma, et al. 2016. A regional scale performance evaluation of SMOS and ESA-CCI soil moisture products over India with simulated soil moisture from MERRA-Land [J]. Remote Sensing of Environment, 186: 514-527.

Chai T, Draxler R R. 2014. Root mean square error (RMSE) or mean absolute error (MAE)? - Arguments against avoiding RMSE in the literature [J]. Geoscientific Model Development, 7 (3): 1247-1250.

Chan C W, Desiré Paelinckx. 2008. Evaluation of Random Forest and Adaboost tree-based ensemble classification and spectral band selection for ecotope mapping using airborne hyperspectral imagery [J]. Remote Sensing of Environment, 112 (6): 2999-3011.

Chan S, R Bindlish, P O'Neill, et al. 2018. Development and assessment of the SMAP enhanced passive soil moisture product [J]. Remote sensing of environment, 204: 931-941.

Chandola V, Banerjee A, Kumar V. 2009. Anomaly detection: A survey [J]. Acm Computing Surveys, 41 (3): 1-58.

Chang A T C, Salomonson V V, Atwater S G, et al. 1980. L-band radar sensing of soil moisture [J]. IEEE Transactions on Geoscience & Remote Sensing, GE-18 (4): 303-310.

Chen B, R Lin, H Zou. 2018a. A Short Term Load Periodic Prediction Model Based on GBDT. 2018 IEEE 18th International Conference on Communication Technology (ICCT) [C]. Chongqing: IEEE.

Chen C, A Liaw, L Breiman. 2004. Using Random Forest to Learn Imbalanced Data [D]. Berkeley: UC Berkeley. 1-12.

Chen F, Crow W T, Bindlish R, et al. 2018b. Global-scale evaluation of SMAP, SMOS and ASCAT soil moisture products using triple collocation [J]. Remote Sensing of Environment, 214: 1-13.

Chen Q, Zeng J, Cui C, et al. 2017a. Soil moisture retrieval from SMAP: a validation and error analysis study using ground-based observations over the little Washita watershed [J]. IEEE Transactions on Geoscience and Remote Sensing, 56 (3): 1394-1408.

Chen T, Guestrin C. 2016. Xgboost: A scalable tree boosting system [C]. New York: Proceedings of the 22nd acm sigkdd international conference on knowledge discovery and data mining. ACM.

Chen T, He T, Benesty M, et al. 2015. Xgboost: extreme gradient boosting [J]. R package version 0.4-2,

2015：1-4.

Chen W，Xie X，Wang J，et al. 2017b. A comparative study of logistic model tree，random forest，and classification and regression tree models for spatial prediction of landslide susceptibility［J］. CATENA，151：147-160.

Chen Y，X Feng，B Fu. 2020. A new dataset of satellite observation-based global surface soil moisture covering 2003-2018［J］. Earth System Science Data Discuss.，2020：1-46.

Chen Y，K Yang，J Qin，et al. 2017c. Evaluation of SMAP，SMOS，and AMSR2 soil moisture retrievals against observations from two networks on the Tibetan Plateau［J］. Journal of Geophysical Research Atmospheres，122 (11)：5780-5792.

Chen Z G，Shu J. 2011. Remote Sensing Image Merging Based on Savitzky-Golay Method［J］. Geography and Geo-Information Science，27 (2)：26-10.

Chipman H A，George E I，McCulloch R E. 2017. BART：Bayesian additive regression trees［J］. Annals of Applied Statistics，4 (1)：266-298.

Choudhury B J，Golus R E. 1988. Estimating soil wetness using satellite data［J］. International Journal of Remote Sensing，9 (7)：1251-1257.

Colliander A，T J Jackson，R Bindlish，et al. 2017. Validation of SMAP surface soil moisture products with core validation sites［J］. Remote Sensing of Environment，191：215-231.

Cui C，J Xu，J Zeng，et al. 2017. Soil Moisture Mapping from Satellites：An Intercomparison of SMAP，SMOS，FY3B，AMSR2，and ESA CCI over Two Dense Network Regions at Different Spatial Scales［J］. Remote Sensing，10 (2)：33.

Cui Y，D Long，Y Hong，et al. 2016. Validation and reconstruction of FY-3B/MWRI soil moisture using an artificial neural network based on reconstructed MODIS optical products over the Tibetan Plateau［J］. Journal of Hydrology，543：242-254.

Dabrowska-Zielinska K，Musial J，Malinska A，et al. 2018. Soil moisture in the Biebrza wetlands retrieved from sentinel-1 imagery. Remote Sensing，(10)：1979-2002.

Das N N，Entekhabi D，Njoku E G. 2011. An Algorithm for Merging SMAP Radiometer and Radar Data for High-Resolution Soil-Moisture Retrieval［J］. IEEE Transactions on Geoscience and Remote Sensing，49 (5)：1504-1512.

Das N N，Entekhabi D，Njoku E G，et al. 2014. Tests of the SMAP Combined Radar and Radiometer Algorithm Using Airborne Field Campaign Observations and Simulated Data［J］. IEEE Transactions on Geoscience and Remote Sensing，52 (4)：2018-2028.

Dayhoff J E，Deleo J M. 2001. Artificial neural networks：opening the black box.［J］. Cancer，91 (8)：1615-1635.

De'Ath G，Fabricius K. 2000. Classification and regression trees ：a powerful yet simple technique for ecological data analysis [J]. Ecology, 81 (11): 3178-3192.

De Jeu R, W Dorigo, Wagner W, et al. 2011. Soil moisture [in State of the Climate in 2010] [J]. Bull. Amer. Meteor. Soc, 92 (6): S52-S53.

Deghett V J. 2014. Effective use of Pearson's product-moment correlation coefficient: an additional point [J]. Animal Behaviour, 98 (26): e1-e2.

Dirmeyer P A, Zeng F J, Agnèès Ducharne, et al. 1999. The Sensitivity of Surface Fluxes to Soil Water Content in Three Land Surface Schemes [J]. Journal of Hydrometeorology, 1 (2): 121-134.

Do N, Kang S. 2014. Assessing drought vulnerability using soil moisture-based water use efficiency measurements obtained from multi-sensor satellite data in Northeast Asia dryland regions [J]. Journal of Arid Environments, 105 (105): 22-32.

Doob J L. 1949. Time Series and Harmonic Analysis [M]. Cheltenham: Stanley Thornes.

Dorigo W A, Gruber A, De Jeu R A M, et al. 2015. Evaluation of the ESA CCI soil moisture product using ground-based observations [J]. Remote Sensing of Environment, 162: 380-395.

Dorigo W, Wagner W, Albergel C, et al. 2017. ESA CCI Soil Moisture for improved Earth system understanding: State-of-the art and future directions [J]. Remote Sensing of Environment, 203 (15): 185-215.

Dorigo W A, Wagner W, Hohensinn R, et al. 2011. The International Soil Moisture Network: a data hosting facility for global in situ soil moisture measurements [J]. Hydrology and Earth System Sciences, 15 (5): 1675-1698.

Dorigo W A, Xaver A, Vreugdenhil M, et al. 2013. Global Automated Quality Control of In Situ Soil Moisture Data from the International Soil Moisture Network [J]. Vadose Zone Journal, 12 (3): 1-21.

Drummond A J, Rambaut A. 2007. BEAST: Bayesian evolutionary analysis by sampling trees [J]. BMC Evolutionary Biology, 7 (1): 214.

Drusch M. 2007. Initializing numerical weather prediction models with satellite-derived surface soil moisture: Data assimilation experiments with ECMWF's Integrated Forecast System and the TMI soil moisture data set [J]. Journal of Geophysical Research, 112 (D3): 1-14.

Duval S, Tweedie R. 2000. Trim and fill: a simple funnel-plot-based method of testing and adjusting for publication bias in meta-analysis [J]. Biometrics, 56 (2): 455-463.

Entekhabi D, Njoku E G, O' Neill P E, et al. 2010. The Soil Moisture Active Passive (SMAP) Mission [J]. Proceedings of the IEEE, 98 (5): 704-716.

Fei-Fei L, P Perona. 2005. A Bayesian Hierarchical Model for Learning Natural Scene Categories [J]. IEEE Computer Society Conference on Computer Vision & Pattern Recognition, 2: 524-531.

Feng X, Li J, Cheng W, et al. 2017. Evaluation of AMSR-E retrieval by detecting soil moisture decrease following massive dryland re-vegetation in the Loess Plateau, China [J]. Remote Sensing of Environment, 196: 253-264.

Filtering P. 2000. Color Space Analysis and Color Image Segmentation [J]. IEEE Trans Consumer Electronics, 2: 47-49.

Flanagan L B, Johnson B G. 2005. Interacting effects of temperature, soil moisture and plant biomass production on ecosystem respiration in a northern temperate grassland [J]. Agricultural and Forest Meteorology, 130 (3-4): 237-253.

Franz T E, Zreda M, Ferre T P A, et al. 2012. Measurement depth of the cosmic ray soil moisture probe affected by hydrogen from various sources [J]. Water Resources Research, 48 (8): 8515.

Gaiser P W. 2004. The WindSat Spaceborne Polarimetric Microwave Radiometer : Sensor Description and Early Orbit Performance [J]. IEEE Transactions on Geoscience and Remote Sensing, 42 (11): 2347-2361.

Georgiou A M, S T Varnava. 2019. Evaluation of MODIS-Derived LST Products with Air Temperature Measurements in Cyprus [J]. Journal of Geomatics and Planning, 6 (1): 12.

Goda K, Jalali B. 2013. Dispersive Fourier transformation for fast continuous single- shot measurements [J]. Nature Photonics, 7 (2): 102-112.

González-Zamora Á, Sánchez N, Pablos M, et al. 2019. CCI soil moisture assessment with SMOS soil moisture and, in situ, data under different environmental conditions and spatial scales in Spain [J]. Remote Sensing of Environment, 225: 469-482.

Gruber A, Dorigo W A, Zwieback S, et al. 2013. Characterizing Coarse-Scale Representativeness of in situ Soil Moisture Measurements from the International Soil Moisture Network [J]. Vadose Zone Journal, 12 (2): 522-525.

Gruber A, G De Lannoy, C Albergel, et al. 2020. Validation practices for satellite soil moisture retrievals: What are (the) errors [J]. Remote Sensing of Environment, 244: 1-34.

Gruber A, W A Dorigo, W Crow, et al. 2017. Triple Collocation- Based Merging of Satellite Soil Moisture Retrievals [J]. IEEE Transactions on Geoscience and Remote Sensing, 55 (12): 6780-6792.

Gruber A, T Scanlon, R van der Schalie, et al. 2019. Evolution of the ESA CCI Soil Moisture climate data records and their underlying merging methodology [J]. Earth Syst. Sci. Data, 11 (2): 717-739.

Gruber A, C Su, S Zwieback, et al. 2016. Recent advances in (soil moisture) triple collocation analysis [J]. International Journal of Applied Earth Observation and Geoinformation, 45: 200-211.

Gu Y, Hunt E, Wardlow B, et al. 2008. Evaluation of MODIS NDVI and NDWI for vegetation drought monitoring using Oklahoma Mesonet soil moisture data [J]. Geophysical Research Letters, 35 (22): 1092-1104.

Guerschman J P, Dijk A I J M V, Mattersdorf G, et al. 2009. Scaling of potential evapotranspiration with MODIS data reproduces flux observations and catchment water balance observations across Australia [J]. Journal of Hydrology (Amsterdam), 369 (1-2): 107-119.

Guo Z, Dirmeyer P A, Hu Z Z, et al. 2006. Evaluation of the Second Global Soil Wetness Project soil moisture simulations: 2. Sensitivity to external meteorological forcing [J]. Journal of Geophysical Research, 111

(D22): 1-11.

Han J, K Mao, T Xu, et al. 2018. A soil moisture estimation framework based on the cart algorithm and its application in china [J]. Journal of hydrology, 563: 65-75.

Harrington P. 2012. Machine Learning in Action [M]. New York: Simon and Schuster.

Hirschi M, Seneviratne S I, Alexandrov V, et al. 2010. Observational evidence for soil-moisture impact on hot extremes in southeastern Europe [J]. NATURE GEOSCIENCE, 4 (1): 17-21.

Hodo E K, Bellekens X, Hamilton A, et al. 2016. Threat analysis of IoT networks using artificial neural network intrusion detection system [J]. Tetrahedron Letters, 42 (39): 6865-6867.

Hornacek M, Wagner W, Sabel D, et al. 2012. Potential for High Resolution Systematic Global Surface Soil Moisture Retrieval via Change Detection Using Sentinel-1 [J]. IEEE Journal of Selected Topics in Applied Earth Observations & Remote Sensing, 5 (4): 1303-1311.

Hossain F, Anagnostou E N. 2005. Using a multi-dimensional satellite rainfall error model to characterize uncertainty in soil moisture fields simulated by an offline land surface model [J]. Geophysical Research Letters, 32 (15): 291-310.

Hsu, Kuo-lin, Gupta H V, et al. 1995. Artificial Neural Network Modeling of the Rainfall-Runoff Process [J]. Water Resources Research, 31 (31): 2517-2530.

Hu Z, L Xu, B Yu. 2018. Soil Moisture Retrieval using Convolutionsl Neural Networks: Application to Passive Microwave Remote Sensing [J]. ISPRS-International Archives of the Photogrammetry, Remote Sensing and Spatial Information Sciences, 583-586.

Hutengs C, Vohland M. 2016. Downscaling land surface temperatures at regional scales with random forest regression [J]. Remote Sensing of Environment, 178: 127-141.

Iguchi T, Kozu T, Meneghini R, et al. 2000. Rain-Profiling Algorithm for the TRMM Precipitation Radar. [J]. Journal of Applied Meteorology, 39 (12): 2038-2052.

Im J, Park S, Rhee J, et al. 2016. Downscaling of AMSR-E soil moisture with MODIS products using machine learning approaches [J]. Environmental Earth Sciences, 75 (15): 1120.

Inamdar S, F Bovolo, L Bruzzone, et al. 2008. Multidimensional Probability Density Function Matching for Pre-processing of Multitemporal Remote Sensing Images [J]. IEEE Transactions on Geoscience and Remote Sensing, 46 (4): 1243-1252.

Jackson T J, Bindlish R, Cosh M H, et al. 2012. Validation of Soil Moisture and Ocean Salinity (SMOS) Soil Moisture Over Watershed Networks in the U. S. [J]. IEEE Transactions on Geoscience and Remote Sensing, 50 (5): 1530-1543.

Jackson T J, Cosh M H, Bindlish R, et al. 2010. Validation of Advanced Microwave Scanning Radiometer Soil Moisture Products [J]. IEEE Transactions on Geoscience and Remote Sensing, 48 (12): 4256-4272.

Jackson T J, Le Vine D M, Hsu A Y, et al. 1999. Soil moisture mapping at regional scales using microwave radiometry: the Southern Great Plains Hydrology Experiment [J]. IEEE Transactions on Geoscience & Remote Sensing, 37 (5): 2136-2151.

Jain A K, Mao J, Mohiuddin K M. 2015. Artificial Neural Networks: A Tutorial [J]. Computer, 29 (3): 31-44.

Jensen K H, T H2011. Illangasekare. HOBE: A Hydrological Observatory [J]. Vadose Zone Journal, 10 (1): 1-7.

Jeu R A M D, Wagner W, Holmes T R H, et al. 2008. Global Soil Moisture Patterns Observed by Space Borne Microwave Radiometers and Scatterometers [J]. Surveys in Geophysics, 29 (4): 399-420.

Jiang Y, Weng Q. 2017. Estimation of hourly and daily evapotranspiration and soil moisture using downscaled LST over various urban surfaces [J]. GIScience and Remote Sensing, 54 (1): 95-117.

Jiao Q, Zhu Z, Du F. 2014. Theory and application of measuring mesoscale soil moisture by cosmic- ray fast neutron probe [J]. IOP Conference Series: Earth and Environmental Science, 17: 12147-12154.

Jing W, Yang Y, Yue X, et al. 2016. A Spatial Downscaling Algorithm for Satellite- Based Precipitation over the Tibetan Plateau Based on NDVI, DEM, and Land Surface Temperature [J]. Remote Sensing, 8 (8): 655.

Jing W, Song J, Zhao X. 2018a. A Comparison of ECV and SMOS Soil Moisture Products Based on OzNet Monitoring Network [J]. Remote Sensing, 10 (5): 703.

Jing W, Song J, Zhao X. 2018b. Evaluation of Multiple Satellite- Based Soil Moisture Products over Continental U. S. Based on In Situ Measurements [J]. Water Resources Management, 32 (9): 3233-3246.

Jing W, Zhang P, Zhao X. 2018c. Reconstructing Monthly ECV Global Soil Moisture with an Improved Spatial Resolution [J]. Water Resources Management, 32 (7): 2523-2537.

Justice C O, E Vermote, J R G Townshend, et al. 1998. The Moderate Resolution Imaging Spectroradiometer (MODIS): land remote sensing for global change research [J]. IEEE Transactions on Geoscience & Remote Sensing, 36 (4): 1228-1249.

Kamilaris A, Prenafeta-Boldú F X. 2018. Deep learning in agriculture: A survey [J]. Computers and Electronics in Agriculture, 147: 70-90.

Keerthi S S, Shevade S K, Bhattacharyya C. 2001. Improvements to platt's SMO algorithm for SVM classifier design [J]. Neural Computation, 13 (3): 637- 649.

Keller J M, Gray M R, Givens J A. 2012. A fuzzy K- nearest neighbor algorithm [J]. IEEE Transactions on Systems Man & Cybernetics, SMC-15 (4): 580-585.

Kerr Y H, Waldteufel P, Richaume P, et al. 2012. The SMOS Soil Moisture Retrieval Algorithm [J]. IEEE Transactions on Geoscience & Remote Sensing, 50 (5): 1384-1403.

Kerr Y H, Waldteufel P, Wigneron J P, et al. 2001. Soil Moisture Retrieval from Space: The Soil Moisture and Ocean Salinity (SMOS) Mission [J]. IEEE Transactions on Geoscience and Remote Sensing, 39 (8): 1729-1735.

Kidd C, Levizzani V, Turk J, et al. 2010. Satellite precipitation measurements for water resource monitoring

[J]. Jawra Journal of the American Water Resources Association, 45 (3): 567-579.

Kim S R, Prasad A K, El- Askary H, et al. 2014. Application of the Savitzky- Golay Filter to Land Cover Classification Using Temporal MODIS Vegetation Indices [J]. Photogrammetric Engineering & Remote Sensing, 80 (7): 675-685.

Kim Y, Hong S Y, Lee H. 2009. Radar Backscattering Measurement of a Paddy Rice Field using Multi-frequency (L, C and X) and Full- polarization [C] //Cape Town: IEEE International Geoscience & Remote Sensing Symposium. IEEE.

Kizito F, Campbell C S, Campbell G S, et al. 2008. Frequency, electrical conductivity and temperature analysis of a low- cost capacitance soil moisture sensor [J]. Journal of Hydrology, 352 (3-4): 367-378.

Kornbrot D. 2005. Pearson Product Moment Correlation [M] // Encyclopedia of Statistics in Behavioral Science.

Koster R D. 2004. Regions of Strong Coupling Between Soil Moisture and Precipitation [J]. Science, 305 (5687): 1138-1140.

Koster R D, P A Dirmeyer, G Zhichang, et al. 2004. Regions of Strong Coupling Between Soil Moisture and Precipitation [J]. Science, 305 (5687): 1138-1140.

Kotsuki S, Tanaka K. 2015. SACRA- a method for the estimation of global high- resolution crop calendars from a satellite- sensed NDVI [J]. Hydrology and Earth System Sciences, 19 (11): 4441-4461.

Lacava T, Faruolo M, Pergola N, et al. 2012. A comprehensive analysis of AMSRE C- and X- bands Radio Frequency Interferences [C] //Villa Mondragone: Microwave Radiometry & Remote Sensing of the Environment. IEEE.

Lary D J, Alavi A H, Gandomi A H, et al. 2015. Machine learning in geosciences and remote sensing [J]. Geoscience Frontiers, 7 (1): 3-10.

Lecun Y, Y Bengio, G Hinton. 2015. Deep learning [J]. Nature, 521 (7553): 436-444.

Legates D R, Mahmood R, Levia D F, et al. 2011. Soil moisture: A central and unifying theme in physical geography [J]. Progress in Physical Geography, 35 (1): 65-86.

Leys C, Ley C, Klein O, et al. 2013. Detecting outliers: Do not use standard deviation around the mean, use absolute deviation around the median [J]. Journal of Experimental Social Psychology, 49 (4): 764-766.

Li F F, Perona P. 2005. A Bayesian Hierarchical Model for Learning Natural Scene Categories [C] //San Diego: IEEE Computer Society Conference on Computer Vision & Pattern Recognition. IEEE Computer Society.

Li L, Gaiser P W, Gao B C, et al. 2010. WindSat Global Soil Moisture Retrieval and Validation [J]. IEEE Transactions on Geoscience and Remote Sensing, 48 (5): 2224-2241.

Li L, Njoku E G, Im E, et al. 2004. A preliminary survey of radio- frequency interference over the U. S. in Aqua AMSR- E data [J]. IEEE Transactions on Geoscience and Remote Sensing, 42 (2): 380-390.

Li M, Huang F. 2016. Downscaling AMSRE Derived Soil Moisture Using SPOT/VGT Visible/Shortwave Infrared Data [J]. Remote Sensing Technology & Application, 31 (2): 342-348.

Li Q Q, Yue T X, Wang C Q, et al. 2013. Spatially distributed modeling of soil organic matter across China: An application of artificial neural network approach [J]. CATENA, 104: 210-218.

Liang S. 2003. Quantitative Remote Sensing of Land Surfaces [M]. Hoboken: John Wiley and Sons.

Liaw A, M Wiener. 2002. Classification and regression by randomForest [J]. R news, 2 (3): 18-22.

Lindner C, Bromiley P A, Ionita M C, et al. 2014. Robust and Accurate Shape Model Fitting Using Random Forest Regression Voting [J]. IEEE transactions on pattern analysis and machine intelligence, 37 (9): 1862-1874.

Liu Y, Dorigo W A, Parinussa R M, et al. 2012. Trend-preserving blending of passive and active microwave soil moisture retrievals [J]. Remote Sensing of Environment, 123 (3): 280-297.

Liu Y Y, Parinussa R M, Dorigo W A, et al. 2011. Developing an improved soil moisture dataset by blending passive and active microwave satellite-based retrievals [J]. Hydrology and Earth System Sciences, 15 (2): 425-436.

Liu Y, W Jing, Q Wang, et al. 2020. Generating high-resolution daily soil moisture by using spatial downscaling techniques: a comparison of six machine learning algorithms [J]. Advances in Water Resources, 141: 103601.

Liu Y, Y Yang, W Jing, et al. 2017. Comparison of Different Machine Learning Approaches for Monthly Satellite-Based Soil Moisture Downscaling over Northeast China [J]. Remote Sensing, 10 (2): 31.

Liu Y, Y Zhou, N Lu, et al. 2021. Comprehensive assessment of Fengyun-3 satellites derived soil moisture with in-situ measurements across the globe [J]. Journal of Hydrology, 594: 125949.

Liu Y Q, J M Sha, D S Wang. 2013. Estimating the Effects of DEM and Land Use Types on Soil Moisture Using HJ-1A CCD/IRS Images: A Case Study in Minhou County [J]. Advanced Materials Research, 726-731: 4572-4576.

Lobl E. 2001. Joint advanced microwave scanning radiometer (AMSR) science team meeting [J]. Earth Observer, 13 (3): 3-9.

Loh W Y. 2011. Classification and regression trees [J]. Wiley Interdisciplinary Reviews Data Mining & Knowledge Discovery, 1 (1): 14-23.

Lovell J L, Graetz R D. 2001. Filtering Pathfinder AVHRR Land NDVI data for Australia [J]. International Journal of Remote Sensing, 22 (13): 2649-2654.

Luo J, Ying K, Bai J. 2005. Savitzky - Golay smoothing and differentiation filter for even number data [J]. Signal Processing, 85 (7): 1429-1434.

Ma H, J Zeng, N Chen, et al. 2019. Satellite surface soil moisture from SMAP, SMOS, AMSR2 and ESA CCI: A comprehensive assessment using global ground-based observations [J]. Remote Sensing of Environment, 231: 111215.

Macfarland T W. 2013. Pearson's Product-Moment Coefficient of Correlation [M]. Springer New York.

Madsen D B. 2016. Conceptualizing the Tibetan Plateau: Environmental constraints on the peopling of the "Third Pole" [J]. Archaeological Research in Asia, 5: 24-32.

Manaswi N K. 2018. Convolutional Neural Networks [M]. Apress, Berkeley, CA.

Marzialetti P, Laneve G. 2016. Oil spill monitoring on water surfaces by radar L, C and X band SAR imagery: A comparison of relevant characteristics [C] //Beijing: Geoscience & Remote Sensing Symposium. IEEE.

Mcnally A, Shukla S, Arsenault K R, et al. 2016. Evaluating ESA CCI Soil Moisture in East Africa [J]. International Journal of Applied Earth Observation & Geoinformation, 48: 96-109.

Mei S Y, Walker J P, Rüdiger C, et al. 2017. A comparison of SMOS and AMSR2 soil moisture using representative sites of the OzNet monitoring network [J]. Remote Sensing of Environment, 195: 297-312.

Miralles D G, Van Den Berg M J, Gash J H, et al. 2014. El Niño - La Niña cycle and recent trends in continental evaporation [J]. Nature Climate Change, 4 (2): 122-126.

Mirzargar M, Whitaker R T, Kirby R M. 2014. Curve Boxplot: Generalization of Boxplot for Ensembles of Curves [J]. IEEE Transactions on Visualization and Computer Graphics, 20 (12): 2654-2663.

Mitchell T M, Carbonell J G, Michalski R S. 2003. Machine learning: a guide to current research [M]. Berlin: Spriger Science & Business.

Mohassel P, Zhang Y. 2017 IEEE Symposium on Security and Privacy (SP) - SecureML: A System for Scalable Privacy-Preserving Machine Learning [J]. 2017: 19-38.

Moran M S, Peters-Lidard C D, Watts J M, et al. 2004. Estimating soil moisture at the watershed scale with satellite-based radar and land surface models [J]. Canadian Journal of Remote Sensing, 30 (5): 805-826.

Mulder V L, de Bruin S, Schaepman M E, et al. 2011. The use of remote sensing in soil and terrain mapping — A review [J]. Geoderma, 162 (1): 1-19.

Murphy K P. 2012. Machine Learning: A Probabilistic Perspective [M]. Cambridge: MIT Press.

Myneni R B, Williams D L. 1994. On the relationship between FAPAR and NDVI [J]. Remote Sensing of Environment, 49 (3): 200-211.

Narayan U, Lakshmi V, Jackson T J. 2006. High-resolution change estimation of soil moisture using L-band radiometer and Radar observations made during the SMEX02 experiments [J]. IEEE Transactions on Geoscience & Remote Sensing, 44 (6): 1545-1554.

Narayan U, Lakshmi V, Njoku E G. 2004. Retrieval of soil moisture from passive and active L/S band sensor (PALS) observations during the Soil Moisture Experiment in 2002 (SMEX02) [J]. Remote Sensing of Environment, 92 (4): 483-496.

Natali S, Pellegrini L, Rossi G, et al. 2009. Estimating Soil Moisture Using Optical and Radar Satellite Remote Sensing Data [M] // Desertification and Risk Analysis Using High and Medium Resolution Satellite Data. Dordrecht: Springer Netherlands.

Njoku E G, Chan S K. 2006. Vegetation and surface roughness effects on AMSR-E land observations [J].

Remote Sensing of Environment, 100 (2): 190-199.

Njoku E G, Jackson T J, Lakshmi V, et al. 2003a. Soil moisture retrieval from AMSR- E [J]. IEEE Transactions on Geoscience and Remote Sensing, 41 (2): 215-229.

Njoku E G, Li L. 1999. Retrieval of land surface parameters using passive microwave measurements at 6-18 GHz [J]. IEEE Transactions on Geoscience and Remote Sensing, 37 (1): 79-93.

Njoku E G, Wilson W J, Yueh S H, et al. 2003b. Observations of soil moisture using a passive and active low-frequency microwave airborne sensor during SGP99 [J]. IEEE Transactions on Geoscience and Remote Sensing, 40 (12): 2659-2673.

Noh Y K, Zhang B T, Lee D D. 2017. Generative Local Metric Learning for Nearest Neighbor Classification [J]. IEEE Transactions on Pattern Analysis and Machine Intelligence, 40 (1): 106-118.

O'Neill, Entekhabi, Njoku, et al. 2010. The NASA Soil Moisture Active Passive (SMAP) mission: Overview [C]. Honolulu: Geoscience & Remote Sensing Symposium. IEEE.

O'Neill P, Owe M, Gouweleeuw B, et al. 2006a. Hydros Soil Moisture Retrieval Algorithms: Status and Relevance to Future Missions [C]. Denver: IEEE International Conference on Geoscience & Remote Sensing Symposium. IEEE.

O'Neill, Lang, Kurum, et al.2006b. Multi-Sensor Microwave Soil Moisture Remote Sensing: NASA's Combined Radar/Radiometer (ComRAD) System [C]. San Juan: IEEE Microrad. IEEE.

Paloscia S, Macelloni G, Santi E, et al. 2002. A multifrequency algorithm for the retrieval of soil moisture on a large scale using microwave data from SMMR and SSM/I satellites [J]. IEEE Transactions on Geoscience and Remote Sensing, 39 (8): 1655-1661.

Paloscia S, Pettinato S, Santi E, et al. 2013. Soil moisture mapping using Sentinel-1 images: Algorithm and preliminary validation [J]. Remote Sensing of Environment, 134 (4): 234-248.

Pan N, Wang S, Liu Y, et al. 2019. Global Surface Soil Moisture Dynamics in 1979 – 2016 Observed from ESA CCI SM Dataset [J]. Water, 11 (5): 883.

Pan M, Sahoo A K, Wood E F. 2010. A strategy for downscaling SMOS-based soil moisture [C]. San Francisco: American Geophysical Union, Fall Meeting.

Park S, Im J, Park S, et al. 2017. Drought monitoring using high resolution soil moisture through multi-sensor satellite data fusion over the Korean peninsula [J]. Agricultural and Forest Meteorology, 237-238: 257-269.

Paruelo J M, Epstein H E, Lauenroth W K, et al. 1997. ANPP Estimates from NDVI for the Central Grassland Region of the United States [J]. Ecology, 78 (3): 953-958.

Parzen E. 1962. On estimation of a probability density function and mode [J]. The annals of mathematical statistics, 33 (3): 1065-1076.

Paulik C, Dorigo W, Wagner W, et al. 2014. Validation of the ASCAT Soil Water Index using in situ data from the International Soil Moisture Network [J]. International Journal of Applied Earth Observation and

Geoinformation, 30: 1-8.

Pedregosa F, Varoquaux G, Gramfort A, et al. 2011. Scikit-learn: Machine Learning in Python [J]. Journal of Machine Learning Research, 12 (10): 2825-2830.

Peischl S, Walker J P, Rüdiger C, et al. 2012. The AACES field experiments: SMOS calibration and validation across the Murrumbidgee River catchment [J]. Hydrology and Earth System Sciences, 16 (6): 1697-1708.

Pellarin T, Calvet J C, Wagner W. 2006. Evaluation of ERS scatterometer soil moisture products over a half-degree region in southwestern France [J]. Geophysical Research Letters, 33 (17): L17401.

Peng J, Niesel J, Loew A. 2015. Evaluation of soil moisture downscaling using a simple thermal-based proxy-the REMEDHUS network (Spain) example [J]. Hydrology and Earth System Sciences, 19 (12): 4765.

Peng J, Loew A, Merlin O, et al. 2017. A review of spatial downscaling of satellite remotely sensed soil moisture [J]. Reviews of Geophysics, 55 (2): 341-366.

Peng J, Loew A, Zhang S, et al. 2016. Spatial Downscaling of Satellite Soil Moisture Data Using a Vegetation Temperature Condition Index [J]. IEEE Transactions on Geoscience and Remote Sensing, (1): 1-9.

Petersson R, Bonnedal M. 1999. The Slotted Waveguide Arrays of the European Remote Sensing Satellites ERS-1 and ERS-2 [J]. Electromagnetics, 19 (1): 77-89.

Piles M, Camps A, Vallllossera M, et al. 2011. Downscaling SMOS-derived soil moisture using MODIS visible/infrared data [J]. IEEE Transactions on Geoscience & Remote Sensing, 49 (9): 3156-3166.

Piles M, Entekhabi D, Camps A. 2009. A Change Detection Algorithm for Retrieving High-Resolution Soil Moisture From SMAP Radar and Radiometer Observations [J]. IEEE Transactions on Geoscience and Remote Sensing, 47 (12): 4125-4131.

Price J C. 1985. On the analysis of thermal infrared imagery : the limited utility of apparent thermal inertia [J]. Remote Sensing of Environment, 18 (1): 59-73.

Rahmati M, Oskouei M M, Neyshabouri M R, et al. 2015. Soil moisture derivation using triangle method in the lighvan watershed, north western Iran [J]. Journal of soil science and plant nutrition, (15): 167-178.

Ran Q, Zhang Z, Zhang G, et al. 2005. DEM correction using TVDI to evaluate soil moisture status in China [J]. Science of Soil & Water Conservation, 3 (1): 1-12.

Reichstein M, Camps-Valls G, Stevens B, et al. 2019. Deep learning and process understanding for data-driven Earth system science [J]. Nature, 566: 195-204.

Richter H, Western A W, Chiew F H S. 2004. The Effect of Soil and Vegetation Parameters in the ECMWF Land Surface Scheme [J]. Journal of Hydrometeorology, 5 (6): 1131-1146.

Robert C. 2014. Machine Learning, a Probabilistic Perspective [M]. London: Taylor & Francis.

Rodriguez-Galiano V F, Ghimire B, Rogan J, et al. 2012. An assessment of the effectiveness of a random forest classifier for land-cover classification [J]. ISPRS Journal of Photogrammetry and Remote Sensing, 67 (none): 93-104.

Rohli R V, Joyner T A, Reynolds S J, et al. 2015. Globally Extended K 81 ppen39 - Geiger climate classification and temporal shifts in terrestrial climatic types [J]. Physical Geography, 36 (2): 142-157.

Rokach L, O Z Maimon. 2007. Data mining with decision trees theory and applications [M]. Singapore: WORLD SCIENTIFIC.

Román M O, Schaaf C B, Woodcock C E, et al. 2009. The MODIS (Collection V005) BRDF/albedo product: Assessment of spatial representativeness over forested landscapes [J]. Remote Sensing of Environment, 113 (11): 2476-2498.

Rosenqvist A, Shimada M, Ito N, et al. 2007. ALOS PALSAR: A Pathfinder Mission for Global-Scale Monitoring of the Environment [J]. IEEE Transactions on Geoscience and Remote Sensing, 45 (11): 3307-3316.

Rossing W, Zander P, Josien E, et al. 2007. Integrative modelling approaches for analysis of impact of multifunctional agriculture: A review for France, Germany and The Netherlands [J]. Agriculture, ecosystems & environment, 120 (1): 41-57.

Roy D P, Borak J S, Devadiga S, et al. 2002. The MODIS Land product quality assessment approach [J]. Remote Sensing of Environment, 83 (1-2): 62-76.

Rue H, Riebler A, SRbye S H, et al. 2017. Bayesian Computing with INLA: A Review [J]. Annual Review of Statistics and Its Application, 4 (1): 395-421.

Sabaghy S, Walker J P, Renzullo L J, et al. 2018. Spatially enhanced passive microwave derived soil moisture: Capabilities and opportunities [J]. Remote Sensing of Environment, 209 (C): 551-580.

Sánchez N, Martínezfernández J, Calera A, et al. 2010. Combining remote sensing and in situ soil moisture data for the application and validation of a distributed water balance model (HIDROMORE) [J]. Agricultural Water Management, 98 (1): 69-78.

Sanchez N, Martinez-Fernandez, José, Scaini A, et al. 2012. Validation of the SMOS L2 Soil Moisture Data in the REMEDHUS Network (Spain) [J]. IEEE Transactions on Geoscience and Remote Sensing, 50 (5): 1602-1611.

Sandholt I, Andersen J, Rasmussen K. 2002. A simple interpretation of the surface tenperature /vegetation index space for assessment of soil moisture status [J]. Remote Sensing of Environment, 79 (2): 213-224.

Sandric I, Diamandi A, Oana N, et al. 2016. VALIDATION AND UPSCALING OF SOIL MOISTURE SATELLITE PRODUCTS IN ROMANIA [J]. Int. Arch. Photogramm. Remote Sens. Spatial Inf. Sci. , XLI-B2: 313-317.

Schafer R W. 2011. What Is a Savitzky-Golay Filter? [Lecture Notes] [J]. Signal Processing Magazine IEEE, 28 (4): 111-117.

Schmidt F, Persson A. 2003. Comparison of DEM data capture and topographic wetness indices [J]. Precision Agriculture, 4 (2): 179-192.

Schrier G, Barichivich J, Briffa K R, et al. 2013. A scPDSI-based global data set of dry and wet spells for 1901-

2009 [J]. Journal of Geophysical Research: Atmospheres, 118 (10): 4025-4048.

Seiler M C, Seiler F A. 2010. Numerical Recipes in C: The Art of Scientific Computing [J]. Risk Analysis, 9 (3): 415-416.

Seneviratne S I, Corti T, Davin E L, et al. 2010. Investigating soil moisture - climate interactions in a changing climate: A review [J]. Earth-Science Reviews, 99 (3): 125-161.

Seneviratne S I, Davin E, Hirschi M, et al. 2011. Soil Moisture-Ecosystem-Climate Interactions in a Changing Climate [C]. San Fransico: Agu Fall Meeting. AGU Fall Meeting Abstracts.

Shekhar S, Xiong H, Zhou X. 2017. GDAL. Encyclopedia of GIS [M]. Cham: Springer International Publishing.

Shi W, Liu J, Du Z, et al. 2011. Surface modelling of soil properties based on land use information [J]. Geoderma, 162 (3): 347-357.

Shukla J, Mintz Y. 1982. Influence of Land-Surface Evapotranspiration on the Earth' s Climate [J]. Science, 215 (4539): 1498-1501.

Sidiropoulos N, De Lathauwer L, Fu X, et al. 2017. Tensor Decomposition for Signal Processing and Machine Learning [J]. IEEE Transactions on Signal Processing, 65 (13): 3551-3582.

Smith A B, Walker J, Western A W, et al. 2012. The Murrumbidgee soil moisture monitoring network data set [J]. Water Resources Research, 48 (7): 7701.

Sokol Z, Bli ž ŇÁk V. 2009. Areal distribution and precipitation - altitude relationship of heavy short-term precipitation in the Czech Republic in the warm part of the year [J]. Atmospheric Research, 94 (4): 652-662.

Song C, Jia L, Menenti M. 2014. Retrieving High-Resolution Surface Soil Moisture by Downscaling AMSR-E Brightness Temperature Using MODIS LST and NDVI Data [J]. IEEE Journal of Selected Topics in Applied Earth Observations and Remote Sensing, 7 (3): 935-942.

Song X, Zhang G, Liu F, et al. 2016. Modeling spatio-temporal distribution of soil moisture by deep learning-based cellular automata model [J]. Journal of Arid Land, 8 (5): 734-748.

Spencer M, Wheeler K, White C, et al. 2010. The Soil Moisture Active Passive (SMAP) mission L-Band radar/radiometer instrument [C]. Honolulu: 2010 IEEE International Geoscience and Remote Sensing Symposium.

Srivastava P K, Han D, Ramirez M R, et al. 2013. Machine Learning Techniques for Downscaling SMOS Satellite Soil Moisture Using MODIS Land Surface Temperature for Hydrological Application [J]. Water Resources Management, 27 (8): 3127-3144.

Stefanov W L, Maik N. 2005. Assessment of ASTER land cover and MODIS NDVI data at multiple scales for ecological characterization of an arid urban center [J]. Remote Sensing of Environment, 99 (1): 31-43.

Su C, Ryu D, Crow W T, et al. 2014. Beyond triple collocation: Applications to soil moisture monitoring. Journal of Geophysical Research, 119 (11): 6419-6439.

Su Z, Wen J, Dente L, et al. 2011. The Tibetan Plateau observatory of plateau scale soil moisture and soil temperature (Tibet-Obs) for quantifying uncertainties in coarse resolution satellite and model products [J]. Hydrology and Earth System Sciences, 15 (7): 2303-2316.

Sud Y C, Fennessy M. 1982. A study of the influence of surface albedo on July circulation in semi-arid regions using the glas GCM [J]. International Journal of Climatology, 2 (2): 105-125.

Sun D, Kafatos M. 2007. Note on the NDVI-LST relationship and the use of temperature-related drought indices over North America [J]. Geophysical Research Letters, 34 (24): 497-507.

Svetnik V, Liaw A, Tong C, et al. 2003. Random forest: a classification and regression tool for compound classification and QSAR modeling. [J]. Journal of Chemical Information & Computer Sciences, 43 (6): 1947-1958.

Tan K C, Lim H S, Matjafri M Z, et al. 2012. A comparison of radiometric correction techniques in the evaluation of the relationship between LST and NDVI in Landsat imagery [J]. Environmental Monitoring & Assessment, 184 (6): 3813-3829.

Tang J, Hong R, Yan S, et al. 2011. Image annotation by \ r, k \ r, NN-sparse graph-based label propagation over noisily tagged web images [J]. ACM Transactions on Intelligent Systems and Technology, 2 (2): 1-15.

Tang J, Li Z, Tang B. 2010. An application of the Ts-VI triangle method with enhanced edges determination for e-vapotranspiration estimation from MODIS data in arid and semi-arid regions: implementation and validation. [J]. Remote Sensing of Environment, 114 (3): 540-551.

Tanu, Kakkar D. 2018. Accounting For Order-Frame Length Tradeoff of Savitzky-Golay Smoothing Filters [C] // International conference on signal processing.

Tong S, Chang E. 2001. Support vector machine active learning for image retrieval [C]. Bangalore: Proceedings of the ninth ACM international conference on Multimedia. ACM.

Trendowicz A, Jeffery R. 2014. Classification and Regression Trees [J]. International Journal of Public Health, 57 (1): 243-246.

Tweedie R L. 2015. Trim and fill: a simple funnel-plot-based method of testing and adjusting for publication bias in meta-analysis. Biometrics, 56: 455-463.

Usowicz B, ukowski M, Marczewski W, et al. 2013. Thermal properties of peat, marshy and mineral soils in relation to soil moisture status in Polesie and Biebrza wetlands [C]. Vienna: Egu General Assembly, 15.

Valentine A, Kalnins L. 2016. An introduction to learning algorithms and potential applications in geomorphometry and Earth surface dynamics [J]. Earth Surface Dynamics, 4 (2): 445-460.

Vancutsem C, Bicheron P, Cayrol P, et al. 2007. An assessment of three candidate compositing methods for global MERIS time series [J]. Canadian Journal of Remote Sensing, 33 (6): 492-502.

Vereecken H, Huisman J A, Bogena H, et al. 2008. On the value of soil moisture measurements in vadose zone hydrology: A review [J]. Water Resources Research, 44 (4): 253-270.

Verma M, Friedl M A, Richardson A D, et al. 2014. Remote sensing of annual terrestrial gross primary productivity from MODIS: an assessment using the FLUXNET La Thuile data set [J]. Biogeosciences, 11 (8): 2185-2200.

Wagner W, Lemoine G, Rott H. 1999. A Method for Estimating Soil Moisture from ERS Scatterometer and Soil Data [J]. Remote Sensing of Environment, 70 (2): 191-207.

Wagner W, Scipal K, Pathe C. 2003. Evaluation of the agreement between the first global remotely sensed soil moisture data with model and precipitation data [J]. Journal of Geophysical Research, 108 (D19): 4611.

Walker J P, Houser P R. 2001. A methodology for initializing soil moisture in a global climate model: Assimilation of near - surface soil moisture observations. Journal of Geophysical Research Atmospheres [J]. Journal of Geophysical Research Atmosphere, 106 (D11): 11761-11774.

Walker J, Rowntree P R. 1977. The effect of soil moisture on circulation and rainfall in a tropical model [J]. The Quarterly Journal of the Royal Meteorological Society, 103 (435): 29-46.

Wang C, Qi J, Moran S, et al. 2004a. Soil moisture estimation in a semiarid rangeland using ERS-2 and TM imagery [J]. Remote Sensing of Environment, 90 (2): 178-189.

Wang L, Qu J J. 2009. Satellite remote sensing applications for surface soil moisture monitoring: A review [J]. Frontiers of Earth Science in China, 3 (2): 237-247.

Wang Q, Tenhunen J, Dinh N Q, et al. 2004b. Similarities in ground- and satellite-based NDVI time series and their relationship to physiological activity of a Scots pine forest in Finland [J]. Remote Sensing of Environment, 93 (1-2): 225-237.

Wang S, Mo X, Liu S, et al. 2016. Validation and trend analysis of ECV soil moisture data on cropland in North China Plain during 1981-2010 [J]. International Journal of Applied Earth Observations & Geoinformation, 48 (48): 110-121.

Wang X, Xie H, Guan H, et al. 2007. Different responses of MODIS-derived NDVI to root-zone soil moisture in semi-arid and humid regions [J]. Journal of Hydrology, 340 (1-2): 12-24.

Wang Y, Leng P, Peng J, et al. 2021. Global assessments of two blended microwave soil moisture products CCI and SMOPS with in-situ measurements and reanalysis data [J]. International Journal of Applied Earth Observation and Geoinformation, 94: 102234.

Wang Y, Shao M, Liu Z. 2010. Large-scale spatial variability of dried soil layers and related factors across the entire Loess Plateau of China [J]. Geoderma, 159 (1-2): 99-108.

Wei Z, Meng Y, Zhang W, et al. 2019. Downscaling SMAP soil moisture estimation with gradient boosting decision tree regression over the Tibetan Plateau [J]. Remote Sensing of Environment, 225: 30-44.

Weng Q. 2012. Remote sensing of impervious surfaces in the urban areas: Requirements, methods, and trends [J]. Remote Sensing of Environment, 117 (2): 34-49.

Western A W, Grayson R B, Green T R. 2015. The Tarrawarra project: high resolution spatial measurement, modelling and analysis of soil moisture and hydrological response [J]. Hydrological Processes, 13 (5): 633-652.

Western A W, Grayson R B, Blöschl G. 2003. Scaling of Soil Moisture: A Hydrologic Perspective [J]. Annual Review of Earth & Planetary Sciences, 8 (30): 149-180.

Western A W, Zhou S L, Grayson R B, et al. 2004. Spatial correlation of soil moisture in small catchments and its relationship to dominant spatial hydrological processes [J]. Journal of Hydrology (Amsterdam), 286 (1-4): 113-134.

Westreich D, Lessler J, Funk M J. 2010. Propensity score estimation: neural networks, support vector machines, decision trees (CART), and meta-classifiers as alternatives to logistic regression [J]. Journal of Clinical Epidemiology, 63 (8): 826-833.

Wigneron J P, Kerr Y, Waldteufel P, et al. 2007. L- band Microwave Emission of the Biosphere (L- MEB) Model: Description and calibration against experimental data sets over crop fields [J]. Remote Sensing of Environment, 107 (4): 639-655.

Wigneron J P, Waldteufel P, Chanzy A, et al. 2000. Two- Dimensional Microwave Interferometer Retrieval Capabilities over Land Surfaces (SMOS Mission) [J]. Remote Sensing of Environment, 73 (3): 270-282.

Wu, H., Q. Yang, J. Liu, et al. 2020. A spatiotemporal deep fusion model for merging satellite and gauge precipitation in China [J]. Journal of Hydrology, 584: 124664.

Wu W, Geller M A, Dickinson R E. 2002. The Response of Soil Moisture to Long-Term Variability of Precipitation [J]. Journal of Hydrometeorology, 3 (5): 604-613.

Wu X, Liu M. 2012. In- situ soil moisture sensing: measurement scheduling and estimation using compressive sensing [C]. Beijing: Acm/ieee International Conference on Information Processing in Sensor Networks. IEEE.

Wu X, Walker J P, Rudiger C, et al. 2015. Effect of Land-Cover Type on the SMAP Active/Passive Soil Moisture Downscaling Algorithm Performance [J]. IEEE Geoscience and Remote Sensing Letters, 12 (4): 846-850.

Wu X, Wang Q, Liu M. 2014. In- situ Soil Moisture Sensing: Measurement Scheduling and Estimation Using Sparse Sampling [J]. Acm Transactions on Sensor Networks, 11 (2): 1-29.

Wu X, Wen J, Xiao Q, et al. 2018. Accuracy Assessment on MODIS (V006), GLASS and MuSyQ Land-Surface Albedo Products: A Case Study in the Heihe River Basin, China [J]. Remote Sensing, 10 (12): 2045.

Xie H, Pan B. 2007. Full-field Strain Measurement Using a Two-dimensional Savitzky-Golay Digital Differentiator in Digital Image Correlation [J]. Optical Engineering, 46 (3): 1-10.

Xu C, John J, Hao X, et al. 2018. Downscaling of Surface Soil Moisture Retrieval by Combining MODIS/Landsat and In Situ Measurements [J]. Remote Sensing, 10 (2): 210.

Xu L, Baldocchi D D, Tang J. 2004. How soil moisture, rain pulses, and growth alter the response of ecosystem respiration to temperature [J]. Global Biogeochemical Cycles, 18 (4): 1-10.

Yan H, Moradkhani H, Zarekarizi M. 2017. A probabilistic drought forecasting framework: A combined dynamical and statistical approach [J]. Journal of Hydrology, 548: 291-304.

Yang H, Shi J, Li Z, et al. 2006. Temporal and spatial soil moisture change pattern detection in an agricultural area using multi - temporal Radarsat ScanSAR data [J]. International Journal of Remote Sensing, 27 (19): 4199-4212.

Yang K, Qin J, Zhao L, et al. 2013. A Multiscale Soil Moisture and Freeze- Thaw Monitoring Network on the Third Pole [J]. Bulletin of the American Meteorological Society, 94 (12): 1907-1916.

Yang S, Wu J, Du Y, et al. 2017. Ensemble Learning for Short- Term Traffic Prediction Based on Gradient Boosting Machine [J]. Journal of Sensors, 2017 (2024): 1-15.

Yilmaz I. 2009. Landslide susceptibility mapping using frequency ratio, logistic regression, artificial neural networks and their comparison: A case study from Kat landslides (Tokat—Turkey) [J]. Computers & Geosciences, 35 (6): 1125-1138.

Yuan J, He G. 2008. Application of an Anisotropic Diffusion Based Preprocessing Filtering Algorithm for High Resolution Remote Sensing Image Segmentation [C]. Sanya: Congress on Image & Signal Processing. IEEE Computer Society.

Zeng J, Chen K S, Bi H, et al. 2016. A preliminary evaluation of the SMAP radiometer soil moisture product over United States and Europe using ground- based measurements [J]. IEEE Transactions on Geoscience and Remote Sensing, 54 (8): 4929-4940.

Zeng J, Li Z, Chen Q, et al. 2015. Evaluation of remotely sensed and reanalysis soil moisture products over the Tibetan Plateau using in-situ observations [J]. Remote Sensing of Environment, 163: 91-110.

Zhang D, Tang R, Zhao W, et al. 2014a. Surface Soil Water Content Estimation from Thermal Remote? Sensing based on the Temporal Variation of Land? Surface Temperature [J]. Remote Sensing, 6 (4): 3170-3187.

Zhang F, Zhang L W, Shi J J, et al. 2014b. Soil Moisture Monitoring Based on Land Surface Temperature-Vegetation Index Space Derived from MODIS Data [J]. Pedosphere, 24 (4): 450-460.

Zhang L D, Su S G, Wang L S, et al. 2005. Study on Application of Fourier Transformation Near- Infrared Spectroscopy Analysis with Support Vector Machine (SVM) [J]. Spectroscopy and Spectral Analysis, 25 (1): 33-35.

Zhang Y, Wan Z, Zhang Q, et al. 2004c. Quality assessment and validation of the MODIS global land surface temperature [J]. International Journal of Remote Sensing, 25 (1): 261-274.

Zhao W, Li Z L. 2013. Sensitivity study of soil moisture on the temporal evolution of surface temperature over bare surfaces [J]. International Journal of Remote Sensing, 34 (9-10): 3314-3331.

Zhao W F, Xiong L Y, Hu D, et al. 2017. Automatic recognition of loess landforms using Random Forest method [J]. Journal of Mountain Science, 14 (5): 885-897.

Zou X, Zhao J, Weng F, et al. 2013. Detection of Radio-Frequency Interference Signal Over Land From FY-3B Microwave Radiation Imager (MWRI) [J]. Advances in Meteorological Science & Technology, 50 (12): 4994-5003.